CHANYE ZHUANLI FENXI BAOGAO

产业专利分析报告

（第75册）——高性能碳化物先进陶瓷材料

国家知识产权局学术委员会◎组织编写

知识产权出版社
全国百佳图书出版单位
—北京—

图书在版编目（CIP）数据

产业专利分析报告．第75册，高性能碳化物先进陶瓷材料／国家知识产权局学术委员会组织编写．—北京：知识产权出版社，2020.6

ISBN 978-7-5130-6974-8

Ⅰ．①产…　Ⅱ．①国…　Ⅲ．①专利—研究报告—世界②陶瓷复合材料—专利—研究报告—世界　Ⅳ．①G306.71②TQ174.75

中国版本图书馆CIP数据核字（2020）第095557号

内容提要

本书为高性能碳化物先进陶瓷材料技术领域的产业专利分析报告。报告通过定量和定性分析方法，对全球高性能碳化物先进陶瓷材料专利的申请趋势、技术布局、技术热点、技术发展方向、技术创新主体、重点专利等进行分析；并结合全球高性能碳化物先进陶瓷材料重点技术分支的科技文献热点分析和军民融合特色分析，了解现有技术水平，研判技术发展趋势；梳理重点专利技术，助力关键技术突破；掌握竞争对手研发动向，制定对应专利策略。本书是了解该行业技术发展现状并预测未来走向，帮助企业做好专利预警的必备工具书。

责任编辑：卢海鹰　王玉茂　　　**责任校对**：潘凤越
执行编辑：崔思琪　　　**责任印制**：刘译文
封面设计：博华创意·张冀

产业专利分析报告（第75册）
——高性能碳化物先进陶瓷材料
国家知识产权局学术委员会　组织编写

出版发行：知识产权出版社有限责任公司　　**网　　址**：http://www.ipph.cn
社　　址：北京市海淀区气象路50号院　　**邮　　编**：100081
责编电话：010-82000860转8730　　**责编邮箱**：cuisiq@126.com
发行电话：010-82000860转8101/8102　　**发行传真**：010-82000893/82005070/82000270
印　　刷：天津嘉恒印务有限公司　　**经　　销**：各大网上书店、新华书店及相关专业书店
开　　本：787mm×1092mm　1/16　　**印　　张**：18.5
版　　次：2020年6月第1版　　**印　　次**：2020年6月第1次印刷
字　　数：408千字　　**定　　价**：88.00元
ISBN 978-7-5130-6974-8

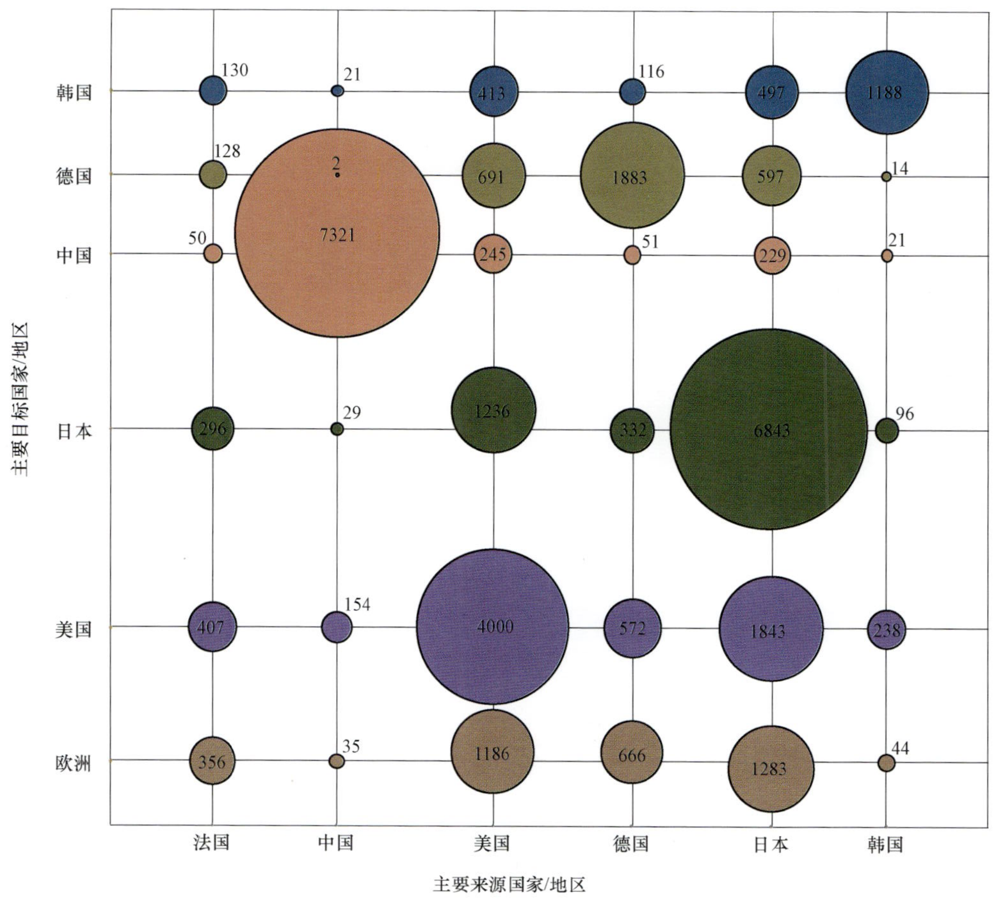

图 2-1-3　高性能碳化物先进陶瓷材料全球专利申请流向

注：图中数字表示申请量，单位为件。

（正文说明见第26页）

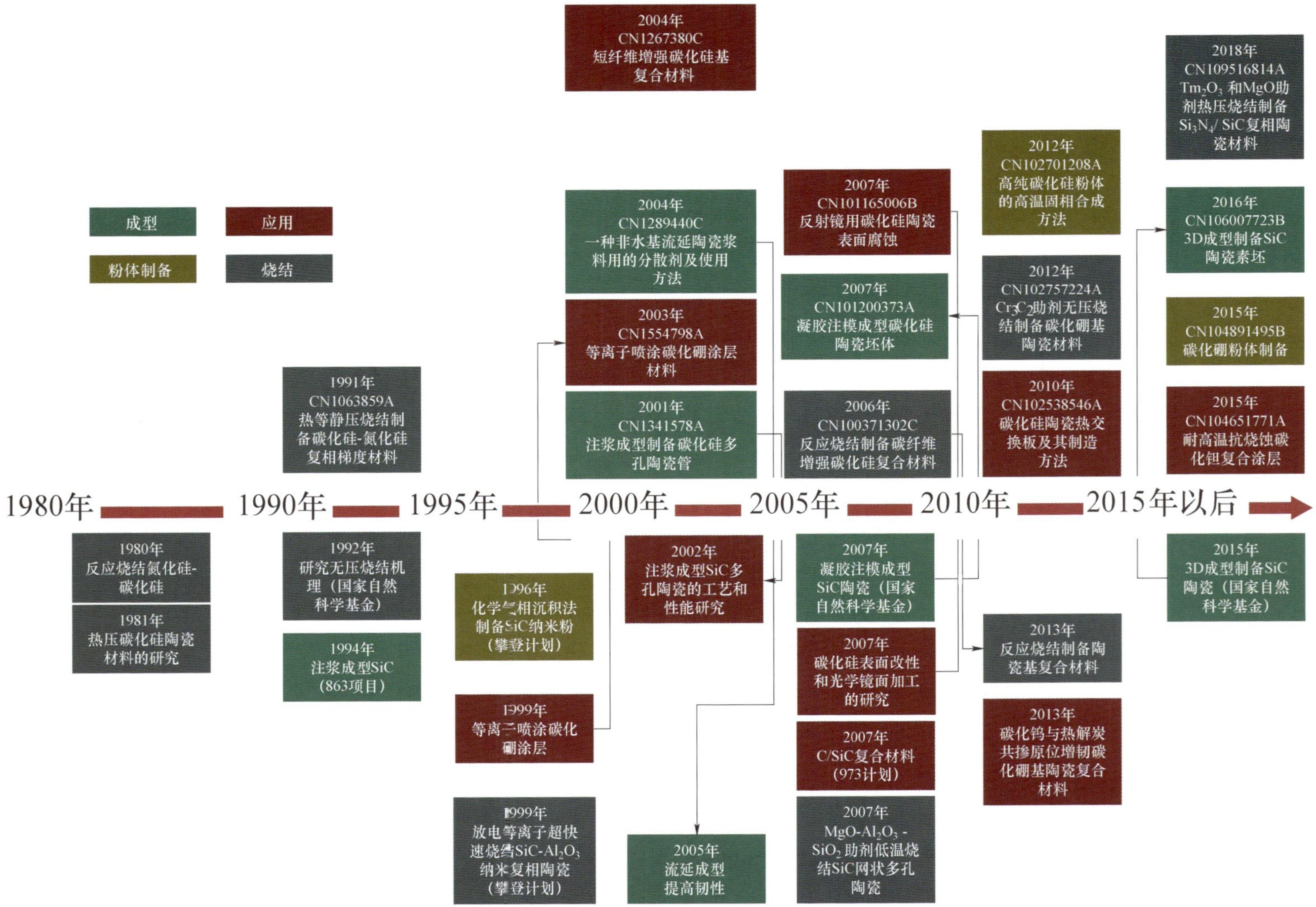

图 3-3-11　上硅所高性能碳化物先进陶瓷材料领域专利与文献技术发展路线

（正文说明见第80页）

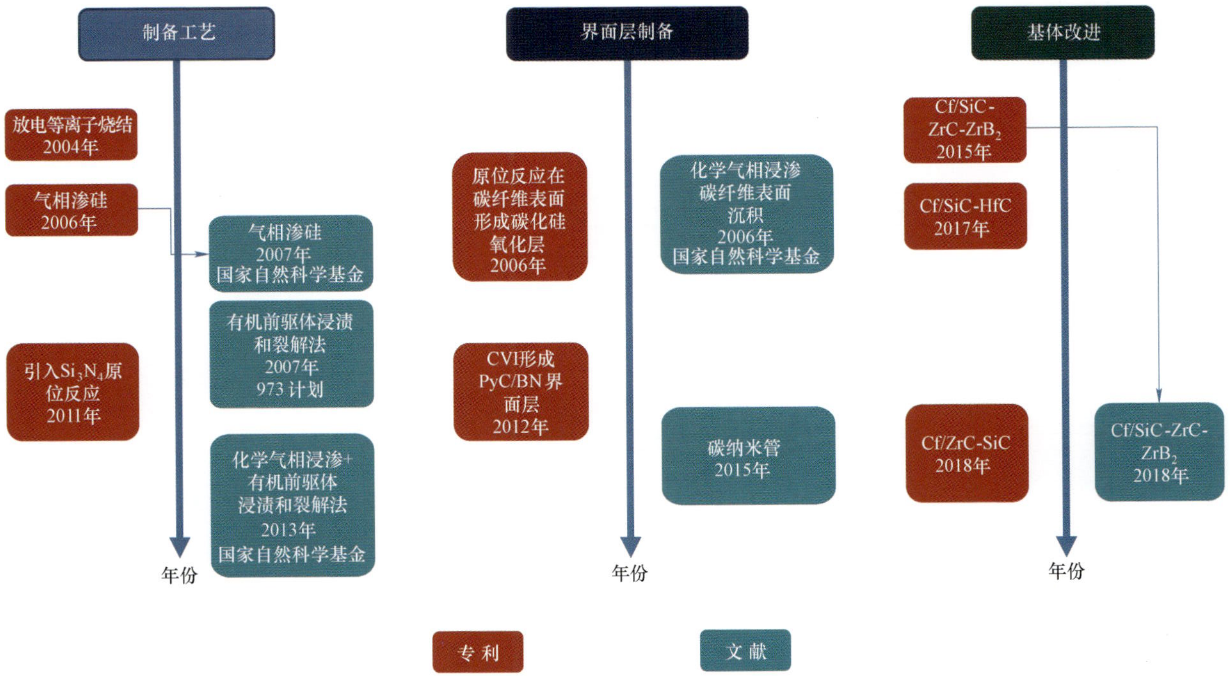

图 3-3-22　董绍明高性能碳化物陶瓷材料领域专利和论文对比

（正文说明见第89页）

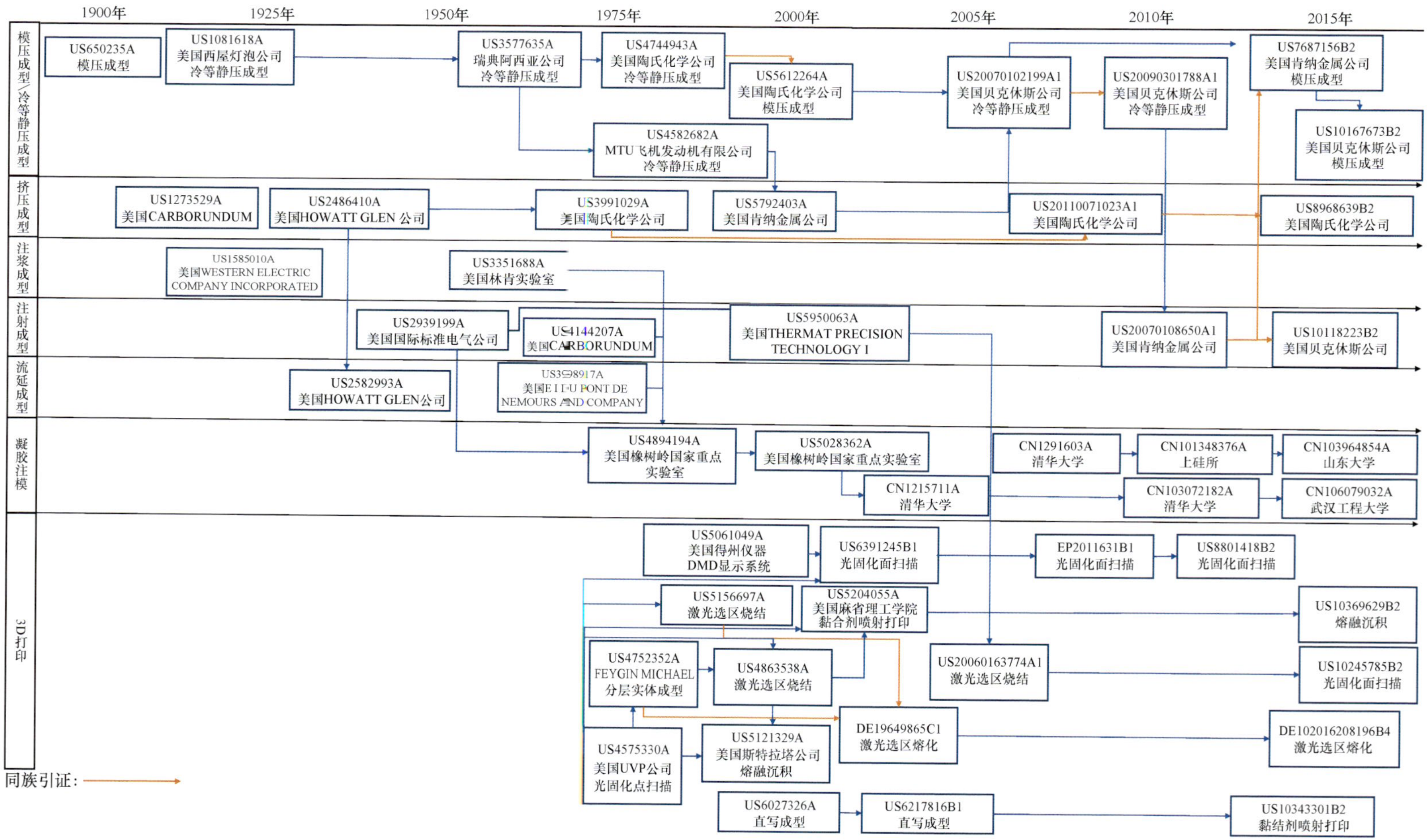

图 4-2-8　高性能碳化物先进陶瓷材料全球成型技术路线

（正文说明见第101页）

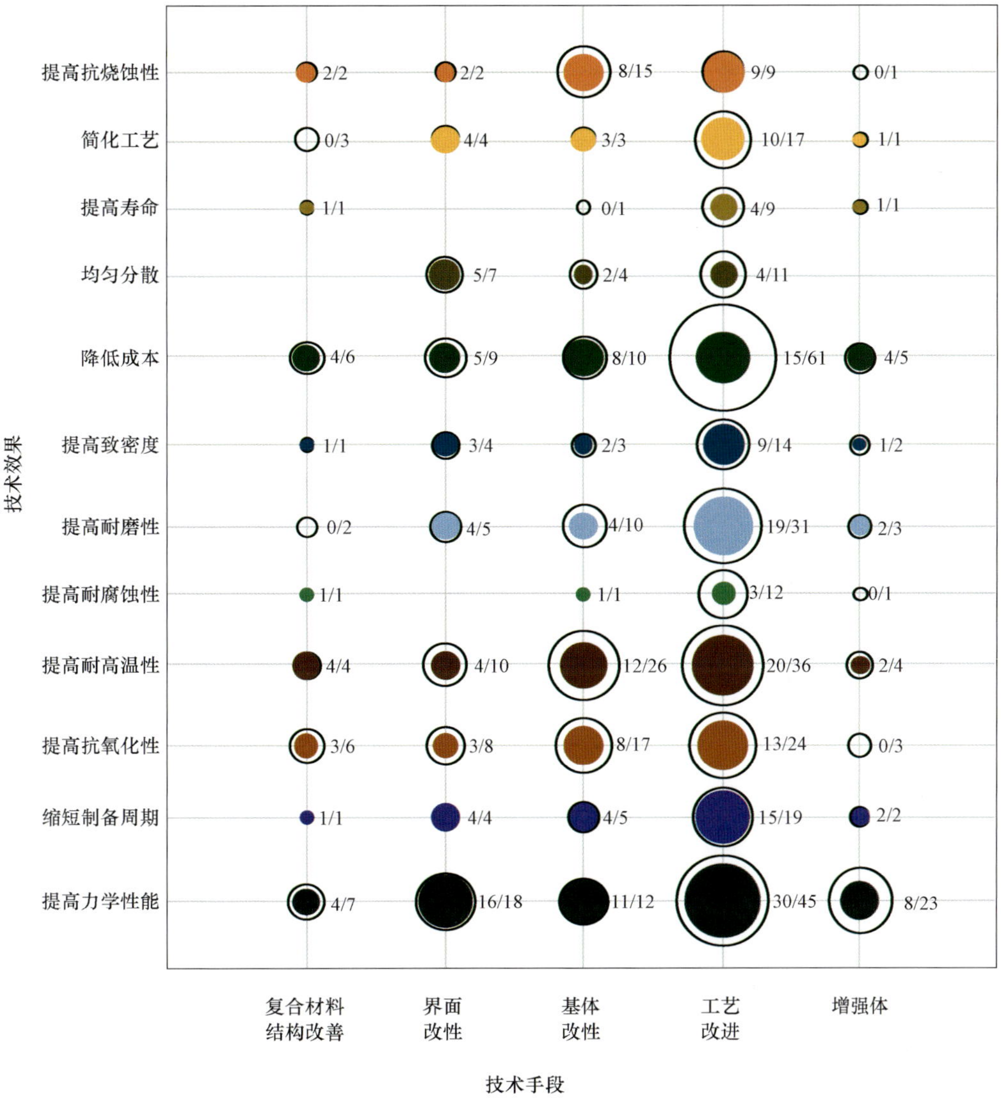

图 6-3-1　航空航天用碳/碳化硅复合材料技术功效矩阵

（正文说明见第 169 页）

注：图中数字表示申请量，单位为项。内圈表示近 5 年申请量。

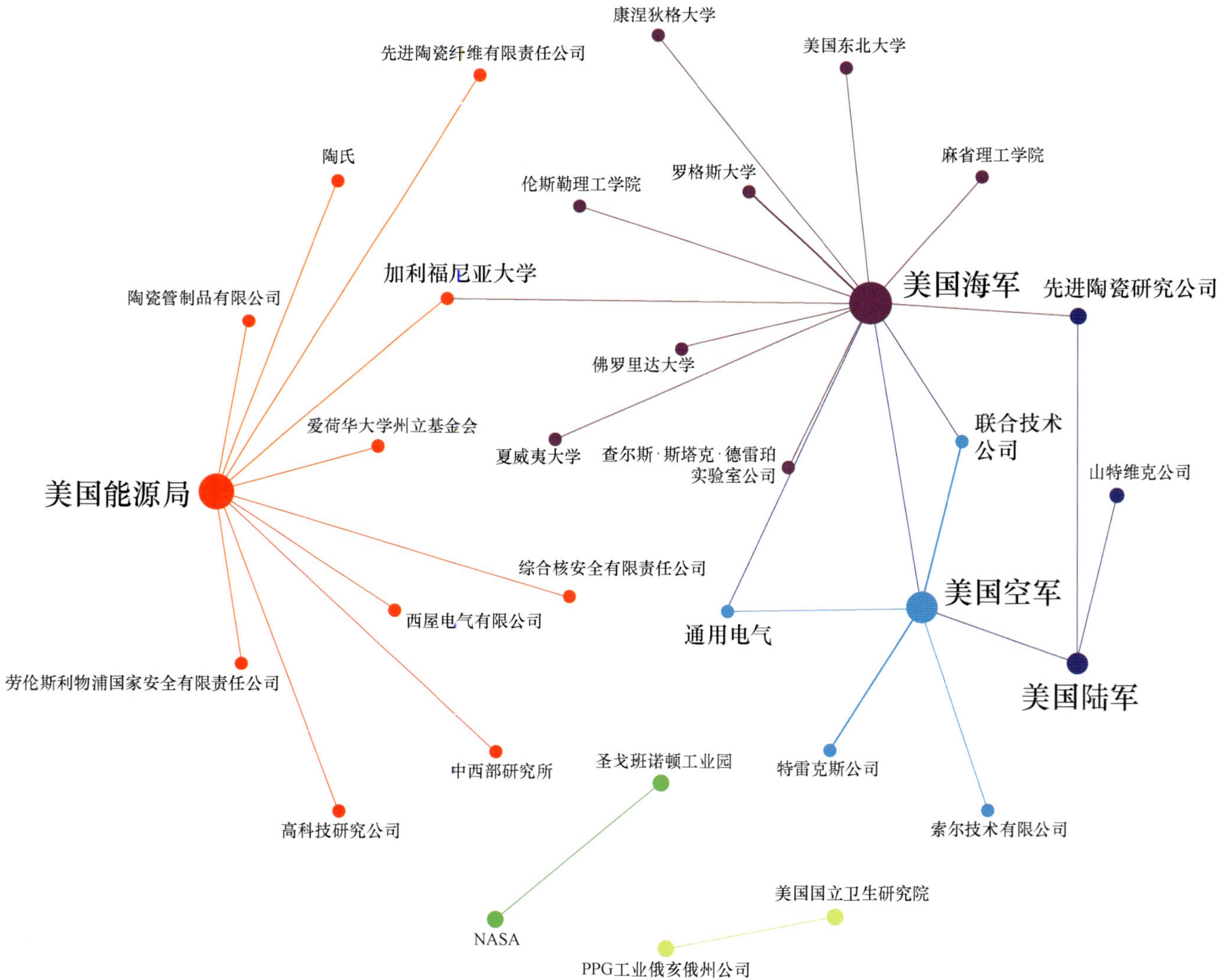

图 8-1-1　美国国防单位专利合作关系

（正文说明见第223页）

编 委 会

前　言

2019年是中华人民共和国成立70周年，是全面建成小康社会、实现第一个百年奋斗目标的关键之年。在以习近平同志为核心的党中央的坚强领导下，国家知识产权局认真贯彻落实党中央、国务院决策部署，聚焦创新驱动和改革开放两个轮子，强化知识产权创造、保护、运用。为推动产业高质量发展，围绕国家重点产业持续开展专利分析研究，深化情报分析，提供精准支撑，充分发挥知识产权在国家治理中的作用。

在国家知识产权局学术委员会的领导和指导下，专利分析普及推广项目始终坚持“源于产业、依靠产业、推动产业”核心原则，突出情报分析工作定位和功能，围绕国家100余个重点产业、重大技术和重大项目开展研究，形成一批高质量的研究成果，通过出版《产业专利分析报告》（第1~70册）推动成果落地生根，逐步形成与产业紧密联系和互动合作的良好格局。

这一年，专利分析普及推广项目在求变求新的理念引领下，锐意进取，广开渠道，持续引导和鼓励具备相应研究能力的社会力量承担研究工作，得到社会各方的热情支持和积极响应。10项课题经立项评审脱颖而出，中国科学院、北京空间科技信息研究所等科研院所，清华大学、北京大学等高校，江西省陶瓷知识产权信息中心、中国煤炭工业协会生产力促进中心等企事业单位或单独或联合承担了具体研究工作。各方主动发挥独特优势，组织近150名研究人员，历时7个月，圆满完成了各项研究任务，形成一批凸显行业特色的研究成果和方法论。同时，择优选取其中8项成果以《产业专利分析报告》（第71~78册）

系列丛书的形式出版。这8项报告所涉及的产业方向分别是混合增强智能、自主式水下滑翔机技术、新型抗丙肝药物、中药制药装备、高性能碳化物先进陶瓷材料、体外诊断技术、智能网联汽车关键技术、低轨卫星通信技术，均属于我国科技创新和经济转型的核心产业。

专利分析普及推广项目的发展离不开社会各界一如既往的支持与帮助，各级知识产权局、行业协会、科研院所等为课题的顺利开展贡献了巨大的力量，近百名行业和技术专家参与课题指导工作，《产业专利分析报告》（第71~78册）的出版凝聚着社会各界智慧。

专利分析成果的生命力在于推广和应用。在新冠肺炎疫情期间，国家知识产权局结合实际，组织力量编制并发布多份抗击新冠病毒肺炎专利信息研报，广泛推送至科研专班和相关专家，充分发挥专利信息对疫情防控科研攻关的专业支撑与引导作用，助力打赢疫情防控阻击战。希望各方能够充分吸收《产业专利分析报告》的内容，积极发挥专利信息对政策决策、技术创新等方面的智力支撑作用。

由于报告中专利文献的数据采集范围和专利分析工具的限制，加之研究人员水平有限，报告的数据、结论和建议仅供社会各界借鉴研究。

《产业专利分析报告》丛书编委会

2020年5月

项目联系人

孙　琨　010-62086193/sunkun@cnipa.gov.cn

高性能碳化物先进陶瓷材料产业专利分析课题研究团队

一、项目指导

国家知识产权局： 贺　化　郑慧芬　雷春海

二、项目管理

国家知识产权局专利局： 张小凤　孙　琨　王　涛

三、课题组

承 担 部 门： 景德镇陶瓷大学　华中科技大学

江西省陶瓷知识产权信息中心

课题负责人： 鄢春根

课题组组长： 徐笑阳

统　稿　人： 万继祥　徐笑阳

主要执笔人： 徐笑阳　成　飞　熊文婷　曾　瑜　陈　茹

张　驰　周　琴

课题组成员（所有成员）：

鄢春根　景德镇陶瓷大学

徐笑阳　景德镇陶瓷大学

万继祥　国家知识产权局专利局

熊文婷　江西省陶瓷知识产权信息中心

成　飞　江西省陶瓷知识产权信息中心

陈　茹　华中科技大学

张　驰　华中科技大学

周　琴　景德镇陶瓷大学

曾　瑜　江西省陶瓷知识产权信息中心

方　慧　江西省陶瓷知识产权信息中心
樊　欣　华中科技大学
张　弦　华中科技大学
肖　毅　景德镇陶瓷大学
王盛昭　景德镇陶瓷大学
陶训林　景德镇陶瓷大学

四、研究分工

数据检索：徐笑阳　曾　瑜　熊文婷　方　慧　周　琴

数据清理：鄢春根　万继祥　徐笑阳　成　飞　曾　瑜　熊文婷　方　慧　周　琴　肖　毅　王盛昭　陶训林

数据标引：徐笑阳　成　飞　熊文婷　方　慧　周　琴　肖　毅　王盛昭

图表制作：成　飞　曾　瑜　熊文婷　方　慧　周　琴　徐笑阳　肖　毅　王盛昭　董衍泽

报告执笔：徐笑阳　成　飞　熊文婷　曾　瑜　张　驰　陈　茹　周　琴　万继祥　肖　毅　方　慧

报告统稿：万继祥　徐笑阳

报告编辑：方　慧

报告审校：徐笑阳　万继祥

五、报告撰稿

徐笑阳：主要执笔第8章、第9章

熊文婷：主要执笔第3章第3.1节、第5章

陈　茹：主要执笔第1章

张　驰：主要执笔第3章第3.3节

周　琴：主要执笔第2章、第6章

成　飞：主要执笔第7章

曾　瑜： 主要执笔第4章

方　慧： 主要执笔第3章第3.2节

肖　毅： 参与执笔第8章第8.2.1节、第8.3节

六、指导专家

行业专家

刘维良　景德镇华迅特种陶瓷有限公司

技术专家（按姓氏音序排序）

劳新斌　景德镇陶瓷大学

王艳香　景德镇陶瓷大学

张海波　华中科技大学

专利分析专家（按姓氏音序排序）

李银锁　国家知识产权局专利局

蓝　娟　华智数创（北京）科技发展有限责任公司

汪　勇　北京华创智道知识产权咨询服务有限公司

七、合作单位（排序不分先后）

景德镇陶瓷大学　华中科技大学　江西省陶瓷知识产权信息中心

目　录

第1章　概　　况

1.1　研究背景

以含碳难熔化合物为主要成分的一类陶瓷，总称为碳化物陶瓷，属于先进陶瓷材料，可分为金属碳合物（如碳化钛、碳化锆、碳化钨等）和非金属碳化物（如四硼化碳、碳化硅等）两大类。碳化物陶瓷间的原子多以较强的共价键结合，因而表现出熔点高、硬度大、机械强度高、导热性能好、膨胀系数低、抗氧化等一系列优良性能，有些还具有特殊的电、磁或热学性能。

典型的碳化物陶瓷材料有碳化硅、碳化硼、碳化钛、碳化钨、碳化锆等。碳化硅陶瓷产品主要应用在航天航空高精密陶瓷部件、机械密封件、碳化硅坩埚、窑炉棍棒、承烧板等耐火材料以及IC集成电路部件；碳化硼陶瓷是最轻的硬质材料，是非常理想的装甲材料，也已应用于耐磨材料、自润滑材料和切割研磨工具材料等领域；碳化钛和碳化钨是硬质合金的主要组成部分，还可作为涂层材料、焊料、金属陶瓷添加剂、火箭喉衬/护板用材料；碳化锆广泛应用于核燃料、电子材料、高超声速飞行器的对热防护材料。

本课题高性能碳化物先进陶瓷界定为具备高硬度、高模量、耐磨损、耐高温、耐腐蚀、抗侵蚀、生物相容性以及优异的电绝缘和透光透波等特性，并广泛应用于航天航空、国防军工、机械化工、生物医疗、信息电子、核电与新能源等领域的碳化物陶瓷材料。

随着科学技术的进步以及航天航空、电子、核能源和国防等领域的快速发展，高性能碳化物先进陶瓷产品的需求将大大地提升。另外，为顺应《“十三五”国家战略性新兴产业发展规划》的核心要求，新材料需向高性能化、多功能化发展，同时要提高新材料应用水平，推进新材料融入高端制造供应链。

1.1.1　技术概述

碳化物陶瓷制备工艺一般包括粉体制备、成型、烧结等步骤（见图1-1-1）。

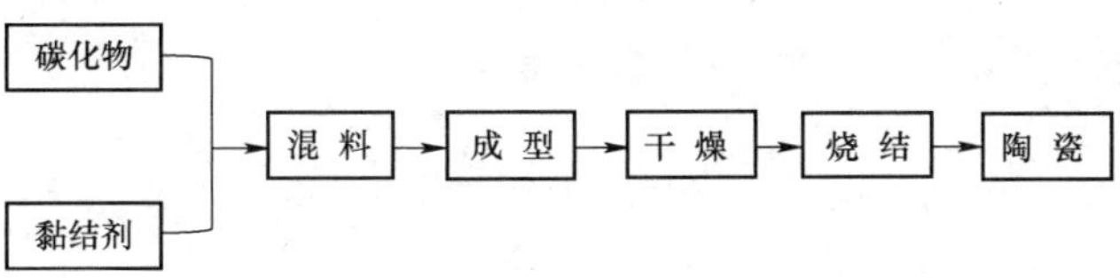

图1-1-1　碳化物陶瓷制备工艺

粉体制备技术主要分为固相反应法、液相反应法和气相反应法三大类。粉体的特性对陶瓷后续成型和烧结有显著的影响，特别是影响陶瓷的显微结构和机械性能。

成型技术是将陶瓷原料按照实际生产的要求制作成具有规定形状、尺寸及一定强度的生坯，是陶瓷制备工艺中重要的一环。成型技术在很大程度上决定了坯体的均匀性和制备复杂形状部件的能力，并直接影响到材料的可靠性和最终陶瓷部件的成本。成型技术主要包括：流延成型、凝胶注模成型、固体无模成型、干法成型、挤压成型、注射成型、热压铸成型、注浆成型等，其中凝胶注模成型和3D打印成型是近几年发展的热点：

凝胶注模成型是一种新的陶瓷成型技术，可分为水溶性和非水溶性两类。凝胶注模成型可以净尺寸制造复杂形状的陶瓷部件，其操作工艺简单，湿坯和干坯强度高，坯体均匀，有机物杂质含量少，陶瓷烧结体性能优良，成型周期短。

3D打印成型属于固体无模成型技术范畴，采用辊子将陶瓷粉末预先铺平，然后将黏结剂溶液按零件截面形状从喷头中喷出，使粉末黏结在一起形成零件形状，层层叠加直至形成预设的三维模型。3D打印成型过程无需任何模具或模型参与，使过程更加集成化，制造周期缩短，效率得以提高；同时成型体几何形状及尺寸可通过计算机软件随时改变，无须等待模具的设计制造，缩短了新产品开发时间。目前，基于3D打印成型技术制造陶瓷模具的方法已经得到了良好的发展并成功市场化。

烧结是将陶瓷坯体在高温下进行致密，最终形成固体材料的一种技术。烧结的结果是颗粒之间发生黏结，烧结体的强度增加，而且多数情况下密度提高。如果烧结条件控制得当，烧结体的密度和其他物理、机械性能可以接近或达到相同成分的致密材料。影响烧结的因素有粉末颗粒度、添加剂、烧结温度和时间、烧结气氛、成型压力等。按烧结方式可以分为常压烧结、反应烧结、重结晶、热压烧结、气氛烧结、热等静压烧结、微波烧结、自蔓延烧结、放电等离子烧结、激光烧结等。其中常压烧结和反应烧结因操作简便成为研究的重点：

常压烧结是在无外界压力条件下，将具有一定形状的坯体放在一定温度和气氛条件下经过物理化学过程变成致密、体积稳定、具有一定性能的固结致密块体的过程。这种方法不仅简单易行，而且适用于不同形状、大小物件的烧制，温度便于控制，是使用最为广泛的方法。

反应烧结是陶瓷原料成型体在一定温度下通过固相、液相和气相相互间发生化学反应，同时进行致密化和规定组分的合成，得到预定的烧结体的过程，其制品在烧成前后几乎没有尺寸收缩，可以制造尺寸精确的制品。

在过去的几十年里，各国学者不断改进碳化物陶瓷制备工艺，尤其在成型和烧结技术上，希望能进一步提高碳化物陶瓷的性能。

1.1.2 产业现状

1.1.2.1 产业规模

高性能碳化物先进陶瓷是先进陶瓷中的重要组成部分，伴随先进陶瓷各种功能的不断发掘，作为各行业支撑材料的地位日益显著，其市场容量也进一步提升。根据市场研究机构 Research and Markets 的预测（见图 1-1-2），全球先进陶瓷市场规模将从 2015 年的 631. 1 亿美元增长到 2021 年的 1048. 54 亿美元，年复合增长率约 8. 81%；在多个终端行业需求量增长带动下，预计到 2024 年，全球先进陶瓷市场规模将达 1346 亿美元❶。

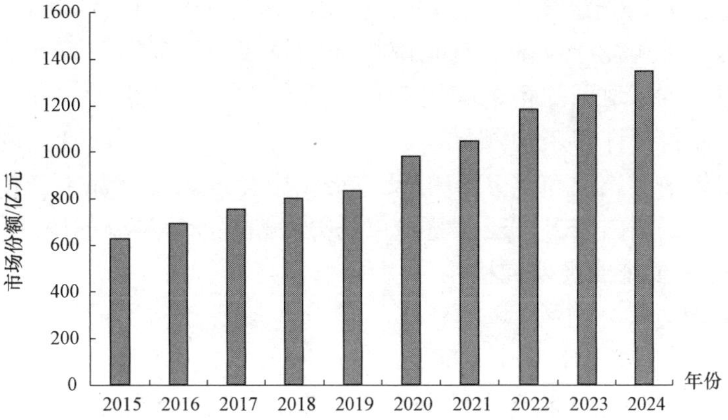

图 1-1-2 全球先进陶瓷市场规模增长趋势预测

从分地区来看（见图 1-1-3），北美先进陶瓷市场预计将从 2017 年的 134. 58 亿美元增长到 2023 年的 188. 65 亿美元，年复合增长率为 5. 79%。南美地区 2017 年先进陶瓷市场约 74. 62 亿美元，预计 2023 年将达到 107. 31 亿美元，年复合增长率为 6. 24%。欧洲先进陶瓷市场预计将以 6. 33% 的复合增长率增长，到 2023 年达到 237. 22 亿美元。亚太地区先进陶瓷市场预计将从 2017 年的 268. 63 亿美元增长到 2023 年的 432. 64 亿美元。

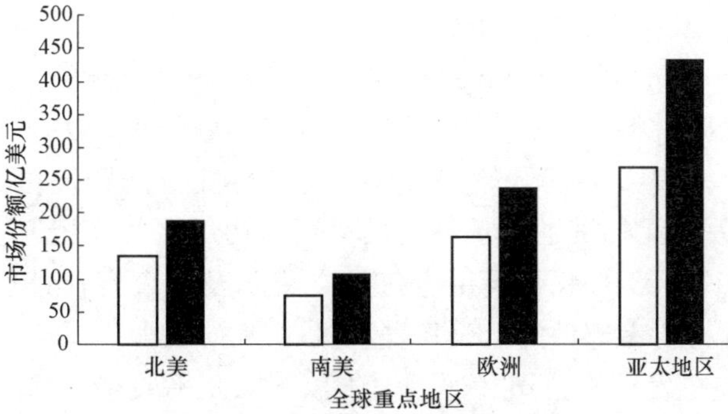

图 1-1-3 全球重点地区先进陶瓷市场预测

目前国外先进陶瓷发展处于领先地位的区域主要有美国、日本、欧盟、俄罗斯等。

❶ 新材料在线．2019 先进陶瓷材料产业简析［EB/OL］.［2019-07-11］. http://www.xincailiao.com/news/news_ detail.aspx? id=513396.

其中，美国在先进陶瓷在航空航天、核能等领域的应用处于领先地位；日本在先进陶瓷材料的产业化和民用领域方面占据领先地位，并占有约一半的全球先进陶瓷市场份额；欧盟在先进陶瓷部分细分应用领域和机械装备领域处于领先地位；俄罗斯、乌克兰在结构陶瓷和陶瓷基复合材料方面实力雄厚。

我国先进陶瓷产业主要集中在山东、江西、广东、江苏、浙江、河北、福建等地；其中，华东地区较大的先进陶瓷产业基地有山东淄博和潍坊、江苏宜兴、江西萍乡，华中地区较大的先进陶瓷产业基地有湖南株洲和娄底，华南地区较大的先进陶瓷产业基地有广东佛山。宜兴地区的精细陶瓷产业已经形成较大的生产规模，产品的应用范围也大大扩展，涵盖了许多工业领域，其产品不仅大量出口，而且国内市场的占有率也较高。潍坊则集中了我国80%以上的反应烧结碳化硅陶瓷产品，产值上十亿，产品数百种，不但满足了国内需求，还大量出口到美国和欧洲等国家或地区[1]。

1.1.2.2 国内外主要企业及研究机构

（1）美国通用电气公司[2]

美国通用电气公司（General Electric Company，以下简称“通用电气”）创立于1892年，其旗下的通用电气航空集团是世界领先的民用、军用、公务和通用飞机喷气及涡桨发动机、部件和集成系统制造商。通用电气早在1992年就开始与美国国家航空航天局（NASA）合作，在使能推进材料项目（Enabling Propulsion Materials，EPM）下开始研发高速民用运输机用陶瓷基复合材料燃烧室内衬，至今通用电气一直在寻求陶瓷基复合材料的新发展。

2012年4月通用电气携手SNECMA对外发布，将联合日本碳素公司合资成立日本NGS先进纤维公司，生产和销售“Nicalon”品牌碳化硅连续纤维。2013年6月通用电气投资1.25亿美元建设1.16万平方米的生产基地。2015年2月10日，其在F414涡扇发动机验证机上成功验证了世界首个旋转低压涡轮构件，为碳化硅/碳化硅（SiC/SiC）复合材料在航空发动机和燃气轮机上的应用指明了方向。2016年6月，通用电气航空集团从日本NGS先进纤维公司获得纤维生产技术许可，投资2亿美元在美国亨茨维尔新建了两个碳化硅材料工厂，其中一个生产碳化硅纤维，另一个利用碳化硅纤维制备陶瓷基复合材料，2018年起开始对外供货。该碳化硅陶瓷纤维工厂获得了美国空军研究实验室2190万美元的资助，预计全面运行后通用电气陶瓷基复合材料年产能将达到20吨。截至2017年3月底，通用电气航空集团及其合资伙伴已经售出了超过12万台使用陶瓷基复合材料零部件的LEAP发动机。

1974年由赛峰飞机发动机公司和通用电气以50/50平股组建CFM国际公司，致力于共同研发CFM56系列和LEAP发动机。通用电气和普拉特 & 惠特尼公司以50/50平股组建合资公司EA。

2018年，通用电气航空集团以306亿美元的营收，占据通用电气总营收的1/4，同

---

[1] 我国先进结构陶瓷产业分布与应用发展状况［EB/OL］.［2018-09-12］. http://www.sohu.com/a/253532549_160340.

[2] 参见美国通用电气公司官网 https://www.ge.com/cn/.

时还有20%的利润增幅。其中，飞机发动机业务以227亿美元的营收，成为通用电气的绝对吸金主力。2019年一季度，通用电气航空集团交付了751台商用飞机发动机，同比增长15%。其中，CFM国际公司交付了424台LEAP飞机发动机，同比增长两倍多。在利润贡献上，一季度，通用电气航空集团利润达16.6亿美元，同比增长4%，占通用电气当期总利润的62%。

（2）日本碍子株式会社❶

日本碍子株式会社（以下简称“日本碍子”）成立于1919年5月5日，注册资本为698亿日元，总销售额为4635亿日元，网点遍布21个国家及地区，子公司57家。自1919年创业以来，不断开发并推出了支撑社会基础、有助于环保的产品，通过将多孔质陶瓷、功能性陶瓷、结构材料陶瓷等关键材料与独立成型、烧成、加工及评估技术等关键技术相融合，打造出了挖掘陶瓷可能性的创新性产品。

日本碍子以陶瓷技术为核心技术，考虑到2019财年中国加强减排限制会带来需求的大幅增加，不但建成了生产汽车尾气微粒子陶瓷滤清器（GPF）的中国第二工厂，还落实推进了以泰国工厂（大型汽车尾气净化器载体HONEYCERAM）为中心的增产投资。该公司将新产品在销售额中的占比提升至30%以上作为全公司的目标，努力研发新产品和事业化产品。其中，小型超薄型高容量芯片式陶瓷二次电池“EnerCera”系列产品已经研发成功。该系列产品在2019年1月美国拉斯维加斯举办的世界最大规模的国际消费类电子产品展览会（CES2019）上荣获创新奖等，备受好评，2019年4月已投入批量生产。其可应用于智能芯片、IoT设备以及可穿戴终端等，预计依次开始量产。另外，2019年2月，该公司开发的二氧化碳分离回收用大型陶瓷膜（DDR型沸石膜）产品被使用在日本石油天然气与金属矿物资源开发机构（JOGMEC）和日挥株式会社在美国油田共同进行的验证实验中。

（3）日本揖斐电株式会社❷

日本揖斐电株式会社（以下简称“揖斐电”）成立于1912年。早年，它一直以电化产业为主，然后将业务重点转移到建筑材料、电子产品和陶瓷上。近年来，揖斐电将技术开发的重点放在了四个领域：汽车功能产品、下一代移动产品、高级陶瓷产品和生物材料产品。目前总资产为58855万美元，总销售额为291809万美元，职员人数为33726人，产品种类包括印制电路板、封装电路板、建筑材料、陶瓷材料及特殊碳素材料等，每年将其销售额的5%用于技术开发，2016年技术开发金额到达165亿日元。

揖斐电陶瓷业务部门由于日元兑欧元升值、产品结构变化以及销售价格下降，营业收入下降，但是由于汽车市场蓬勃发展，总体销售仍然强劲。为了扭转业务，2017年，该公司将柴油机微粒过滤器（DPF）和工业装置催化剂（SCR）部门整合到尾气控制产品（ECP）部门中。在该部门下，按产品线对业务部门进行了定位，以实现更加敏捷和高效的运营。

---

❶ 参见日本碍子株式会式官网 https://www.ngk-insulators.com/cn/info/index.html.

❷ 参见日本揖斐电株式会社官网 https://www.ibiden.com/.

2019年该公司启动了汽车功能产品开发中心、未来移动产品开发中心、先进陶瓷开发中心和生物材料产品开发中心，以促进特定领域新产品的开发。同时也加强与其他公司的合作，加快陶瓷材料的开发。

该公司研制的柴油机微粒过滤器的过滤效率超过99%，占据全球市场60%的份额。该产品通过在高温下对碳化硅颗粒进行再结晶烧结，均匀地形成微米级的孔，以允许废气通过，从而有效地捕获颗粒物。

随着下一代飞机发动机对更高效率的要求，陶瓷基复合材料作为一种新型耐热材料越来越受到关注，揖斐电已经开始开发低成本、高可靠性的基础材料加工技术，以扩展陶瓷基复合材料的可能性。揖斐电先进陶瓷材料开发中心通过结合其在陶瓷业务中积累开发的专有核心技术来开发碳化硅/碳化硅复合材料，包括碳化硅和石墨烯烧结以及化学气相沉积技术，以实现陶瓷基复合材料的商业化。揖斐电与丰田工业株式会社、东京工业大学和日本航空航天局（JAXA）合作，作为川崎重工有限公司的分包商，开发用于飞机发动机的陶瓷基复合材料组件；与三菱重工航空发动机有限公司和东京工业大学合作，开发一种高速基板材料制造工艺，能高效经济地生产飞机发动机复合材料。

同时，该公司与东芝公司已经开发了制造具有出色耐热性和耐酸性的碳化硅的核电站反应堆堆芯材料技术，并成功地制作了燃料组件外罩材料的原型。这项研究是与核工业有限公司、东京大学先进科学与技术研究中心的香川丰孝教授以及东北大学材料研究所的后藤隆史教授共同进行的。在这次合作中，用于燃料组件盖的是碳化硅长纤维增强碳化硅陶瓷基复合材料，采用化学气相沉积形成碳化硅复合材料膜，并优化了成膜设备和工艺，成膜速度是传统的20倍。此外，在保持密度和强度的同时，可以高精度制造长度超过4米的燃油总成覆盖材料。这项技术可以应用于特殊的形状，例如细长的气缸以及燃料包壳管。该公司目标是到2025年实现产品商业化，以替代现有工厂的组件。

（4）圣戈班集团❶

圣戈班集团（Saint Gobain）成立于1665年，在2018年最新《财富》世界500强公司排名231位，2017年销售额460亿美元，在全球拥有近17万名员工。圣戈班陶瓷材料主要从事各种先进陶瓷材料的研发及生产，其产品范围包括陶瓷颗粒与粉末、特种耐火材料、陶瓷系统及快蜡实业等。

2018年业绩稳定增长4.4%，其中第四季度增长4.8%；产品价格持续走强，2018年总体上涨3.0%，其中下半年加速上涨3.5%；2018年下半年营业收入增长达7.2%，显著高于上半年，全年增长4.5%；2018年经常性收入进一步增长6.0%；资产减值20亿欧元后，2018年净收入为4.2亿欧元。圣戈班集团自1985年进入中国市场，至今在华已设立一家研发中心和近40家生产基地，拥有近6570名员工，2018年营业额约为12.09亿欧元。

2019年5月，该集团发布消息称已将碳化硅业务出售给私募股权公司Opengate Capital，本次出售的碳化硅业务包括颗粒和粉末业务，这两部分业务的年销售额约为

❶ 参见法国圣戈班集团官网 https://www.saint-gobain.com/en.

1.2亿欧元。

（5）中国科学院上海硅酸盐研究所[1]

中国科学院上海硅酸盐研究所（以下简称“上硅所”）源于1928年成立的国立中央研究院工程研究所，1953年更名为中国科学院冶金陶瓷研究所，1959年独立建所，定名为中国科学院硅酸盐化学与工学研究所，1984年改名为中国科学院上海硅酸盐研究所。截至2018年底，在职职工750人，其中专业技术人员632人，中国科学院院士1名，中国工程院院士2名。学科方向是先进无机材料科学与工程，主要研究领域覆盖了高性能结构陶瓷、功能陶瓷、透明陶瓷、陶瓷基复合材料、人工晶体、无机涂层、能源材料、生物材料、古陶瓷以及先进无机材料性能检测与表征等，是国内该领域科学研究单位中门类最为齐全的研究所。

2012年5月，上硅所和易成新材料公司联合组建高性能陶瓷材料应用技术联合研发中心，以上硅所科研资源为基础，整合市场需求信息和企业前期开发工作，充分发挥易成新材料公司在碳化硅材料领域里多年来形成的优势，联合攻关，集中力量搞好碳化硅材料研究，使该中心成为易成新材料公司的主要创新基地。

历年来，上硅所累计取得科技成果1100多项，获得国家、中国科学院、上海市等省部级以上各类科技奖项417项，其中国家发明奖有30项，国家自然科学奖9项，国家科技进步奖15项。经过50多年的发展，上硅所已成为一个以基础性研究为先导，以高技术创新和应用发展研究为主体的无机非金属材料综合性研究机构，形成了“基础研究-应用研究-工程化研究及产业化工作”有机结合的较为完备的科研体系。

1.1.3 产业需求

随着全球工业技术的不断发展，对器件、材料的要求越来越高，高性能碳化物先进陶瓷耐高温、耐火的性能受到很多领域的青睐，产业需求明显，尤其是在航空航天、防弹装甲等领域。

1.1.3.1 航空航天领域

（1）航空发动机

为了改善航空发动机的推重比和降低燃料消耗，最根本的措施是提高发动机的涡轮进口温度。发动机涡轮前温度与航空发动机热端部件材料的最高允许工作温度直接相关。碳化硅/碳化硅陶瓷基复合材料保留了碳化硅陶瓷耐高温、高强度、抗氧化、耐腐蚀、耐冲击的优点，同时兼具碳化硅纤维增强增韧作用，克服了碳化硅陶瓷断裂韧性低和抗外部冲击载荷性能差的先天缺陷。据初步计算，采用耐温1480℃的陶瓷基复合材料高压涡轮叶片可使发动机燃油消耗率降低6%。同时，采用陶瓷基复合材料制成的燃烧室高温衬垫所需的冷却气量也大幅减少，进而降低冷却空气同燃油掺混后不完全燃烧生成氮氧化物的机会，氮氧化物的减排潜力可达33%。因此，碳化硅/碳化硅陶瓷基复合材料在航空发动机上有广泛的需求，陶瓷基复合材料被视为取代航空发动机

[1] 参见中国科学院上海硅酸盐研究所官网 http://www.sic.ac.cn/.

高温合金，实现减重增效“升级换代材料”之首选。20世纪80年代，法国率先研制出牌号为CERASEPR系列的碳化硅/碳化硅陶瓷基复合材料，并成功应用于M88-2发动机（配套法国阵风战斗机）喷管外调节片（见图1-1-4）和F100型发动机（配套美国F-15/F-16战斗机）调节片上。根据TechNavio提供的*Global Ceramic Matrix Composites*（*CMC*）*Market* 2019~2023市场调研报告，全球陶瓷基质复合材料市场预计从2019年至2023年将增长近21亿美元，复合年增长率接近10%。[1] 航空制造业的持续增长是未来数年内推动陶瓷基复合材料市场需求增大的关键因素之一。

图1-1-4　M88-2发动机及喷管外调节片[2]

（2）防热系统

航天装备如导弹、火箭、高超声速飞行器等一般飞行速度较高，飞行过程表面温度高，对防热要求较高。导弹在大气飞行的速度很高（接近或者远超过声速），此时由于导弹气动加热，其表面蒙皮及弹头温度会快速升高，普通的铝合金甚至钛合金都难以满足这个要求。例如，美国改进型超音速海麻雀导弹在发射后8~10秒，弹体蒙皮温度可达371℃，这种环境下2024铝合金强度会降低90%，难以满足要求。因此，高速飞行的航天装备，需要采用各种不同类型的陶瓷材料及复合材料来实现防热，如美国X-47B高超声速飞行器使用了碳/陶瓷复合材料用来防热，耐温可达1700℃。

大气层的高温和外层空间低温范围为-121~1649℃，在前门和机翼前缘，航天飞机将承受非常高的温度（大于1260℃），因此需要可以承受发射和返回过程中高温环境的先进材料。日本以碳化硅/碳化硅复合材料作为空天飞机HOPE-X的平面翼板及前沿曲面翼板等热保护系统；法国以碳化硅/碳化硅复合材料作为空天飞机HERMES的盖板隔热层；美国洛马公司采用碳化硅/碳化硅复合材料开发出来的耐热瓦已有3万余块用于美国哥伦比亚号航天飞机上，应用效果良好，自1981年以来哥伦比亚号共成功执行任务近30次。[3]

（3）光学部件

大口径光学反射镜是高分辨率空间对地观测、深空探测和天文观测系统的核心元

---

[1] 航空航天材料下一个蓝海：碳化硅陶瓷基复合材料行业深度报告［R/OL］.［2017-04-20］. http://192.168.73.134/www.sohu.com/a/135369452_ 655347.

[2] 法国曾正式向中国推销M88发动机装备枭龙［EB/OL］.［2007-12-25］. http://mil.news.sina.com.cn/p/2007-12-25/0747478127.html.

[3] 航空市场快速推动全球陶瓷基复合材料的市场需求［EB/OL］.［2019-03-13］. http://www.aviation.cn/2019/0313/47910.html.

件，其制造技术水平是衡量一个国家高性能光学系统研制水平的重要标志，对国防安全、国民经济建设、基础科研能力和减灾具有重要意义。国际上常用的反射镜基体材料有石英玻璃、微晶玻璃、碳化硅、金属铍以及碳纤维/碳化硅复合材料等。反射镜直径越大，光学望远镜的分辨率和精度就越高，尤其是针对运动目标。因此，对更大口径反射镜的需求是无止境的，这也是国际竞争的焦点。与其他材料相比，碳化硅具有更大的比刚度和热稳定性，在满足同样的光学口径和精度要求时，碳化硅反射镜具有更小的重量和更优的热稳定性，因此碳化硅成为大口径反射镜镜坯材料中的佼佼者。从20世纪80年代初开始，美国、俄罗斯、德国、法国等国家开始在空间遥感光学领域进行碳化硅陶瓷基反射镜制造技术的研究和探索，90年代成功制备出碳化硅陶瓷基反射镜并在空间遥感技术领域开展了一系列实际应用，现已在碳化硅陶瓷材料制备和碳化硅陶瓷基镜坯制造、研磨和抛光等专项关键技术方面取得了较大进展。NASA采用化学气相沉积法和液硅浸渗法制备出了直径600 mm左右的碳化硅和碳/碳化硅材质的反射镜镜坯，经过精抛加工，表面光洁度达到2 nm，而表面密度只有7~9 kg/m^3。德国IABG公司研制出直径为600 mm的具有轻量化结构的反应烧结碳化硅镜坯，德国KIS公司研制出直径为360 mm的碳/碳化硅陶瓷反射镜，经过精抛加工，表面光洁度达到2 nm，面形精度可达较高的水准。美国SSG公司研制出直径为600 mm的碳化硅反射镜镜坯，主镜重量小于6 kg。法国制备的直径为352 mm的轻型碳化硅反射镜质量仅为1.7 kg。

在我国，2004年国内首个自主研发的大口径碳化硅空间反射镜材料研制成功；2005年初按照工程应用要求研制出合格的500 mm以上轻量化碳化硅反射镜；2009年，“遥感卫星”八号正式升空，实现国产大尺寸碳化硅反射镜在工程任务上的首次成功应用；2 m量级口径反射镜已在实际工程应用；2018年7月，“4 m量级高精度碳化硅非球面反射镜集成制造系统”项目通过验收，它也是目前为止世界上口径最大的单体碳化硅反射镜❶（见图1-1-5）。

图1-1-5　4 m大口径高精度碳化硅非球面反射镜❷

❶ 陈欢欢．4米碳化硅反射镜诞生记［EB/OL］．［2018-08-22］．http://www.cas.cn/cm/201808/t20180822_4661265.shtml.

❷ 中科院成功研制4.03米世界最大口径单体碳化硅反射镜［EB/OL］．［2018-08-22］．https://military.china.com/jsbg/11177786/20180822/33645186.html.

1.1.3.2 防弹装甲领域

金属材料可以通过塑性变形吸收弹头的能量，而陶瓷作为脆性材料，破坏时塑性变形量近乎为零。在弹头较大的冲击力作用下，陶瓷材料主要通过微破碎过程吸收能量，装甲陶瓷表层能使得弹头钝化，表面粉碎为细小而坚硬的颗粒；变钝的弹丸继续深入，使得装甲陶瓷形成碎片层，材料内部的拉应力使得陶瓷碎裂，剩余的能量由背板吸收。简言之，陶瓷材料高硬度的特点能够钝化甚至破碎弹头，并通过自身破碎的过程吸收高速弹头的能量；同时，陶瓷材料具有不到钢材一半的密度，非常适合移动装甲和单兵防护。目前，常用的装甲陶瓷材料主要为碳化硼、碳化硅和氧化铝。氧化铝因其成本低而在防弹上得到更广泛的应用，但其防弹等级最低、密度也最大；碳化硼防弹性能最好、密度最小，但其价格最为昂贵；碳化硅陶瓷材料在成本、防弹性能和密度指标方面均介于二者之间，因而最有可能成为氧化铝防弹陶瓷的升级换代产品。

高性能碳化硅陶瓷与超高分子量聚乙烯纤维、芳纶纤维复合材料制备的防弹衣用插板产品质量轻，防护级别高且性能稳定，满足美国 NIJ0101.06 防弹服防弹性能标准、中国国家军用标准 GJB4300-2002 及中国公安部 GA141-2010 标准。与同级别氧化铝陶瓷复合制品相比，质量减轻 20% 以上，大大减轻了单兵装备质量。与传统的钢制防护板相比，由碳化硅陶瓷面板与先进的复合材料背板组成的防弹陶瓷复合装甲，价格低、质量轻（可减轻 60% 以上）。碳化硅陶瓷与芳纶纤维机织布复合而成的防护板，正替代传统的装甲钢板，装备于车门、地板、车内座椅、工具箱等关键部位，成为警用及民用车辆防弹改装的新兴材料。

碳化硅陶瓷装甲也在警、民用特种车辆上得到越来越多的应用。20 世纪 60 年代，碳化硼陶瓷最先用于设计防弹背心，并装配到飞机飞行员的座椅上。之后，由陶瓷面板和复合材料背板共同构成防弹陶瓷复合装甲，且在 70 年代后被美国等西方军事强国应用于运兵车、坦克及军机中。2016 年，中国人民解放军全面列装的中国航空工业昌飞武直-10 采用了碳化硼陶瓷装甲板，使得直升机脆弱的座舱肩膀两侧能够抗击 12.7mm 大口径机枪子弹（见图 1-1-6）。

据《经济时报》（*The Economic Times*）报道，斯图皮诺机械制造厂（SMPP）获得了价值 1 亿美元的订单，向印度军队提供 18.6 万余件防弹衣，其 40% 的原材料（包括织物和碳化硼粉体在内）将从中国进口。[1]

据不完全统计显示，中国制造、使用中国防弹陶瓷插板以及使用中国陶瓷原料制作的防弹衣已经占到了防弹衣市场的近九成。

---

[1] 石宏．印度为何要从俄罗斯买 18 万件防弹衣［EB/OL］．［2018-06-12］．http://baijiahao.baidu.com/s?id=1603052615424150870&wfr=spider&for=pc.

（1）武直-10装备防弹板❶

（2）B_4C陶瓷防弹片❷

图1-1-6 碳化物陶瓷防弹装甲应用

1.1.3.3 国内外产业差距

（1）缺乏高性能原材料

目前我国高性能碳化硅陶瓷粉末需从圣戈班集团进口，高品质的防弹装甲用碳化硼、超高温陶瓷用硼化锆等粉末需从德国H. C. Starck等公司进口。碳化硅/碳化硅陶瓷基复合材料已广泛应用于航空航天，其中碳化硅目前仅日本和美国能批量提供通用级和商品级的碳化硅纤维。日本和美国已生成了第三代碳化硅纤维，而我国才实现第二代碳化硅纤维的量产。

（2）生产技术与装备相对落后

虽然我国高性能结构陶瓷生产工艺技术已有很大提升，但在关键工艺技术和装备上仍然有较大差距，国产装备的性能和可靠性还难以达到国际先进水平。陶瓷生产的工艺装备包括粉体处理装置、各种成型设备、不同类型高温烧结炉、精密研磨加工设备等，大多不是市场上通用的机械装备；而且我国自主开发的专用设备与进口设备相比还存在一定差距，主要体现在设备的精度、可靠性、稳定性以及寿命方面，例如陶瓷粉末喷雾造粒装置、注射成型机、气氛压力烧结炉、热等静压烧结炉、陶瓷精加工的研磨设备、加工中心等。

（3）未形成大规模产业化发展

从国内外产业现状看，我国高性能碳化物先进陶瓷产业起步较国外晚，由于制备方法、生产设备、制品应用等方面原因，还未完全形成大规模的产业化发展的局面。

---

❶ 碳化硅与碳化硼陶瓷在防弹装甲领域应用［EB/OL］.［2018-07-31］. http://www.360powder.com/technology_details/index/4735.html.

❷ 美琪林. 无压烧结碳化硼陶瓷防弹片厂家B_4C陶瓷防弹板产地货源［EB/OL］.［2019-10-21］. http://china.makepolo.com/product-picture/101049330970_0.html.

国内碳化物陶瓷领域的企业数量虽多，但规模普遍较小，行业内中小微企业约占70%。多数中小微企业的核心技术基本依靠引进，其产品单一，制备成本较高，缺乏企业自主创新能力和市场竞争力。

（4）缺少国际品牌或专业化大型公司

如前所述，美国、日本、德国、法国、英国等发达国家在高性能碳化物先进陶瓷材料及应用领域已有一批具有国际品牌价值和影响力的大公司，如美国的通用电气及赛瑞丹、德国 CeramTec 公司、法国圣戈班集团、日本碍子等，这些大公司的产品品质高、种类多，销往全球，很多国家（包括中国）都要进口它们的产品。我国近几年虽然也涌现了一些企业，但绝大多数企业的品牌价值和影响力尚未形成，高度专业化的陶瓷公司也比较少。此外，许多中小型陶瓷企业的产品同质化现象严重，恶性竞争比较激烈，且产品性能指标达不到国际先进水平，因此还难以进入广阔的国际市场。

先进陶瓷材料的发展是国民经济新的增长点，其研究、应用、开发状况是体现一个国家国民经济综合实力的重要标志之一。随着高性能碳化物先进陶瓷材料的广泛应用，尤其是关键领域的应用，国内企业必须要实现技术的突破，形成核心竞争力，构建完善的产业群，缩小与国外企业的差距，减少在技术和产品方面对国外企业的依赖，才能应对国际竞争，在全球产业分工格局中占有一席之地。

1.1.4 产业政策

2006年碳化硅陶瓷制品收入《中国高新技术产品目录》。2010年国务院发布《国务院关于加快培育和发展战略性新兴产业的决定》，提出大力发展功能陶瓷等新型功能材料。2012年工业和信息化部会同国家发展和改革委员会、科学技术部、财政部等有关部门和单位编制了《新材料产业“十二五”发展规划》，指出要重点突破粉体及先驱体制备、配方开发、烧制成型和精密加工等关键环节；进一步提高特种陶瓷基体和碳化硅、氮化硅、氧化铝等增强纤维，以及新型颗粒、晶须增强材料及陶瓷先驱体制备技术水平，加快在削切工具、耐磨器件和航空航天等领域的应用；推动以碳化硅单晶和氮化镓单晶为代表的第三代半导体材料产业化进程。2013年工业和信息化部编制了《新材料产业标准化工作三年行动计划》，明确要重点研制电光陶瓷、压电陶瓷、碳化硅陶瓷等先进陶瓷材料。2015年国务院印发《中国制造2025》，要求加快研发新材料制备关键技术和装备，突破产业化制备瓶颈；积极发展军民共用特种新材料，加快技术双向转移转化，促进新材料产业军民融合发展。2016年科学技术部公布《国家重点支持的高新技术领域》，其中新材料领域涉及结构陶瓷、陶瓷基复合材料强化增韧技术及功能陶瓷制备技术。2019年《国务院政府工作报告》中提出要促进建立新材料产业集群。国家政策的指导与保障，推动中国新材料产业规模保持稳步增长，由2010年的6500亿元增长至2014年的1.6万亿元，年均增速保持在25%左右（见图1-1-7）。

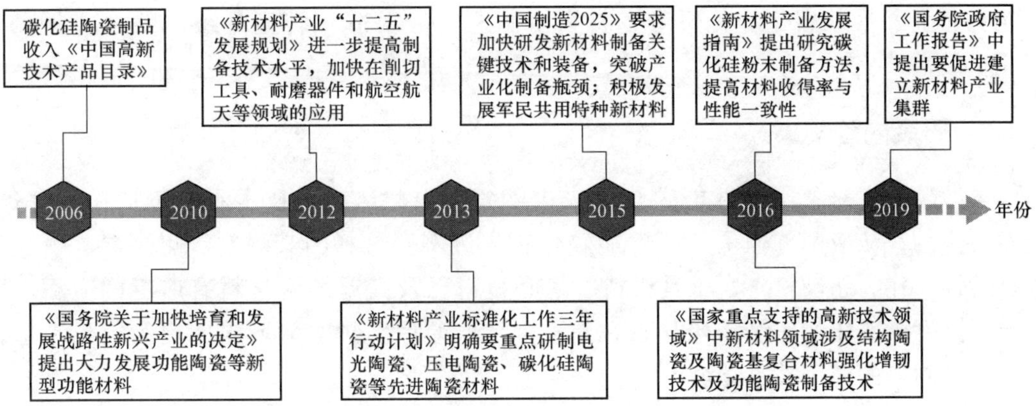

图 1-1-7 我国新材料产业政策主要脉络

同时，各国也对高性能碳化物先进陶瓷相关项目的研究给予支持。美国、日本等发达国家推出了一系列国家级的研究计划与项目，研究陶瓷基复合材料在航空发动机热端部位的应用，如美国 NASA 的 HIPTET、HSR/EPM 和 UEET 计划，日本的 AMG 计划等。2019 年我国启动了"碳化硅基先进陶瓷产业发展战略研究"战略咨询项目。该项目由北方民族大学何季麟院士牵头，江东亮、王海舟、薛群基、姜德生、张泽 5 位院士共同参与，北方民族大学、上硅所、宁夏北伏科技有限公司联合研究。

1.2 研究内容

1.2.1 研究目的

进入 21 世纪以来，世界各国高度重视先进材料。迄今为止，20 多个国家已制定了相关的新兴产业发展战略，启动 100 余项专门计划，在研发、市场、产业环境等不同层面上加强政策扶持力度，推动先进材料行业的革新，带动新一轮科技革命与产业变革的快速发展。然而，在高性能碳化物陶瓷制品的生产与应用上，我国与世界领先水平还存在很大差距。在此背景下，如何应对国际环境的挑战，有效分析全球高性能碳化物先进陶瓷技术信息、市场信息等，改变我国碳化物先进陶瓷的产业发展现状，实现向高性能产品升级，指导我国碳化物先进陶瓷产业未来发展是一个亟待研究的课题。

本课题利用定量和定性分析，对全球高性能碳化物先进陶瓷材料专利的申请趋势、技术布局、技术热点、技术发展方向、技术创新主体、重点专利等进行分析；并结合全球高性能碳化物先进陶瓷材料重点技术分支的科技文献热点分析和军民融合特色分析，了解现有技术水平，研判技术发展趋势；梳理重点专利技术，助力关键技术突破；掌握竞争对手研发动向，制定对应专利策略；了解市场分布，培育行业龙头企业；推动碳化物先进陶瓷材料由制造向“质造”转型升级，助力产业实现高质量发展。

1.2.2 研究内容

本课题研究对象是高性能碳化物先进陶瓷材料。从制备技术看，包括粉体制备、成型、烧结；从应用领域看，高性能碳化物先进陶瓷材料因其耐磨、耐高温、耐蚀等优良特性，作为超硬材料、工具材料、耐磨材料以及高温结构材料有广泛的应用。近几年，高性能碳化物先进陶瓷材料在航空航天、装甲防护等领域应用更为突出，这些已成为其新兴的应用技术领域。

本课题采用文献调研、比较分析、专利地图、定量和定性分析方法，对全球高性能碳化物先进陶瓷材料专利和科技文献进行深入、系统的分析，最终形成分析结果。具体研究内容如下：

（1）全球高性能碳化物先进陶瓷材料专利分析

对全球专利申请趋势、专利技术的主要来源地与目标地、专利技术布局、研发重点和热点（研发迁移情况）、全球申请人（专利质量）、全球发明人团队等展开分析，全面了解全球技术整体态势和研究热点。

（2）中国高性能碳化物先进陶瓷材料专利分析

重点研究中国专利申请趋势、技术聚集区、国内研发重点和热点（与全球、欧美日发达国家或地区对比）、国内申请人等，掌握中国专利总体情况，了解国内在该技术的发展与全球、欧美日发达国家或地区之间的差异，进而对中国高性能碳化物先进陶瓷材料领域进行定位。

（3）全球高性能碳化物先进陶瓷材料重要申请人追踪分析

根据全球专利申请量和专利质量分析（考虑行业影响力、被引次数、专利同族、权利要求数等指标）确定该领域重要申请人。随后进一步分析重要申请人的专利申请趋势、技术布局、技术研发热点和重点、重要专利等，帮助国内从业人员及时把握竞争对手的最新动向。

（4）全球高性能碳化物先进陶瓷材料重点技术分支专利分析和科技文献分析

选择重点制备技术（成型技术和烧结技术）和前沿应用技术（航空航天、装甲防弹）进行分析。对重点技术分支的专利发展历程、技术发展路线、技术发展的热点及空白点（功效矩阵）、技术发展方向、技术引领者、重要专利等进行系统分析；对重点技术分支高水平论文进行全面分析。从中全面了解重点技术分支的发展现状，探明重点分支中的关键技术，可帮助国内技术人员寻找关键技术突破口及关键技术合作伙伴，有针对性地进行技术创新和研究，攻克技术难点，实现技术突破。

（5）高性能碳化物先进陶瓷材料军民融合分析

对美国国防单位、中国军事单位、中国国防解密的高性能碳化物先进陶瓷材料领域专利以及 B_4C 防弹装甲陶瓷材料民参军专利进行系统分析，探讨高性能碳化物先进陶瓷材料军民融合的可能性，提出军民融合的建议。

1.3 研究方法

1.3.1 技术分解

课题组经过广泛征求专家意见，并充分讨论，依据“尊重行业习惯，方便专利文献检索，专利文献量适中”的原则，对高性能碳化物先进陶瓷材料制备技术及制品应用进行了技术分解，详见表1-3-1。

表1-3-1 高性能碳化物先进陶瓷材料技术分解

一级	二级	三级	四级
粉体制备			
成型	模压成型		
	冷等静压成型		
	挤压成型		
	注射成型		
	热压铸成型		
	注浆成型		
	流延成型		
	凝胶注模成型		
	3D打印成型	三维立体印刷	黏合剂喷射（3DP）
			喷墨打印（IJP）
		光固化立体成型	光固化点扫描（SLA）
			数字光处理（DLP）
		激光快速成型	激光选区烧结（SLS）
			激光选区熔化（SLM）
		熔融沉积成型（FDM/FDC）	
		直写自由成型（DIW）	
		自由挤出3D打印	

续表

一级	二级	三级	四级
烧结	常压烧结	B-C 系烧结助剂	
		Al_2O_3-Y_2O_3 系烧结助剂	
		稀土氧化物	
		金属氧化物烧结助剂	
		其他烧结助剂	
	反应烧结	全碳素坯反应	
		合金浸渗	
		纤维多孔预制体渗硅	
	重结晶（再结晶）		
	热压烧结		
	热等静压烧结		
	气氛烧结		
	微波烧结		
	放电等离子烧结		
	激光烧结		
	自蔓延烧结		
	其他		
应用领域	航天航空领域	碳化物陶瓷复合材料	碳/碳化硅复合材料
			碳化硅/碳化硅复合材料
			碳化硼基复合材料
			其他碳化物基复合材料
		碳化物陶瓷	
		碳化物涂层	
	装甲防弹领域	碳化硼基装甲防弹材料	碳化硼/单质复合陶瓷
			碳化硼/延性相复合陶瓷
			碳化硼/硼化物复合陶瓷
			碳化硼/氧化物复合陶瓷
		碳化硅基装甲防弹材料	
		其他装甲防弹材料	
	汽车工业领域		

续表

一级	二级	三级	四级
应用领域	石油化工领域		
	机械、矿业领域		
	电子领域		
	热处理、炼钢领域		
	核工业领域		
	激光领域		

1.3.2 数据范围

课题组以中国国家知识产权局专利数据库、科睿唯安 Derwent Innovation（DI）和 IncoPat 科技创新情报为专利数据源，以 SCI-EXPANDED 数据库和《中国学术期刊（网络版）》为科技文献数据源。

（1）专利文献来源

中国国家知识产权局专利数据库，收录了 103 个国家/地区/组织的专利数据，以及引文、同族、法律状态等数据信息，其中涵盖了中国、美国、日本、韩国、英国、法国、德国、瑞士、俄罗斯、欧洲专利局（EPO）和世界知识产权组织（WIPO）等。

科睿唯安 Derwent Innovation，数据涵盖来自 50 多个专利授权机构及 2 个防御性公开的非专利文献。其通过提供覆盖全球范围（包括亚太地区）专利的英文专利信息，展现出创新活动的完整图景。

IncoPat 科技创新情报，收录了全球 120 个国家/组织/地区 1 亿余件专利信息，数据采购自各国家/地区/组织知识产权官方和商业机构。

（2）科技文献来源

SCI-EXPANDED 数据库，涵盖 170 多个学科的 8850 多种主流期刊，历来被全球学术界公认为最权威的科技文献检索工具，提供科学技术领域最重要的研究信息。

《中国学术期刊（网络版）》是世界上最大的连续动态更新的中国学术期刊全文数据库，内容覆盖自然科学、工程技术、农业、哲学、医学、人文社会科学等各个领域。收录国内学术期刊 8000 种，全文文献总量 5500 万篇。

1.3.3 数据检索

本课题检索主要采用的是总分总的检索策略。因为本课题涉及的技术分支较多，所以先总体检索，其次以二级分支为单位分开检索，最后合起来补充及验证总数据。检索式的构成采取分类号、关键词、分类号+关键词等多种检索模式，外文数据还应用 CPC 分类进行补充检索。

1.3.4 数据处理

1.3.4.1 数据去噪

专利文献的检索数据噪声主要来自三个方面：①数据库自身特点引入的噪声。各数据库在数据加工上存在差异，因此在数据的完整性、数据精度上也有区别。②分类号带来的噪声。主要包括：分类号不准导致检索的专利文献超出了专利分析所需要覆盖的范围；专利文献本身具有多个分类号，有些并不是专利文献的发明点；分类号版本的更新变动。③ 关键词带来的噪声。一个关键词通常会被多个领域共用，因此关键词必然会带来部分噪声。

课题组采用以下去噪手段：①利用关键词检索去噪。分析与检索主题不相关的噪声文献，寻找噪声文献出现频率较高的关键词或关键词组合，对去噪检索式反复调整，直至达到满意的去噪效果。②利用分类号去噪。对检索结果的分类号进行统计分析，删除明显不相关的分类号。③人工去噪。通过阅读标题和摘要进行初筛，删掉与分析主题明显不相关的文献；然后在标引过程中去噪，将实质内容与分析主题不相关的文献去掉。

1.3.4.2 申请人/发明人的确定和整理

在不同的数据库中同一申请人/发明人的名称、数量不尽相同，即使是同一申请人/发明人在同一个数据库中名称也存在差异，而且公司名字的变更、公司并购或母子公司等，也会导致同一申请人的名称不同。因此，课题组对申请人/发明人的名字进行确定和整理。

1.3.4.3 数据查全率、查准率验证

查全率用来评估检索结构的全面性，即评价检索结果涵盖检索主题下的所有文献的程度；查准率用来衡量检索结果的准确性，即评价检索结果是否与检索主题密切相关。

查全率的评估方法是：①选择一名重要申请人，一般为该技术领域申请量排名前十位的申请人或者行业内普遍认可的重要申请人，以该申请人为入口检索其全部申请，通过人工确认其在该技术领域的申请文献量形成母样本。②在检索结果数据库中以该申请人为入口检索其申请文献量形成子样本。③子样本/母样本×100% = 查全率。

查准率的评估方法是：①在结果数据库中随机选取一定数量的专利文献作为母样本；对母样本中的每篇专利文献进行阅读确认其与技术主题的相关性，和技术主题高度相关的专利文献形成子样本。②子样本/母样本×100% = 查准率。

通过上述方法对检索结果进行验证，最终的结果是，中文数据样本的查全率为96%，查准率为97%；外文数据样本的查全率为97%，查准率为92%，达到了研究需要的标准。

1.3.4.4 数据标引

数据标引是根据不同的分析目标，对原始数据中的记录加入相应的属性标识，从

而增加额外的数据项来进行特定分析的过程。“属性标识”可以是技术分解表中的类别，也可以是技术功效的类别，或是其他需要研究的项目类别，可以方便地统计相应类别的专利数量或者其他需要统计的分类项目。

课题组结合人工标引、检索批量标引、关键词标引及分类号标引，在标引过程中做到以下几点：标记去除噪声文献、多个技术方案的专利归到各个技术分支、对技术功效/技术需求进行标引。

1.3.5 相关事项及约定

（1）相关术语解释

本报告中术语解释如下：

同族专利：同一项发明创造在多个国家或地区申请专利而产生的一组内容相同或基本相同的专利文献出版物，称为一个专利族或同族专利。从技术角度看，属于同一专利族的多件专利申请可视为同一项技术。在本报告中，分析重点技术时对同族专利进行了合并统计，针对专利在不同国家或地区的申请情况进行分析时对各件专利进行了单独统计。

项：在对全球专利数据库中的专利进行申请量统计时，对于数据库中属于同一专利族的系列专利文献，计为“1 项”。以“项”为单位进行的专利文献量的统计主要出现在外文数据中。

件：在对各国家/地区/组织布局专利进行申请量统计时，为了分析申请人在不同国家/地区/组织所提出的专利申请的分布情况，将同族专利申请分开进行统计，计为“1 件”。以“件”为单位进行统计的专利文献数量对应于专利的申请件数。一般而言，“1 项”专利申请可能对应于 1 件或多件专利申请。

无效审查：由他人向中国国家知识产权局专利局复审和无效审理部就申请人的某件发明专利提出无效请求。

全球申请：申请人在全球范围内的各专利主管机关提出的专利申请。

在华申请：申请人在中国国家知识产权局提出的专利申请。

申请来源国/地区：专利申请人所属国家/地区。

申请目标国/地区：专利所提交的国家/地区。

重要专利：专利的重要性是由专利的申请日、同族专利数量、法律状态、专利被引频次以及该行业专家技术人员对于行业内重要技术的认定等因素来衡量，并受到市场发展以及技术标准演进等的影响。

（2）数据完整性约定

除单独说明以外，本报告选取的检索截止时间为 2019 年 6 月 30 日，能够检索到的文献包括各数据库中入库记载的截至上述时间公开的专利文献。但由于专利文献申请与公开以及入库之间存在较大的时间滞后性，因此，对于距离检索截止日越近的时间，公开数据与实际申请数据之间的差距越大，对分析结果的影响也越明显。

就普通专利申请而言，根据相关专利法律的规定，一般发明专利申请自申请日（有优先权的自优先权日）起18个月（要求提前公布的申请除外）公开；实用新型专利申请在授权后才能公布；就通过《专利合作条约》（PCT）途径进入相关国家的专利申请而言，通常自申请日（有优先权的自优先权日）起18个月（要求提前公布的申请除外）进行国际公开，30至32个月（要求提前进入国家阶段的申请除外）后进入国家阶段，而后才由相应国家以本国语言公开。鉴于这些原则以及本报告的检索截止时间，对于全球及中国申请中的国内申请，2017年12月后的数据均存在不完整问题。为此，本课题报告中（如在专利申请量趋势图中）呈现出近期年份的申请量小幅下降的趋势，并不完全意味着该技术领域专利申请量进入衰减阶段，需结合其他信息综合分析判断。

（3）申请人标准化约定

在分析过程中，由于翻译或者母子公司等因素，部分申请人存在表述不一致的情况。为了增加数据分析的准确性，便于统计、制图、制表，本报告对申请人名称进行了标准化处理。申请人名称标准化约定参见表1-3-2。

表1-3-2　主要申请人标准化约定

申请人	对应申请人名称
通用电气	Advanced Ceramics Corporation
	Gen Electric
	Gen Electric Canada
	Advanced Ceramics Research Inc
	General Electric Company
日本碍子	Ngk Adrec Co Ltd
	Ngk Insulators Ltd
揖斐电	Ibiden Co
	Ibiden Kk
住友	Sumitomo Cement Co Ltd
	Sumitomo Chemical Co
	Sumitomo Electric Hardmetal Corp
	Sumitomo Electric Ind Ltd
	Sumitomo Electric Industries Ltd Osaka Jp
	Sumitomo Metal Mining Co
	Sumitomo Osaka Cement Co Ltd
	住友大阪水泥股份有限公司
	住友电气工业股份有限公司

续表

申请人	对应申请人名称
东芝	Kabushiki Kaisha Toshiba
	Tokyo Shibaura Electric Co
	Toshiba Ceramics Co
	Toshiba Corp
	Toshiba Electronic Engineering Corp
	Toshiba Tungaloy Co Ltd
	东芝高新材料公司
日立	Hitachi Chem Co Ltd
	Babcock Hitachi Kk
	Hitachi Chemical Co Ltd
	Hitachi Koki Co Ltd
	Hitachi Ltd
	Hitachi Metals Ltd
	Hitachi Tool Eng Ltd
	Hitachi Powdered Metals
	Hitachi Seisakusho Kk
	Hitachi Zosen Corp
	株式会社日立製作所
	日立化成工业株式会社
圣戈班集团	圣戈本陶瓷及塑料股份有限公司
	Saint Gobain
	Saint Gobain Abrasives Inc
	Saint Gobain Abrasifs
	Saint Gobain Ceramics Plastics Inc
	Saint Gobain Ct Recherches
	Saint Gobain Norton Ind Cerami
CARBORUNDUM	The Carborundum Company
	Carborundum Co The
	The Carborundum Co
	Carborundum Saggar Co

续表

申请人	对应申请人名称
道康宁	道康宁公司
	Dow Corning Corp Midland Mich Us
	Dow Corning
联合技术	United Technologies Corp
普利司通	Bridgestone Corp

第 2 章　高性能碳化物先进陶瓷材料专利分析

2.1　全球专利分析

为了解全球碳化物先进陶瓷材料专利申请的整体态势，以下对全球碳化物先进陶瓷材料专利申请趋势、区域布局、技术分布以及创新主体进行重点分析。

2.1.1　全球申请趋势分析

截至 2019 年 6 月 30 日，高性能碳化物先进陶瓷材料全球专利申请总量为 49815 件。其中中国申请 8011 件，占 16.08%；国外申请 41804 件，占 83.92%（见图 2-1-1）。

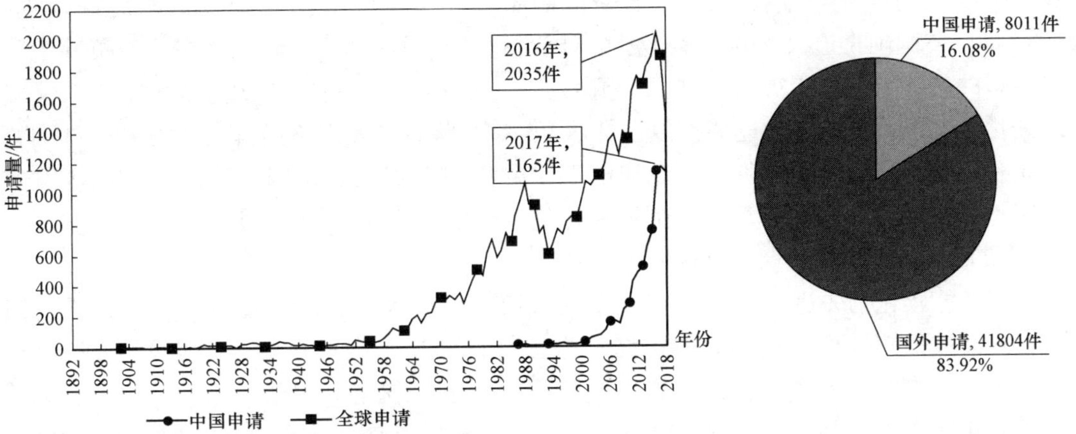

（1）全球和中国专利申请量趋势　　（2）国内外申请量占比

图 2-1-1　高性能碳化物先进陶瓷材料全球专利申请量情况

从图中 2-1-1 可以看出，高性能碳化物先进陶瓷材料全球专利申请量总体呈现增长态势。1892～1959 年为缓慢发展期，20 世纪 60 年代初专利申请量开始大幅攀升，1989～1993 年出现一定程度的下降，1994 年以后进入快速增长期，2016 年专利年申请量达到最高，为 2035 件。

结合图 2-1-1 和图 2-1-2，高性能碳化物先进陶瓷材料全球专利申请的整体态势可分为 4 个阶段。

（1）缓慢发展期（1892～1959 年）

在此期间，高性能碳化物先进陶瓷材料领域一共申请了 1151 件专利，全球年专利

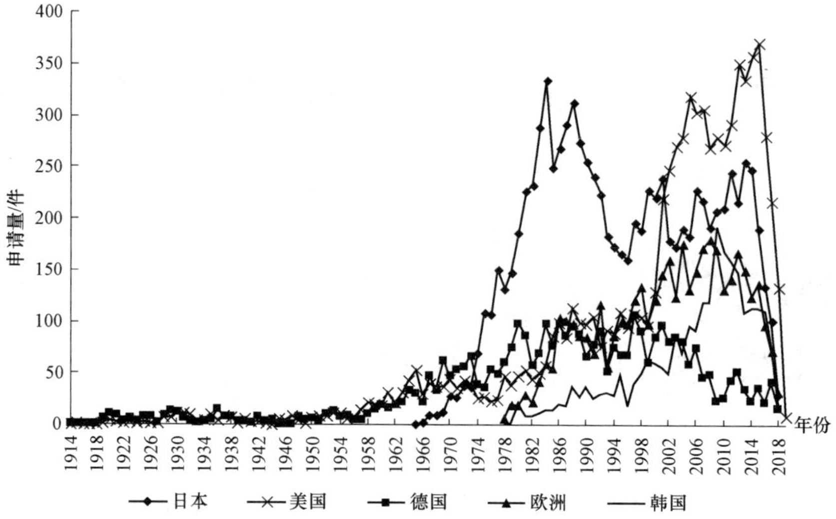

图 2-1-2　高性能碳化物先进陶瓷材料全球主要国家/地区专利申请量趋势

申请量一直维持在 100 件以下，主要以磨料、磨具等耐火零件，模具，电阻，灯丝，焊条等传统的碳化物制品为主，而粉体制备、成型、烧结正处于技术发展萌芽期。1892 年，美国阿奇逊（Acheson）发明了阿奇逊法，是在 Acheson 电炉中，石英砂中的二氧化硅被碳所还原制得碳化硅（公开号：US492767A）。在第二次世界大战中，又发现碳化硅可以用于炼钢的还原剂以及加热元件。[1] 此后，人们逐渐开展了对碳化硅陶瓷性质和应用的研究。在此阶段，专利申请主要集中在美国、德国、法国和英国等欧美国家，这些专利申请也主要集中在通用电气、圣戈班集团、陶氏杜邦集团。

（2）第一快速发展期（1960~1988 年）

高性能碳化物先进陶瓷材料在此期间快速发展起来。随着工业的发展，先进陶瓷材料逐渐被人们发现并应用。先进结构陶瓷材料则是先进材料的一个重要组成部分，在国民经济中发挥着重要作用，尤其是广泛用于航天航空、国防、电子、化工、机械等的碳化物陶瓷材料。这一阶段申请量较大的国家仍然是日本、美国、德国等。另外，苏联在这一阶段的专利申请量也相对较高。而日本作为第二次世界大战后重新崛起的工业强国，在该领域实施了先引进，在不断消化吸收的基础上进行创新的方法，发起了“阳光计划”“月光计划”“通用技术计划”等，使专利申请量出现了巨大飞跃，其申请量增长最快且赶超美国，遥遥领先于其他国家/地区，形成了以日立、住友、三菱等为首的龙头企业。这一时期，日本成为影响全球申请走势的关键所在。此时，欧盟实行“尤卡里计划”，旨在使欧洲“能够掌握所有的高技术”，从而使之成为“进入 21 世纪的一个洲”。在这一时期，欧洲国家的专利申请量大幅提升。同时，为了在更大范围内寻求专利保护，跨国家和地区的专利申请也有所增长，向 EPO 和 WIPO 的申请分别达到 577 件和 69 件。此阶段以美国和日本为代表，在对于碳化物陶瓷材料的研究和

[1] 江东亮. 精细陶瓷材料［M］. 北京：中国物资出版社，2000.

应用方面远远领先于其他国家。

20 世纪 60 年代初，P. Popper[1] 和 D. G. S. Davies 推出一种命名为 Refel 的反应烧结碳化硅（RBSC）陶瓷材料后，在全世界掀起了研究碳化物陶瓷的热潮。20 世纪 60 年代末 70 代初以来，一系列含硅陶瓷在工艺技术上有很大突破，材料性能普遍提高。1971 年美国就开展了碳化硅陶瓷应用在燃气涡轮上的研究，1982 年美国陆军材料与力学研究中心开发了一种用聚合物液生产碳化硅基陶瓷的新工艺。[2] 同年，通用电气开始制造并出售碳化硅陶瓷制品。1984 年美国陆军材料与机械研究中心采用在原地使微细的超均匀孔的碳骨架与硅反应的方法，得到一种能减少微细裂缝的成型碳化硅陶瓷材料。[3] 随着汽车产业的发展，在汽车上应用陶瓷是整个陶瓷材料发展过程的重点。20 世纪 80 年代通用电气、福特和盖洛特开展汽车燃气涡轮机的研究，日本日立、五十铃和京瓷集团也率先对应用了碳化硅陶瓷材料的汽车燃气涡轮机和柴油发动机进行研究。1987 年日本碳素公司开发了纤维增强陶瓷（FRC）（例如：JP63265862A），并试图将其用作燃气轮机叶片、喷气发动机及汽车发动机部件的超耐热材料。

在此阶段碳化硼陶瓷材料快速发展起来，碳化硼一个极重要的应用是作为陀螺仪动压马达的轴承材料，陀螺仪是飞机、舰船、导弹、航天飞行器等运载体的惯性导航和惯性制导系统极其重要的敏感器。碳化硼用作气浮陀螺轴承始于 1965 年英国史密斯仪表公司的 700 系列陀螺，其取代了该公司的 300 系列滚珠轴承速率陀螺。[4] 20 世纪 70 年代，美国也将碳化硼轴承用在小型低角动量惯性陀螺仪中（SLAM 陀螺仪）。[5] 20 世纪 80 年代，在英国研制的新型气体轴承组装挠性接头捷联式动力调谐陀螺中，气体轴承的全部零件都采用致密碳化硼材料制成，它满足了气体轴承贮存寿命无限长、工作寿命和平均无故障时间很长、噪声很低、在宽阔的温度范围内能快速启动、自转轴定向稳定性和重复性高等一系列苛刻的要求。[6] 在我国，中南工业大学粉末冶金研究所（原中南矿冶学院新材料研究室）首先于 1972 年开始研究致密碳化硼材料，1980 年研制成功了第一代碳化硼气体轴承材料，1985 年研制成功了第二代高均匀度、高致密度碳化硼气体轴承材料，1990 年完成了第三代碳化硼气体轴承材料的研究工作。这些材料的研究成功满足了当时高新技术发展的需要，对我国导航仪表的发展作出了贡献。[7]

（3）调整期（1989~1993 年）

在此期间，全球碳化物陶瓷专利申请量出现大幅度下降，主要原因是日本泡沫经济、海湾战争和苏联解体，日本、美国等国家经济和科技遭到重创。20 世纪 90 年代初日本泡沫经济破裂，经济出现大倒退，此后进入了“平成大萧条”时期，日本的专利

[1] P. Popper，Special Ceramic 5，99（1970）.

[2] 王．碳化硅结构陶瓷的生产新工艺［J］．兵器材料科学与工程，1985（1）：16.

[3] 辛易．碳化硅结构陶瓷［J］．化工新型材料，1985（5）：42.

[4] Cheltemham UK 700 系列气体轴承陀螺的研制［J］．国外航空技术（仪表类），1974，1：26.

[5] 一种小型低角动量惯性陀螺仪［J］．国外航空技术（仪表类），1974，4：1-5.

[6] 比德莫尔．新型气体轴承组装挠性接头捷联式动力调谐陀螺的研制［J］．滕云，译．Symposium Gyro Technology，1984.

[7] 中南工业大学．微晶碳化硼轴承材料的研究鉴定会文件［C］．内部资料，1990.

申请量从每年313件下降到每年161件。1990~1991年的海湾战争和1991年的苏联解体，导致世界加速向多极化发展，美国、苏联以及欧洲地区专利申请量大幅度下降。韩国在此阶段专利制度刚刚完成，还处于起步时期，因此申请量较低。值得一提的是，该阶段各国申请人在中国的申请实现了突破，达到了46件，除了国内个人申请人之外，分别是由东芝、克里等公司以及中国科学院提出，在提出申请的公司中，美籍公司占23席，日籍公司占10席，这表明美国、日本已经先于其他国家开始重视在华的专利布局。

（4）第二快速发展期（1994年至今）

在此阶段，高性能碳化物陶瓷基复合陶瓷材料快速发展。随着科学技术的发展，航空航天、军工武器装备等领域对高温材料的性能提出了更高的要求。在高温环境下，高温材料应当具备高强度、高模量、良好的耐化学腐蚀性、抗蠕变、抗氧化和抗疲劳性破坏等优越性能，而碳化硅纤维在这些方面具备良好的性能，同时陶瓷和金属基体具有良好的相容性，从而形成陶瓷基复合材料。即在陶瓷基体中引入增强材料，形成以引入的增强材料为分散相，以陶瓷基体为连续相的复合材料，其中分散相以纤维、颗粒、晶须为主。[1] 高强度碳纤维增强陶瓷基复合材料最初由S. R. Levitt研制而成，随后E. Fitzer等人通过化学气相沉积法制备了碳化硅纤维增强碳化硅陶瓷基复合材料，使得性能得到进一步提升。[2] 20世纪90年代末，日本宇部兴产公司首先开发出添加有迁移金属的超耐热、抗氧化的碳化硅纤维。随后其他研究人员又研究出碳化硅纤维可应用于纤维增强陶瓷复合材料（公开号：JP08002966A），该材料作为新一代的超耐热环境材料，可应用于各种高技术装置，如航天航空、核能等领域。进入21世纪以来，世界各国高度重视先进材料的研发生产，传统碳化物陶瓷已经不能满足高技术产业的需求。21世纪初以碳化硅陶瓷为基的复相陶瓷材料相继出现，改善了单体材料的韧性和强度，并且碳化物陶瓷基复合材料有望替代金属及其合金成为发动机热端结构材料。鉴于此，许多国家都在积极开展碳化物陶瓷基复合材料的研究，大大拓宽了其应用领域，并相继研究出各种制备新技术。陶瓷基复合材料的出现带动了汽车工业、航天航空工业的发展。此阶段主要代表企业有日本丰田公司和美国ACMC公司。

2.1.2 全球地域布局分析

2.1.2.1 流向分析

为了解专利技术的输入与输出情况，对全球碳化物陶瓷的主要来源国和主要目标国的专利申请量进行了统计。如图2-1-3所示（见文前彩色插图第1页），日本除在本国申请了大量专利外，还在美国、欧洲（尤其是德国）申请了一定量的专利；美国同样也非常重视本国、日本和欧洲（尤其是德国）市场，日本和美国较为重视海外布局；德国非常重视本国以及欧洲、美国、日本市场；法国在主要国家/地区的专利申请量较为平均；韩国主要在本国布局，在其他国家/地区专利布局数量较少；中国主要在国内申请专利，

---

[1] 江洪，陈亚杨．碳化硅纤维国内外研究进展［J］．新材料产业，2017（12）：18-21.

[2] 周洋，袁广江，徐荣九，等．高温结构陶瓷基复合材料的研究现状与展望［J］．硅酸盐通报，2001（4）：31-36.

除了在美国专利申请数量达到 154 件以外，在日本、韩国、德国和欧洲申请的专利数量非常之少，均在 50 件以下。各国在中国都有一定的布局，说明中国是各国注重的市场之一。

2.1.2.2　主要技术来源国分析

主要技术来源国分析可以反映出主要技术力量的分布情况。这不仅从宏观层面上体现了世界范围内技术和市场的变化，也能为企业的技术和产业布局提供有效的帮助。

（1）主要技术来源国趋势分析

如图 2-1-4 所示，高性能碳化物先进陶瓷材料全球主要技术来源国排名前三位的国家分别为中国、日本、美国，专利申请量分别为 7497 项、5969 项、5570 项，其在全球专利申请量的占比分别为：28.15%、22.42%、20.92%，三国申请量总和占全球专利申请量的 71.49%。

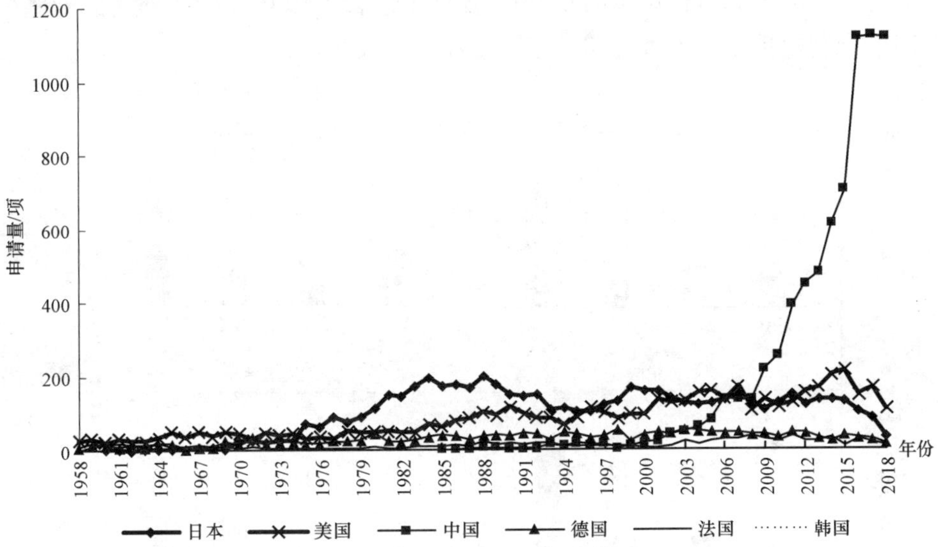

（1）专利申请趋势

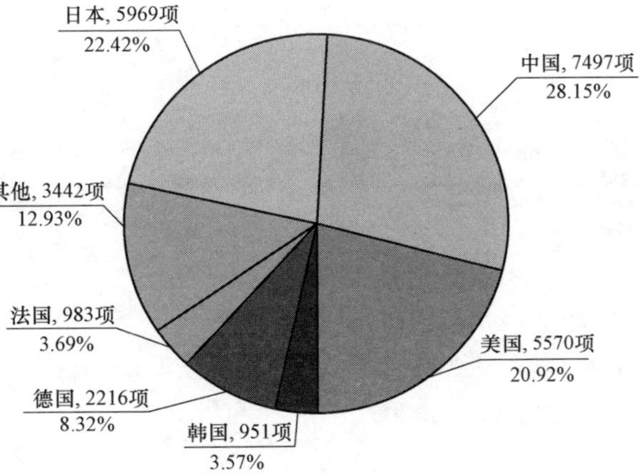

（2）专利申请量分布

图 2-1-4　高性能碳化物先进陶瓷材料全球主要技术来源国专利申请情况

从专利申请趋势来看，在来源国中，日本和美国在碳化物先进陶瓷材料领域一直处于全球领先地位；进入21世纪以来，中国申请量增长迅速，赶超日本和美国，成为年申请量排名第一位的专利技术来源国家。德国、法国专利申请趋势较为平缓，韩国专利申请趋势自2010年开始增长，年申请量超过德国和法国。经过十多年的快速发展，中国专利申请量位居全球第一，占全球专利申请总量的28.15%，这体现了我国近年来在碳化物先进陶瓷材料领域的发展快速。

（2）主要来源国技术分析

图2-1-5为高性能碳化物先进陶瓷材料全球主要来源国申请量技术分布。可以看出，中国专利申请总量位居各相关国家/地区的首位，除烧结分支外，其余各分支中国申请量均位居第一，来自中国的专利申请中涉及应用领域和成型技术分支的专利申请居多。来自日本的专利申请中涉及应用领域、烧结和粉体制备技术分支的专利申请居多。美国的专利申请主要涉及应用领域、粉体制备技术。

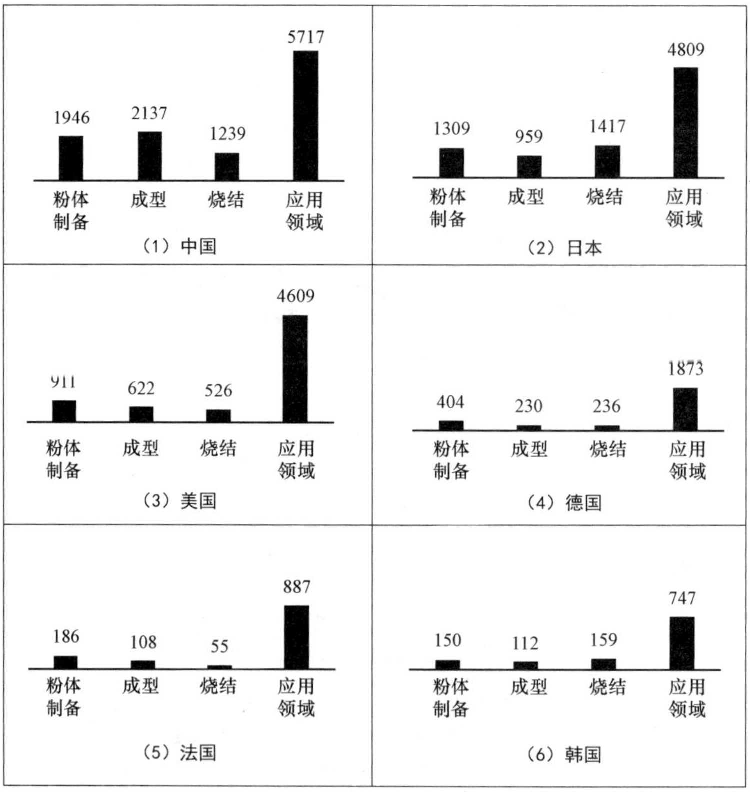

图2-1-5　高性能碳化物先进陶瓷材料全球主要来源国申请量技术分布

注：图中数字表示专利申请量，单位为件。

图2-1-6为1999~2018年中国在粉体制备、成型、烧结以及应用领域技术分支的专利申请量分布。1999~2003年，各技术分支的专利申请都处于起步阶段，专利申请

量少；随着我国专利制度的不断完善、知识产权意识的提高，越来越多的高校、企业对知识产权愈加重视，各技术分支申请量都在快速增长，特别是在应用领域的专利申请量上，已和美国、日本、德国的申请量相当。

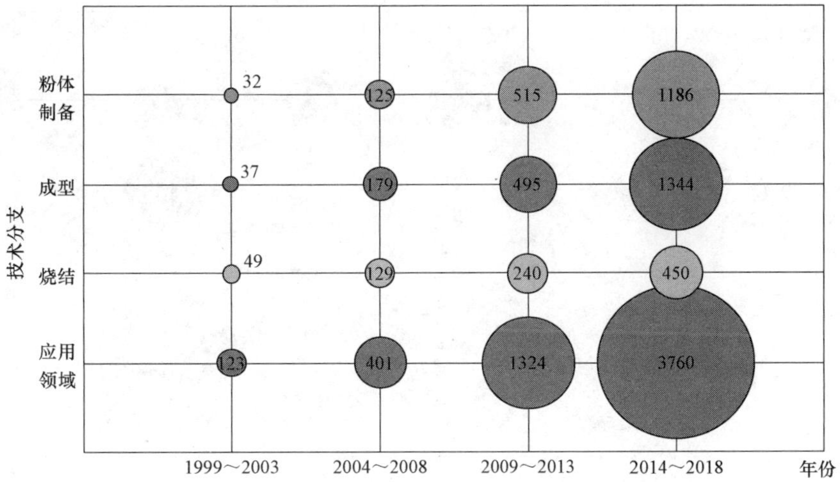

图 2-1-6　高性能碳化物先进陶瓷材料中国在各技术分支全球专利申请量分布

注：图中数字表示专利申请量，单位为项。

图 2-1-7 为 1999~2018 年日本在粉体制备、成型、烧结以及应用领域技术分支的专利申请量分布。从近 20 年的专利申请数量上分析，日本在各技术分支上的专利申请一直趋于稳定，起伏不大。日本在烧结技术分支的专利申请量处于增长态势。

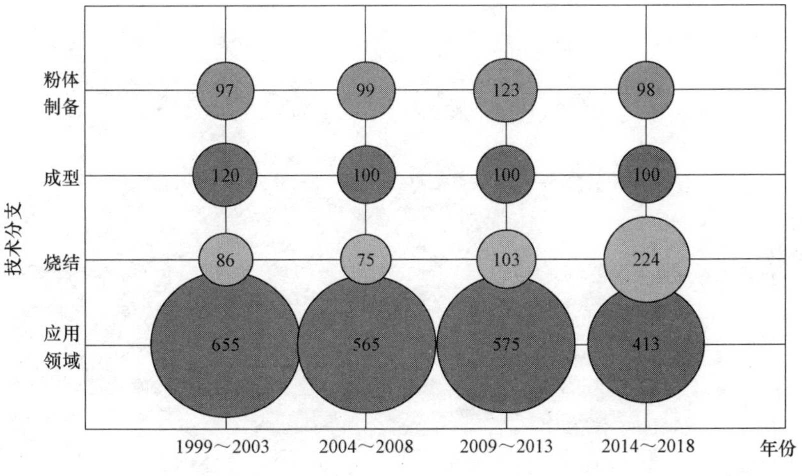

图 2-1-7　高性能碳化物先进陶瓷材料日本在各技术分支全球专利申请量分布

注：图中数字表示专利申请量，单位为项。

图 2-1-8 为 1999~2018 年美国在粉体制备、成型、烧结以及应用领域技术分支的专利申请量分布。美国在粉体制备专利申请较为稳定，其他技术分支上的专利申请都处于小幅增长状态。

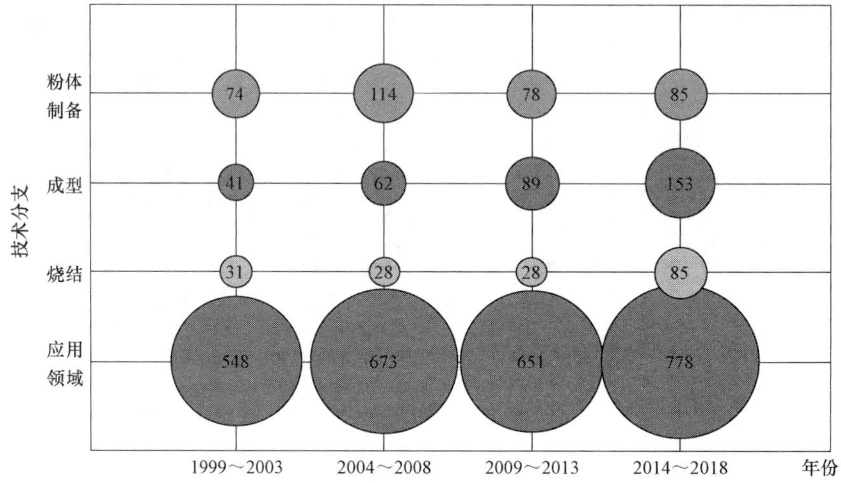

图 2-1-8 高性能碳化物先进陶瓷材料美国在各技术分支全球专利申请量分布

注：图中数字表示专利申请量，单位为项。

图 2-1-9 为 1999~2018 年德国在粉体制备、成型、烧结以及应用领域技术分支的专利申请量分布。专利申请量除在应用领域方面有小幅度的降低以外，在粉体制备、成型以及烧结技术方面保持稳定。

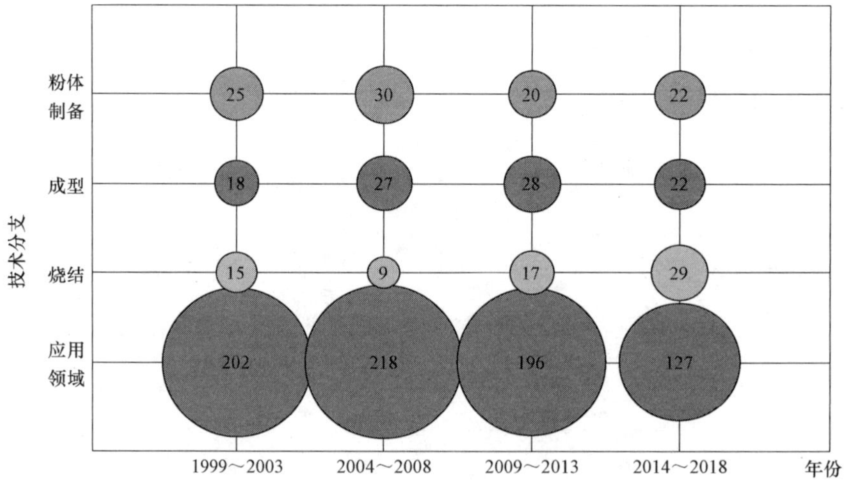

图 2-1-9 高性能碳化物先进陶瓷材料德国在各技术分支全球专利申请量分布

注：图中数字表示专利申请量，单位为项。

2.1.3 全球技术分布

如图2-1-10和图2-1-11所示，全球高性能碳化物先进陶瓷材料技术分支中应用领域占比最多，为61.09%，粉体制备占15.85%，成型为12.35%，烧结为10.71%。随着中国2014~2018年在粉体制备、烧结、成型技术上的研究力度加大，全球各技术分支专利申请量逐渐增长。

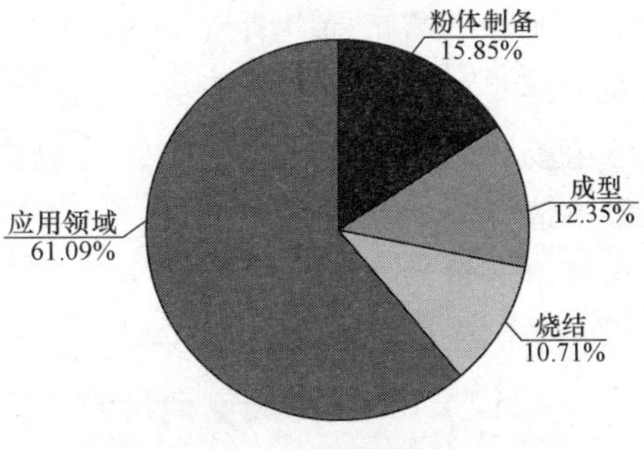

图2-1-10 高性能碳化物先进陶瓷材料全球技术构成

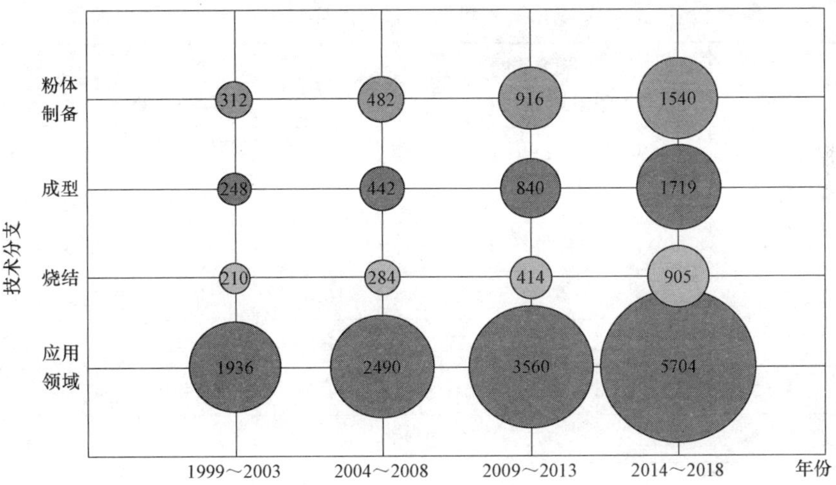

图2-1-11 高性能碳化物先进陶瓷材料各技术分支全球专利申请量分布

注：图中数字表示专利申请量，单位为项。

2.1.4 全球创新主体分析

申请人是相关领域技术的创新和研发主体。对不同国家/地区的申请人进行统计分析，能够明确在相关领域中占主要地位的研发主体，反映企业之间的差距。

表2-1-1统计了全球专利申请量排名前20位创新主体的原创技术及市场布局专利数量情况。可以看出，日本碍子原创技术申请量为485项，市场布局申请量为1399件，排名第一，在碳化硅蜂窝陶瓷体、半导体制造用陶瓷等技术领域方面处于全球领先地位。揖斐电原创技术申请量为404项，市场布局申请量为864件；通用电气原创技术申请量为400项，市场布局申请量为877件；圣戈班集团原创技术申请量为289项，市场布局申请量为792件；三菱原创技术申请量为282项，市场布局申请量为559件；东芝原创技术申请量为276项，市场布局申请量为487件；住友原创技术申请量为273项，市场布局申请量为721件；日立原创技术申请量为263项，市场布局申请量为466件；道康宁原创技术申请量为192项，市场布局申请量为613件；联合技术原创技术申请量

为167项，市场布局申请量为321件。这些创新主体的专利市场布局申请量（件）远远大于其专利原创技术申请量（项），说明这些公司在注重技术研发的同时也较为注重全球市场布局，在全球高性能碳化物先进陶瓷领域有一定影响力。山东理工大学原创技术申请量为180项，市场布局申请量为180件；上硅所原创技术申请量为175项，市场布局申请量为175件；西北工业大学原创技术申请量为147项，市场布局申请量为147件；中国人民解放军国防科学技术大学（以下简称“国防科技大学”）原创技术申请量为125项，市场布局申请量为125件；哈尔滨工业大学原创技术申请量为116项，市场布局申请量为116件。这些国内创新主体专利市场布局申请量（件）与专利原创技术申请量（项）基本持平，说明这些创新主体更加注重国内市场布局。

表2-1-1　高性能碳化物先进陶瓷材料全球重点申请人专利申请量

排名	申请人	原创技术申请量/项	市场布局申请量/件	活跃度	平均被引次数	平均权利要求数	国别	申请持续时间
1	日本碍子	485	1399	20.41%	13.24	8.72	日本	1967~2018年
2	揖斐电	404	864	8.68%	25.75	11.63	日本	1975~2019年
3	通用电气	400	877	32.29%	20.48	14.88	美国	1950~2018年
4	圣戈班集团	289	792	22.39%	16.17	17.27	法国	1920~2018年
5	三菱	282	559	25.58%	6.56	4.43	日本	1970~2018年
6	东芝	276	487	10.89%	8.03	5.13	日本	1971~2018年
7	住友	273	721	21.21%	12.14	6.88	日本	1971~2018年
8	日立	263	466	16.42%	7.4	5.47	日本	1961~2017年
9	道康宁	192	613	13.33%	24.11	10.46	美国	1949~2016年
10	山东理工大学	180	180	83.71%	0.18	1.77	中国	2009~2019年
11	上硅所	175	175	48.83%	2.61	8.12	中国	1991~2019年
12	CARBORUNDUM	173	266	0	14.28	10.71	美国	1893~1998年
13	联合技术	167	321	63.71%	11.34	14.69	美国	1973~2018年
14	普利司通	159	281	5.98%	6.61	5.8	日本	1984~2017年
15	原子能与替代能源委员会	152	184	26.67%	7.91	14.21	法国	1959~2018年
16	东海炭素	150	246	26.83%	3.43	2.91	日本	1977~2017年
17	西北工业大学	147	147	55.94%	2.88	3.78	中国	2000~2019年
18	国防科技大学	125	125	48.00%	5	6.44	中国	2002~2017年
19	哈尔滨工业大学	116	116	50.00%	2.63	7.78	中国	1995~2019年
20	拜耳	102	214	14.06%	2.92	3.9	德国	1920~2015年

从活跃度来看，山东理工大学活跃度最高为83.71%，联合技术公司位居第二，为63.71%，然后是西北工业大学（55.94%）、哈尔滨工业大学（50.00%）、上硅所（48.83%）、国防科学技术大学（48.00%），说明这些创新主体近五年正在研发碳化物先进陶瓷技术。而美国的CARBORUNDUM活跃度为0，是因为其于2004年被泰利莱工业集团（TYROLIT）兼并。

全球排名前20位的申请人中来自日本的有日本碍子、揖斐电、三菱、东芝、住友、日立、普利司通、东海炭素，共8家；来自中国的有上硅所、山东理工大学、西北工业大学、国防科技大学、哈尔滨工业大学，共5家；来自美国的有通用电气、道康宁、CARBORUNDUM、联合技术，共4家；来自法国的有圣戈班集团、原子能与替代能源委员会，共2家；来自德国的有拜耳，共1家，在高性能碳化物先进陶瓷领域，这20家公司掌握了该领域大多数的先进技术，说明在全球的市场中，日本、中国、美国是主要的研发区域。在全球排名前20位的申请人中，尽管来自日本的公司较多，但是日本公司的专利被引证的次数低于美国公司。美国和日本是高性能碳化物先进陶瓷领域的主要研发区域，拥有该领域大部分的重要申请人。中国作为该领域的后起之秀，近五年来，专利申请量较多，活跃度较高，而国外许多公司近五年的专利申请量较少，仅从专利申请数量上分析，中国专利申请量已达到或赶超欧美日等发达国家，说明中国已成为高性能碳化物先进陶瓷领域的主要研究国家。与美国、日本的创新主体相比，中国创新主体的专利平均被引次数、平均权利要求数较低，专利质量有待提高。而美国、日本、德国、法国等发达国家在高性能碳化物先进陶瓷材料及应用这一领域已有一批具有国际品牌价值和影响力的大公司，如通用电气、圣戈班、日本碍子和揖斐电等。

2.2 在华专利分析

为了解在华高性能碳化物先进陶瓷专利申请的整体态势，以下对在华高性能碳化物先进陶瓷专利申请趋势、法律状态、区域分布、技术分布以及创新主体进行重点分析。

2.2.1 在华申请趋势分析

截至2019年6月30日，检索出在华高性能碳化物先进陶瓷材料专利申请7992件，其中包括有效专利2634件，在审专利2566件，失效专利2792件。

从表2-2-1中可以看出，国内申请人在华专利申请数量远远超过国外申请人在华专利申请数量，且在授权率和有效率上，国外申请人也要弱于国内申请人。因此，在高性能碳化物先进陶瓷材料在华市场上，国内申请人具有很大优势。

表 2-2-1　高性能碳化物先进陶瓷材料在华专利申请总体状况　　单位：件

	国内（占比）		国外（占比）		小计		总计
	发明	实用新型	发明	实用新型	发明	实用新型	
申请	6271（90.37%）	1050（99.72%）	668（9.63%）	3（0.28%）	6939	1053	7992
授权	2405（89.34%）	1050（99.72%）	287（10.66%）	3（0.28%）	2692	1053	3745
授权率	61.97%		58.33%				
有效	1802（90.51%）	641（99.69%）	189（9.56%）	2（0.31%）	1991	643	2634
在审	2390（93.14%）		176（6.86%）		2566		2566

注：本表中占比是指国内外的占比，即国内外量占对应小计量的比例；授权率指授权数量/（申请量-在审数量）。

如图 2-2-1 可知，高性能碳化物先进陶瓷材料在华专利申请总体呈现增长态势。我国从 20 个世纪 50 年代就着手研究先进陶瓷材料，当时以氧化物陶瓷材料为主，60 年代中期开拓与氮化硅结合的碳化硅陶瓷材料的研究，为日后碳化硅陶瓷材料的研究奠定了基础。我国最早涉及碳化物先进陶瓷材料的专利申请出现在 1985 年，关于热镀锌碳化硅槽及附属设备（公开号：CN85109364A）。随后至 2000 年为起步阶段，在华申请年申请量一直处于较低水平，均未突破 50 件；2001~2008 年为缓慢增长期，于 2005 年突破 100 件；2009 年后快速增长，至 2017 年达到 1165 件。根据申请量变化趋势大致可以分为以下三个阶段。

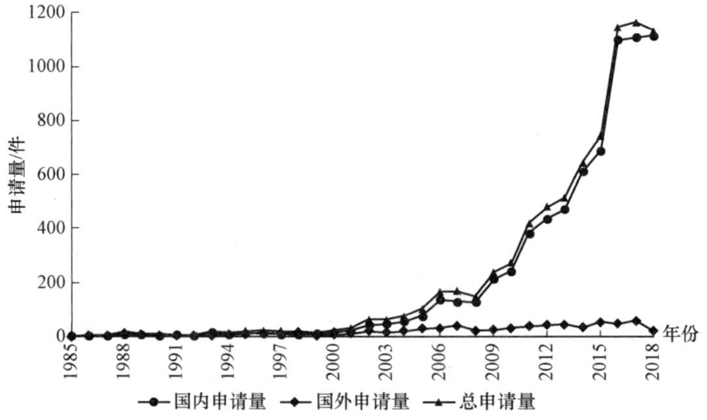

图 2-2-1　高性能碳化物先进陶瓷材料在华专利申请量趋势

（1）起步期（1985~2000 年）

1985 年 6 月，“无压烧结碳化硅特种陶瓷”专利由上硅所申请成功，并转让给浙江省嘉善机械密封件总厂。1986 年 5 月，美国加利福尼亚大学申请了国外在华首件专利“铝-硼碳化物金属陶瓷与活性金属-硼碳化物金属陶瓷”。在这一时期，国内对碳化物陶瓷材料的研究持续不断，但专利年申请量不超过 50 件，专利申请量增长缓慢，申请的重点领域主要是粉体制备和制品，例如 CN1135457A、CN1087072A，申请人主要是清华大学、日本碍子等。

（2）缓慢增长期（2001~2008 年）

此阶段，在华申请专利年申请量在 2005 年突破 100 件，申请人以上硅所、国防科技大学、哈尔滨工业大学等高校、科研院所为主体。

（3）快速增长期（2009 年至今）

此阶段我国高校、科研院所和众多陶瓷企业在陶瓷材料的研发和产业化方面取得了令人瞩目的成就，我国已成为碳化物陶瓷材料的制造大国。在先进陶瓷材料的研究中，上硅所、天津大学、清华大学、浙江大学等高校和科研院所走在前列。以上硅所为主要研究单位研制的陶瓷柴油发动机，迄今为止已安全运行 15000 km 以上，使我国成为世界上少数几个进行陶瓷材料发动机行车试验的国家之一。随后，又经过改进研究，将无水冷陶瓷材料发动机安装成沙漠用车，经高温和多尘埃条件下考验，该车在南疆油田中用作救援车已安全运行逾 2000 km。高性能碳化物先进陶瓷材料是先进陶瓷材料中重要分支，伴随先进陶瓷材料各种功能的不断发掘，其在微电子工业、通信产业、自动化控制和未来智能化技术等方面作为支撑材料的地位日益显著，市场容量也进一步提升。[1] 2016 年 5 月，由解放军后勤保障部、宁波伏尔肯公司、上硅所、兵器科学院、大连金玛硼业科技集团等承担科学技术部 863 项目“高性能碳化硼陶瓷规模化制备技术”。

2016 年专利年申请量突破 1000 件，专利技术发展迅速，申请的重点领域主要集中在粉体制备、烧结、成型、基体材料和制品上。

2.2.2 在华法律状态分析

图 2-2-2 显示了在华高性能碳化物先进陶瓷材料发明专利申请量法律状态分布。在这 6939 件发明专利申请中，有效申请量占总量的 28.69%，在审占 36.98%，失效占 34.33%，鉴于近几年专利申请量快

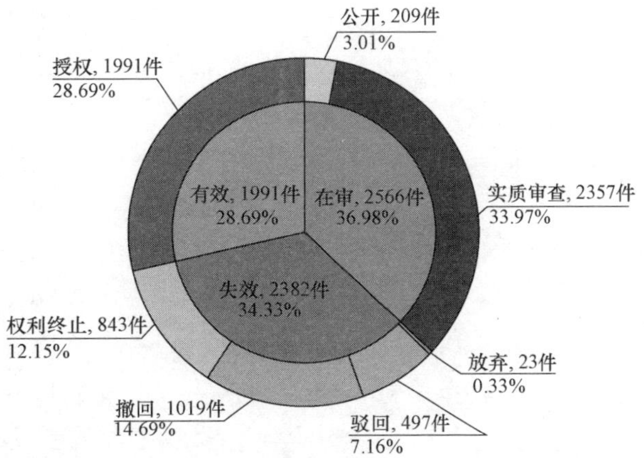

图 2-2-2 高性能碳化物先进陶瓷材料在华发明专利申请量法律状态分布

[1] 叶宏明，叶国珍. 先进陶瓷材料的研究现状与发展趋势［J］. 今日科技，2002（10）：38-40.

速增长，在审发明专利申请量的比例高于有效专利和失效专利的比例。而在失效专利中，撤回和权利终止的专利占比高，说明了专利的技术含量和创新水平还有很大的提升空间，申请人应多关注技术创新及专利的市场应用性，尽量减少技术含量和创新水平低的专利。结合图2-2-2可知，发明专利授权量占专利授权总量的比重在两种专利中一直处于最低的水平，这可能是由于发明专利的创新要求较高，被授权的概率相对较低，说明我国专利技术含量参差不齐，专利结构质量有待提高。

另外，发明专利申请中有效专利占比不到1/3，这些专利是国内企业生产时需要密切关注和规避侵权风险的主要对象；而对于失效专利，国内企业可免费利用。

图2-2-3显示了在华高性能碳化物先进陶瓷材料实用新型专利申请量法律状态分布。在这1053件实用新型专利申请中，有效申请量占总量的61.06%，失效占38.94%；失效专利中由未缴年费导致专利权终止的专利申请占总量的36.00%，由于申请人放弃专利的占2.94%。实用新型专利由于不需要实质审查，并且授权的时间较发明专利更短，对于需要快速占领市场的技术成果，申请人更有可能申请实用新型专利。但对于企业重点保护的核心专利，选择更长保护期限的发明专利，是更为有效的手段。

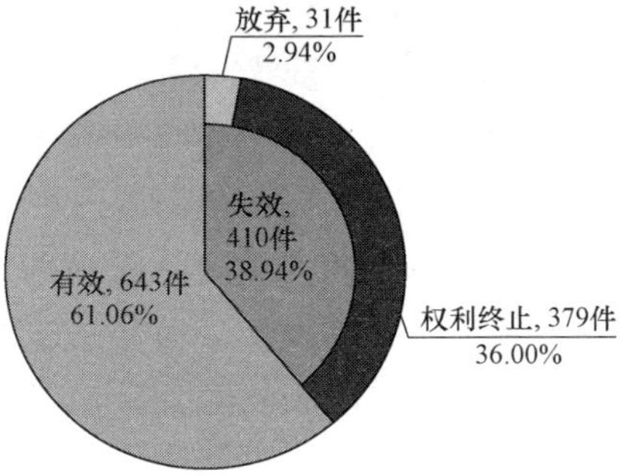

图2-2-3 高性能碳化物先进陶瓷材料在华实用新型专利申请量法律状态分布

2.2.3 在华申请区域分析

图2-2-4为高性能碳化物先进陶瓷材料在华申请量区域分布。从整体上看，高性能碳化物先进陶瓷领域的在华申请主要来自国内申请人，共7321件，其申请量占比达到了91.60%。

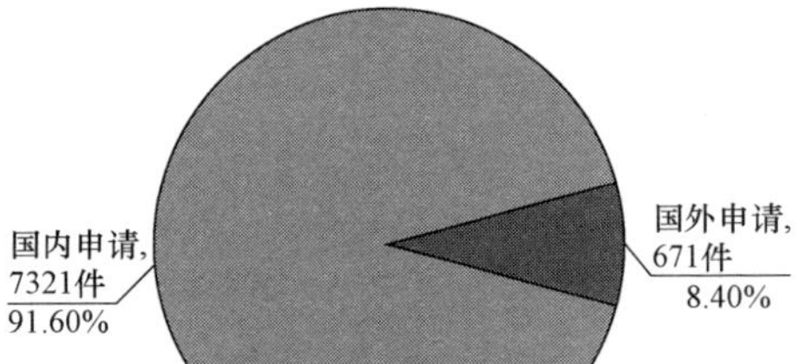

图2-2-4 高性能碳化物先进陶瓷材料在华专利申请量区域分布

2.2.3.1 国内区域分析

结合表2-2-2来看，国内高性能碳化物先进陶瓷产业主要集中在江苏、山东、北京、陕西、浙江、上海、河南、湖南等地，其中江苏、山东、北京、陕西、浙江五地的碳化物陶瓷材料的专利集中度高，在技术和产品方面具有竞争力。在高性能碳化物先进陶瓷领域专利申请量排名前十位的区域中，申请量排名第一位的是江苏，专利申请量为912件，然后是山东652件、北京564件、陕西542件、浙江533件、上海441件、河南418件、湖南410件、辽宁387件、安徽363件。在江苏、浙江、河南、安徽、广东等地，以企业申请人的申请量为主，一批有实力的企业得以涌现，同时许多专业技术型的中等规模企业也快速发展。这与中国碳化物先进陶瓷企业集中分布在江苏、浙江、广东、福建等地密切相关。而在北京、陕西、上海、湖南、辽宁、湖北、黑龙江，主要申请人为高校、科研机构，说明这些地区的高校、科研机构对于高性能碳化物先进陶瓷材料的研发较为深入。

近年来，随着碳化物陶瓷材料的不断发展及国家经济宏观政策的调整，江苏的宜兴、苏州、常州、常熟等地在碳化硅特种陶瓷材料等领域发展较快，企业比较注重高性能碳化物先进陶瓷材料的研发，研发能力较强。山东近年来较为活跃，活跃度达到62.14%，山东的淄博、潍坊为工业陶瓷聚集区，拥有100余家工业陶瓷企业和五大类工业陶瓷产品，潍坊集中了我国80%以上的反应烧结碳化硅陶瓷产品，产值上十亿，产品品种数百种，不但满足国内需求，还大量出口到美国和欧洲。安徽的陶瓷工业生产量快速增长，企业规模实力不断壮大，活跃度最高，为65.34%，说明近年来安徽的企业在高性能碳化物先进陶瓷材料领域发展较快。广东也不甘示弱，活跃度达到63.20%。

表2-2-2 高性能碳化物先进陶瓷材料专利申请量国内区域申请人类型分布 单位：件

排名	区域	总量	申请人类型			活跃度
			高校、科研机构	企业	个人	
1	江苏	912	224	634	71	48.19%
2	山东	652	317	290	56	62.14%
3	北京	564	426	144	21	49.63%
4	陕西	542	436	82	28	45.96%
5	浙江	533	224	287	35	43.55%
6	上海	441	356	87	14	44.92%
7	河南	418	80	321	21	53.79%
8	湖南	410	257	141	18	55.10%
9	辽宁	387	262	99	36	47.03%
10	安徽	363	52	292	22	65.34%
11	广东	349	122	222	20	63.20%
12	湖北	263	178	84	16	55.60%
13	黑龙江	196	153	29	16	40.00%
14	四川	187	70	111	11	55.87%
15	江西	135	34	96	7	44.44%
16	天津	123	58	62	4	34.19%
17	宁夏	122	12	69	41	39.67%

续表

排名	区域	总量	申请人类型			活跃度
			高校、科研机构	企业	个人	
18	福建	109	56	54	7	56.73%
19	河北	94	45	40	11	50.00%
20	山西	79	54	24	3	38.36%
21	新疆	73	6	65	2	16.67%
22	吉林	62	46	14	3	54.24%
23	广西	57	28	25	5	47.06%
24	重庆	44	28	16	1	56.10%
25	云南	42	33	8	1	23.81%
26	内蒙古	41	4	33	4	39.47%
27	甘肃	36	24	10	3	51.43%
28	贵州	32	11	19	2	50.00%
29	青海	17	7	10	4	64.71%
30	台湾	16	4	6	6	20.00%
31	香港	5	1	3	1	40.00%
32	海南	3	3	1	0	33.33%
33	西藏	0	0	0	0	0
34	澳门	0	0	0	0	0

2.2.3.2 国外在华专利申请分析

表2-2-3为高性能碳化物先进陶瓷材料国外在华专利申请量申请人类型分布。从中可以看出国外申请人主要来自美国、日本、德国、法国、韩国和瑞典等国家或地区，其中美国和日本各占国外在华申请总量的三成左右。国外在华专利申请主要自企业，美国和日本的企业申请可达到其专利申请总量的94.69%和98.25%，与表2-2-2对比，国内专利主要在高校科研机构。

表2-2-3 高性能碳化物先进陶瓷材料国外在华申请量申请人类型分布 单位：件

国别	总量	申请人类型			活跃度
		高校、科研机构	企业	个人	
美国	245	6	232	8	39.22%
日本	229	10	225	8	35.85%

续表

国别	总量	申请人类型			活跃度
		高校、科研机构	企业	个人	
德国	51	4	45	3	40.48%
法国	50	22	36	0	31.71%
韩国	21	11	19	0	42.86%
瑞典	10	1	10	0	10.00%
其他	65	6	60	1	27.26%

2.2.4　在华技术分布分析

2.2.4.1　在华技术总体分析

通过对高性能碳化物先进陶瓷材料在华专利技术进行分析，可以明确在华专利活动最为活跃的技术领域，了解碳化物陶瓷行业专利活动领军企业所关注的技术领域及其发展动态。图 2-2-5 为高性能碳化物先进陶瓷材料在华专利申请量技术分布。从中可以看出碳化物先进陶瓷材料中应用领域在华专利申请占据比重最大，接近一半，为 49.9%；其次是成型，为 19.9%；粉体制备为 18.3%；烧结为 11.9%。结合图 2-2-6 可以看出，自 21 世纪开始我国高性能碳化物先进陶瓷材料技术发展迅速，各分支专利申请量都有快速增长，国内对高性能碳化物先进陶瓷材料的成型、粉体制备、烧结和应用领域等方面展开了大量研究，发展了以碳化硅为主的先进碳化物陶瓷材料的反应烧结、常压烧结、热压烧结、热等静压烧结、化学气相沉积和化学气相浸渗等一系列烧结和制备技术。近年来我国又着重研究碳化物陶瓷的成型技术，包括流延成型、凝胶浇注成型、3D 打印成型以及粉体表面改性基础上的大尺寸复杂形状部件的干压成型技术，在工程化应用方面，突破了大尺寸碳化硅光学部件的关键制备技术，打破了国际封锁。而在应用方面，随着我国机械工业、半导体行业、军工航天及其他新兴领域的快速发展，高性能碳化物先进陶瓷制品得到广泛应用，需求量增加，尤其是碳化硅陶瓷制品。碳化硅陶瓷在石油化学工业中已被广泛地用作各种耐腐蚀用容器及管道，在机械工业中已被成功地用作各种轴承、切削刀具和机械密封部件，在航空航天和汽车工业中也被认为是未来制造燃气轮机、火箭喷嘴和发动机部件最有希望的材料，同时环保、新能源等行业对碳化硅陶瓷产品的需求也有所增加，

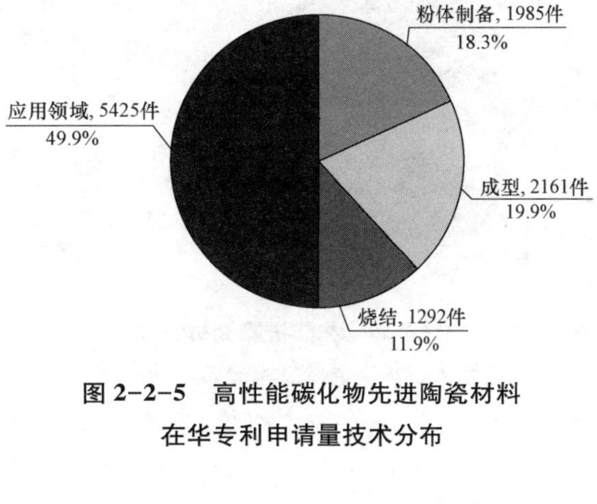

图 2-2-5　高性能碳化物先进陶瓷材料在华专利申请量技术分布

在半导体行业、军工及其他新兴领域仍有较大的需求潜力。❶

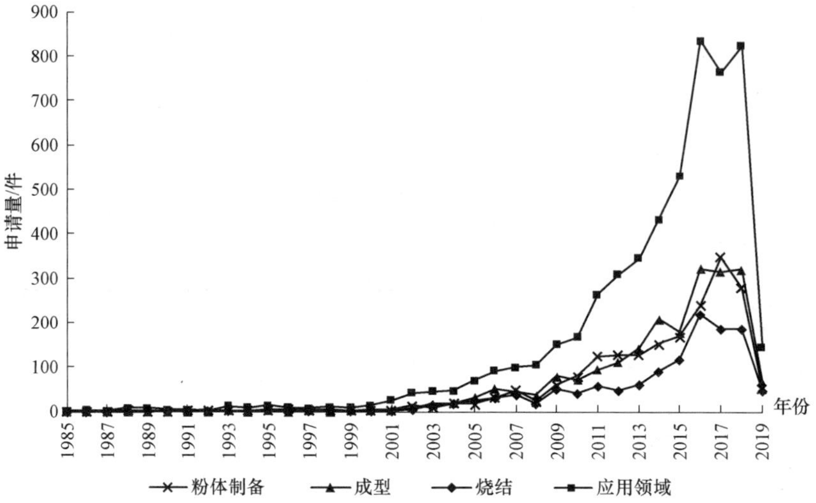

图 2-2-6　高性能碳化物先进陶瓷材料在华各技术分支专利申请趋势

2.2.4.2　国内外申请人在华申请技术分析

图 2-2-7 是高性能碳化物先进陶瓷材料国外申请人在华申请量技术分布。从图中可知，国外申请人在华申请共有 536 件，其中应用领域申请量最多，达 354 件，占比 66.0%；在粉体制备领域申请了 82 件专利，占比 15.3%；成型领域的专利申请有 40 件，占比 7.5%；烧结技术领域专利申请 60 件，占比 11.2%。

图 2-2-8 是高性能碳化物先进陶瓷材料中国申请人在华申请量技术分布。与国外申请人在华申请技术分布情况类似，在应用领域申请的专利最多，达 5503 件，占比 53.63%；在粉体制备领域申请了 1410 件专利，占比 13.74%；成型领域的专利申请 2121 件，占比 20.67%；烧结技术领域专利申请 1227 件，占比 11.96%。

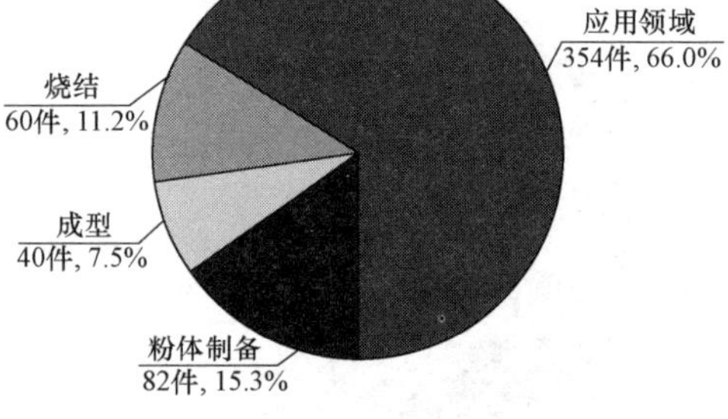

图 2-2-7　高性能碳化物先进陶瓷材料国外申请人在华申请量技术分布

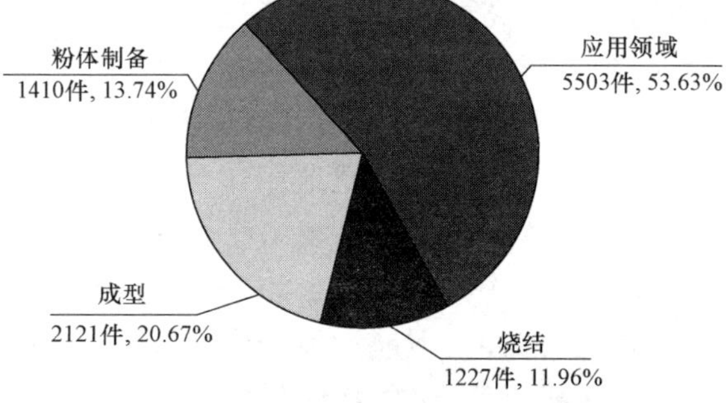

图 2-2-8　高性能碳化物先进陶瓷材料中国申请人在华申请量技术分布

❶ 佘继红，江东亮．碳化硅陶瓷的发展与应用［J］．陶瓷工程，1998（3）：3-11，28.

结合图 2-2-7 和图 2-2-8 可以看出，国内外申请人在华技术研发以应用领域为主，中国申请人在华申请应用领域的专利占比低于国外申请人在华申请应用领域的专利占比，中国申请人在华申请在成型专利占比远高于国外申请人在华申请的占比。

2.2.5　在华创新主体分析

进行创新主体（即专利申请人）的分析，有助于掌握该领域的研发动态，有助于产业转型的招商引资，有助于企业的产品或服务升级换代，缩短研发周期以及了解竞争对手的专利活动情况。以下对在华专利申请的申请人类型、主要国内企业申请人、国内高校科研院所以及国外在华申请人的专利申请情况分别进行了统计分析。

2.2.5.1　国内在华申请人分析

（1）在华申请人类型分析

图 2-2-9 为在华高性能碳化物先进陶瓷材料申请人类型分布。可以看出在华高性能碳化物先进陶瓷材料申请人类型中，高校、科研机构所占比重最大，达到 48.28%；其次是企业，占比 45.17%；个人占比 6.55%。从中可以看出我国对于高性能碳化物先进陶瓷材料的研究仍然处于研发阶段，高校、科研院所具有强大的科技研发能力，企业可借助高校和科研机构雄厚的技术力量和人才资源，与各高校建立长久的技术合作关系，加强产学研合作，提升企业的科技研发能力，使企业得到快速的发展。

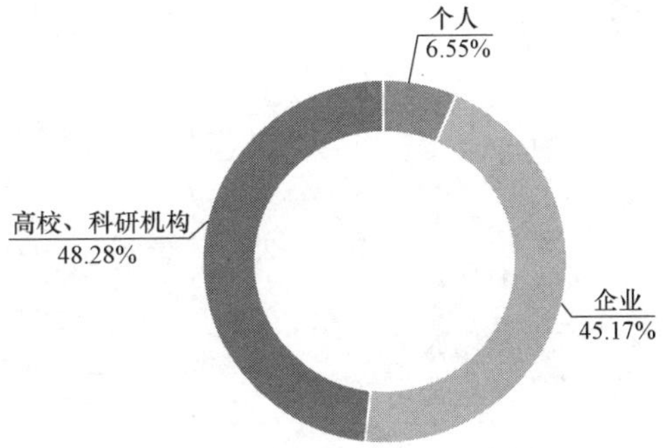

图 2-2-9　高性能碳化物先进陶瓷材料在华申请人类型分布

（2）在华专利企业申请人分析

表 2-2-4 为高性能碳化物先进陶瓷材料在华专利申请量排名前十位企业的专利申请情况。从中可以看出，从领域专利申请量的角度来看，苏州宏久航空防热材料科技有限公司以 46 件专利申请排名第一位，宁波伏尔肯机械密封件制造有限公司以 41 件专利申请排名第二位，天津市明祥科技发展有限公司以 31 件专利申请排名第三位，浙江立泰复合材料股份有限公司以 25 件专利申请排名第四位，江苏大阳光辅股份有限公司和河南新大新材料股份有限公司以 24 件专利申请并列第五位，太仓派欧技术咨询服务有限公司以 23 件专利申请排名第七位。从专利质量的角度看，宁波伏尔肯机械密封件制造有限公司专利申请的平均被引次数为 2.49，平均权利要求数为 5.41，发明人人数为 24 人；河南新大新材料股份有限公司专利申请的平均被引次数为 2.5，平均权利要求数为 6.42，发明人人数为 27 人。这说明宁波伏尔肯机械密封件制造有限公司、河南新大新材料股份有限公司专利质量较高，在研发上拥有研发团队，具有较强的技术研发能力。浙江立泰复合材料股份有限公司专利申请的平均被引次数为 0.05，平均权利要求数为 6.33，发明人人数为 13 人，申请持续时间为 2017~2019 年，活跃度为 100%；无锡英罗唯森科技有限公司专利申请的平

均被引次数为0，平均权利要求数为8.86，发明人人数为3人，申请持续时间为2017~2019年，活跃度为100%。这说明浙江立泰复合材料股份有限公司和无锡英罗唯森科技有限公司是近年来发展起来的企业。而平顶山市国邦新材料有限公司和无锡英罗唯森科技有限公司活跃度为100.00%，其中平顶山市国邦新材料有限公司申请专利21件，其中15件为实用新型专利，6件为发明专利，均处于授权阶段；无锡英罗唯森科技有限公司申请专利20件，其中13件为实用新型专利，均处于授权阶段，7件为发明专利，均处于在审阶段。

表2-2-4　高性能碳化物先进陶瓷材料在华专利申请量排名前十位企业的专利申请情况

排名	申请人	申请量/件	专利集中度	活跃度	平均被引次数	平均权利要求数	发明人数	申请持续时间
1	苏州宏久航空防热材料科技有限公司	46	0.55%	85.71%	0.37	2.46	16	2012~2019年
2	宁波伏尔肯机械密封件制造有限公司	41	0.35%	47.50%	2.49	5.41	24	2011~2019年
3	天津市明祥科技发展有限公司	31	0.37%	67.74%	0.19	3.06	2	2010~2016年
4	浙江立泰复合材料股份有限公司	25	0.25%	100.00%	0.05	6.33	13	2017~2019年
5	江苏大阳光辅股份有限公司	24	0.29%	8.33%	2	5.08	6	2011~2014年
5	河南新大新材料股份有限公司	24	0.29%	58.33%	2.5	6.42	27	2010~2015年
7	太仓派欧技术咨询服务有限公司	23	0.27%	21.74%	3.17	2.74	6	2013~2016年
8	平顶山市国邦新材料有限公司	21	0.29%	100.00%	0.42	5.75	2	2016~2017年
9	新疆益丰西部陶瓷材料科技有限公司	21	0.25%	57.14%	0.57	4.19	10	2012~2015年
10	无锡英罗唯森科技有限公司	20	0.25%	100.00%	0	8.86	3	2017~2019年

注：专利集中度=该公司专利申请量/在华专利申请总量；活跃度=近5年申请量/近20年申请量。

从专利集中度来看，国内企业申请人普遍较低，但近5年申请量占比普遍较高，活跃度高，说明我国近几年涌现了一大批高性能碳化物先进陶瓷材料领域的相关企业，对于高性能碳化物先进陶瓷材料的研究逐渐深入。再结合图2-2-9，申请人类型为企业的专利申请占在华专利申请总量的45.17%，说明国内高性能碳化物先进陶瓷材料领域的企业数量虽多，但规模普遍较小。据调查，行业内中小微企业约占70%，多数中小微企业的核心技术基本依靠引进，其产品单一，制备成本较高，企业缺乏自主创新能力和市场竞争力。由于制备方法、生产设备、制品应用等方面原因，国内企业还未完全形成大规模产业化发展的局面，而像法国圣戈班集团在人员、企业规模、科研投入等方面是国内企业暂时无法比拟的。同时，国内企业还没有建立核心品牌，缺乏关键产业的应用实践，高度专业化的陶瓷公司也比较少。此外，许多中小型陶瓷企业的产品同质化现象严重，恶性竞争比较激烈，且产品性能指标达不到国际先进水平，因此还难以进入广阔的国际市场。

（3）在华高校科研机构分析

表2-2-5为高性能碳化物先进陶瓷材料在华专利申请量排名前五位高校、科研机构的专利申请情况。从中可以看出，从专利申请量的角度来看，上硅所以217件专利申请排名第一位，山东理工大学以180件专利申请排名第二位，西北工业大学以147件专利申请排名第三位，国防科技大学以125件专利申请排名第四位，哈尔滨工业大学以113件专利申请排名第五位。上硅所成立了高性能陶瓷和超微结构国家重点实验室、结构陶瓷相关的研究中心或重点实验室，利用先进结构陶瓷的高强度、高硬度、耐高温、耐腐蚀、耐磨损等优越性能，开展高性能结构陶瓷、陶瓷基复合材料的工程化、产业化研究等。山东理工大学成立了先进陶瓷材料研究所，主要从事超高温陶瓷材料、新型轻质陶瓷装甲材料、化学气相沉积碳化硅陶瓷材料、多孔陶瓷材料等先进结构或功能陶瓷材料的研究与开发等。西北工业大学成立了陶瓷基复合材料工程中心，主要研究陶瓷基复合材料在航天飞行器上的应用。哈尔滨工业大学成立了特种陶瓷研究所，在该领域有较强研发能力。从专利集中度的角度看，主要高校、科研机构普遍比企业高，研究实力较强。从活跃度来看，山东理工大学活跃度较高，为83.71%，其他几所高校、科研机构活跃度均在50%左右，可见近5年来，高性能碳化物先进陶瓷材料是这几所高校、科研机构研发的热点。从发明人人数上看，西北工业大学、上硅所、哈尔滨工业大学、国防科技大学发明人人数较多，分别为249人、238人、203人、168人，说明这几所高校、科研机构拥有研究团队，研究实力雄厚。

综合表2-2-4和表2-2-5来看，在华创新主体中，主要创新主体均为高校、科研机构，企业研发能力较弱，有待提高。

表2-2-5 高性能碳化物先进陶瓷材料在华专利申请量排在前五位高校、科研机构的专利申请情况

排名	申请人	申请量/件	专利集中度	活跃度	平均被引次数	平均权利要求数	发明人数	申请持续时间
1	上硅所	217	2.59%	49.06%	2.58	8.12	238	1991~2019年
2	山东理工大学	180	2.13%	83.71%	0.18	1.77	56	2009~2019年
3	西北工业大学	147	1.76%	55.94%	2.83	3.78	249	2003~2019年
4	国防科技大学	125	1.49%	48.00%	4.99	6.44	168	2002~2017年
5	哈尔滨工业大学	113	1.39%	49.56%	2.62	7.76	203	1995~2019年

2.2.5.2 国外在华申请人分析

表2-2-6为高性能碳化物先进陶瓷材料在华专利申请量排名前十位国外在华申请人的专利申请情况。从表中可以看出，日本碍子以62件专利申请排名第一位，美国通用电气以54件专利申请排名第二位，圣戈班集团以20件专利申请排名第三位，霍尼韦尔和东洋炭素以16件专利申请排名第四位，三菱以13件专利申请排名第五位。结合表2-2-4和表2-2-5，从专利质量上看，国外申请人专利的平均被引次数及平均权利要求数普遍较高，明显高于国内创新主体，并且在发明人人数上，国外企业发明人人数较多，通用电气有106人，日本碍子有89人，说明国外在华申请的企业较为注重人员、企业规模、科研投入等方面，其专利质量较高。

表2-2-6 高性能碳化物先进陶瓷材料在华专利申请量排名前十位的国外申请人专利申请情况

排名	申请人	申请量/件	专利集中度	活跃度	平均被引次数	平均权利要求数	发明人数	申请持续时间
1	日本碍子	62	0.74%	49.15%	11.23	9.13	89	1993~2018年
2	通用电气	54	0.66%	51.85%	8.05	13.44	106	1994~2018年
3	圣戈班集团	20	0.24%	11.11%	20	30.1	49	1997~2017年
4	霍尼韦尔	16	0.19%	56.25%	10.38	13.69	28	2006~2016年
4	东洋炭素	16	0.19%	25.00%	8.44	12	24	2004~2017年
6	三菱	13	0.16%	42.86%	10.08	10.23	25	1996~2015年
7	信越	12	0.14%	25.00%	10.75	11.83	19	2008~2018年
8	日立	7	0.08%	0	12.13	10.25	19	2002~2013年
9	揖斐电	6	0.07%	50.00%	34.17	8.33	10	2002~2017年
10	住友	6	0.07%	60.00%	0.2	10.4	12	2006~2019年

2.3 小　结

本章从专利申请趋势，中国、日本、美国等国专利申请对比、技术对比、创新主体等多个角度，对全球和在华高性能碳化物先进陶瓷材料进行了总体分析。通过分析，可得出如下结论。

（1）申请态势方面

全球专利申请处于增长态势，国外专利申请近10年处于平稳阶段，中国是影响全球增长的主要因素；中国专利质量低于国外专利质量，其中，国外专利平均被引次数是中国专利的4.5倍，国外专利平均权利要求数是中国专利的1.6倍；国外创新主体近几年开始重视在华市场，积极在华进行专利布局，在华申请活跃度为41%，是全球申请活跃度的1.8倍。中国向海外布局专利375件，仅占总申请量的5%，而美国向海外布局专利8293件，占总申请量的67%。

（2）创新主体方面

全球整体申请量排名前20位的创新主体为8家日本企业、5家中国企业、4家美国企业、2家法国企业和1家德国企业。国外创新主体皆为企业，而中国创新主体以高校、科研院所居多，高校、科研院校专利平均数量是企业专利的5.6倍，专利平均被引次数是企业专利的2.2倍，专利平均权利要求数是企业专利的1.1倍，国内高校、科研院所具有较高的研发实力。然而企业专利申请活跃度是77%，近几年企业技术研发较为活跃，逐步开始重视产业化的发展。

（3）技术发展方面

国内外专利申请和技术研发以应用领域研究为主，特别是在华专利中，我国应用领域的专利占比是53.63%，低于国外应用领域的专利占比66.0%；我国成型专利占比是20.67%，远高于国外的7.5%，国内该领域制备工艺研发是研究的重点，产业化和产品附加值有待提升。

第3章　重要申请人分析

3.1　通用电气

通用电气是源自美国的跨国综合企业，总部位于波士顿，业务遍及世界100多个国家，经营产业包括电子工业、能源、运输工业、航空航天、医疗与金融服务等，是世界上最大的电器和电子设备制造公司及提供技术和服务业务的跨国公司。

本节将从通用电气在碳化物先进陶瓷材料领域的申请趋势、专利布局、技术构成、技术功效、研发团队、在华申请等角度出发，探索通用电气的发展历程和布局策略，为我国相关企业提供参考。

3.1.1　简　介

1878年托马斯·爱迪生创立了爱迪生电灯公司，1882年爱迪生将电力商业化，创立了爱迪生照明公司并在纽约建造了美国第一个中央发电站，开创了他的电力事业；1892年，爱迪生电灯公司和汤姆森-休斯顿电气公司合并，成立了通用电气；1900年通用电气在车库建立了第一个研发中心，1906年通用电气的科学家花了两年时间设计了高频交流发电机，世界上第一次音频广播得以实现。

1935~1942年，通用电气发明了首盏荧光灯、“隐形玻璃”和测量范围可达20英里的雷达，在航空领域获得多个第一：涡轮螺旋桨发动机、自动驾驶仪以及美国第一台喷气式飞机发动机。1946年通用电气着手研发J47喷气式飞机发动机，日后这款飞机发动机成为世界上最受欢迎的飞机发动机。1957年通用电气在能源开发领域处在领先地位，建立全世界第一家核电厂。1962年通用电气科学家Bob Hall发明了固体激光器，此项发明使现在的各种热门设备，诸如光盘、激光打印机和光纤通信等成为可能。

1971~1985年，为了应对自然资源的问题，通用电气研发了应用广泛的新材料，诸如Xenoy树脂和光纤。而在医疗行业，通用电气研发出了Sigma磁共振成像技术和利用计算机断层扫描的身体检查设备，使人体成像更加快捷和安全。1986~1997年，通用电气设计并制造了火星观测器并且创立了非计算机行业的《财富》500强公司中的第一个企业网站。同时，通用电气在20世纪90年代重回中国。1991年，通用电气在北京设立首家合资公司——通用电气航卫医疗系统有限公司。1992年，通用电气与NASA合作，在使能推进材料项目下开始研发高速民用运输机用陶瓷基复合材料燃烧室内衬，1995年，装配有商用航空首款碳纤维复合风扇叶片的GE90发动机首次搭载于英国航空公司的777飞机上。

1998~2000年，通用电气研发中心开始迈向世界，扩展新的市场。1999年通用电气应波音公司需求开发 115000 磅推力的新型 GE90 引擎以搭载在波音的长途 777-200LR 和 300-ER 机型。当年通用电气在印度班加罗尔建立了美国本土之外的第一家全球研发中心，2000 年通用电气全球研发中心（上海）成立❶。

21 世纪初，通用电气引入碳化硅陶瓷基复合材料制造地面燃机的涡轮罩环，同时从静子部件开始扩展陶瓷基复合材料在喷气发动机上的应用范围。2012 年 4 月，通用电气携手 SNECMA 对外发布，将联合日本碳素公司合资成立 NGS 公司，生产和销售“Nicalon”品牌碳化硅连续纤维；2013 年 6 月，通用电气投资 1. 25 亿美金建设 1. 16 万 m^2的生产基地；2014 年末，通用电气在一台 F414 涡扇发动机平台上验证了由陶瓷基复合材料制成的低压涡轮叶片的耐温性和耐久性，这是陶瓷基复合材料在旋转部件上的首次成功应用；2015 年初，GE9X 发动机的首个全套陶瓷基复合材料零部件在一台改造过的 GEnx-1B 发动机上开始试验；2016 年投入使用的 LEAP-1 发动机的涡轮罩环由陶瓷基复合材料制造，实现了陶瓷基复合材料在商用航空发动机上的首次应用，该发动机的燃烧室火焰筒、第一级高压涡轮喷管和罩环以及第二级高压涡轮喷管均由陶瓷基复合材料制造❷。

3. 1. 2 专利申请态势分析

本章专利数据检索截至 2019 年 6 月 30 日。通用电气在高性能碳化物先进陶瓷材料领域的全球专利数量为 877 件，图 3-1-1 是通用电气在高性能碳化物先进陶瓷材料领域专利申请量趋势。

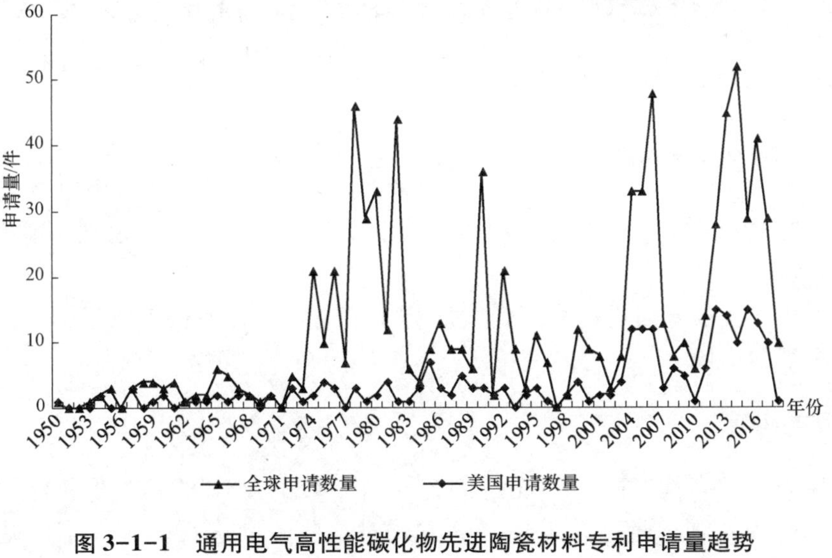

图 3-1-1 通用电气高性能碳化物先进陶瓷材料专利申请量趋势

---

❶ 2019 通用电气公司官网 https://www. ge. com/cn/company/history/1878-1904.

❷ 电缆网讯（此部分内容来源于华科第一部分国外企业简介，具体来源不详）。

1974年以前，通用电气在高性能碳化物先进陶瓷材料领域的专利申请量少，且主要在本国申请。这一时期为高性能碳化物先进陶瓷材料领域的萌芽时期，此时通用电气处于技术的形成和积累时期，全球专利申请整体处于较低的水平，申请趋势呈缓慢增长的状态。1975~1998年是通用电气的发展时期，这一时期，通用电气的申请出现较明显的峰值。1999~2018年是通用电气的快速发展时期。21世纪初，新材料、新技术、新工艺层出不穷，为提高高温耐氧化性和耐磨性，通用电气致力研发陶瓷基复合材料。2004年，GEnx飞机发动机问世，通用电气在美国乃至全球的专利申请呈现快速增长的趋势，至2014年达到高峰。

3.1.3 专利市场布局

在高性能碳化物先进陶瓷材料领域，通用电气在各个主要国家/地区的专利申请量占比情况如图3-1-2所示。通用电气在欧洲、美国、日本、中国、加拿大的专利申请量分别为248件、233件、102件、55件和48件，其主要在本国申请，最大的目标国/地区为欧洲和日本，同时也在积极开拓中国和加拿大等国家/地区的市场。欧洲、日本是其专利申请的主要地区，这与通用电气的投资政策密切相关。1976年，通用电气与法国合作研制涡轮飞机和可以装备鱼雷潜艇或运载火箭的发动机，20世纪80年代，通用电气将投资重点放在欧洲，纷纷在德国、意大利、西班牙等国家建立工厂，逐步扩大欧洲的市场，至今通用电气在欧洲的专利申请达248件，超过其在本国的申请量。

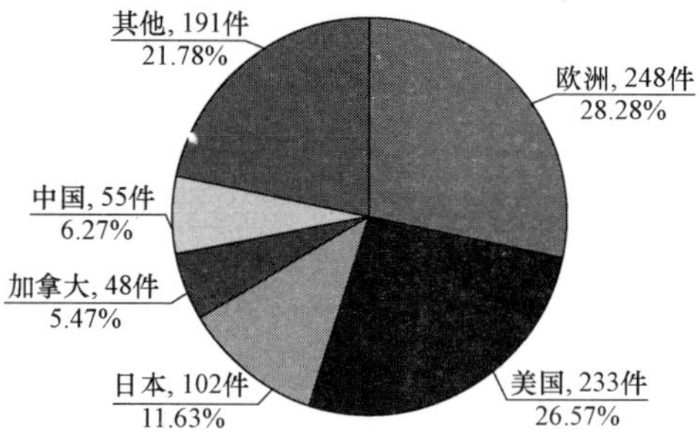

图3-1-2 通用电气高性能碳化硅先进陶瓷材料全球专利主要布局国家/地区申请量占比

除欧洲外，日本是通用电气的另一个主要布局国家。1976年通用电气正值对外扩展时期，此时便开始在日本进行专利布局，至今在日本的专利申请达102件，仅次于欧洲和美国。

中国近年来在各方面迅速崛起，发展势头突飞猛进，消费市场潜力巨大，也是通用电气较重视的市场。

3.1.4 技术构成

将通用电气在高性能碳化物先进陶瓷材料领域的全球877件专利合并简单同族后，得到356项专利，通过人工标引的方式对这些专利进行分解。下面基于该标引结果从技术构成的角度进行分析。表3-1-1为通用电气在高性能碳化物先进陶瓷材料领域的技术分解情况（根据本报告的技术分解表对通用电气的产品进行分析得到此表）。

表 3-1-1　通用电气在高性能碳化物先进陶瓷材料领域的技术分解情况

一级	二级
粉体制备	
烧结	常压烧结
	反应烧结
	热压烧结
	热等静压烧结
	气氛烧结
成型	干压成型
	冷等静压成型
	挤压成型
	注射成型
	热压铸成型
	注浆成型
	流延成型
	凝胶注模成型
制品	燃烧涡轮机部件
	涂层
	陶瓷纤维
	预型件
	耐磨部件
	电子元件
其他	其他

图 3-1-3 为通用电气在高性能碳化物先进陶瓷材料领域的全球专利技术构成。由图可知，通用电气在全球专利申请涉及的技术分类主要是制品，共 314 项，远超其他技术构成，其次是烧结技术，共 34 项。此外，关于成型的专利共 13 项，关于粉体制备的专利共 9 项。由此可知，在工艺制备方面，通用电气的技术研发主要集中在烧结这项技术上，其烧结技术主要以反应烧结、常压烧结和热压烧结为主；而在制品这一块，本小节进行了更详细的分解，如图 3-1-4 所示。

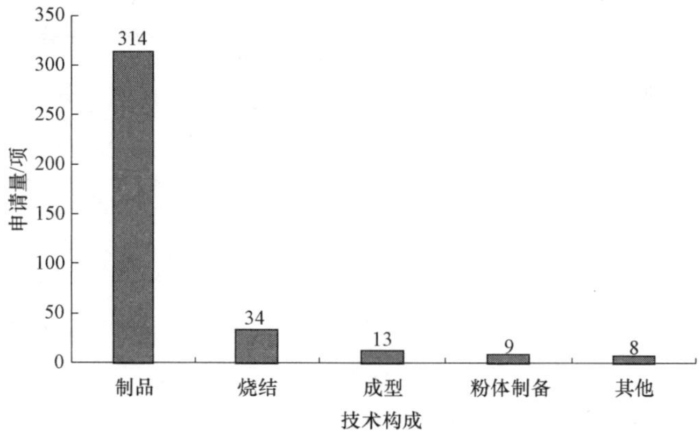

图 3-1-3　通用电气在高性能碳化物先进陶瓷材料领域的全球专利技术构成

如图 3-1-4 所示，通用电气在高性能碳化物先进陶瓷材料领域涉及的关于制品的专利有：燃气涡轮机部件（88 项）、涂层（80 项）、陶瓷纤维（36 项）、预型件（20 项）、耐磨部件（19 项）、电子元件（16 项）。关于制品的技术主要集中在燃气涡轮机部件和涂层这两大块，其中燃气涡轮机部件的技术研发专利主要为涡轮叶片、衬套等。碳化物涂层通过阻止环境与材料表面之间的接触提供保护，在高温、含水蒸气的环境下相对稳定，可被用于燃气涡轮机、燃烧器等高温应用的结构。通用电气是世界领先的民用、军用、公务和通用飞机喷气及涡桨发动机、部件和集成系统制造商，技术研发重点在燃气涡轮机部件和涂层领域。

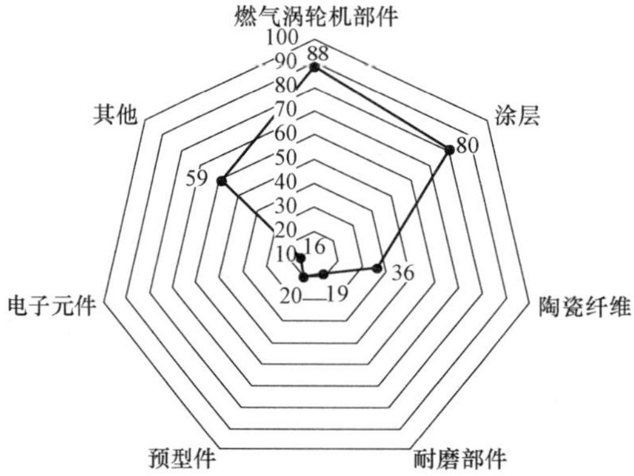

图 3-1-4　通用电气在高性能碳化物先进陶瓷材料领域全球专利的制品技术分布

注：图中数字表示申请量，单位为项。

3.1.5　技术功效

通过对燃气涡轮机部件的改进方法进行划分，并对其技术功效进行分类，绘制各种改进方法技术功效，如图 3-1-5 所示。

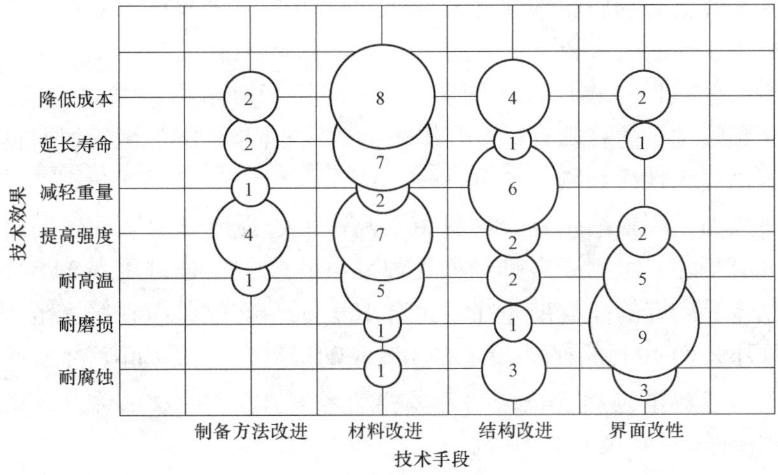

图 3-1-5 通用电气燃气涡轮机部件改进技术功效

注：图中数字表示申请量，单位为项。

由图 3-1-5 可见，燃气涡轮机部件的改进方法中涉及的通用功效包括耐腐蚀、耐磨损、耐高温、减轻重量、提高强度、延长寿命和降低成本；燃气涡轮机部件的改进手段为制备方法改进、材料改进、结构改进和界面改性等。通过在材料中加入合金、黏合剂、添加剂、纤维增强材料等可获得高性能陶瓷材料，更适用于高温、腐蚀性强、易磨损的恶劣环境，主要达到降低成本、延长寿命、提高强度的效果；通过改进渗透方式、预制件坯体的制备方法，可主要达到提高强度、降低成本、延长寿命的效果；通过改进燃气涡轮机部件的结构，如提供防止或显著地减少在热气体路径与叶轮空间区域之间的流体交换的结构，提供集成的熔合式复合叶片构件、陶瓷基复合材料复合芯部件形成叶片的特定部分等方式达到减轻重量目的；通过界面改性，如在基体表面提供一层界面层、扩散阻挡层等，达到耐磨损、耐高温、耐腐蚀的效果。

制备方法改进方面，使用熔融浸渗（MI）法制备的陶瓷基复合材料包含游离硅相（即元素硅或硅合金），这将系统的使用温度限制到低于硅或硅合金的熔点温度，或者1399~1410℃。此外，随着操作温度接近熔点，游离硅相导致基体具有相对差的抗蠕变性。化学气相浸渗在高温下使用反应气体将基体材料浸渗到纤维预成型件中以形成纤维增强复合材料，基体通常不具有游离硅相，因此其制备的基体具有比使用熔融浸渗法制备更好的抗蠕变性，并且有可能在1410℃以上的温度下操作。专利 US10329201B2 提供了一种陶瓷基复合材料制品的制备方法。该方法包括铺设第一组帘布层，设第二组帘布层，第一组和第二组帘布层彼此相邻，在同一加工步骤中压实第一组帘布层和第二组帘布层，并对第一组层进行第一次渗透过程，渗透方式可采用熔融渗透或化学气相渗透，再对第二组层进行熔融渗透或化学气相渗透。通过该方法制备的陶瓷基复合材料制品具有较高的机械强度、良好的导热性和抗氧化性。化学气相浸渗制备的复合物的一个关键局限性在于基质可包含显著的孔隙度，孔隙度随厚度增大，且可显著地影响平面中和层间两者的性质，然而专利 CN105531243B 解决了这个问题，陶瓷基质复合物、陶瓷基质复合物涡轮构件通过在化学气相浸渗之前在预形件中产生贯穿厚度的孔，有效解决了与制造陶瓷基质复合物中化学气相浸渗的使用相关联的孔隙度的问题，以单轴带层合或以织物层合来制作预形件，孔可在黏合剂烧尽之前或之后钻取，孔直径远大于预形件中的孔隙直径，气体在化学气相浸渗期间穿透预形件的整个厚度，填充孔隙，提高层间性质和氧化寿命。

材料改进方面，陶瓷纳米复合材料由于高硬度、强度和耐磨性连同超塑性而在近年来备受研究者青睐，可用于各种结构，如发电和航空器推进用涡轮组件。然而现有的纳米多相纳米晶陶瓷的晶粒尺寸往往大于 100 nm，有时甚至在微米范围内，为制备平均晶粒尺寸小于约 100 nm 的热稳定多相陶瓷纳米复合材料，可通过 Si_3N_4/SiC/BN 的非晶态陶瓷粉末经放电等离子烧结制备多相纳米复合材料，如专利 US20060084566A1（多相陶瓷纳米复合材料及其制备方法）。

结构改进方面，专利 CN104675442A 提供了一种保护涡轮轮叶的方法，高热硬度护罩切割沉积部可沉积在轮叶末端的外表面上，以便于在涡轮轮叶与护罩组件之间产生密封。高热硬度护罩切割沉积部具有较高的硬度和抗氧化特性，延长涡轮使用寿命，沉积技术可选定成将高热硬度护罩切割沉积部沉积在轮叶末端上的任何涂层的顶部上，而不使其经受过度的损坏。

界面改性方面，通过在陶瓷基复合材料表面层上提供界面扩散阻挡层、界面层等减轻部件的磨损，防止被侵蚀。如专利 US8475695B2 通过将界面层结合到陶瓷基复合材料的连接接触表面和涡轮发动机部件中，生产的部件不需要附着硬件以进行磨损涂覆，并且在制造期间不需要负载分配垫片，从而改善了部件的功能，减少磨损。

图 3-1-6 是通用电气在涂层改进方面的技术功效。涂层的改进方法中涉及的通用功效包括抗氧化、耐腐蚀、耐磨损、延长寿命、降低成本和提高强度，采用的技术手

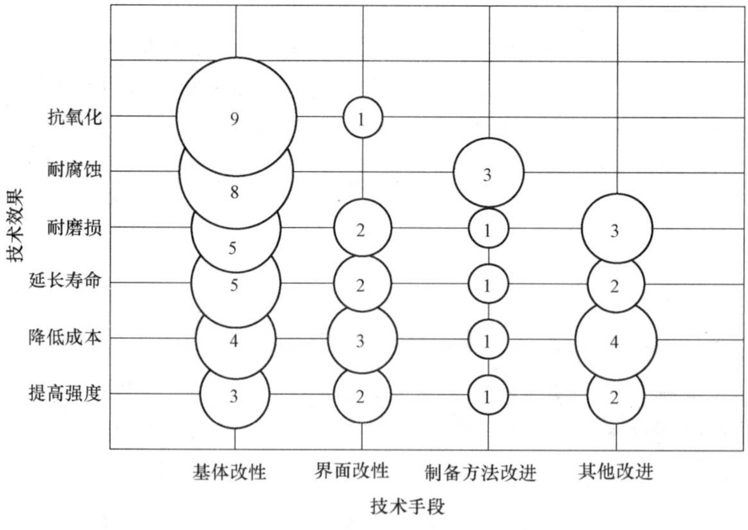

图 3-1-6　通用电气涂层改进方法技术功效

注：图中数字表示申请量，单位为项。

段包括基体改性、界面改性、制备方法改进和其他改进。通过基体改性如浆料组分改进、在涂层中加入掺杂剂、添加剂或黏合剂等方式主要达到抗氧化、耐腐蚀、耐磨损、延长寿命的效果；通过界面改性如在硅基层上沉积耐磨层、阻挡层、多孔氧化物层及改进涂层的厚度等方式主要达到降低成本的效果；通过制备方法改进如涂层沉积前用熔融渗透剂渗透、化学气相沉积涂层、钎焊耐磨涂层等方式主要达到耐腐蚀的效果。

基体改性方面，硅黏合涂层的存在限制了环境障碍涂层的工作温度的上限，因为硅金属的熔点相对较低，多层环境障碍涂层系统的硅金属黏合涂层的顶面上形成氧化硅的热生长氧化物（TGO）层，该硅氧化皮在1200℃以下的温度下保持非晶态，有时甚至在1315℃以下的温度下保持非晶态，在较高温度下，或当少量蒸气渗透环境障碍涂层到达黏合涂层时，硅氧化皮结晶，其经历相变，冷却时的大量体积变化，导致环境障碍涂层剥落，可通过加入镓（Ga）、掺杂硼和铝等物质解决这一问题。专利US20170218779A1在硅基黏合涂层中引入掺杂物Al_2O_3，使热生长氧化物（即SiO）保持在非晶相中，可以提高硅基黏合涂层（以及热生长氧化物和环境障碍涂层）的工作温度。另外，掺杂剂Al_2O_3可以抑制和防止热生长氧化物的结晶，而不会大大加速热生长氧化物的生长速率，进而防止了由热生长氧化物的这种结晶引起的涂层剥落。

界面改性方面，碳化硅陶瓷应用的关键问题之一为陶瓷基质复合材料厚度的损失，其由陶瓷与在燃烧气体中的水分的反应造成，环境障碍涂层用于保护陶瓷基复合材料免受厚度损失。然而，许多环境障碍涂层在陶瓷基复合材料的表面上使用硅黏合层，且在大约1399℃的温度下硅融化，因此，目前在超过约1399℃的温度下，硅基涂层是不实用的。为解决这一问题，界面改性可通过在硅基层上加入稀土单硅酸盐或稀土二硅酸盐等沉积多孔氧化层（CN105189932B）、将含硅的黏结涂层置于氧化环境中预处理调整表面性能（US20190161416A1）、在陶瓷基复合材料构件表面的环境阻隔涂层上层提供抑制叶片损坏可破碎结构的多孔可磨耗层（CN105814007B）等方式达到抗氧化、耐腐蚀的效果。

制备方法改进方面，可通过在流化床炉中金属卤化物蒸气与该含碳或石墨的基材发生化学反应形成该金属碳化物涂层（CN1047807C）；使用化学气相沉积涂覆预选的纤维束部分，形成多个涂覆的纤维束并留下预选的部分纤维束，然后用未涂覆的纤维束编织或铺设涂覆的纤维束以形成多个混合布或叠层（JP2006189029A）等方式达到耐磨损的效果。

3.1.6 发明人分析

通过对申请量排名前十位的发明人的申请情况进行统计分析，如图3-1-7所示，KRISHAN LAL LUTHRA是申请量最多的发明人，共提出了32项专利申请（包括独立发明和合作发明），占通用电气高性能碳化物先进陶瓷材料领域全部专利申请量的9.00%；JAMES DALE STEIBEL和GREGORY SCOT CORMAN分列第二位和第三位，分别提出23项和22项专利申请。前十位发明人专利申请总量为180项，占通用电气高性能碳化物先进陶瓷材料领域专利申请量的49.16%。在排名前十位的发明人中，GREG-

ORY SCOT CORMAN、BRUN MILIVOJ KONSTANTIN、SINGH RAY NARAIN、万菊林均与 KRISHAN LAL LUTHRA 有合作申请，其中 BRUN MILIVOJ KONSTANTIN、GREGORY SCOT CORMAN、万菊林与 KRISHAN LAL LUTHRA 合作申请的专利数量较多。

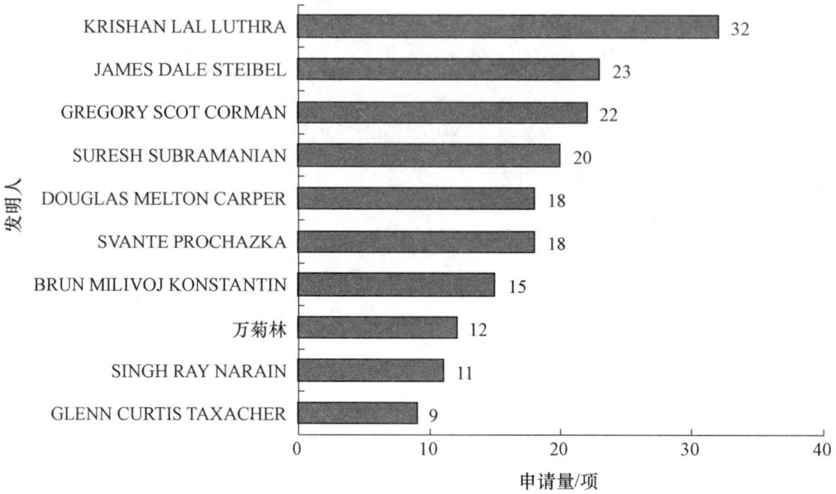

图 3-1-7　通用电气在高性能碳化物先进陶瓷材料领域申请量排名前十位的发明人

3.1.6.1　主要发明人申请趋势

通用电气在高性能碳化物先进陶瓷材料领域前十名发明人申请的时间分布如图 3-1-8 和图 3-1-9 所示。可以看出，专利申请的时间跨度较大。排名前十位的发明人中 SVANTE PROCHAZKA 申请专利的时间最早，1972 年便申请专利；而 SURESH SUBRAMANIAN、DOUGLAS MELTON CARPER、万菊林以及 GLENN CURTIS

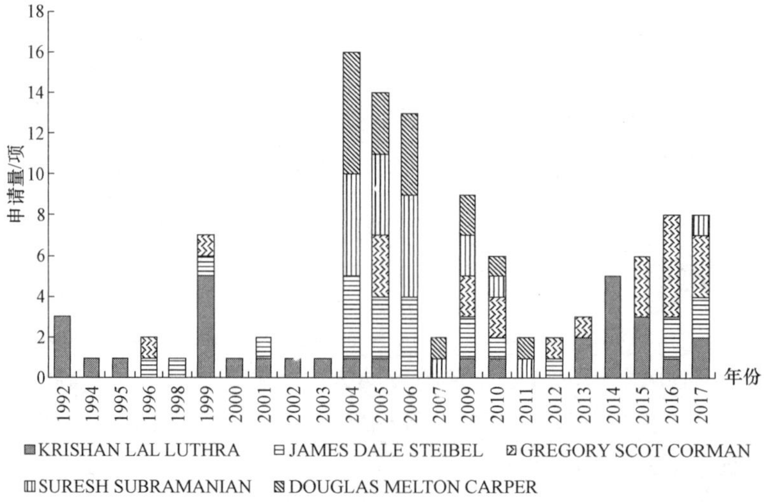

图 3-1-8　通用电气高性能碳化物先进陶瓷材料领域排名前五位发明人专利申请量趋势

TAXACHER 申请专利的时间较晚，大多在 2004 年才开始申请专利，起步较晚，专利申请集中在 2004～2013 年；申请量排名第一位的发明人 KRISHAN LAL LUTHRA 在 1992 年申请了专利，专利布局时间也较早，在 2000 年后仍有一定量的专利申请，主要集中在 2013～2017 年，致力研发陶瓷基复合材料和涂层。

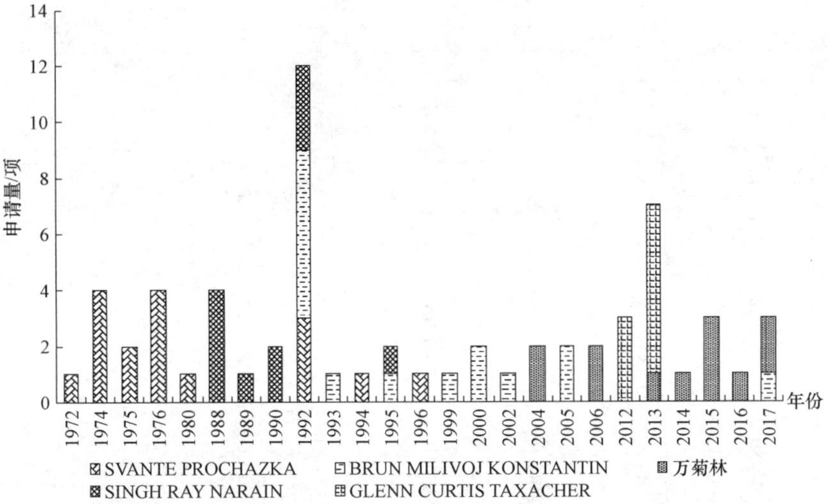

图 3-1-9 通用电气高性能碳化物先进陶瓷材料领域排名第六至第十位发明人专利申请量趋势

3.1.6.2 发明人主要技术构成分析

对通用电气在高性能碳化物先进陶瓷材料领域前十名发明人专利申请的技术构成进行统计，可得到这十位发明人的主要技术分支构成，如图 3-1-10 所示。KRISHAN LAL LUTHRA 的专利申请较早，时间跨度较大，技术研发致力于涂层的研究，在燃气涡轮机部件以及陶瓷纤维等其他方面均有涉及；在燃气涡轮机部件这一技术上，JAMES DALE STEIBEL 和 SURESH SUBRAMANIAN 的专利申请量较多，这两位发明人致力于燃气涡轮机部件的研发；GREGORY SCOT CORMAN 和 SINGH RAY NARAIN 在陶瓷纤维这一项技术上的成果较多；在工艺方面，SVANTE PROCHAZKA 的研究成果较多，集中在烧结技术这一块，涉及的烧结技术有常压烧结、热压烧结及反应烧结；万菊林、DOUGLAS MELTON CARPER 及 SURESH SUBRAMANIAN 这三位发明人的研究专注于燃气涡轮机部件及涂层的技术研发，与发明人 KRISHAN LAL LUTHRA、GREGORY SCOT CORMAN 和 BRUN MILIVOJ KONSTANTIN 涉及的技术领域比较分散，有较大的区别，而万菊林、DOUGLAS MELTON CARPER 及 SURESH SUBRAMANIAN 涉及的技术领域也是通用电气研发的重点。

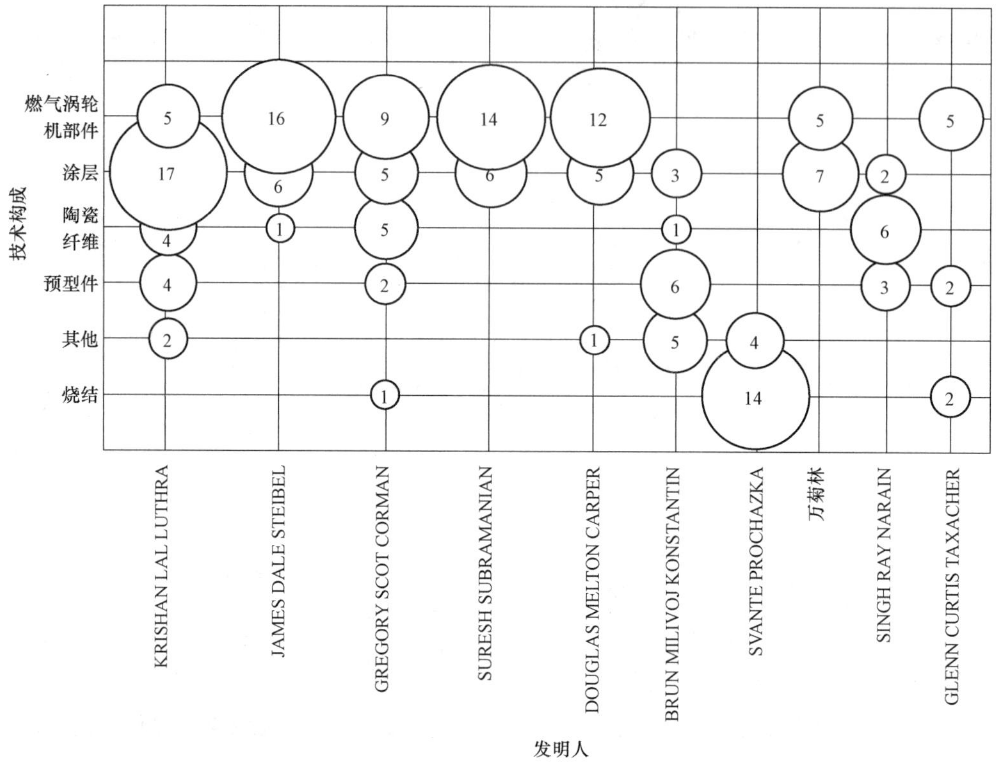

图 3-1-10　通用电气高性能碳化物先进陶瓷材料领域排名前十位发明人专利技术构成

注：图中数字表示申请量，单位为件。

3.1.6.3　重要发明人——万菊林

万菊林毕业于加利福尼亚大学戴维斯分校，2003 年申请了第一件专利——单壁碳纳米管增强的纳米晶陶瓷材料（US6858173B2），该专利由美国联邦政府资助研究与开发，随后万菊林一直保持专利申请至今，共计申请 44 项专利。

根据万菊林发明的专利情况和技术节点绘制了技术路线图，如图 3-1-11 所示。万菊林于 2003 年申请了第一件专利 US6858173B2，该专利公开了利用单壁碳纳米管与纳米级金属氧化物或者氧化铝陶瓷颗粒通过电场辅助烧结而固结，以获得与单独陶瓷相比具有异常高的断裂韧性的完全致密材料的制备方法。与碳化物先进陶瓷材料领域密切相关的专利则是 US20040179969A1 和 US20050133963A1：US20040179969A1 要求保护氮化硅/碳化硅纳米复合材料的制备方法，通过机械活化氮化硅和碳化硅的非晶粉末的混合物，通过放电等离子烧结制备具有较高的抗蠕变性能的复合材料；US20050133963A1 由美国联邦政府资助研发，公开了一种将机械活化的陶瓷材料和碳化硅晶须的混合物压缩成熔融物质经放电等离子烧结制备高强度和韧性的纳米晶陶瓷。万菊林早期的专利较多在美国联邦政府的资助下研发，专利研发方向主要是纳米级陶瓷材料，对纳米陶瓷的开发和更深入的了解可能会使得飞机发动机、燃气轮机等产品

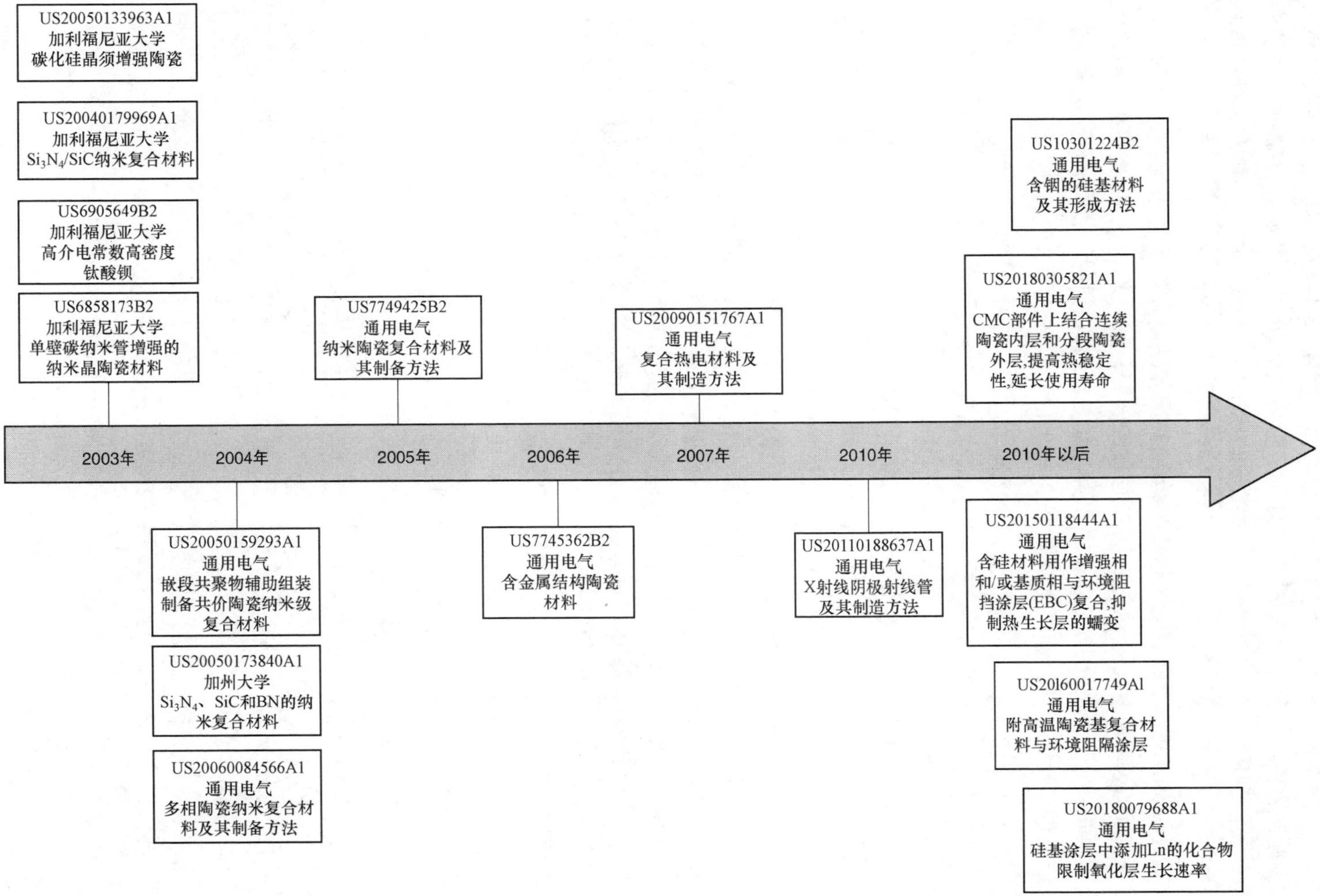

图3-1-11　万菊林高性能碳化物先进陶瓷材料领域专利技术路线

具有更高的性能，这与通用电气的研发方向相契合。纳米陶瓷材料的开发是通用电气全球研究部门纳米技术计划的主要目标，通过纳米技术使非氧化物陶瓷材料具有较强的韧性和耐热性能，在航空和能源领域得到广泛应用。2004 年开始，万菊林发明的专利逐渐转让给通用电气。US20060084566A1 和 US20050159293A1 是万菊林发明的最早转让给通用电气的专利，US20050159293A1 公开了嵌段共聚物辅助组装制备共价陶瓷纳米级复合材料的制备方法，US20060084566A1 要求保护多相陶瓷纳米复合材料及其制备方法。2007~2010 年万菊林的研发方向有所改变，转向复合热电材料和 X 射线阴极射线管。2011 年后研发方向转为涂层和陶瓷基复合材料的制备，致力于研发耐高温、具有较强抗蠕变性的涂层，使燃气涡轮机在恶劣的高温环境下也能正常运行，且有较长的使用寿命。

3.1.7 在华申请分析

通过对通用电气在高性能碳化物先进陶瓷材料领域的 54 件在华申请进行标引，得到该公司在华专利申请的技术构成情况，如图 3-1-12 所示。由图可知，通用电气在华专利的技术主要集中在燃气涡轮发动机部件这一方面，关于燃气涡轮发动机部件的专利申请共 24 件，2005 年通用电气在华申请了第一件关于燃气涡轮发动机部件的专利，随后 2006 年提交了 2 件相关专利申请，直至 2012 年燃气涡轮发动机部件的在华专利申请逐渐增多，2016 年达到高峰值。涂层的专利申请量为 10 件，仅次于燃气涡轮发动机部件。1994 年通用电气开始在中国申请高性能碳化物先进陶瓷材料涂层相关专利，之后的几年内无专利申请，2005 年后呈间歇性申请趋势，2014 年达到专利申请的高峰值。整体来看，通用电气在 2012 年之前，在华专利申请为间歇性申请，2012 年后专利申请缓慢增加，2016 年达到专利申请的高峰值。

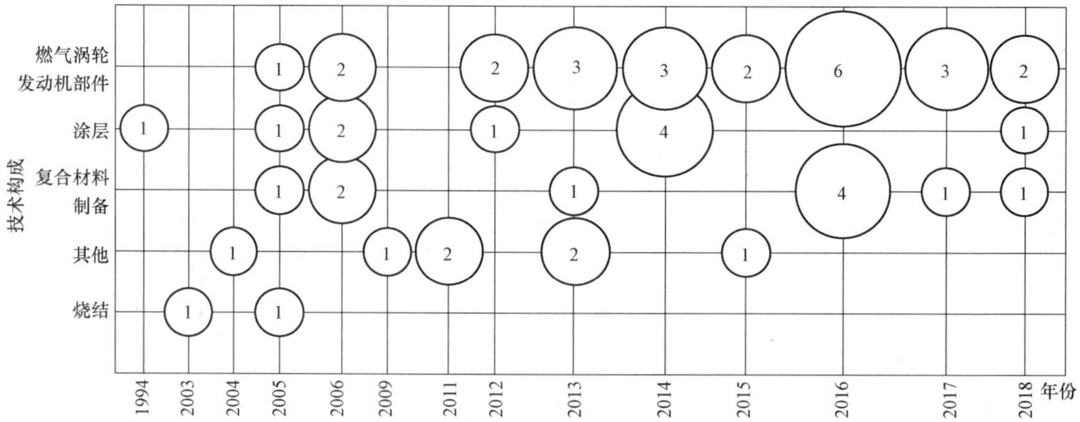

图 3-1-12　通用电气高性能碳化物先进陶瓷材料领域在华专利技术构成

注：图中数字表示申请量，单位为件。

图 3-1-13 显示了通用电气在高性能碳化物先进陶瓷材料领域在华专利申请的法律状态。通用电气在高性能碳化物先进陶瓷材料领域的在华专利申请共 54 件，其中处于

有效状态的专利共 16 件，占总申请量的 29. 63%；处于实质审查状态的专利为 23 件，占总申请量的 42. 59%；公开状态的专利仅 1 件，占总申请量的 1. 85%；失效的专利共 14 件，其中撤回 7 件，占总申请量的 12. 96%，驳回 2 件，占总申请量的 3. 70%，权利终止 5 件，占总申请量的 9. 27%，权利终止的原因均为未缴年费。通用电气在华申请的 54 件专利中有 51 件有同族专利，可见通用电气在中国的专利申请质量较高。

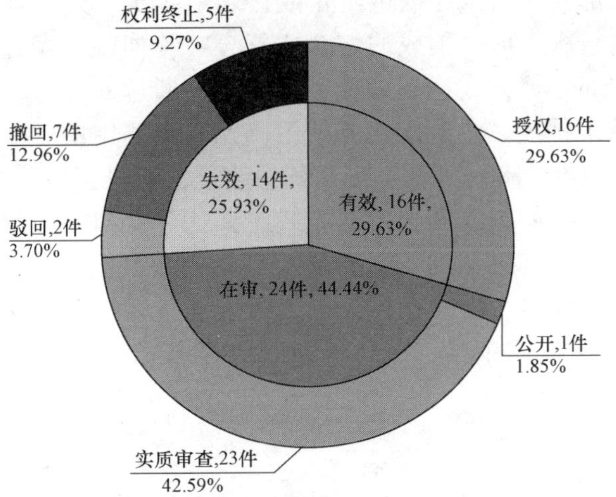

图 3-1-13 通用电气高性能碳化物先进陶瓷材料领域在华专利申请法律状态

3.1.8 小 结

（1）申请态势方面：1974 年以前为通用电气在高性能碳化物先进陶瓷材料领域专利申请的萌芽时期，专利申请量较低，以美国为主，申请趋势呈缓慢增加的状态；1975～1998 年是通用电气的发展时期；1999～2018 年是通用电气的快速发展时期。2004 年，通用电气在美国乃至全球的专利申请呈现快速增长的趋势，至 2014 年达到高峰值，其专利申请主要在本国，其次为欧洲和日本；中国是通用电气较为重视的国家，1994 年在华申请专利，2005 年通用电气在中国的专利申请数量呈现增长的趋势，于 2006 年达到第一个高峰值。其在华专利的技术构成主要集中在燃气涡轮发动机部件这一方面，其次是涂层。

（2）创新主体方面：在通用电气高性能碳化物先进陶瓷材料领域前十名的主要发明人中，KRISHAN LAL LUTHRA 专利申请量最多，专利申请较早，时间跨度较大，技术研发致力于涂层的研究，在燃气涡轮机部件以及陶瓷纤维等其他方面均有涉及；Svante Prochazka 申请专利的时间最早，1974 年便申请专利，专利技术主要集中在烧结方面；万菊林早期的专利研发方向主要是纳米级陶瓷材料，2004 年开始，发明的专利逐渐转让给通用电气，2011 年后研发方向转为涂层和陶瓷基复合材料的制备，致力于研发耐高温、耐磨损、耐腐蚀的涂层，万菊林研发实力较强，可作为人才引进对象。

（3）技术发展方面：通用电气全球专利申请涉及的技术分类主要是制品，而制品中占比最多的是燃气涡轮机部件和涂层，远超其他技术构成；其次是烧结的技术，其烧结技术主要为反应烧结、常压烧结和热压烧结。燃气涡轮机部件的改进手段为制备方法改进、材料改进、结构改进、界面改性、其他改进。材料改进方面，加入合金、黏合剂、添加剂、纤维增强材料等可主要达到降低成本、延长寿命、提高强度的效果；通过改进渗透方式、预制件坯体的制备方法，可主要达到提高强度、降低成本的效果；通过改进燃气涡轮机部件的结构如提供防止或显著地减少在热气体路径与叶轮空间区域之间的流体交换的结构，提供集成的熔合式复合叶片构件、陶瓷基复合材料复合芯部件形成叶片的特定部分等方式达到减轻重量目的；通过界面改性，如在基体表面提供一层界面层、扩散阻挡层，达到耐磨损、耐高温、耐腐蚀的效果。改进涂层的手段包括基体改性、界面改性、制备方法改进和其他改进。通过基体改性如浆料组分改进，在涂层中加入掺杂剂、添加剂或黏合剂等方式主要达到抗氧化、耐腐蚀、耐磨损的效果；通过界面改性如在硅基层上沉积耐磨层、阻挡层、多孔氧化物层及改进涂层的厚度等方式主要达到降低成本、耐磨损的效果；通过制备方法改进如涂层沉积前用熔融渗透剂渗透、化学气相沉积涂层、钎焊耐磨涂层等方式主要达到耐腐蚀、耐磨损的效果。

3.2 日本碍子

日本碍子成立于1919年，迄今为止已拥有100年的历史。日本碍子自成立以来，高举“提供有助于建设更好社会环境的商品，创造新价值”的企业理念，不断开发并推出了支撑社会基础、有助于环保的产品。通过将多孔质陶瓷、功能性陶瓷以及结构材料陶瓷等关键材料与成型、烧成、加工等关键技术相融合，打造出了挖掘陶瓷可能性的创新性产品。

日本碍子以陶瓷技术为核心技术，在能源、环保和电子领域，发展电力、陶瓷、电子、生产工艺等相关产业，研究开发、设计、生产制造特种陶瓷［各类汽车排放尾气净化用陶瓷触媒介质、汽车柴油尾气微粒子陶瓷滤清器（DPF）及汽车汽油尾气微粒子陶瓷滤清器（GPF）等其他产业用介质材料等产业用高性能特种陶瓷新材料和相关产品］，销售自产产品并提供相应的技术和售后服务。

日本碍子目前已在海外20个国家设立了45家集团公司，其中21家从事生产活动。在日本、美国、比利时、波兰、南非、印度尼西亚、泰国以及中国工厂累计生产和销售15亿个以上的蜂窝陶瓷载体。

经过检索、查重、合并同族、去噪等流程，截至2019年6月30日，日本碍子在高性能碳化物先进陶瓷材料领域的在华专利申请有62件，全球专利申请1399件（同族合并后专利申请485项）。

3.2.1 专利申请态势分析

日本碍子专利申请量趋势如图3-2-1所示。从图中可知，日本碍子1967年在美国申请了第一件高性能碳化物先进陶瓷材料领域专利，这是由于日本在1976年以前，不授予食品、饮料、医药、化学物质等以专利权，1976年修改的日本专利法则将上述几项纳入专利保护的范围，故日本碍子从1977年才开始在日本本国有相关专利申请。

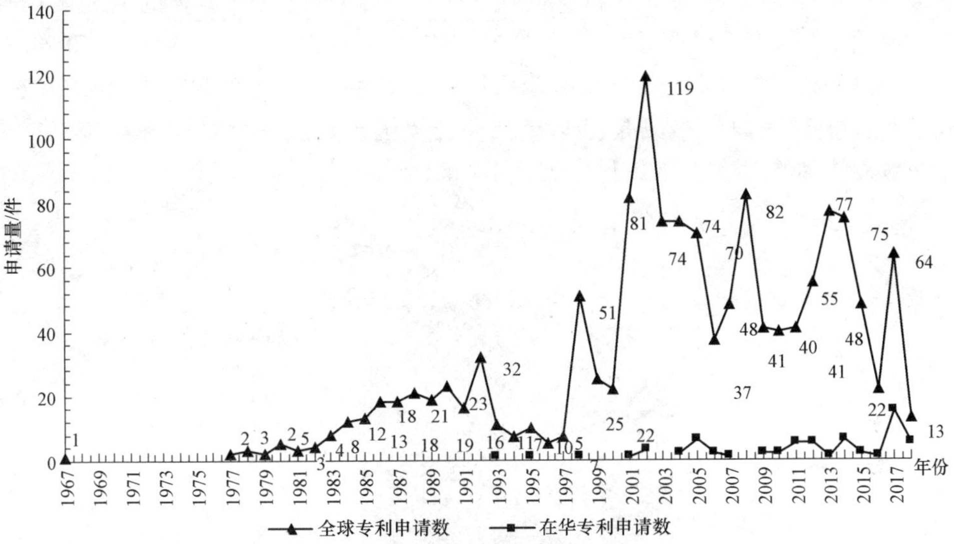

图3-2-1 日本碍子高性能碳化物先进陶瓷材料领域专利申请量趋势

从总的申请趋势上来看，日本碍子1987年之前的年专利申请量均不超过20件，处于起步阶段。1988~1992年处于缓慢上升阶段，于1992年达到第一个小高峰（32件），但1993年专利申请量急剧下滑，接下来的4年都没有得到缓解。这一现象是受到1991年下半年开始的经济衰退的影响，金融过渡膨胀导致股市供求关系严重失调，日本股市暴跌，经济十分不景气；并且在1992年，一场猛烈的金融风暴席卷西欧，欧洲货币体系遭受到1979年创立以来最严重的打击；美国经济自1990年下半年开始进入衰退，虽然1992年初曾出现复苏势头，但4月份之后，复苏步伐明显放缓；德国统一加重了德国的财政负担，东部地区经济情况恶化，加拿大、英国、法国、意大利等国的经济都不景气。

日本碍子在1998年专利申请量达到第二个高峰51件，但1999年又大幅下滑，这是由于1997年发生的亚洲金融危机。2001年开始经济开始复苏，日本碍子专利申请量于2002年达到最高119件，随后的十几年，专利申请量都一直处于波浪式发展阶段，全球专利申请量不稳定。

由图3-2-1还可看出，日本碍子在高性能碳化物先进陶瓷材料领域最早从1993年开始进入中国市场，2009年之前都是间断性申请，专利申请量很少；2009年开始每年都有在华申请专利，但是数量不多，2017年在华申请量达到最高峰15件。

3.2.2 专利市场布局

从日本碍子在全球不同国家/地区专利申请的情况可以判断该公司在高性能碳化物

先进陶瓷材料领域的市场布局。

3.2.2.1 主要市场国家/地区分布情况

通过对图3-2-2日本碍子专利申请量主要国家/地区分布的分析，可以看出，日本碍子在高性能碳化物先进陶瓷材料领域在日本本国、欧洲以及美国的专利申请最多，分别为389件、342件和340件，占其全球专利申请的27.81%、24.45%和24.30%。日本碍子在这三个国家/地区的专利申请总数为1071件，占全部申请的76.56%，说明该公司的产品主要面向的市场是日本、欧洲及美国。其次，日本碍子在德国、韩国、中国也有少量专利申请，共225件，占比16.08%。

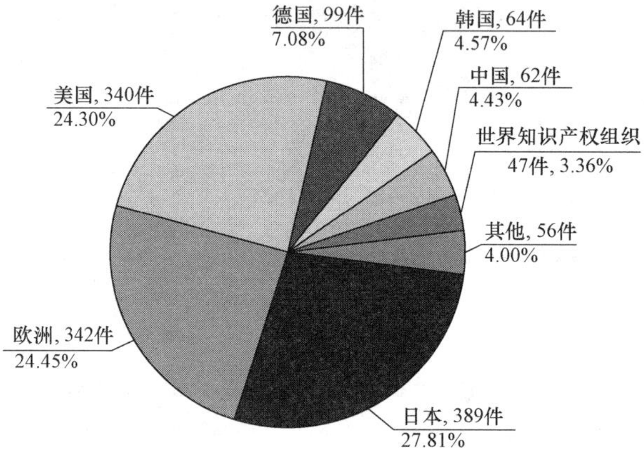

图3-2-2 日本碍子高性能碳化物先进陶瓷材料领域专利申请量主要国家/地区分布

3.2.2.2 主要市场国家/地区申请量趋势

通过对图3-2-3日本碍子主要国家/地区专利申请量趋势的分析可知，日本碍子最早的专利申请是在美国（1967年），然后是日本（1977年）、德国（1978年）、欧洲（1981年）、中国（1993年）、韩国（1995年）。可以看出，日本碍子在20世纪90年代之前更看重本国和欧美市场，进入中国和韩国的时间较晚，20世纪90年代末开始在

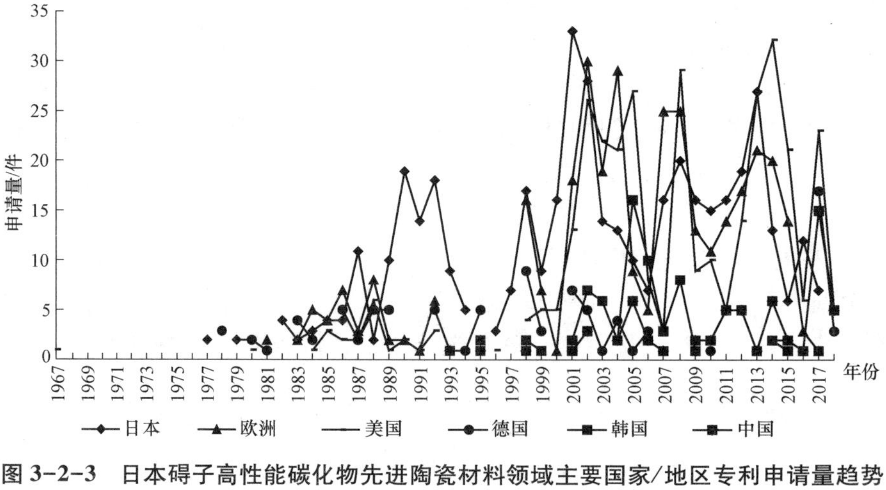

图3-2-3 日本碍子高性能碳化物先进陶瓷材料领域主要国家/地区专利申请量趋势

欧洲和美国的专利申请量持续增多，2002~2008年加大了在韩国的布局，2010年之后在中国的布局增大。

3.2.3 技术分析

通过对日本碍子的主营业务、产品系统和高性能碳化物先进陶瓷材料领域的专利进行分析，将日本碍子的专利技术所涉及的产品进行分解，如表3-2-1所示。

表3-2-1 日本碍子高性能碳化物先进陶瓷材料领域专利申请所涉及产品技术分解

<table>
<tr><th>一级</th><th>二级</th><th>三级</th><th>四级</th></tr>
<tr><td rowspan="20">制品</td><td rowspan="20">碳化硅/碳化硼</td><td rowspan="3">汽车尾气净化催化剂载体</td><td>蜂窝陶瓷</td></tr>
<tr><td>柴油汽车尾气微粒子陶瓷滤清器（DPF）</td></tr>
<tr><td>热交换器</td></tr>
<tr><td rowspan="7">产业工程产品及装置</td><td>加热装置</td></tr>
<tr><td>耐火产品</td></tr>
<tr><td>耐腐蚀设备</td></tr>
<tr><td>高温煤气集尘装置</td></tr>
<tr><td>远红外辐射陶瓷</td></tr>
<tr><td>涂层</td></tr>
<tr><td>陶瓷复合材料</td></tr>
<tr><td>金属、模具产品</td><td>模具相关产品</td></tr>
<tr><td rowspan="5">半导体制造装置用陶瓷</td><td>陶瓷加热器</td></tr>
<tr><td>薄膜</td></tr>
<tr><td>陶瓷复合材料</td></tr>
<tr><td>电子部件</td></tr>
<tr><td>静电吸盘</td></tr>
<tr><td rowspan="3">电子及电气设备用陶瓷</td><td>电子回路器件、基板</td></tr>
<tr><td>配电设施</td></tr>
<tr><td>电极材料</td></tr>
</table>

3.2.3.1 技术构成情况

通过对日本碍子在高性能碳化物先进陶瓷材料领域的全球专利申请合并同族后的485项专利申请进行标引，得到该公司专利申请的技术构成情况，如图3-2-4所示。

由图3-2-4可知，日本碍子在高性能碳化物先进陶瓷材料领域的专利申请主要集中在制品领域，共有439项专利申请，占比90.5%；46项专利申请关于工艺，其中烧结技术专利有29项，占比6.0%，成型技术专利有11项，占比2.3%，粉体制备专利

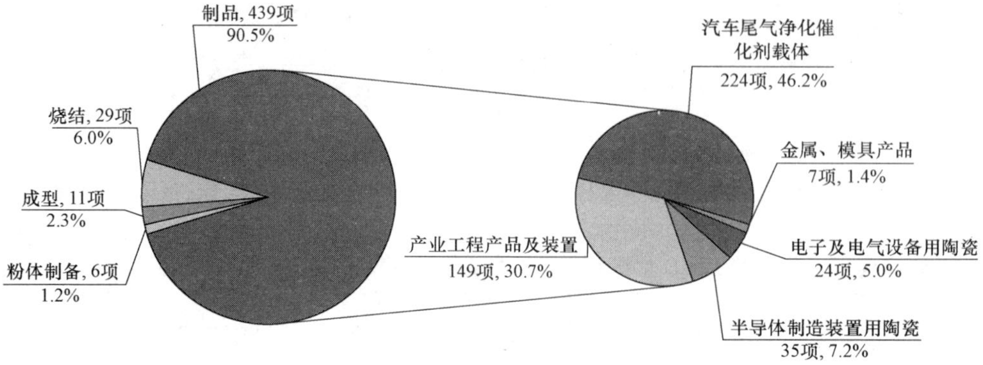

图 3-2-4　日本碍子在高性能碳化物先进陶瓷材料领域专利申请技术领域构成

为6项，占比1.2%。在439项制品专利申请中，有224项专利申请涉及汽车尾气净化催化剂载体，占比46.2%；有149项专利申请涉及产业工程产品及装置，占比30.7%；有35项专利申请涉及半导体制造装置用陶瓷，占比7.2%；有24项专利申请涉及电子及电气设备用陶瓷，占比5.0%；有7项专利申请涉及金属、模具产品，占比1.4%。可以看出，日本碍子的研发重点和主要创新点集中在汽车尾气净化催化剂载体和产业工程产品及装置这两个技术领域。

通过对图3-2-5日本碍子在高性能碳化物先进陶瓷材料领域涉及制品专利申请的情况的分析可知，在439项制品专利申请中，有190项的技术创新点涉及蜂窝陶瓷，占

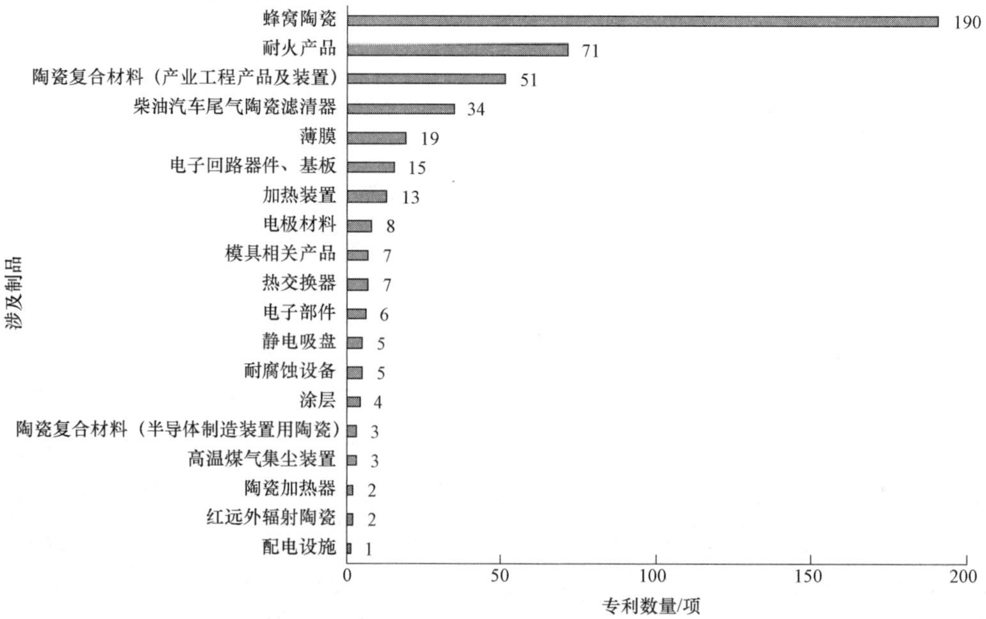

图 3-2-5　日本碍子在高性能碳化物先进陶瓷材料领域涉及制品专利申请的情况

比 43.28%；其次是耐火产品 71 项，占比 16.17%；陶瓷复合材料（产业工程产品及装置）51 项，占比 11.62%；柴油汽车尾气微粒子陶瓷滤清器（DPF）34 项，占比 7.74%。

以上四种制品的专利申请量占日本碍子制品专利申请总量的 78.81%。结合表 3-2-1 可知，日本碍子在高性能碳化物先进陶瓷材料领域的制品专利申请的技术创新主要集中在作为汽车尾气净化催化剂载体的蜂窝陶瓷结构，收集柴油汽车发动机排出的微粒子的陶瓷滤清器（DPF）以及提供陶瓷电容器、平板显示器、纯粒铁等尖端领域的各种耐火制品；同时也涵盖了薄膜、低损失且可应对大功率的回路器件和基板产品、平板显示器、太阳能电池、电子陶瓷等尖端领域陶瓷烧制加热装置等。

3.2.3.2 专利申请热点分析

图 3-2-6 反映了日本碍子在高性能碳化物先进陶瓷材料领域制品方面的专利申请量趋势，可以看出在每个时期日本碍子的专利申请热点。

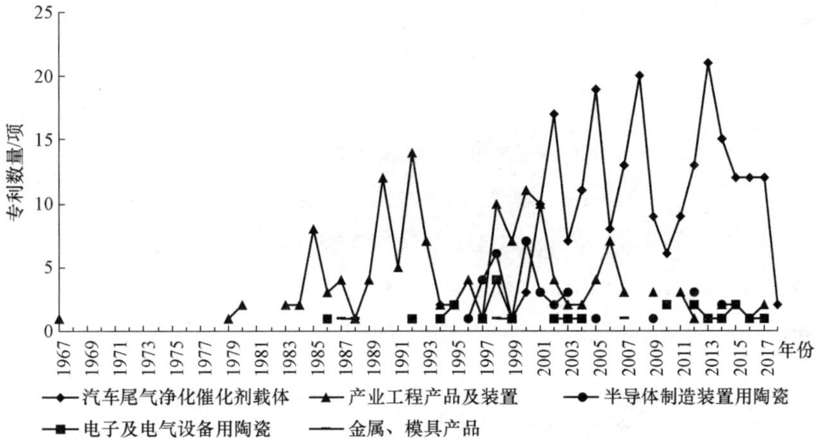

图 3-2-6 日本碍子在高性能碳化物先进陶瓷材料领域制品专利申请量趋势

由图 3-2-6 可知，在高性能碳化物先进陶瓷材料领域，日本碍子专利申请量较多的是汽车尾气净化催化剂载体和产业工程产品及装置，20 世纪 80 年代到 21 世纪初期，产业工程产品及装置技术是日本碍子的专利申请热点，2010 年之后该技术的申请较少。日本碍子具有最全套的各种产品制造过程所需的机器和设备，比如耐药性和耐腐蚀性能优越的机器、分离膜设备等，这属于日本碍子较传统的技术。

汽车尾气净化催化剂载体技术领域从 21 世纪初至今都有较多的专利申请，是日本碍子的专利申请热点。在半导体制造装置用陶瓷，电子及电气设备用陶瓷和金属、模具产品方向，日本碍子的专利申请较少且呈间断性。

3.2.4 发明人分析

3.2.4.1 主要发明人排名分析

图3-2-7反映了日本碍子在高性能碳化物先进陶瓷材料领域主要发明人排名情况。由图3-2-7可知，日本碍子在高性能碳化物先进陶瓷材料领域的485项专利申请中，HANZAWA SHIGERU参与了66项，占比13.61%，遥遥领先于其他发明人，并且这66项专利中只有1项他不是第一发明人，可以看出该发明人在研发团队中的主导地位，主导着其研发团队的创新力。

其次是ICHIKAWA SHUICHI参与了41项，占比8.45%，其专利申请中有10项是作为第一发明人；KAWASAKI SHINJI参与了39项，占比8.04%，其专利申请中有10项是作为第一发明人。可以看出这两名发明人在日本碍子有一段成长时间，并非一开始就作为其研发团队的主导，而是逐步成长起来的。还有KOMIYAMA TSUNEO和TOMITA TAKAHIRO都分别申请了20项以上专利。

专利申请量排名前十的发明人共申请专利266项，占比54.85%，可以看出日本碍子的发明人还是相对比较集中的。

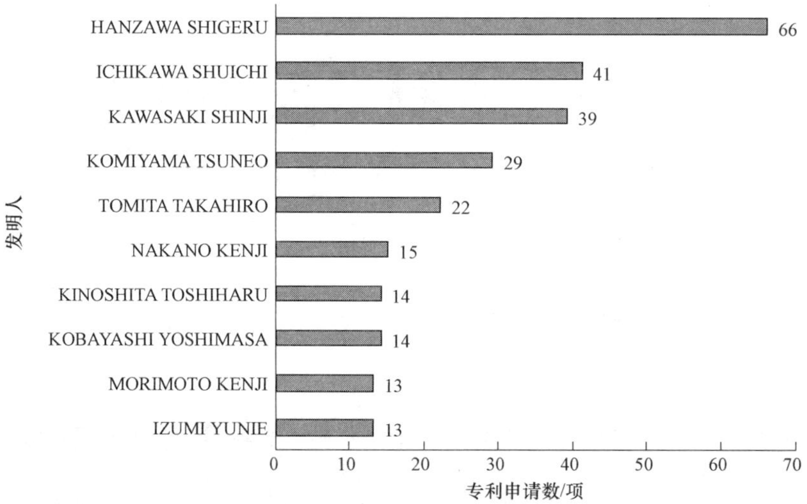

图3-2-7 日本碍子在高性能碳化物先进陶瓷材料领域主要发明人排名

3.2.4.2 发明人研究技术领域分析

表3-2-2反映了日本碍子在高性能碳化物先进陶瓷材料领域主要发明人的研究技术分支以及创新活跃时间段的情况。

由表3-2-2可以看出，HANZAWA SHIGERU的发明涉及领域非常广泛，涉及7个二级技术分支和9个三级技术分支。该发明人在高性能碳化物先进陶瓷材料领域中涉猎之广，以及在该领域创新的影响力，但是他的主要发明集中在日本碍子较传统的产业工程产品及装置技术。

相对于 HANZAWA SHIGERU 来说，KOMIYAMA TSUNEO、ICHIKAWA SHUICHI 和 TOMITA TAKAHIRO 的发明所涉及的技术分支明显要集中很多：KOMIYAMA TSUNEO 的 29 项专利申请中有 26 项集中在产业工程产品及装置技术；ICHIKAWA SHUICHI 的 41 项专利申请全部都集中在汽车尾气净化催化剂载体技术，专业性很强。同时，专利申请的技术集中在产业工程产品及装置技术的发明人，专利申请主要年份都较早，均在 20 世纪末期；而专利申请的技术集中在汽车尾气净化催化剂载体技术的发明人，专利申请主要年份均在 2000 年之后。

表 3-2-2　日本碍子主要发明人研究技术领域一览表

发明人	专利申请时间	专利申请二级技术分支	专利数/项	专利申请三级技术分支	专利数/项
HANZAWA SHIGERU	1990~2001 年 2005 年 2009 年	产业工程产品及装置	55	耐火产品	28
				陶瓷复合材料	19
				远红外辐射陶瓷	2
				加热装置	4
				耐腐蚀设备	1
				涂层	1
		电子及电气设备用陶瓷	4	电子回路器件、基板	4
		汽车尾气净化催化剂载体	3	蜂窝陶瓷	3
		金属、模具产品	1	模具相关产品	1
		粉体制备	1		
		成型	1		
		烧结	1		
ICHIKAWA SHUICHI	2000~2008 年 2014~2016 年	汽车尾气净化催化剂载体	41	蜂窝陶瓷	37
				柴油汽车尾气微粒子陶瓷滤清器	4

续表

发明人	专利申请时间	专利申请二级技术分支	专利数/项	专利申请三级技术分支	专利数/项
KAWASAKI SHINJI	1987~1992年 1996~1998年 2000~2004年 2007~2008年 2014~2015年	汽车尾气净化催化剂载体	21	蜂窝陶瓷	20
				柴油汽车尾气微粒子陶瓷滤清器	1
		半导体制造装置用陶瓷	5	薄膜	3
				陶瓷复合材料	2
		产业工程产品及装置	5	加热装置	1
				耐腐蚀设备	2
				涂层	1
				高温煤气集尘装置	1
		坯体烧结	8		
KOMIYAMA TSUNEO	1988~1994年 1998~2006年 2011~2016年	产业工程产品及装置	26	耐火产品	18
				陶瓷复合材料	4
				其他	4
		电子及电气设备用陶瓷	1	电子回路器件、基板	1
		烧结	2		
TOMITA TAKAHIRO	2000~2002年 2005~2012年 2017年	汽车尾气净化催化剂载体	20	蜂窝陶瓷	20
		产业工程产品及装置	1	陶瓷复合材料	1
		成型	1		

3.2.5 在华申请分析

日本碍子在中国有五家公司，其中NGK（中国）投资有限公司（中国区总部）在上海、北京和深圳分别有分公司，NGK（苏州）环保陶瓷有限公司和NGK（苏州）热工技术有限公司都在江苏苏州。日本碍子在中国开展净化汽车尾气的陶瓷以及窑炉等业务。

3.2.5.1 技术构成

通过对日本碍子62件在华专利进行标引分析，得到该公司在华专利申请的技术构成情况。由图3-2-8可知，日本碍子在华专利的技术主要集中在蜂窝陶瓷这一方面，关于蜂窝陶瓷的专利申请共37件，占比最高；耐火产品的专利申请量为12件，仅次于蜂窝陶瓷。NGK（苏州）环保陶瓷有限公司于2003年10月起，开始了一部分生产线的量产，2005年7月开始了蜂窝陶瓷载体和DPF的量产，所以从图中可以看出日本碍子2004年在华申请了第一件蜂窝陶瓷方面专利。

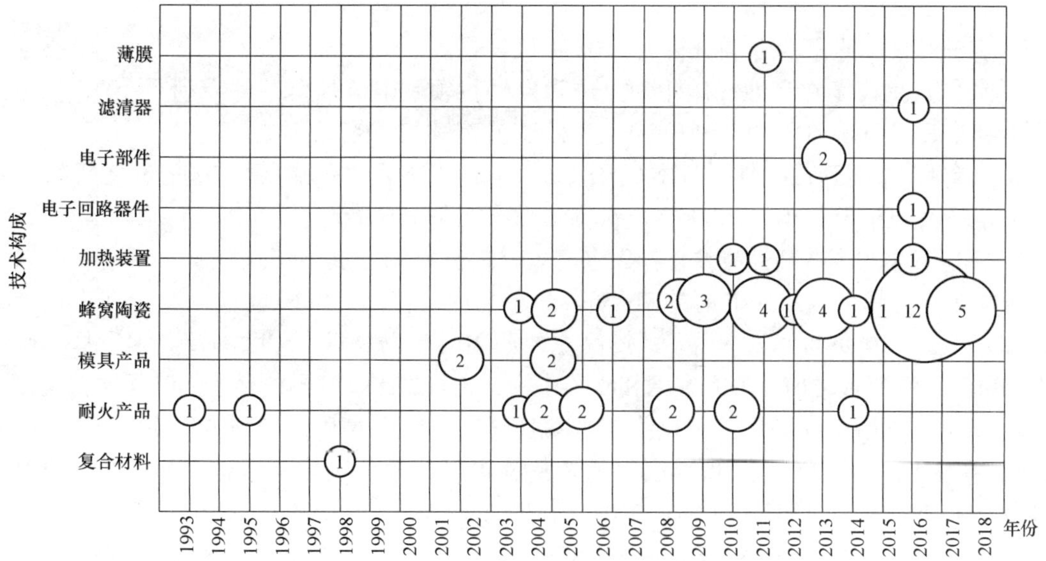

图3-2-8 日本碍子高性能碳化物先进陶瓷材料领域在华专利技术构成

注：图中数字表示申请量，单位为件。

3.2.5.2 在华法律状态

图3-2-9显示了日本碍子在高性能碳化物先进陶瓷材料领域的在华专利申请的法律状态。日本碍子在华专利申请共62件，其中有效专利26件，占总申请量的41.94%；处于实质审查状态的专利为16件，占总申请量的25.81%；公开状态的专利8件，占总申请量的12.90%；失效的专利共12件，其中撤回1件，占总申请量的1.61%，驳回4件，占总申请量的6.45%，权利终止7件，占总申请量的11.29%，权利终止的原因均为未缴年费。日本碍子在华申请的62件专利均有同族专利。

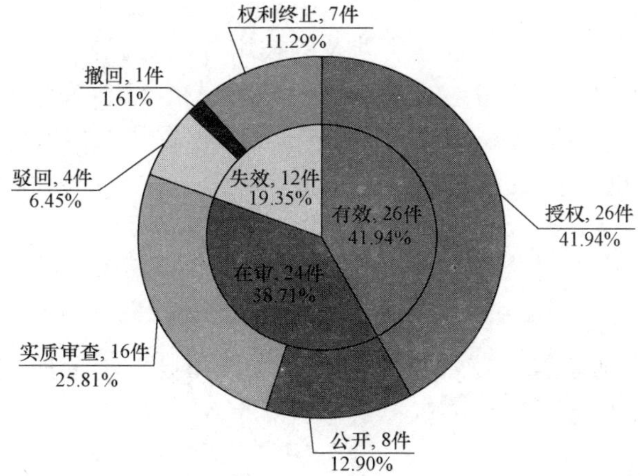

图3-2-9 日本碍子高性能碳化物先进陶瓷材料领域在华专利申请法律状态

3.2.6 小 结

基于对日本碍子的专利分析，得出以下结论。

（1）日本碍子在高性能碳化物先进陶瓷材料领域申请的第一件专利是1977年的日本专利申请。日本碍子的专利申请一直处于波浪式发展状态，在全球专利申请量不稳定，于2002年达到最高峰。日本碍子1993年开始进入中国市场，2009年之前都是间断性申请且申请量很少，2009年开始每年都有在华申请专利。

（2）日本碍子在高性能碳化物先进陶瓷材料领域的专利申请在日本本国、欧洲以及美国最多，占其全球专利申请的76.56%，在德国、韩国、中国也有少量专利申请，共225件，占比16.08%。日本碍子的产品主要面向的市场是日本、欧洲及美国。日本碍子在20世纪90年代之前更看重本国和欧美市场，进入中国和韩国的市场的时间比较晚。

（3）日本碍子在高性能碳化物先进陶瓷材料领域有439项专利申请主要关于制品，占比90.51%，其中有224项专利申请涉及汽车尾气净化催化剂载体，149项专利申请涉及产业工程产品及装置；46项专利申请涉及工艺，占比9.49%。日本碍子的研发重点和主要创新点集中在汽车尾气净化催化剂载体和产业工程产品及装置这两个技术领域。

（4）20世纪80年代到21世纪初期，产业工程产品及装置技术是日本碍子的专利申请热点，2010年之后对该技术的申请较少。随着汽车的普及，汽车尾气排放量剧增，汽车尾气净化催化剂载体技术从21世纪初开始至今都是日本碍子的专利申请热点。日本碍子在半导体制造装置用陶瓷，电子及电气设备用陶瓷和金属、模具产品方向的专利申请较少且呈间断性。

（5）日本碍子专利申请量排名前十的发明人共申请专利266项，占比54.85%，发明人比较集中。其中HANZAWA SHIGERU参与了66项，涉及的领域非常广泛，且都作为第一发明人。ICHIKAWA SHUICHI发明了41项，占比8.45%，其专利申请中有10项是作为第一发明人；KAWASAKI SHINJI发明了39项，占比8.04%，其专利申请中有10项是作为第一发明人。这两位发明人在日本碍子并非一开始就作为研发团队的主导，而是逐步成长起来的，并且其所涉及的技术分支明显要集中很多。

（6）日本碍子在高性能碳化物先进陶瓷材料领域的62件在华专利申请均有同族专利，其中26件有效，占比41.94%；16件处于实质审查状态，占比25.81%；8件处于公开状态，占比12.90%；12件已失效。

3.3 上硅所

本节将从专利申请态势、技术构成、发明人等角度对上硅所专利进行分析，同时对上硅所论文进行统计分析。

3.3.1 申请人概况

上硅所科研机构包括高性能陶瓷和超微结构国家重点实验室、结构陶瓷与复合材料工程研究中心等多个研究中心和重点实验室。

高性能陶瓷和超微结构国家重点实验室深入研究了复合材料制备工艺对其致密化过程以及界面结构的影响机制，提出并建立了孔道构建反应熔渗与原位反应相结合的制备方法，成功解决了 Cf/SiC 复合材料高模量与低热膨胀难以兼顾的技术难题；通过构建气孔/碳连续双相网络互穿结构，成功制备出高强度、高热导率的 Cf/SiC-ZrC-ZrB_2复合材料，大幅提升了复合材料部件的高温稳定性。

结构陶瓷与复合材料工程研究中心的先进碳化物陶瓷材料课题组长期开展先进碳化物陶瓷以及陶瓷基复合材料研究，是国内最早（1978 年）、最系统开展碳化硅陶瓷研究的研究团队。在先进碳化物陶瓷材料的成型、制备、烧结、结构设计和性能调控等方面建立了系统的理论体系，从材料复相设计、晶界设计、应力设计、结构设计等角度发展出了一大类具有不同性能特点的先进碳化物陶瓷材料，发展了以碳化硅为主的先进碳化物陶瓷材料的反应烧结、常压烧结、热压烧结、热等静压烧结、化学气相沉积和化学气相浸渗等一系列烧结和制备技术。近年来又着重研究解决了碳化物陶瓷的成型技术，包括流延成型、凝胶注模成型以及粉体表面改性基础上的大尺寸复杂形状部件的干压成型技术，同时在生物陶瓷、多孔陶瓷、超高温陶瓷以及陶瓷材料的表面改性和连接（焊接）技术方面取得了重要进展。在工程化应用方面，其突破了大尺寸碳化硅光学部件的关键制备技术，打破了国际封锁。截至 2018 年，已累计研制出 400 余件不同规格的碳化硅光学部件产品，在 23 颗卫星上获得工程应用，主要包括“遥感八号”“天宫一号”“天宫二号”“天绘一号”“嫦娥三号”“墨子号”以及高分系列卫星等，成为目前国际上具备米级以上口径碳化硅光学部件航天工程产品研制能力的两家机构之一。

经过检索、查重、合并同族、去噪等流程，截至 2019 年 6 月 30 日，检索到上硅所在高性能碳化物先进陶瓷材料领域的专利 175 件，中外文期刊 400 论文篇（CNKI 235 篇及 SCIE 165 篇），本节将以此为基础进行数据分析。

3.3.2 专利申请态势分析

上硅所在高性能碳化物先进陶瓷材料领域申请专利 175 件，均为中国专利，其专利申请量趋势、专利产出及人员投入情况如图 3-3-1 和图 3-3-2 所示。可以看出上硅所的发展大致经历以下几个阶段。

（1）萌芽阶段（1991~2002 年）

经过十多年的研究积累，上硅所在 1991 年申请了第一件相关专利，涉及航天航空用碳化硅-氮化硅复相材料的制备方法。在随后的十几年里，年专利申请量较少且呈零星分布状态，主要涉及碳化硅耐火材料方面的研究。这期间发明人人数较少，说明此段时间上硅所处在研究摸索阶段，人员投入有限，且多为基础性研究。

（2）奠基期（2003~2008 年）

21 世纪初期，新材料的世界市场以两倍于世界经济的发展速度发展，在满足人类使用需求的三大基础材料——金属材料、高分子材料、无机非金属材料中，先进陶瓷材料作为无机非金属材料的重要分支，也是国防军工、工业制造等领域不可或缺的关

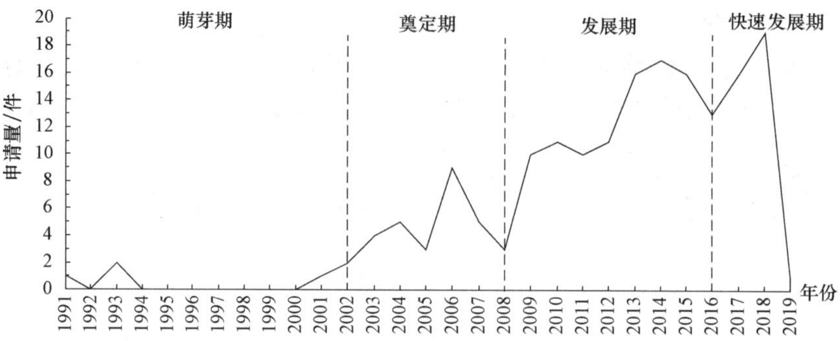

图 3-3-1　上硅所高性能碳化物先进陶瓷材料领域专利申请量趋势

键性材料，倍受瞩目。上硅所也积极开展先进陶瓷的研究，取得了良好的成果，2006年“先进陶瓷固相烧结：理论与实践”项目获得上海市自然科学二等奖。

这期间上硅所专利发明人数量整体上有所增加，2006年发明人数量高达27人，但仍然呈现波动性变化，说明此时人员还未形成规模。从专利申请量看，该阶段上硅所年申请量均超过了3件，但专利申请量波动性变化明显，2006年申请9件专利，达到峰值后，2008年出现回落，专利申请量仅为3件。该阶段上硅所对应用于航天航空、电子、石油化工等领域的高性能碳化物先进陶瓷材料进行了深入研究。同时2003年开始，丁传贤等人对应用于核工业领域的碳化硼涂层也展开了相关研究。

（3）发展期（2009~2016年）

这阶段国家也出台一系列政策推动新材料的发展：《新材料产业“十二五”发展规划》《新材料产业标准化工作三年行动计划》《中国制造2025》《新材料产业发展指南》等。随着国家航空航天应用需求的大幅度提升，陶瓷反射镜材料的研制被列入国家重点部署工作之一，上硅所响应号召开展碳化硅反射镜研究并取得突破性的进展。

上硅所专利发明人人数明显增多，从2009年21人发展到2016年43人，几乎是2008年发明人人数的5倍，并形成了以黄政仁、董绍明、张国军等为主的多支研究团队，研究人员趋于稳定。

该阶段，年专利量均在10件以上，并呈现明显的上升趋势。2014年申请量达到17件，形成一个小高峰，2015年、2016年有所回落。

其间上硅所在材料制备方法、应用材料等方面有明显的突破。例如，黄政仁等人就碳化硅反射镜申请了4件专利，对碳化硅反射镜制备及支撑结构方面进行了保护；2016年利用3D成型技术制备碳化硅陶瓷坯体；“碳化硅陶瓷基复合材料研制及应用”获得2013年国家发明二等奖。在该领域国内研究机构中，上硅所占有领先地位。

（4）快速发展期（2017年至今）

高性能碳化物先进陶瓷优势日益凸显，产业需求不断增长，高性能碳化物先进陶瓷材料的制备技术不断改进，制品应用不断丰富。上硅所发明人人数较为稳定，研发更加活跃，申请量快速增加，2018年申请量为19件，达到高峰。这期间，陶瓷基复合物材料仍是上硅所研究重点，2017年“大型高稳定轻量化碳/碳化硅整体结构成套制备技术及其空间遥感应用”获得国家自然科学二等奖。

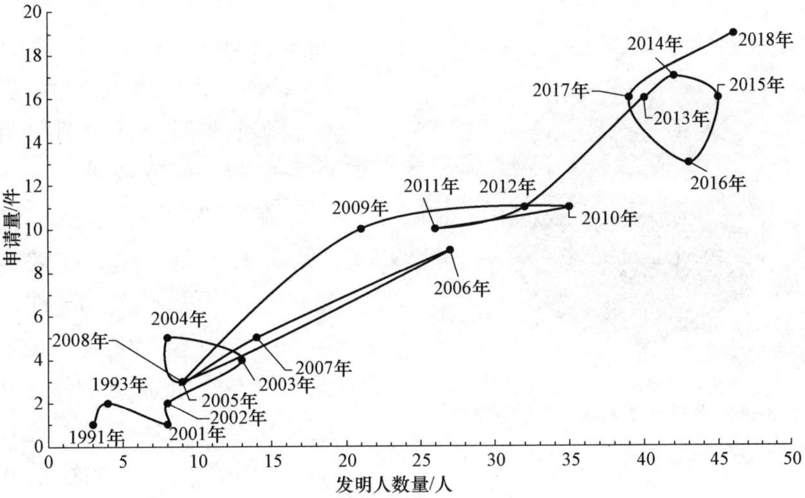

图 3-3-2　上硅所高性能碳化物先进陶瓷材料领域专利技术生命周期

3.3.3　技术分析

3.3.3.1　技术构成情况

通过对上硅所 175 件专利进行人工标引，得到上硅所专利技术构成情况，如图 3-3-3 所示。

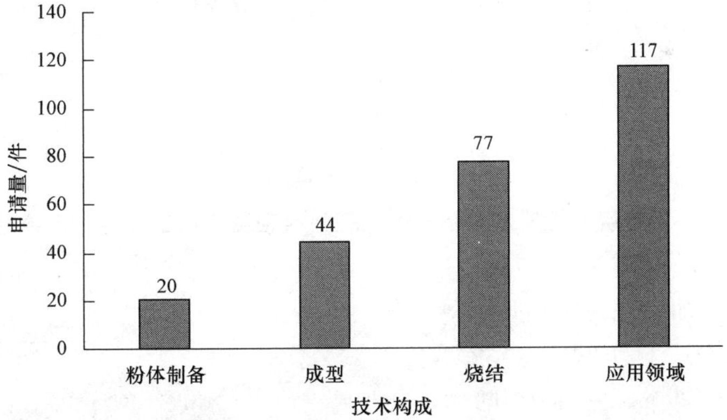

图 3-3-3　上硅所高性能碳化物先进陶瓷材料领域专利技术构成

由图 3-3-3 可知，上硅所在高性能碳化物先进陶瓷材料领域研究涉及多个方面，其专利主要集中在应用领域、烧结及成型工艺等方面：在应用领域方面共有专利 117 件，占专利总量的 66. 9%；烧结工艺方面专利有 77 件，占专利总量的 44. 0%；成型方面专利 44 件，占专利总量的 25. 1%；粉体制备方面专利 20 件，占专利总量的 11. 4%。

由图 3-3-4 可知，在 117 件应用领域专利中，涉及航天航空用材料的有 52 件，占该领域专利总量的 44. 4%，航天航空用材料是上硅所重要研究方向；电子领域用材料

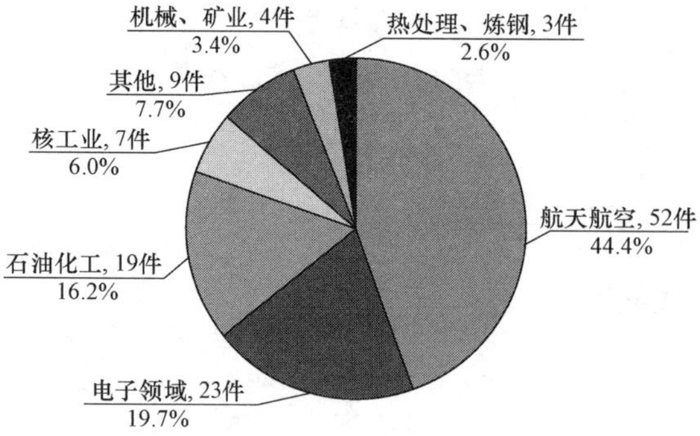

图 3-3-4　上硅所高性能碳化物先进陶瓷材料应用领域专利构成及其占比

23 件，石油化工领域用材料 19 件，分别占该领域专利总量的 19.7% 和 16.2%；同时也有少量核工业、机械、矿业等领域用高性能碳化物先进陶瓷材料的研究成果。

在 77 件涉及烧结工艺的专利（见图 3-3-5）中，主要提及的烧结工艺有：无压烧结 43 件、反应烧结 16 件、热压烧结 8 件、放电等离子烧结 6 件、气氛烧结 5 件、热等静压烧结及真空烧结各 1 件。无压烧结方法是上硅所主要采用的烧结方法。

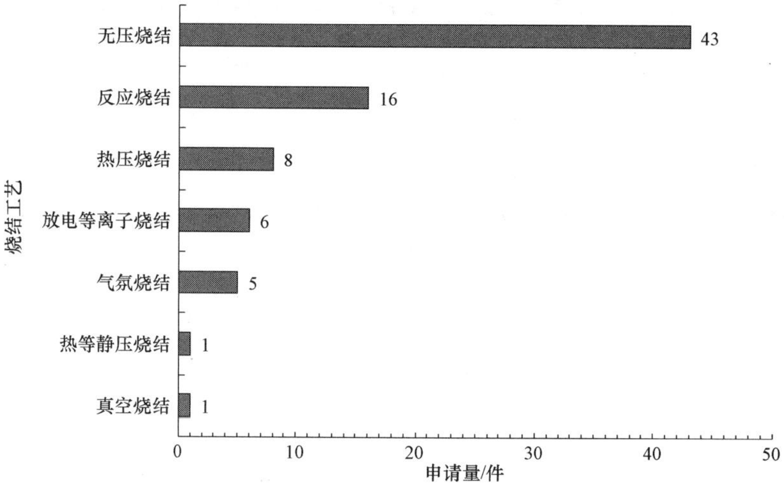

图 3-3-5　上硅所高性能碳化物先进陶瓷材料领域烧结工艺专利申请量分布

由图 3-3-6 可知，在 44 件涉及成型工艺的专利中，上硅所主要采用干法成型（15 件）、流延成型（10 件）、凝胶注模成型（9 件）等工艺；挤压成型及注浆成型工艺应用较少，各有 4 件专利；同时随着 3D 打印成型技术的突起，上硅所也将 3D 打印成型方法用于制备高性能碳化物先进陶瓷材料（2 件）。

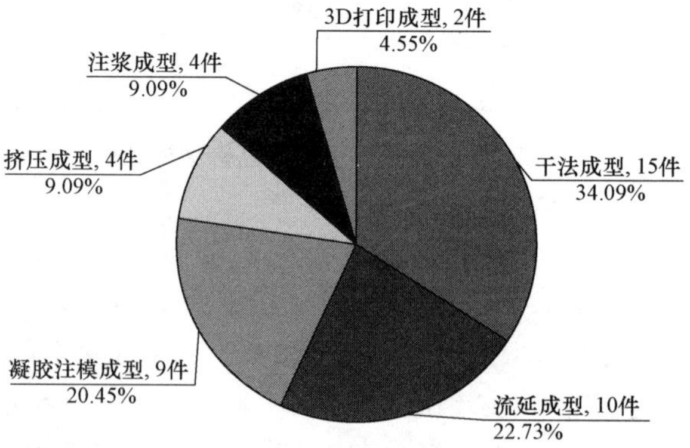

图 3-3-6　上硅所高性能碳化物先进陶瓷材料领域成型工艺专利占比

3.3.3.2　专利申请热点分析

图 3-3-7 为近 20 年（2001～

2019 年）上硅所在高性能碳化物先进陶瓷材料领域各技术分支专利申请量趋势。可以看出，上硅所在烧结工艺、应用领域专利产出最多。上硅所在该领域第一件专利就是关于航天航空用材料的制备方法，近几年一直致力于碳化物陶瓷基复合材料的制备及改性、碳化物陶瓷光学部件的研制，上硅所主要研发力量集中在应用领域，尤其是 2018 年，应用领域专利量达到 16 件，占比接近 50%。

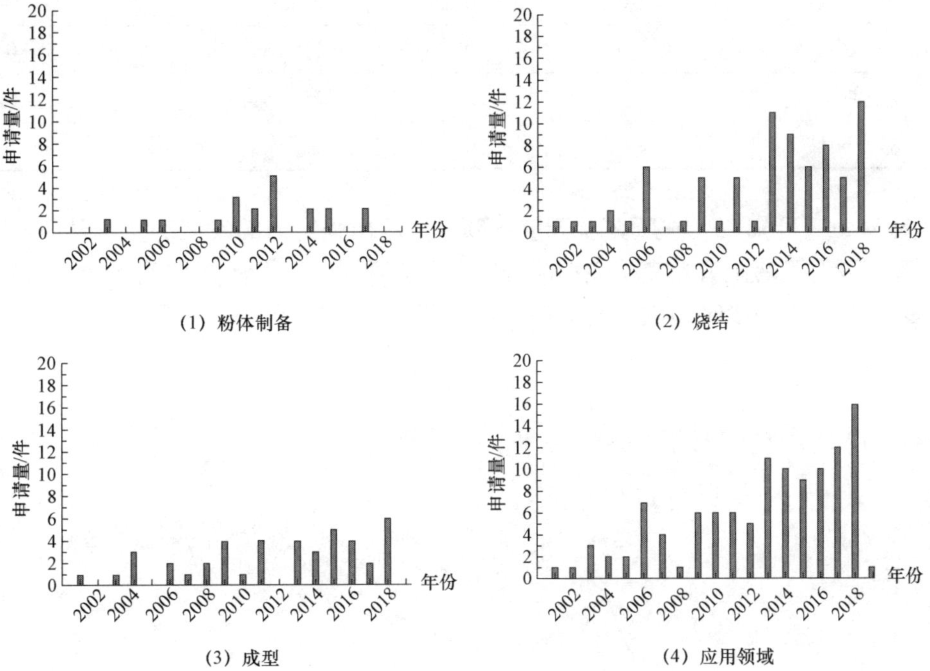

图 3-3-7　上硅所高性能碳化物先进陶瓷材料领域各技术分支专利申请量

表 3-3-1 显示不同时间段高性能碳化物先进陶瓷材料领域各应用领域专利申请量。碳化物陶瓷基复合材料因其耐高温、耐磨损等性能被视为航天航空领域内热门材料，上硅所也在此领域展开了多方面研究，航天航空材料一直是上硅所研究的热点，明显高于其他应用领域。碳化物陶瓷优良的热电性能被广泛应用于热敏陶瓷、热电材料等电子元件中，电子领域材料呈现出上升的趋势；多孔陶瓷具有良好的吸附能力和活性，在石油化工领域的催化载体、过滤分离中应用广泛，也是上硅所研究分支之一。

表 3-3-1　上硅所高性能碳化物先进陶瓷材料领域各应用领域专利申请量　单位：件

应用领域	2000 年之前	2001～2005 年	2006～2010 年	2011～2015 年	2016 年之后
航天航空领域	1	1	12	20	18
汽车工业领域	0	0	0	1	0

续表

应用领域	2000年之前	2001~2005年	2006~2010年	2011~2015年	2016年之后
石油化工领域	0	5	3	4	7
机械、矿业领域	0	0	2	2	0
电子领域	0	0	3	6	14
热处理、炼钢领域	0	0	3	0	0
核工业领域	0	2	1	4	0
激光领域	0	0	0	0	1

由图3-3-8可知，上硅所在航天航空领域显示出强有力的发展势头。从2004年开始，申请量呈现振荡上升趋势，2018年申请量达到10件，为2017年申请量的2倍。可以预见，在今后一段时间内，航天航空领域仍会是上硅所的重点研究方向。

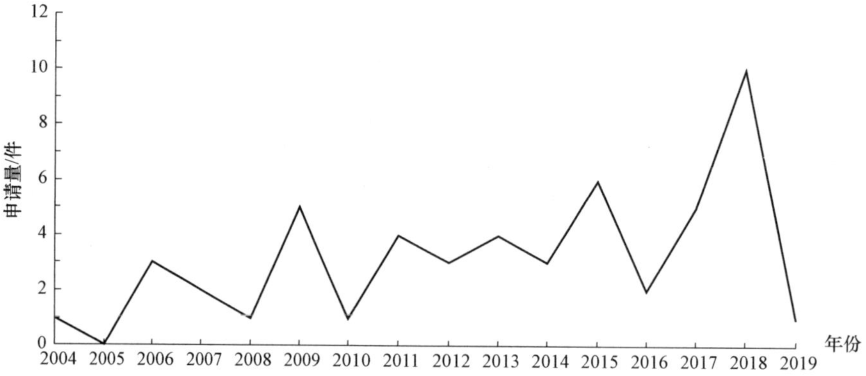

图3-3-8 上硅所高性能碳化物先进陶瓷材料领域航天航空领域专利申请量趋势

表3-3-2显示高性能碳化物先进陶瓷材料领域不同烧结工艺专利量情况。在烧结方面，2013年前专利量波动变化大，2006年有6件相关专利，而在2012年仅有1件相关专利，还没有呈现出研究的延续性；2013年出现一个小高峰，专利量达到11件，随后几年专利量维持在每年5件以上，2018年更是达到12件，出现一个新的峰值。可见，烧结工艺的改进是上硅所热点研究方向之一。

无压烧结简单易行方便控制，专利量最多，是上硅所主要采用的烧结工艺。反应烧结因其制品在烧成前后几乎没有尺寸收缩，也是上硅所主要采用的烧结工艺之一，2018年有2件专利采用了该工艺。热压烧结是一种有效的致密化技术，上硅所2017年和2018年分别有2件和3件专利采用该工艺，且呈现出上升的趋势。

表 3-3-2　上硅所高性能碳化物先进陶瓷材料领域各种烧结工艺专利量　　单位：件

年份	真空烧结	无压烧结	热压烧结	反应烧结	放电等离子烧结	热等静压烧结	气氛烧结
1991	0	0	0	0	0	1	0
2001	0	1	0	0	0	0	0
2002	0	1	0	0	0	0	0
2003	0	1	0	0	0	0	0
2004	0	1	0	0	1	0	0
2005	0	1	0	0	0	0	0
2006	0	1	2	2	1	0	0
2007	0	0	0	0	0	0	0
2008	0	0	1	0	0	0	0
2009	0	3	0	1	0	0	1
2010	0	0	0	1	0	0	0
2011	0	3	0	2	0	0	0
2012	0	1	0	0	0	0	0
2013	1	3	0	4	1	0	2
2014	0	6	0	2	1	0	0
2015	0	5	0	1	0	0	0
2016	0	5	0	0	1	0	2
2017	0	3	2	0	0	0	0
2018	0	6	3	2	1	0	0

在成型方面，上硅所近几年几乎每年都有相关专利（2012 年除外），且专利申请量维持在 3~6 件，但随着每年专利申请量的增长，成型专利占每年总专利量的比值整体上呈现出下降趋势。

在粉体制备方面，该领域专利不连续分布最为明显，除 2012 年有 5 件专利，为年专利量最高值外，其余有专利申请的年份的申请量也仅为 2 件左右，因此粉体制备不是上硅所主要研究方向。

3.3.3.3　航空航天用材料技术功效

航空材料是研制生产航空产品的物质保障，也是使航空产品达到人们期望的性能、使用寿命与可靠性的技术基础。由于航空材料的基础地位以及其对航空产品贡献率的不断提高，航空材料成为航空关键技术之一，也是对航空产品发展有重要影响的技术之一。

高性能碳化物陶瓷因其耐高温、耐氧化、耐磨等性能被用作航空材料，广泛用于航天航空的发动机、刹车、热防护系统、光学部件等。但陶瓷材料本身所固有的脆性弱点，严重阻碍了陶瓷材料的应用。

为了提高陶瓷的强度和断裂韧性，将纤维引入陶瓷基体中使得陶瓷在断裂过程通过裂纹偏转、纤维断裂和纤维拔出等机理吸收能量，既提高了材料的断裂韧性，又保持了陶瓷基体的原有性能。目前制备纤维增强碳化硅复合材料的主要方法有：化学气相渗透法、有机前驱体浸渍和裂解法、反应烧结法以及热压烧结法等，需要解决的主要问题是如何减少纤维内部的空隙率，提高材料的致密性，从而提高材料的强度。上硅所长期从事航天航空用碳化硅陶瓷以及陶瓷基复合材料研究，尤其是发动机高温材料、光学反射镜等。图3-3-9为近年来上硅所在航天航空碳化物陶瓷研究领域的专利技术功效。

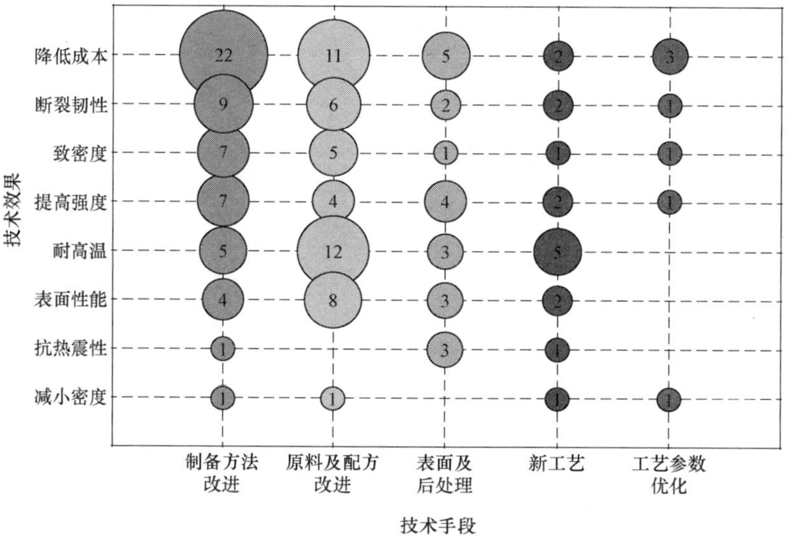

图3-3-9 上硅所高性能碳化物先进陶瓷材料领域航天航空领域专利技术功效

注：图中数字表示申请量，单位为件。

从图中可以看出，上硅所主要从制备方法、原料及配方、表面处理、工艺参数等方面对现有制备技术进行改进或优化，对碳化物陶瓷进行改性或制备高性能陶瓷基复合材料。其中，在制备过程中对制备方法或原料及配方进行改进是最常用的方法，例如张国军等利用聚碳硅烷作为前驱体提高碳化硅的反应活性，降低烧结温度，并提高材料的致密度及力学性能，并且在反应过程中添加1 wt%～12 wt%的硅、锆、钛、铪等金属粉末吸收裂解过程中产生的残留碳，使材料的耐高温性能得到提升。吕志犟等利用流延成型制备 ZrB_2/SiC 复合陶瓷预制体，并创新性地使用水溶性聚丙烯酸酯乳液作为黏结剂，采用水作为流延成型的唯一溶剂，简化了制备工艺，达到了降低成本以及降低对环境/人身伤害的目的。在反射镜制备方面，多次出现使用表面改性及后处理等工艺对反射镜表面的光学性能进行改进。另外，对现有制备工艺的反应参数进行优化也是一条改善材料性能的途径，江东亮等通过特殊高温等静压烧结工艺制备碳化硅-氮化硅复相梯度材料，降低了成本，同时提高了材料致密度及强度。

上硅所还提出了一些制备碳化物陶瓷的新工艺，或将现有技术首次应用于特殊碳化物陶瓷制备，弥补了该领域的技术空白。例如，黄晓等利用有机-无机复合发泡工艺制备多孔陶瓷前驱体，并在惰性气氛下进行碳热还原反应，得到碳化物基多孔陶瓷，弥补了多孔陶瓷在超高温领域的应用空白。普惠等首次添加 TaC 制备 TaC-SiC 复合涂层，提高了涂层的抗烧蚀性能。

在上述技术手段带来的功效中，制备工艺的简化以及成本的降低是较为明显的，其次是碳化物陶瓷的各项性能如断裂韧性、致密度、强度、耐高温等的加强。其中，有多件专利提到利用有机前驱体溶液实现材料纤维的均匀分布，消除由于基体组分分布不均对复合材料性能的不良影响，从而提高材料的致密度，减少材料纤维损伤，并提高材料的强度及力学性能。采用聚碳硅烷作为前驱体，能够显著提高碳化硅的反应活性，降低烧结温度，并提高材料的致密度及力学性能。使用硅蒸气代替液态硅进行反应烧结，有助于降低反应相对于渗透的速率，减少孔隙，提高致密度。以上技术手段同样可应用于其他碳化物陶瓷制备。

3.3.3.4　烧结助剂技术功效

碳化物是一类强共价键化合物，它们的离子性占比较低（12%左右），在烧结时的扩散速率很低，导致了它们非常难烧结。在无压固相烧结过程中，即使在非常高的温度下，粉末之间也仅有微量的局部长大，而不发生体积收缩致密化。为了促进烧结、降低烧结温度，通常需要添加高温烧结助剂来实现。图 3-3-10 显示了上硅所使用的烧结助剂及达到的效果。

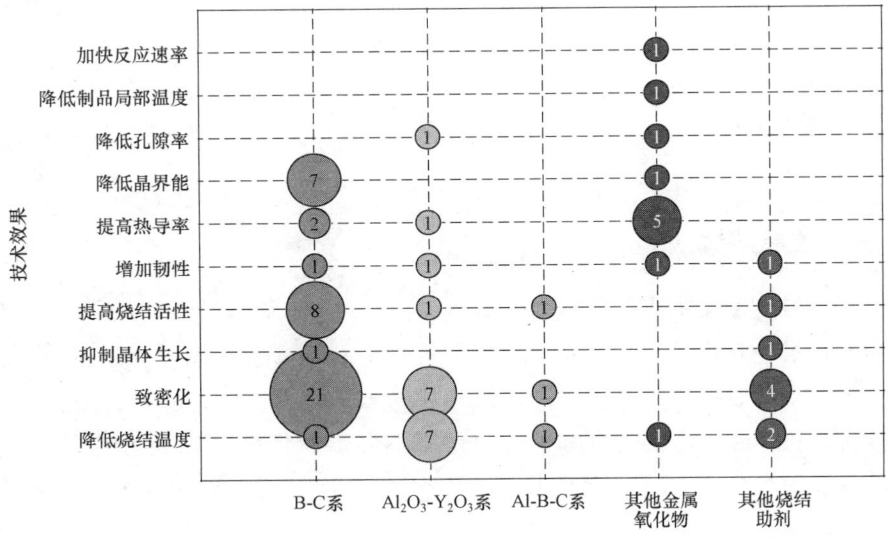

图 3-3-10　上硅所高性能碳化物先进陶瓷材料领域烧结助剂专利技术功效

注：图中数字表示申请量，单位为件。

上硅所主要采用B-C系助剂及$Al_2O_3-Y_2O_3$系助剂。B-C系烧结助剂主要针对固相烧结过程，其中B作为烧结助剂的主要作用是和碳化硅反应，形成晶界相，降低晶界能，使碳化硅的烧结致密化；C系烧结助剂主要是有利于除去碳化硅粉末表面的SiO_2，提高粉体表面能，从而提高粉体活性。$Al_2O_3-Y_2O_3$系烧结助剂主要用于碳化硅的液相烧结过程，在1700℃以上可以形成低共熔化合物YAG（钇铝石榴石），形成液相，大幅降低烧结温度，促进材料的致密化。并且由于$Al_2O_3-Y_2O_3$、Y_2O_3的加入，可以通过裂纹偏转机制提高碳化硅陶瓷的断裂韧性。

2004年，采用$MgO-Al_2O_3-SiO_2$作为助烧体系，降低了烧结温度，随后上硅所陆续开始采用金属氧化物作为烧结助剂，主要成分包括Y_2O_3、Yb_2O_3、Er_2O_3、CeO_2、MgO、Al_2O_3等。这些烧结助剂廉价且资源丰富，已经成功地用作碳化物陶瓷致密化烧结的添加剂，但由某些氧化物与碳化物陶瓷基底表面氧化物反应而造成的挥发问题，使其作为碳化物陶瓷烧结助剂的研究受到了限制。从图3-3-10中可知，B-C系和$Al_2O_3-Y_2O_3$系助剂仍然是目前主流的烧结助剂，主要作用是提高烧结产物致密性以及降低烧结温度。但是随着研究的进展，稀土金属氧化物和某些金属碳化物用作烧结助剂的方法也逐渐被发掘。研究发现，在烧结过程中添加某些稀土氧化物，例如Er_2O_3、CeO_2等，在提高碳化物陶瓷的热导率和电阻率方面有较明显的促进作用，同时在加快反应速率、降低制品的局部温度以及改善多孔陶瓷的孔隙率等方面也能起到一定的作用。某些金属碳化物，例如WC、Cr_3C_2、VC，本身具有良好的热化学稳定性，用作烧结助剂时，因为添加剂量较少，几乎不会影响碳化物陶瓷的高温性能，从而减小了烧结助剂对材料性能的影响，促进碳化物陶瓷烧结的致密化或适当降低烧结温度，提高了生产效率，保留了材料的性能。而Al-B-C系烧结助剂被发现在1900℃的温度下能够获得性能较好的烧结体。但由于Al_4C_3和AlB_2不易获得且极易分解，作为原料使用极为不便，因此只见于早期研究，未成为后期的研究热点。某些稀土氧化物和金属碳化物作为烧结助剂在烧结功效上具有互补性，如果能将两者有效地结合起来，烧结添加剂就能在多维度上促进烧结，进一步发挥烧结助剂的作用，实现对材料功能多方面的促进。

3.3.4 技术发展路线

如图3-3-11所示（见文前彩色插图第2页），上硅所在高性能碳化硅先进陶瓷领域研究开展较早，并申请了国家863、攀登计划等科研项目，20世纪八九十年代就有成型、烧结、粉体制备等技术论文产出，相关的重点技术也申请的专利保护。

上硅所在粉体制备方面专利和论文数量都不多，但其在2012年申请的“高纯碳化硅粉体的高温固相合成方法”专利引用次数达到14次，说明该合成方法对后续研究产生了一定的影响。

在成型方面，上硅所在浆料成型方面有成熟的工艺技术，并于2004年提出一种非水基流延陶瓷浆料用的分散剂及使用方法（CN1289440C），2005年论文中介绍利用水性流延法制备 TiC 陶瓷。❶ 2007 年，上硅所基于同一国家自科基金课题（50232010），就凝胶注模成型技术发表了论文并申请了专利。2015 年上硅所依托国家自科基金项目，在论文中探讨 3D 成型制备碳化硅陶瓷技术；❷ 之后，2016 年在专利（CN106007723B）中提出利用 3D 成型工艺制备碳化硅陶瓷素坯，开启上硅所成型工艺的一个新的方向。

在烧结方面，无论是专利还是论文，上硅所起步都较早。从 1980 年开始，上硅所有论文涉及碳化物烧结方法，到 1991 年利用热等静压烧结方式制备碳化硅-氮化碳复相梯度材料（CN1063859A）；之后有论文提及放电等离子快速烧结、反应烧结等方法，而专利中更多的是采用无压烧结，在 2006 年有专利分别利用反应烧结和热压烧结制备碳化物复相陶瓷。上硅所在烧结助剂方面也在不断地改进改善制品质量，2004 年在专利（CN1331560C）中提到用 $MgO-Al_2O_3-SiO_2$ 作烧结助剂，3 年后，在论文中也见提及该烧结助剂。❸ 2018 年上硅所首次采用 Tm_2O_3 和 MgO 助剂提高材料热导率、断裂韧性和强度（CN109516814A），在论文中还暂未见报道。

随着碳化硅陶瓷广泛应用于各领域，上硅所对不同应用领域的碳化物陶瓷展开研究。在早期，碳化物涂层及多孔陶瓷在其专利和论文中出现的较多；2004 年之后其论文和专利的研究重点都转向纤维增强碳化硅复合材料和反射镜用碳化硅陶瓷；2007 年对碳化物电极材料、光学部件材料、热交换板等进行研究。

对比论文和专利的技术发展路线可以发现，随着国家对专利的重视及科研人员专利意识的提高，上硅所之后的一些重点技术采取专利优先策略：如 2001 年高濂等人申请注浆成型制备碳化硅多孔陶瓷管专利（CN1341578A），2002 年发表了相关文章；2004 年黄政仁等人就短纤维增强碳化硅复合材料的制备方法申请专利，2006 年发表了关于常压制备碳/碳化硅复合材料的论文。同时，也有些专利暂时没有相关论文，例如 2018 年利用 Tm_2O_3 和 MgO 助剂进行热压烧结，但暂时还没有相关论文。

3.3.5 发明人分析

3.3.5.1 主要发明人排名分析

上硅所在高性能碳化物先进陶瓷材料领域共申请专利 175 件，按申请量从高到低排序，主要发明人排名情况如图 3-3-12 所示。黄政仁位居第一，是申请量最多的发明人，共申请专利 86 件，接近上硅所在该领域专利申请总量的 50%，较第二位多出 20 余件专利。

在专利申请量排前十位的发明人中，黄政仁、刘学建、陈忠明、姚秀敏、江东亮、陈健均是上硅所先进碳化物陶瓷材料课题组研究成员（其中江东亮是中国工程院院士，

---

❶ ZHANG J X, JIANG D L, LIN Q L, et al. Preparation of TiC ceramics through aqueous tape casting [J]. Ceramics International, 2015, 31 (3): 475-480.

❷ ZHONG H, YAO X, ZHU Y, et al. Preparation of SiC ceramics by laminated object manufacturing and pressureless sintering [J]. Journal of Ceramic Science and Technology, 2015, 6 (2): 133-140.

❸ YAO X M, TAN S H, ZHANG X Y, et al. Low-temperature sintering of SiC reticulated porous ceramics with $MgO-Al_2O_3-SiO_2$ additives as sintering aids [J]. Journal of Materials Science, 2007, 42 (13): 4960-4966.

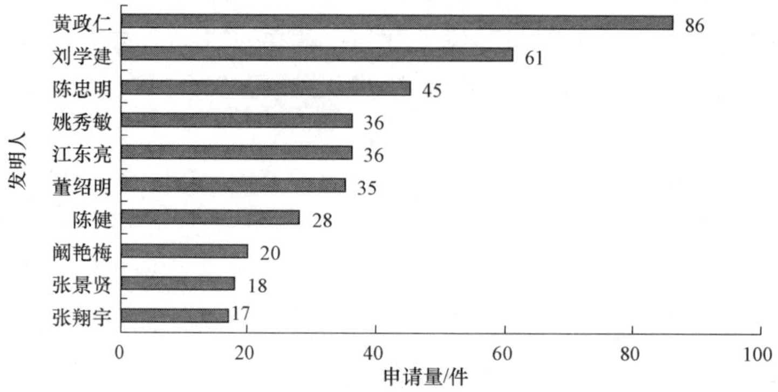

图 3-3-12 上硅所高性能碳化物先进陶瓷材料领域专利申请量排前十位的发明人

黄政仁为课题组组长)，他们的专利总量达到 98 件，占上硅所在该领域专利总量的 56%；专利量排前六位的董绍明共有专利 35 件，他与阚艳梅、张翔宇均属于复合材料研究课题组；专利量排前十位的张景贤共有专利 18 件，他属于陶瓷材料胶态成型研究课题组。这说明先进碳化物陶瓷材料课题组是上硅所在该领域主要研究机构，黄政仁则是核心研究人员。

选取 2016~2018 年 49 件专利，按专利量从高到低排序，近 3 年最活跃的发明人分布如图 3-3-13 所示。黄政仁是近 3 年最活跃的发明人，拥有专利量 33 件，占该时期上硅所专利总量的 68. 35%；随后的刘学建、姚秀敏、陈健、陈忠明、朱云洲、殷杰、陈军军均是先进碳化物陶瓷材料课题组成员（课题组组长为黄政仁）。除先进碳化物陶瓷材料课题组外，董绍明是近 3 年专利量最多的发明人，其近 3 年专利量为 8 件。

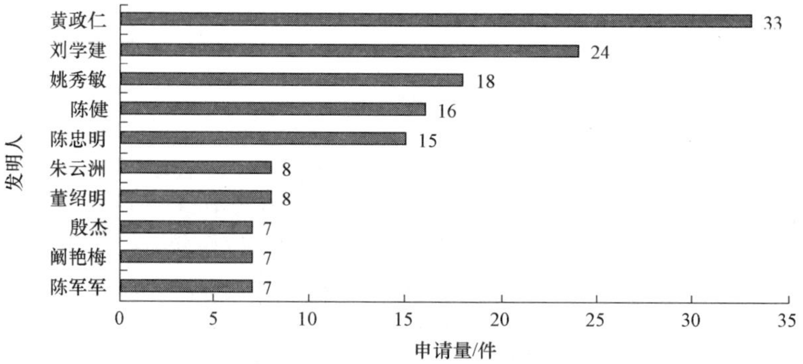

图 3-3-13 2016~2018 年上硅所高性能碳化物先进陶瓷材料领域主要发明人专利申请量排名

3.3.5.2 主要发明人趋势分析

依据发明人专利量排名，并考虑课题组间合作情况，选取上硅所黄政仁、江东亮、董绍明、张景贤、张国军五位主要发明人的专利申请进行分析，图 3-3-14 展示了这五位发明人专利趋势。

江东亮是上硅所最早从事该领域研究的研究人员，1991 年合作申请了上硅所在该领域第一件专利，是上硅所在该领域的开创者之一；1992 年入选国际陶瓷科学院院士，2001 年当选为中国工程院院士；在 2010 年之前，江东亮是上硅所最活跃的发明人之一，2009 年申请了 5 件专利；近几年由于年龄的原因，专利量减少。其专利技术主要集中在成型，尤其是流延成型和凝胶注模成型方面。1999 年，“碳化物复相陶瓷及高温等静压氮化表面改性”项目，江东亮作为主要负责人获得上海市科技进步二等奖。

黄政仁在 2003 年申请第一件专利，2007 年后成为上硅所最活跃的发明人之一。尤其是 2013 年之后，黄政仁的年专利量远远高于其他申请人，而且从 2015 年开始，其年申请量出现明显上升趋势，是上硅所在该领域主要推动者。2016 年至今共申请 33 件专利，占个人专利总量的 37.2%，说明黄政仁仍处于科研成果的高产期。

董绍明从 2004 年开始，几乎每年都有专利产出，2011 年起，每年专利量基本保持在 2~5 件，2019 年已经申请了 1 件专利。董绍明是上硅所在该领域的主力军。

张景贤和张国军在 2008~2015 年较为活跃，但近几年少有专利申请。

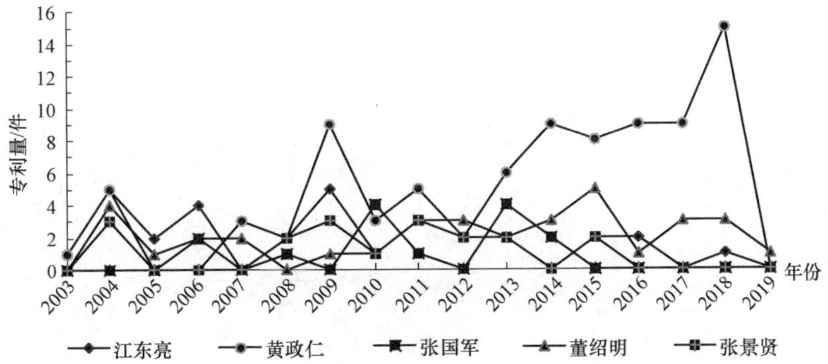

图 3-3-14 上硅所高性能碳化物先进陶瓷材料领域主要发明人专利申请量趋势

3.3.5.3 主要发明人黄政仁

1987 年起，黄政仁开始从事先进结构陶瓷和陶瓷基复合材料领域的研究工作，重点开展先进结构陶瓷材料的组成、结构、应力设计和制备科学等方面的研究。在碳化物、氧化物复相陶瓷和陶瓷基复合材料的强化与增韧，非氧化物陶瓷湿法成型、非氧化物纳米粉体和金属-陶瓷纳米复合粉体制备及性能研究等方面取得了一系列重要研究成果和创新性制备工艺技术；在大尺寸轻量化部件和空间光学部件先进成型、制备技术研究，先进陶瓷材料的表面改性技术研究，陶瓷材料的连接技术研究，陶瓷材料和部件的无损检测技术研究，超高温陶瓷材料研究等方面取得了重要突破性进展。其带领的团队为空间遥感光学系统研制出国际上口径最大和轻量化程度最高的单体式碳化硅光学部件并形成稳定研制保障能力，扭转了我国大尺寸空间轻量化光学部件完全依赖进口、受制于人的被动局面。

由于在纤维增强陶瓷基复合材料、超高温陶瓷材料、碳化硅光学部件等方面的深入研究，及在多孔陶瓷、纳米复相陶瓷等方面取得的成果，黄政仁在应用领域方面取得的专利最多，且处于上升势头。当然，随着复合材料研究的深入，黄政仁在材料制

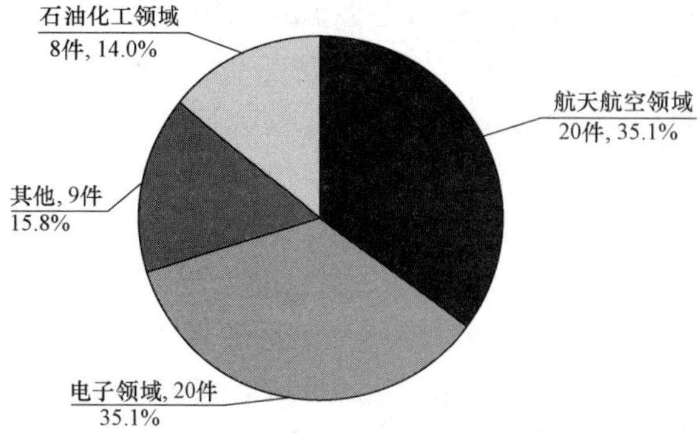

图 3-3-15　黄政仁高性能碳化物先进陶瓷材料应用领域各技术分支专利申请量占比

备工艺上也有一定的成果，尤其是通过烧结和成型工艺改进材料性能。

在应用领域方面，黄政仁主要关注航天航空领域用材料及电子领域用材料，在这两个领域各申请了20件专利（见图3-3-15）。电子领域用材料专利主要集中在2016年及2017年，这两年共申请相关专利10件。而航天航空领域专利时间分布较为均匀，呈现出间断状态，特别地，2018年就有6件相关专利，说明航天航空领域用材料是研究重点，也是主要发展方向（见图3-3-16）。

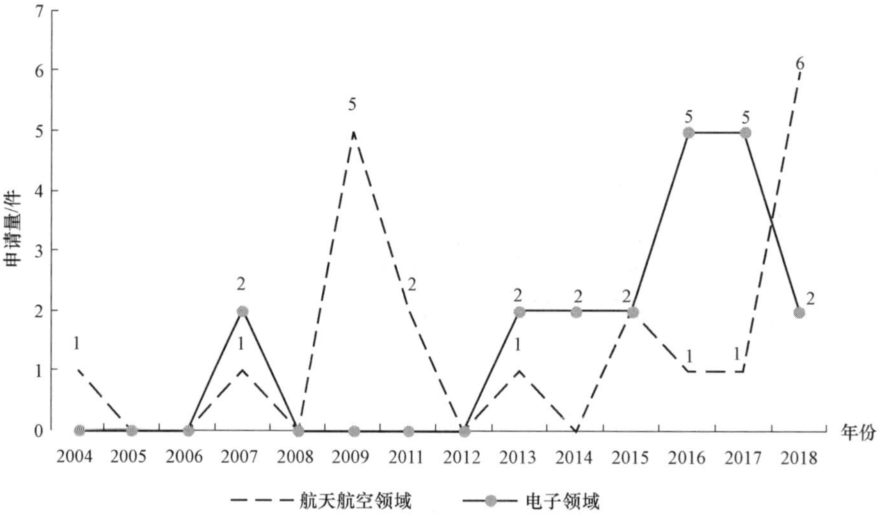

图 3-3-16　黄政仁航天航空及电子领域用高性能碳化物先进陶瓷材料领域专利申请量趋势

在航天航空领域材料方面，黄政仁更为关注可用于空间反射镜的碳化硅陶瓷材料及耐热耐磨的碳化硅陶瓷基复合材料（见图3-3-17）。

2002年，黄政仁开始从事碳化硅陶瓷反射镜的研发，2007~2011年申请7件相关专利，主要涉及反射镜素坯的制备。之前，碳化硅陶瓷反射镜素坯都是通过反应烧结实现致密化，而反应烧结后样品中存在大量的

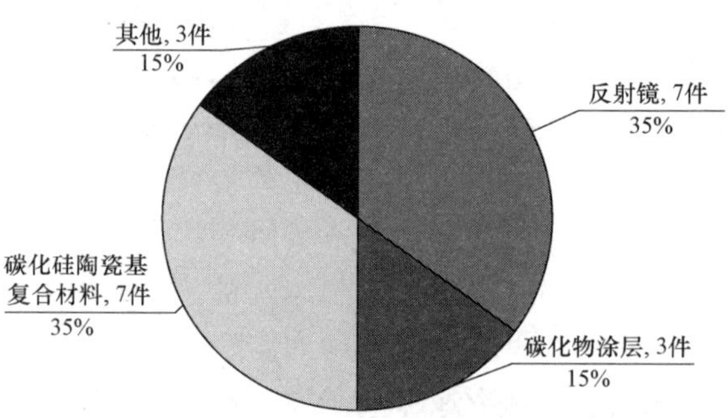

图 3-3-17　黄政仁高性能碳化物先进陶瓷材料航天航空领域各技术分支专利申请量占比

游离硅，其力学性能、抛光性能和高温性能等都明显下降。2009年黄政仁提出凝胶注模成型工艺制备碳化硅反射镜素坯的方法，直接通过无压烧结实现致密化。此段时间内，黄政仁共申请专利22件，其中反射镜用碳化硅陶瓷专利占比高达31.8%，说明2011年前主要的研究方向在反射镜用碳化硅陶瓷方面，而2011年之后，鲜有相关专利。随着大尺寸碳化硅光学部件的关键制备技术突破，黄政仁研究重点发生了转移。

2004年黄政仁申请了第一件短纤维增强碳化硅基复合材料制备方法的专利，开始了对碳化硅陶瓷基复合材料的研究。近几年，碳纤维增强碳化硅基复合材料发展迅猛，黄政仁在此方向也有较多的产出，仅2018年就申请了4件相关专利，占2018年其专利总量的25%，可以看出碳化硅基复合材料成为黄政仁新的研究重点。

在成型方面，黄政仁在2014年之前主要采用流延成型及凝胶注模成型工艺，2014年之后，更多地采用干法成型工艺。3D成型工艺因其制作周期短，效率高，被引入陶瓷成型制备中，是一种较新的陶瓷材料成型方法。黄政仁也对3D成型工艺进行了研究：2016年，利用计算机辅助设计软件构造碳化硅陶瓷素坯的结构模型，并采用激光粉体熔融制造技术或液态光敏树脂制造技术，将碳化硅陶瓷粉体逐层打印直至形成碳化硅陶瓷素坯；2017年公开了一种直写型3D打印机用碳化硅墨水及其制备方法。

3.3.6 论文分析

上硅所在碳化硅复合材料方面研究起步较早：江东亮在《硅酸盐学报》上发表了《碳化硅工程陶瓷》[1] 一文，介绍碳化硅盐料制备及晶体结构、碳化硅的制造工艺、碳化硅陶瓷的应用，并指出碳化硅的应用将越来越受到重视。随着高性能碳化物陶瓷材料成为业内研究热点，上硅所从20世纪90年代开始在相关领域展开研究。1978~2019年上硅所共发表相关期刊文章400余篇。

如图3-3-18所示，从论文量来看，上硅所论文呈现波动变化，有三个高峰段，峰值分别为1999年、2009年和2016年。随着专利意识的加强，论文量和专利量整体上呈现上升趋势，且专利量的增长快于论文量的增长，专利量与论文量的差距也逐渐在缩小，尤其是2016年，专利量超过了论文量。这说明上硅所研究人员更加重视利用专利保护核心技术。

如图3-3-19和图3-3-20所示，从论文作者来看，江东亮、黄政仁、谭寿洪论文量最多，除谭寿洪外，其余作者专利量也位于前列，说明上硅所科研人员不仅重视发表学术论文，也很重视申请专利。以黄政仁为例，论文量为108篇，专利量也达到了86件，论文量和专利量仅相差不到20。

[1] 江东亮. 碳化硅工程陶瓷［J］. 硅酸盐学报，1978（3）：176-189.

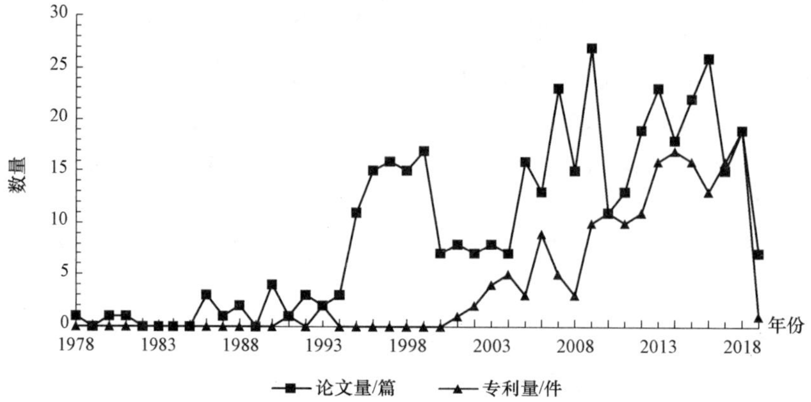

图 3-3-18　上硅所高性能碳化物先进陶瓷材料领域论文发表趋势及专利申请量趋势

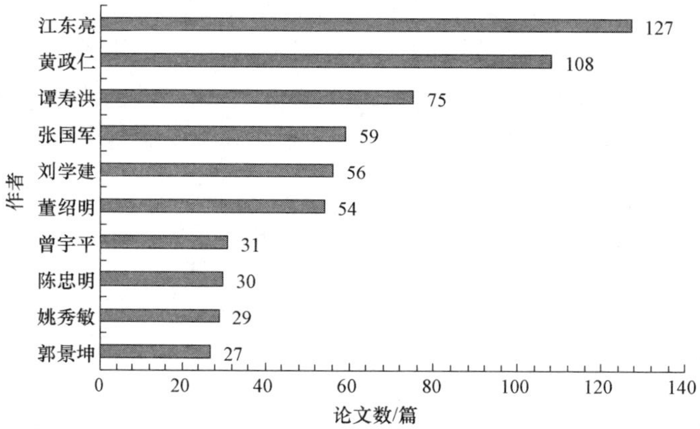

图 3-3-19　上硅所高性能碳化物先进陶瓷材料领域主要作者论文量排名

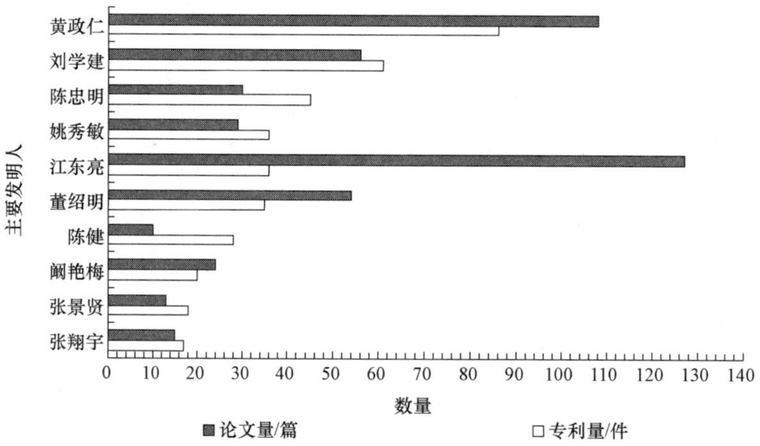

图 3-3-20　上硅所高性能碳化物先进陶瓷材料领域主要发明人论文量与专利量对比

上硅所400篇论文中有107篇是合作完成的。从合作机构类型看，主要为研究院所，少量为国内企业，如山东绿色高分子有限公司、山东陶瓷研究有限公司、上海浩魁材料科技有限公司，与公司合作更有利于成果的产业化。从合作机构地域看，主要是国内机构，国际合作的文章有21篇，主要是与韩国材料科学研究院、鲁汶大学等，涉及较多的是烧结技术。

由图3-3-21可知，从技术类型看，上硅所论文技术主要涉及烧结、应用领域，与其专利技术构成基本一致，但其专利更偏重于应用材料的制备和研究，论文则更关注烧结工艺的研究。

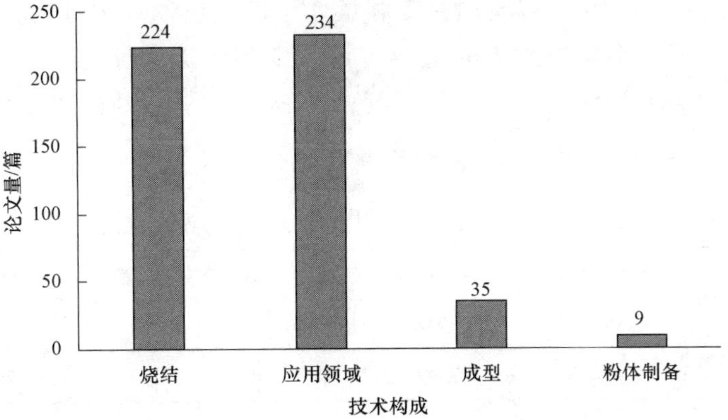

图3-3-21 上硅所高性能碳化物先进陶瓷材料领域论文技术构成

上硅所有165篇SCIE论文，共引用2963次，篇均引用18次。有21篇论文引用次数超过50次，共被1128篇论文引用，其中国外机构引用502次，引用机构主要有意大利国家研究委员会（CNR）、印度科学与工业研究理事会（CSIR）、首尔市立大学等。这21篇论文主要涉及多孔陶瓷制备、ZrB_2-SiC陶瓷复合材料，说明上硅所在这两个领域有较高的影响力。上硅所可以加强和其他机构尤其是国外机构的合作，提升国际影响力，同时也促进专利的实施。

3.3.7 论文与专利对比分析

课题组选取上硅所重点发明人黄政仁和董绍明相关核心技术涉及的专利和论文，希望通过专利和论文的对比，找出两者之前的关系。黄政仁对流延成型有较为成熟的研究，董绍明在碳纤维增强碳化物陶瓷基复合材料方面取得较大的成就，因此选取黄政仁流延成型、董绍明碳纤维增强碳化物陶瓷基复合材料相关专利及论文分别进行对比分析。

3.3.7.1 黄政仁相关专利和论文

流延成型是指在陶瓷粉料中加入溶剂、分散剂、黏结剂、增塑剂等成分，得到均匀分散的稳定料浆，在流延机上制得要求厚度薄膜的一种成型方法。

从2004年开始，黄政仁就流延浆料固化剂、分散剂的组成配比等核心技术申请3

件专利，涉及将氨基苯磺酸作为水基陶瓷浆料固化剂（CN1267381C），聚乙烯基吡咯烷酮组分和其他常用分散剂构成双组分分散剂（CN1289440C），以聚乙烯醇作为黏结剂，丙二醇为塑性剂为浆料（CN1562890A）。随后从2009年开始其对水基流延成型工艺申请了5件专利。

在2005年及2011年黄政仁各发表1篇论文，采用水基流延和热压工艺制备碳化物陶瓷，并研究复合材料的性能[1][2]；2013年分别选用四甲基氢氧化铵和水性环氧乳液与阴离子脂肪族聚氨酯乳液的混合物作为分散剂和黏合剂，水基流延成型制备了碳化硼陶瓷[3]。

对比黄政仁专利和论文可以看出，专利量大于论文量，专利持续时间也长于论文。在浆料方面，为流延成型浆料配方与成分申请了专利保护，没有专门论文研究浆料组成；而在工艺研究方面，论文更多是对流延成型制备的材料性能进行研究，而专利则更重在对工艺的研究及改进（见表3-3-3）。

表3-3-3 黄政仁流延成型技术专利量与论文量对比

技术内容	专利量/年	专利持续时间	论文量/篇	论文持续时间
浆料	4	2004~2010年	0	
工艺	5	2009~2015年	3	2005~2013年

3.3.7.2 董绍明相关专利和论文

在专利方面，2004~2019年董绍明共申请相关专利11件，涉及复合材料制备、界面层制备和基体改进，提出多种碳纤维增强碳化硅基复合材料制备方法：放电等离子快速烧结方法制备短纤维增强碳化硅复合材料（CN1267380C，2004年）；气相渗硅工艺制备碳纤维增强碳化硅基复合材料（CN100371302C，2006年）；在纤维预制体孔隙中引入Si_3N_4陶瓷相，通过微区原位反应形成碳化硅相制备复合材料（CN103086731B，2011年）。通过不同的工艺制备界面层以提高复合材料性能：在热压过程中通过原位反应使增强体碳纤维表面形成一层抗氧化的碳化硅表面保护层（CN100415690C，2006年）。采用化学气相渗透在纤维预制体的纤维上沉积一层或多层连续PyC或/和BN界面相（CN105474791B，2012年）。对基体改进制备超高温陶瓷基复合材料：制备Cf/SiC-ZrC-ZrB_2（CN108585906A，2015年）、Cf/SiC-HfC、Cf/ZrC-SiC等超高温陶瓷基复合材料。

在论文方面，2006~2018年董绍明发表相关论文15篇，主要涉及复合材料的制

---

[1] ZHANG J X, JIANG D L, LIN Q L, et al. Microporous polymer based on hexaazatriphenylene-fused triptycene for CO_2 capture and conversion [J]. Ceramics International, 2005, 31 (3): 475-480.

[2] 吕志翚，江东亮，张景贤，等．水基流延成型制备ZrB_ 2和ZrB_ 2-20vol% SiC复合材料的微观结构和抗热震性能［J］．无机材料学报，2011，26（3）：244-248.

[3] LUO Z H, LV Z H, JIANG D L, et al. Aqueous tape casting of boron carbide ceramic [J]. Ceramics International, 2013, 39 (2): 2123-2126.

备、界面层制备、基体改进及复合材料性能研究。

制备方法主要涉及：2007 年利用有机前驱体浸渍和裂解法工艺制备了碳/碳化硅复合材料❶；2007 年采用气相渗硅制备了 3D 碳纤维增强碳化硅基复合材料❷；2013 年采用化学气相浸渗法+有机前驱体浸渍和裂解法制备碳化硅基体❸。在界面层制备方法上，2006 年采用强制脉冲化学气相浸渗方法在碳纤维表面沉积碳化硅涂层❹；2015 年利用催化化学气相沉积工艺在碳纤维表面原位生长碳纳米管，经聚合物浸渍-热解致密化后制备了碳纳米管强化的 Cf/SiC 复合材料❺。

在基体改进方面，2010 年将硼作为活性填料引入 Cf/SiC 复合材料❻，2013 年原位反应制备 ZrC-SiC 基体❼，2016 年加入 Ti_3SiC_2 填料❽，2018 年制备了 Cf/ZrB_2 - ZrC - SiC 超高温陶瓷基复合材料❾。另外，其论文还对复合材料的热学性能、力学性能及摩擦行为进行了分析研究。

对比可知，如图 3-3-22（见文前彩色插图第 3 页）所示，专利中涉及的重点技术没有在论文中体现，如在纤维预制体孔隙中引入 Si_3N_4 陶瓷相通过微区原位反应形成碳化硅相制备复合材料，而论文中更多的是利用传统的有机前驱体浸渍和裂解法工艺制备复合材料；专利中利用化学气相浸渗形成 PyC/BN 界面层，而论文中是在碳纤维表面沉积碳化硅或制备碳纳米管；在论文中仅提及 Cf/ZrB_2 - ZrC - SiC 超高温陶瓷基复合材料，而专利还制备了 Cf/SiC-HfC、Cf/ZrC-SiC 超高温陶瓷基复合材料。

在重点技术方面，专利申请时间明显优于论文发表时间。就气相渗硅制备工艺，董绍明于 2006 年申请专利（CN100371302C），相关论文发表于 2007 年；2015 年就溶胶 - 凝胶孔道构建 - 反应熔渗制备 Cf/ZrB_2 - ZrC - SiC 申请专利（CN108585906A），而 2018 年才有相关技术的论文发表。

---

❶ 朱云洲，黄政仁，董绍明，等 . C/SiC 复合材料的常压制备与性能研究［J］. 无机材料学报，2007（4）：685-689.

❷ 周清，董绍明，丁玉生，等 . 界面涂层对气相渗硅 Cf/SiC 复合材料力学性能的影响［J］. 无机材料学报，2007（6）：1142-1146.

❸ 周海军，董绍明，高乐，等 . 复合工艺制备 C/SiC 复合材料的热物理性能［J］. 复合材料学报，2013，30（S1）：86-89.

❹ 周清，董绍明，张翔宇，等 . 强制脉冲 CVI 沉积 C 纤维表面涂层的工艺研究［J］. 无机材料学报，2006（6）：1378-1384.

❺ 董绍明，胡建宝，张翔宇，等 . CNT-Cf/SiC 多级增强复合材料微区力学性能［J］. 科学通报，2015，60（3）：291-299.

❻ LI Q G，ZHOU H J，DONG S M，et al. Fabrication of a ZrC-SiC matrix for ceramic matrix composites and its properties［J］. Ceramics International，2012，38（5）：4379-4384.

❼ LI Q G，DONG S M，WANG Z，et al. Fabrication of a ZrC-SiC matrix for ceramic matrix composites via in-situ reaction and its application［J］. Ceramics International，2013，39（1）：877-881.

❽ YANG J S，DONG S M，XU C Y，et al. Mechanical response and microstructure of 2D carbon fiber reinforced ceramic matrix composites with SiC and Ti_3SiC_2 fillers［J］. Ceramics International，2016，42（2）：3019-3027

❾ 倪德伟，陈小武，王敬晓，等 . Cf/ZrB_2 - ZrC - SiC 超高温陶瓷基复合材料的设计、制备及性能［J］. 硅酸盐学报，2018，46（12）：1661-1668.

3.3.8 小　结

（1）在专利量方面，上硅所从20世纪70年代开始开展碳化物陶瓷研究，1991年申请第一件碳化物陶瓷专利，至今共有相关专利175件；经过萌芽期、奠定期、发展期后，已经入快速发展期。

（2）在人员方面，江东亮是上硅所在该领域的开创者，其论文量最多；黄政仁是核心研究人员，其专利量最多，接近上硅所在该领域专利总量的50%，论文量排名第二位；黄政仁主要关注碳化硅陶瓷光学部件及纤维增强碳化硅陶瓷基复合材料方面，仍处于科研成果的高产期；上硅所研究人数较为稳定，已形成了几支稳定的研究团队。

（3）在技术发展方面，上硅所高性能碳化物先进陶瓷材料领域的研究主要集中在应用领域，其专利量及论文量占比最高，为45%左右；应用领域主要涉及航天航空领域、电子领域、石油化工领域等；航天航空材料专利量及论文量明显高于其他应用领域，呈现出强有力的发展势头；同时，电子领域材料从2013年开始也呈现出上升的趋势。

在烧结工艺方面，主要采用无压烧结和反应烧结，反应烧结和热压烧结的相关专利呈现出上升的趋势；成型工艺主要采用干法成型、流延成型和凝胶注模工艺，也开始涉及3D成型工艺；其在粉体制备方面专利量及论文量较少。

（4）在专利与论文对比方面，专利量和论文量均呈现上升趋势，而且，专利量的增长快于论文量的增长，与论文量的差距也逐渐在缩小，尤其是2016年之后，专利量超过了论文量；专利量排前十位的发明人，其论文量也排在前列；专利与论文技术构成基本一致，但论文和专利内容不完全相同，论文更多的是对材料性能的研究，而技术工艺的改进多在专利中体现；对同一技术，一般优先申请专利，较论文早1~3年；在合作及引用方面，论文优于专利。

（5）上硅所的专利全部是中国专利，且少有合作申请。今后上硅所可以多与相关企业合作，同时也要做好重点专利的布局，实现全方位保护，提高专利价值。

第4章　高性能碳化物先进陶瓷材料成型技术分析

本章旨在全面分析高性能碳化物先进陶瓷材料成型技术专利，包括全球专利申请态势以及热点技术（凝胶注模成型和3D打印成型）技术功效、技术路线、重点专利等。以上内容的分析梳理，有助于了解高性能碳化物先进陶瓷材料成型技术发展和专利布局的整体情况，追踪国外技术进展，为我国高性能碳化物先进陶瓷材料成型技术的发展提供借鉴。本章全球专利数据检索日期截至2019年6月30日，专利申请共7929件。

4.1　技术概况

陶瓷成型是位于陶瓷粉体制备之后、烧结之前的一道工序。成型的目的是得到内部均匀和密度高的陶瓷坯体，是陶瓷制备工艺中重要的一环。成型技术的先进与否在很大程度上决定了陶瓷坯体的均匀性和制备复杂形状部件的能力，并直接影响到陶瓷材料的可靠性和最终陶瓷部件/制品的成本。

按陶瓷、塑料、金属等材料的处理方式，成型技术主要可分为以下三类。

①去除成型。去除成型是运用分离法，按照要求把部分材料有序地从基体上分离出去而成型的加工方式。车、铣、刨、磨等加工方法均属于去除成型。

②添加成型。添加成型是指利用各种机械、物理、化学等手段通过有序地添加材料来达到零件设计要求的成型方法。

③受迫成型。受迫成型是利用材料的可成型性（如塑性等）在特定外围约束（边界约束或外力约束）下成型的方法。

由于陶瓷成型结构强度/力学性能不如金属，故金属成型领域惯用的去除成型并不适合于陶瓷成型，仅被部分机械性能较高的特种/先进陶瓷的成型后处理工序所利用。传统的陶瓷干法、塑性和胶态，金属的铸造、锻造和粉末冶金等均属于受迫成型。其中模压成型、冷等静压成型、挤压成型、注射成型、注浆成型等大多数传统陶瓷成型均由塑料或金属成型技术转用或借鉴而来。

传统的受迫成型在陶瓷材料成型领域已持续使用了一个世纪之久。自20世纪80年代中期以来，添加成型的典型代表——3D打印成型技术开始崛起，突破了传统的成型方式，可快速制造出复杂/异构件，是一种非常有前景的新型制造技术；80年代末，凝胶注模成型技术出现，作为一种全新的胶态成型技术，弥补了传统胶态成型和干法、塑性成型的许多缺陷。3D 打印成型技术和凝胶注模成型技术一经问世就可同时运用于金属、陶瓷、塑料等多种材料的成型领域。它们的出现，为高性能碳化物先进陶瓷材料成型技术的发展提供了极大的助力。

综合文献、论著、期刊、专利，结合行业专家意见，将高性能碳化物先进陶瓷材料成型技术分为表 4-1-1 所示的四级技术分支。

表 4-1-1　高性能碳化物先进陶瓷材料成型技术分解情况

一级	二级	三级	四级
成型	模压成型		
	冷等静压成型		
	挤压成型		
	注射成型		
	热压铸成型		
	注浆成型		
	流延成型		
	凝胶注模成型		
	3D 打印成型	三维立体印刷成型	黏合剂喷射（3DP）
			喷墨打印（IJP）
		光固化立体成型	光固化点扫描（SLA）
			数字光处理（DLP）
		激光快速成型	激光选区烧结（SLS）
			激光选区熔化（SLM）
		熔融沉积成型（FDM/FDC）	
		直写自由成型（DIW）	
		自由挤出 3D 打印成型	

模压成型：干法成型的一种，也叫干压成型，是先将粉状、粒状或纤维状的塑料颗粒或金属、陶瓷粉末放入一定成型温度或室温下的模具型腔中，然后闭模加压而使其成型并固化的技术。

冷等静压成型：属于干法成型，主要分为湿式（湿袋法）和干式（干袋式）。冷等静压成型是借助于高压泵的作用把流体介质（气体或液体）压入耐高压的钢质密封容器内，高压流体的静压力直接作用在弹性模套内的粉末上，粉末体在同一时间内在各个方向上均衡地受压而获得密度分布均匀和强度较高的压坯。冷等静压成型的显著优点是能压制形状复杂的压件，且密度分布均匀、强度高，而压制压力较模压制法低。冷等静压常用水或油作为压力介质，故有液静压、水静压或油水静压之称。

挤压成型：是指强力挤压可塑性泥料使其通过孔模成型的方法，动力的来源为液压、压缩空气或机械加压，多用于特殊耐火材料的生产。特殊耐火材料多为瘠性料，因此，在挤压成型前需加入有机塑化剂或黏结剂使其成为可塑料。

注射成型：是将固态的物料融化后，通过注射机以一定的压力注入模具内，模具通过水道冷却将物料固化而得到与设计模腔一样的产品。

注浆成型：是指将陶瓷等耐火材料和水调成浆料，注入有吸水性的模型内，借助模型的吸水性吸去部分水分后脱模制成生坯的技术。

热压铸成型：又称热压注成型或热蜡铸成型，是指在压力作用下，将熔化的含蜡浆料（蜡浆）注满金属模中，并在模中冷却固化后，再脱模成生坯的技术。

流延成型：又称带式浇注法、刮刀法，是一种首先把粉碎好的粉料与有机塑化剂溶液按适当配比混合制成具有一定黏度的料浆，再让料浆从容器流下，接着被刮刀以一定厚度刮压涂覆在专用基带上，经干燥、固化后剥下成为生坯带的薄膜，最后根据产品尺寸和形状对生坯带做冲切、层合等处理，制成待烧结的生坯的技术。

凝胶注模成型：是利用有机单体和各种添加剂的交联固化反应即原位凝固成型，可获得具有良好均匀性和一定强度的坯体。

3D 打印成型是业界的一种统称，分为以下多种成型方式：三维立体印刷成型、光固化立体成型、激光快速成型、熔融沉积成型、直写自由成型、自由挤出 3D 打印成型；三维立体印刷成型下面又分为黏合剂喷射和喷墨打印，光固化立体成型下面又分为光固化点扫描和数字光处理，激光快速成型有激光选区烧结和激光选区熔融两种成型方式。

三维立体印刷成型：包括黏合剂喷射和喷墨打印。三维立体印刷的原理与光固化类似，均为逐层成型，但不需要激光束加热原料。黏合剂喷射是先铺粉再喷黏结剂，而喷墨打印是直接喷带黏结剂的陶瓷墨水后逐层固化成型。

光固化立体成型：分逐点即光固化点扫描和逐层即数字光处理两种固化方式。光固化点扫描，又称为立体光刻成型，是主要的光固化成型技术，将特定波长与强度的激光聚焦到光固化材料表面，使之按由点到线、由线到面顺序凝固，完成一个层面的扫描绘图固化作业，然后升降台在垂直方向移动一个层片的高度，再固化另一个层面，通过层层叠加最终构成三维实体的技术。数字光处理也叫作面曝光 3D 打印/投影固化成型，是基于美国得州仪器（TI）公司开发的数字微镜元件——数字微镜晶片（Digital Micromirror Device，DMD）来完成可视数字信息显示的技术。即数字光处理投影技术应用了数字微镜晶片作为关键处理元件以实现数字光学处理，采用液态光敏树脂为材料，使用特定波长的光源，利用数字光处理技术投影出相应图案，对液态光敏树脂进行选择性固化，实现打印。

激光快速成型：主要包括激光选区烧结和激光选区熔化。激光选区烧结又称为选择性激光烧结，为使用刮平装置将粉末铺平，以激光束在计算机控制下根据分层截面信息进行有选择的烧结，如此逐层烧结完成后去掉多余的粉末，以得到完整烧结坯体的技术。激光选区熔化又称为选择性激光融化。激光选区烧结所用的材料是经过处理的，为金属/陶瓷和高分子材料的混合粉末，在加工的过程中低熔点的材料熔化但金属或陶瓷是不熔化的。因为其利用被熔化的材料实现黏结成型，所以实体存在孔隙，力学性能差，要使用的话还要经过高温重熔。而选择性激光熔化在加工的过程中用激光使粉体完全熔化，不需要黏结剂，成型的精度、致密度和力学性能更好。

熔融沉积成型：又称熔丝成型或熔丝制造，是将热塑性成型材料和支撑材料由供丝机构送至各自对应的喷头，并在喷头中加热至熔融态。加热喷头沿着零件截面轮廓和内部轨迹运动，同时将半流动状态的热熔材料挤出，黏稠状的成型材料和支撑材料被选择性地涂覆在工作台上，迅速固化后形成截面轮廓。当前层成型后，喷头上升特定高度再进行下一层的涂覆，层层堆积并去除支撑材料后形成三维产品的技术。

直写自由成型：为一种以流体/悬浮液的流变性能控制为基础，通过计算机控制三维平台带动针头运动，将流体/悬浮液从容器通过针头挤出后，按照计算机控制的针头预先轨迹在立体空间中逐层铺设并固化成型，最终得到具有复杂三维空间结构的产品。

自由挤出3D打印成型：是一种通过逐层沉积陶瓷膏体构建三维实物的增材制造技术，具有成型效率高、成本低等优势。

4.2 全球专利分析

4.2.1 全球申请趋势分析

如图4-2-1所示，全球高性能碳化物先进陶瓷材料成型技术专利申请量趋势大体为五个阶段。

萌芽期：20世纪50年代末至80年代初，全球高性能碳化物先进陶瓷材料成型技术专利申请量呈现缓慢增长趋势。其间模压成型、冷等静压成型、挤压成型、注浆成型等各种传统的陶瓷成型技术处于逐渐成熟的阶段，并出现注射成型等新应用于陶瓷成型领域的成型技术，高性能碳化物先进陶瓷材料成型技术持续缓慢发展。

第一快速增长期：20世纪80年代中期至80年代后期，全球高性能碳化物先进陶瓷材料成型技术专利申请量第一次呈现快速增长趋势。在此期间，先后出现了众多3D打印和凝胶注模等增材快速制造和新型胶态成型技术，加上传统的各种成型技术进一步成熟，使得全球高性能碳化物先进陶瓷材料成型技术出现第一次快速增长。

缓慢发展期：20世纪80年代末至90年代末，全球高性能碳化物先进陶瓷材料成型技术专利申请量呈现缓慢发展趋势。其间东欧剧变、苏联解体等事件的发生影响了整个高性能碳化物先进陶瓷材料成型技术的发展，而新出现的成型技术在一开始的爆发之后也进入技术探索阶段，导致此阶段全球高性能碳化物先进陶瓷材料成型技术整体发展放缓。

产业调整期：21世纪初至2008年，全球高性能碳化物先进陶瓷材料成型技术专利申请量呈现平稳发展趋势。进入21世纪以后，在该领域欧美等发达国家开始把研究重点转向高性能碳化物先进陶瓷材料的粉体、制品等，成型技术在这些国家已经相对成熟，处于产业调整阶段。

第二快速发展期：2009 年至今，全球高性能碳化物先进陶瓷材料成型技术专利申请量第二次呈现快速增长趋势。近 10 年，中国在该领域开始大量申请，进行大量的布局，使得全球高性能碳化物先进陶瓷材料成型技术步入第二次快速发展时期。

中国高性能碳化物先进陶瓷材料成型技术专利申请可分为以下几个阶段。

萌芽期：1999 年以前，中国处于该领域的技术萌芽期，为技术的探索阶段，专利申请寥寥无几。

缓慢发展期：2000~2009 年，中国在该领域进入缓慢发展期。经过前期的技术验证和探索，中国开始对高性能碳化物先进陶瓷材料成型技术进行布局，涉及的成型技术逐渐增加，且中国加入 WTO 促进了技术的交流和发展。

快速发展期：2010 年至今，中国在该领域专利申请量呈快速增长趋势，一些较传统的成型技术进一步成熟，新型的成型技术也开始出现，至今仍处于快速增长期。

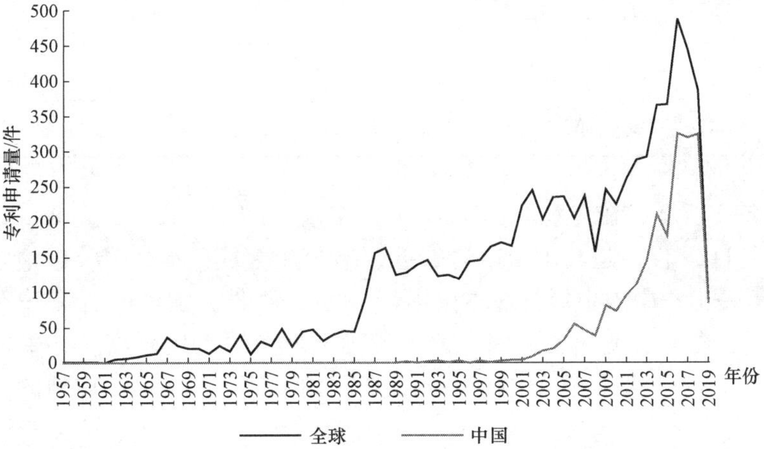

图 4-2-1 高性能碳化物先进陶瓷材料成型技术全球专利申请量趋势

4. 2. 2 专利技术原创和目标国家/地区分布及流向

专利技术原创国家/地区，即专利申请人所在国家/地区，该项分析以专利申请人所在国家/地区为主体。本国申请是指该专利技术原创国家/地区申请人在本国的专利申请，国外申请是指该专利技术原创国家/地区申请人在该国家/地区以外地区的专利申请。

如表 4-2-1 所示，全球高性能碳化物先进陶瓷材料成型技术原创国家/地区主要集中于东亚、北美以及欧洲地区。其中中国申请量排名全球第一位，占该领域全球申请量的 27. 53%，紧随其后的是日本（23. 05%）和美国（22. 03%），中国、日本、美国三国申请量占据全球本领域专利申请的近 3/4。

表 4-2-1　高性能碳化物先进陶瓷材料成型技术原创国家/地区全球专利分布

原创国家/地区	申请量/件
中国	2183
日本	1828
美国	1747
德国	572
法国	362
韩国	302
英国	241
瑞典	130
俄罗斯	71
比利时	68
其他国家/地区	425

如图 4-2-2 所示，在专利原创申请量排名前十位的国家中，美国是到国外申请最多的国家，为 1128 件，是其国内申请的近两倍；其次是日本，国外申请为 895 件，占其总申请量近一半；中国主要是在本国申请，为 2144 件，国外申请仅 39 件；欧洲其他国家如比利时、瑞典、英国、法国、德国等国国外申请占比较高。其中比利时国外申请占比接近 100%；俄罗斯国外申请占比低于国内申请，仅为国内申请的近 1/3。

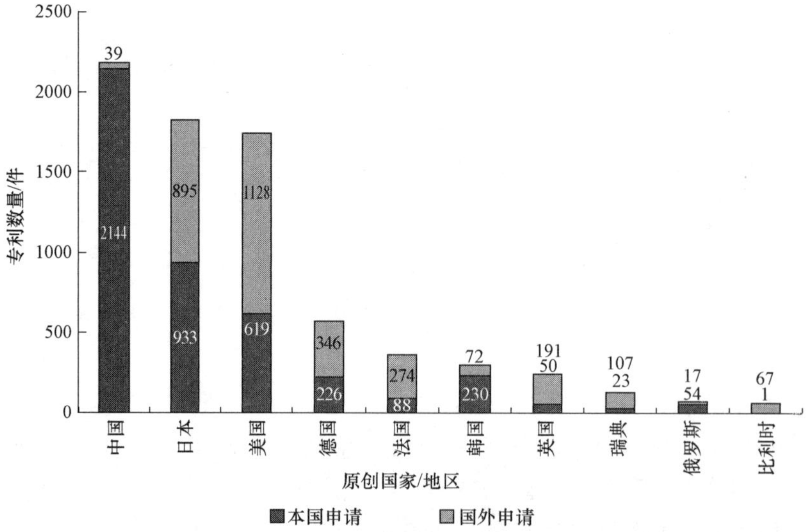

图 4-2-2　高性能碳化物先进陶瓷材料成型技术主要原创国家/地区申请对比

专利申请目标国家/地区，即专利技术市场国家/地区，该项分析以专利申请目标国家/地区为主体。本国布局是指该目标国家/地区申请人在本国家/地区的专利布局，国外布局是指该目标国家/地区以外的申请人在该国家/地区的专利申请。

从图 4-2-3 可以看出，在专利技术市场层面，中国是该技术全球布局专利数量最多的国家，中国在本国布局高达到 2144 件，占 97.72%，而国外申请人在中国的布局仅有 50 件，仅占 2.28%，国外在中国布局也较少。日本是专利布局量第二位的国家，其中，日本本国布局为 933 件，国外申请人在日本的专利布局为 341 件，约为本国布局的 1/3。美国专利布局量紧随其后，位居第三，其中，美国国内布局为 619 件，但国外布局达到 594 件，为国外布局量全球第一的国家，接近其国内布局量。欧洲总体布局量位居第四，由于其不是一个单独的国家，其本地区布局数据不作考虑。

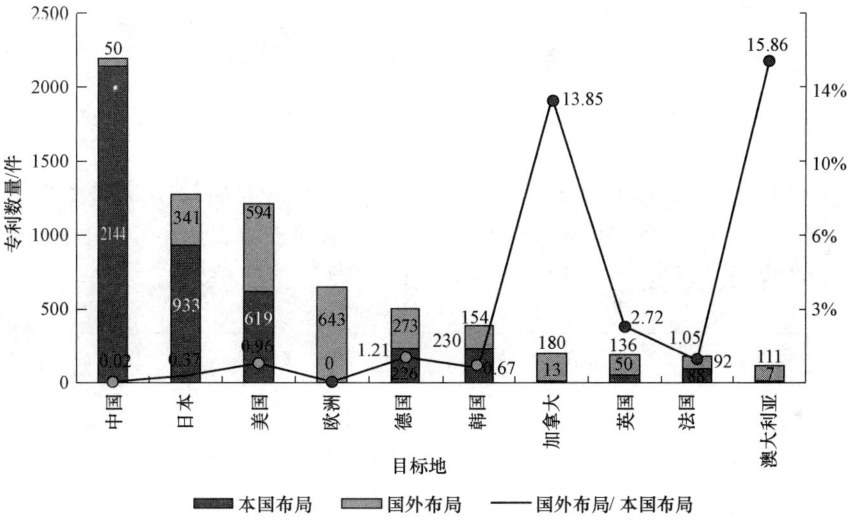

图 4-2-3　高性能碳化物先进陶瓷材料成型技术主要目标国家/地区布局对比

其他发达国家如德国、加拿大、英国、法国和澳大利亚等，国外布局专利比例较高，其中澳大利亚和加拿大，国外布局与本国布局的比例分别高达 15.86∶1 和 13.85∶1。

将上文的原创国家/地区在国外的申请和国外在目标国家/地区布局数据合并分析，得图 4-2-4 高性能碳化物先进陶瓷材料成型技术输出与输入对比图。比利时本国对外申请与国外在本国布局之比高达 4.47，位居第一；瑞典以 3.57 的比例位居第二；法国、日本和美国也分别达到了 2.98、2.62 和 1.90；德国、英国在本领域的技术输出与输入之比也大于 1，故此七国为本领域技术主要输出国。

中国、韩国和俄罗斯三国技术输出与技术输入之比小于 1，即中国、韩国、俄罗斯为本领域主要技术输入国。

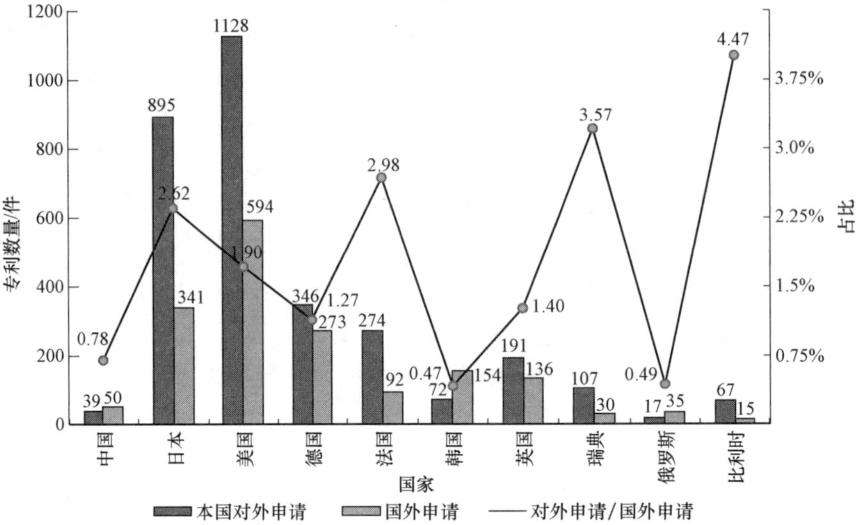

图 4-2-4 高性能碳化物先进陶瓷材料成型技术主要国家技术输出与输入对比

图 4-2-5 描述的是全球高性能碳化物先进陶瓷材料成型技术主要原创地和市场地之间的专利申请流向情况，可进一步得知各主要原创国家/地区在各主要市场国家/地区的专利布局情况。通过对比可得出：中国作为原创国在该领域几乎全部申请集中于

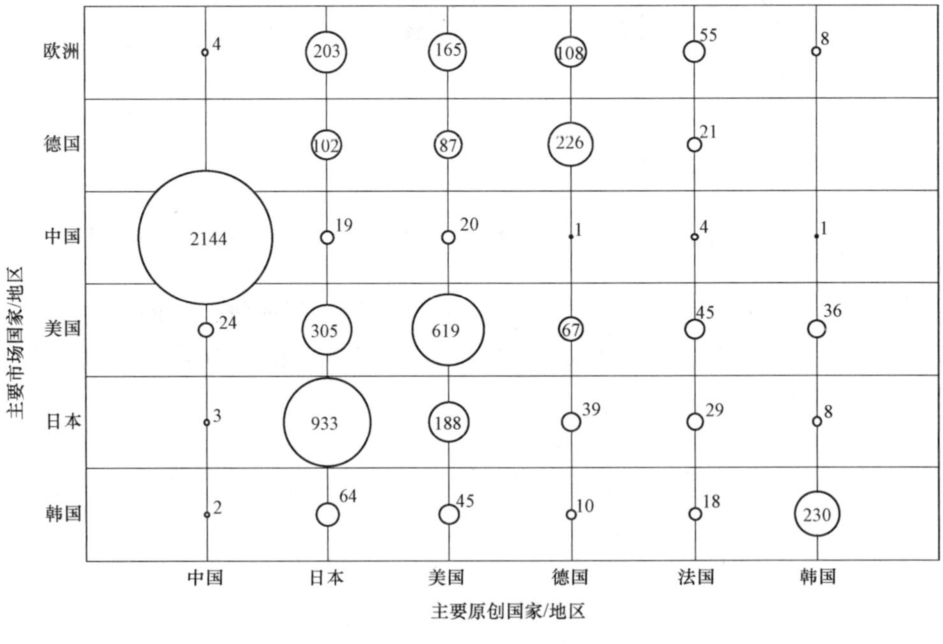

图 4-2-5 高性能碳化物先进陶瓷材料成型技术主要原创地和市场地专利技术流向

注：图中数字表示申请量，单位为件。

国内市场，海外仅在美国和日本有少量申请，在其他市场国家/地区布局极少；作为市场国，除美国、日本在中国少量布局，其余国家来华布局较少。日本、美国在本国市场布局最多，在欧洲、德国、韩国也有一定专利布局，此外两国互为彼此海外最大的专利布局市场；德国在本国市场布局最多，但同时在欧洲有较多的布局，美国、日本也是其重要的专利布局国家；法国在欧洲布局最多，并且在美国、日本的布局量也较多；韩国主要在本国布局，除在美国存在少量布局，在其余国家/地区布局极少。

4.2.3　全球技术分布

表4-2-2显示了全球近10年高性能碳化物先进陶瓷材料成型技术分布。可见该领域二级技术分支中有近一半属于压力成型，占据该领域成型方式主要地位；其次是塑性成型和浆料成型，二者数量相近；剩下是数量较少的快速成型、其他成型方式及使用两种以上成型方式的多重成型方式。

表4-2-2　近10年高性能碳化物先进陶瓷材料成型技术分布

成型方式		申请量/项
模压成型		531
冷等静压成型		86
挤压成型		133
注浆成型		122
注射成型		59
流延成型		33
热压铸成型		19
3D打印成型	光固化立体成型	34
	三维立体印刷成型	31
	激光快速成型	12
	熔融沉积成型	20
	直写自由成型	9
	自由挤出3D打印成型	7
凝胶注模成型		51
多重成型方式		89
其他成型方式		89

全球近10年高性能碳化物先进陶瓷材料成型技术进一步往下细分，得到二级技术分支分布情况：模压成型以40.08%的占有率成为该领域最主要的成型方式，说明这种较成熟的成型技术具有较强的适用性；其次是挤压成型和注浆成型，此三者占据了该领域成型技术的59.32%；冷等静压成型、注射成型因为设备较复杂，这两类成型技术

申请量相对较少，占该领域的10.94%；凝胶注模成型和3D打印成型仍在发展中，二者已占该领域的12.38%；由于该领域材料的成型的高要求，热压铸成型和流延成型在该领域不具优势，因此目前应用不多。

在该领域近10年3D打印成型技术中，申请最多的是最早出现也是最成熟的光固化立体成型技术。其次是近年发展势头火热的三维立体印刷成型，具有广泛的应用范围。此外，熔融沉积成型也有一定发展，成型性能是其主要优势。激光快速成型仍处于发展中，其优势是可实现烧结成型一体化，但是成本较高。最后是较新的直写自由成型和自由挤出3D打印成型，这两种成型方式具有成型工艺简单、成本低、速度快的优势，具有广阔的发展前景。

图4-2-6为近10年全球高性能碳化物先进陶瓷材料成型各技术分支申请量年度分布。该领域模压成型申请量整体呈上升趋势，尤其是2016年后申请量大幅增长；挤压成型和注浆成型近几年申请量大幅增长；冷等静压成型在2013年后稳定发展；注射成型在2014年后进入稳定发展期；凝胶注模成型在2013~2014年和2016~2017年申请量上升；3D打印成型自2012年起持续申请，近几年申请量大幅增长；流延成型近10年每年都有申请，但申请量较少；热压铸成型除2011年均有少量申请。

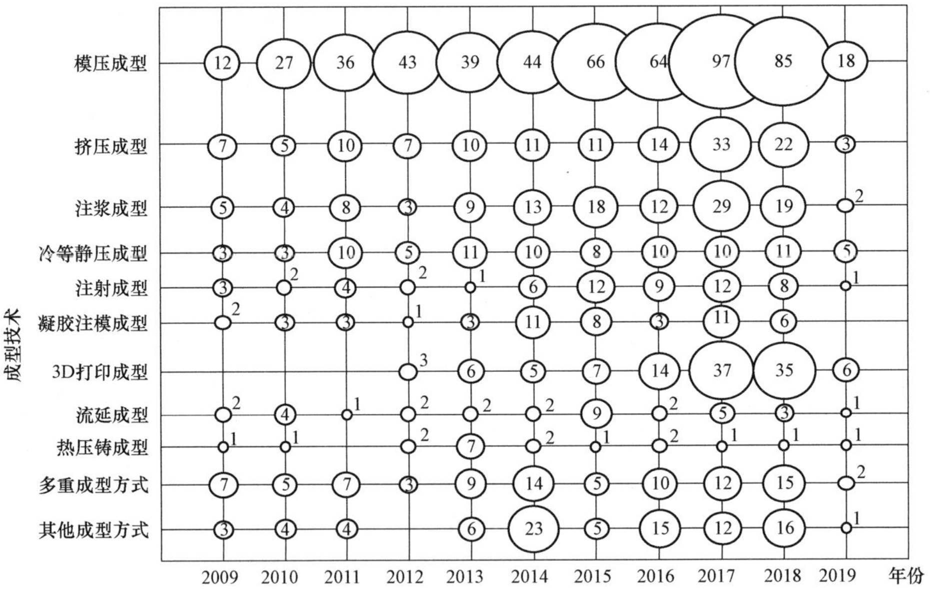

图4-2-6　近10年全球高性能碳化物先进陶瓷材料成型技术分支申请量年度分布

注：图中数字表示申请量，单位为项。

图4-2-7是该领域全球主要原创国近10年技术分布情况。可见近10年中国在该领域大力布局，申请量占据该领域的85%，而国外申请较少，因为成型技术已趋于成熟，技术转移到生产高性能碳化物陶瓷粉料或生产高性能碳化物陶瓷相关元器件制品等方面。

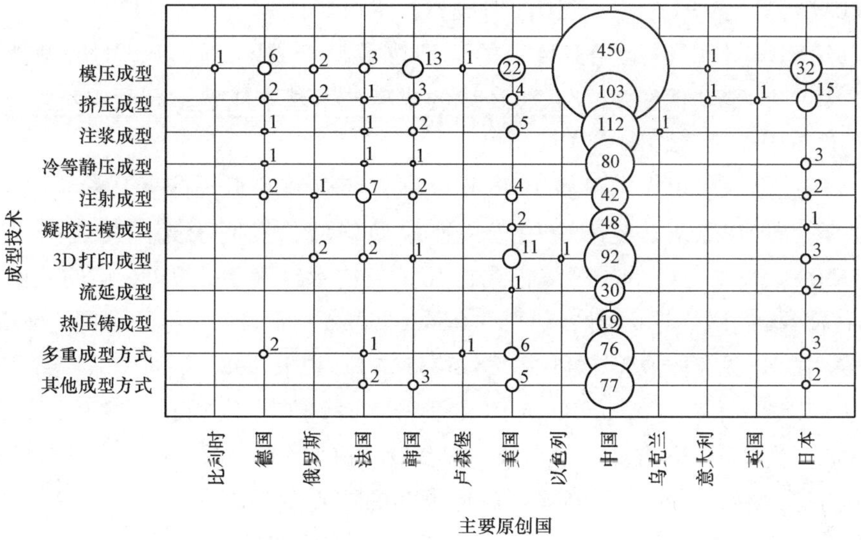

图 4-2-7　近 10 年高性能碳化物先进陶瓷材料成型技术主要原创国技术分布

注：图中数字表示申请量，单位为项。

4.2.4　全球技术路线

图 4-2-8 为高性能碳化物先进陶瓷材料全球成型技术路线（见文前彩色插图第 4 页）。从图中可知，最早应用于碳化物陶瓷材料的成型技术为模压成型，早在 1899 年，美国就将模压成型从其他材料成型领域转用到碳化物陶瓷成型上（US650235A），开启了碳化物陶瓷材料成型的技术先河。

随着技术的发展，到了 1912 年，美国西屋灯泡公司（WESTINGHOUSE LAMP）在模压成型的基础上发明了冷等静压成型（US1081618A）。1968 年，瑞典阿西亚公司（ASEA）在冷等静压成型原理基础上开发出了成熟的冷等静压成型机，推动了冷等静压成型技术的普及（US3577635A）。

1918 年，美国首次将挤压成型应用于碳化物陶瓷领域（US1273529A）。到了 1945 年，美国 HOWATT GLEN 公司的挤压成型技术已趋成熟（US2486410A）。

1923 年，美国 WESTERN ELECTRIC COMPANY INCORPORATED 将注浆成型应用于碳化物陶瓷领域（US1585010A）。至 1964 年，美国林肯实验室的注浆成型技术接近成熟（US3351688A）。

1948 年，美国 HOWATT GLEN 公司在其自身在 1945 年申请的挤压成型专利（US2486410A）基础上成功开发出流延成型技术（US2582993A），这是一种首次问世即可利用于陶瓷材料成型的技术。1975 年，美国 E I DU PONT DE NEMOURS AND COMPANY 的流延成型技术趋向成熟（US3998917A）。

1953 年，美国国际标准电气公司开拓了注射成型技术应用于碳化物陶瓷的新领域（US2939199A）。至 1977 年，美国注射成型技术已经成熟（US4144207A）。

20 世纪 70 年代，以上相对传统的成型技术趋于成熟，而新型的成型技术正在探索、验证中。进入 20 世纪 80 年代，传统的成型技术基本成熟，新型的陶瓷成型技术开始出现，并应用于碳化物陶瓷成型领域。

3D 打印成型原理可以追溯到 1976 年喷墨打印机的发明，直至 1984 年美国 UVP 公司的查尔斯·胡尔将光学技术应用于快速成型领域，发明了光固化点扫描成型技术（US4575330A），3D 打印的帷幕被正式拉开。该技术继而引出 1986 年的美国得克萨斯大学奥斯汀分校的激光选区烧结专利（US4863538A）和 1987 年的美国人 FEYGIN MICHAEL 发明的分层实体成型专利（US4752352A），以及 1989 年的美国麻省理工学院黏合剂喷射打印专利（US5204055A）和美国斯特拉塔公司的熔融沉积成型专利（US5121329A）。美国麻省理工学院 EMANUAL SACHS 等人研制并于 1989 年申请的黏合剂喷射打印专利，是材料微滴喷射成形范畴的核心专利之一。

1997 年，美国 Sandia 国家实验室又发明了更加先进的直写自由成型 3D 打印，见 US6027326A。可见美国在先进碳化物陶瓷成型领域的技术具有绝对领先地位。

1999 年，德国的 Fockele Matthias 和 Schwarze Dieter 发明激光选区熔化成型技术，弥补了激光选区烧结成型技术的不足。

20 世纪 80 年代末兴起的另一种先进陶瓷成型技术是 1988 年由美国橡树岭国家重点实验室发明的凝胶注模成型技术（US4894194A），该技术是在 US3351688A（注射成型，1964 年，美国林肯实验室）、US2939199A（注射成型，1953 年，美国国际标准电气公司）、US4144207A（注射成型，1977 年，美国 CARBORUNDUM）和 US3998917A（流延成型，1975 年，美国 E I DU PONT DE NEMOURS AND COMPANY）等专利的基础上发明的。

1996 年斯克弗·诺瓦公司第一次提出使用无毒的蛋白质单体体系的凝胶注模专利申请，提出溶剂改进为水基的专利申请。2000 年通用电气在美国橡树岭国家重点实验室 1991 年专利（US5028362A）的基础上提出采用半水基溶剂（水、有机溶剂）的凝胶注模成型专利；清华大学 2000 年提出水、水溶性高分子溶剂半水基专利申请（CN1291603A），2008 年上硅所在该专利基础上提出双单体体系的凝胶注模成型专利（CN101348376A）。

2010~2015 年，3D 打印技术和凝胶注模技术在此前出现的技术的基础上进一步发展，这两种新型成型技术正呈现广阔的发展前景。

4.2.5 全球主要创新主体

图 4-2-9 为高性能碳化物先进陶瓷材料全球主要创新主体排名。如图所示，在排名前 20 位的创新主体中，美国有 6 家，中国有 6 家，日本有 5 家，德国、法国、瑞典各有 1 家。在排名前 20 位的创新主体中，国外主要以公司申请人为主，国内 6

家中有5家为高校、科研机构。

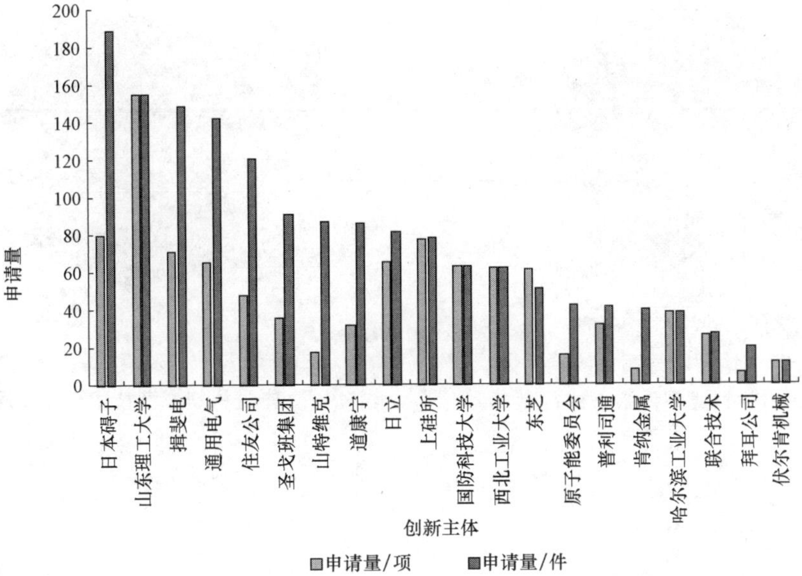

图4-2-9　高性能碳化物先进陶瓷材料成型技术全球主要创新主体排名

在全球专利申请量超过100件的创新主体中，排名第一位的日本碍子主要在欧洲、日本和美国进行布局，此外在波兰、德国、中国和韩国也有少量布局（参见图4-2-10）。排名第二位的山东理工大学仅在中国市场布局（放未列图说明）。排名第三位的揖斐电主要在日本布局，另外在欧洲和美国也有较多布局（参见图4-2-11）。

排名第四位的通用电气主要在美国布局，在欧洲、加拿大、英国和日本也有一定布局，在澳大利亚、德国、意大利、中国和韩国也进行少量布局（参见图4-2-12）。排名第五位的住友主要在日本布局，其在美国和欧盟也有较多布局，并在韩国、加拿大和德国进行少量布局（参见图4-2-13）。

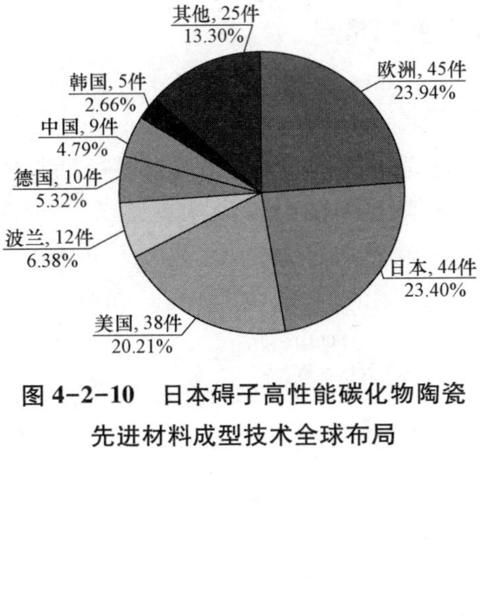

图4-2-10　日本碍子高性能碳化物陶瓷先进材料成型技术全球布局

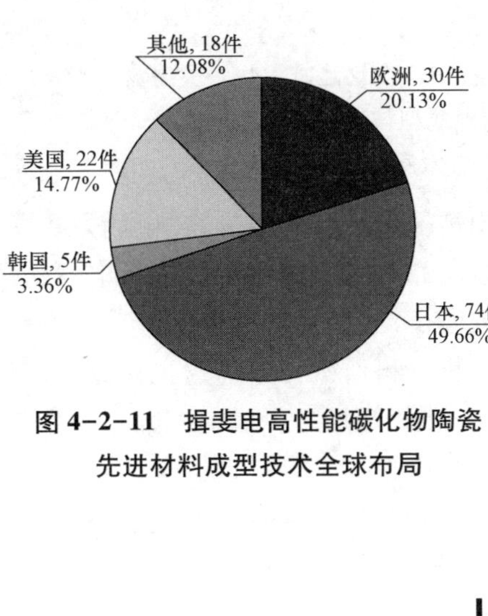

图4-2-11　揖斐电高性能碳化物陶瓷先进材料成型技术全球布局

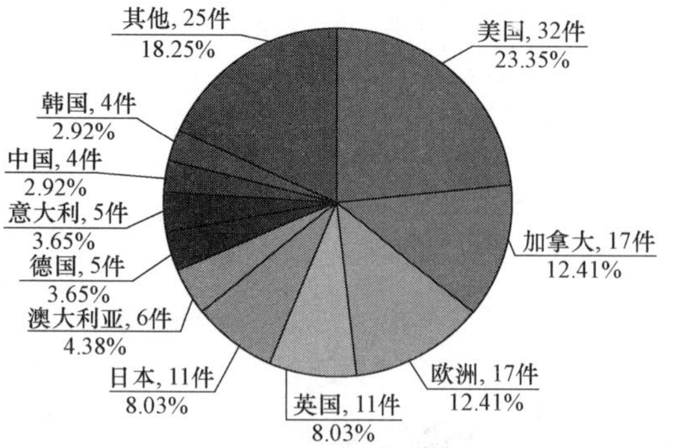

图 4-2-12　通用电气高性能碳化物陶瓷先进材料成型技术全球布局

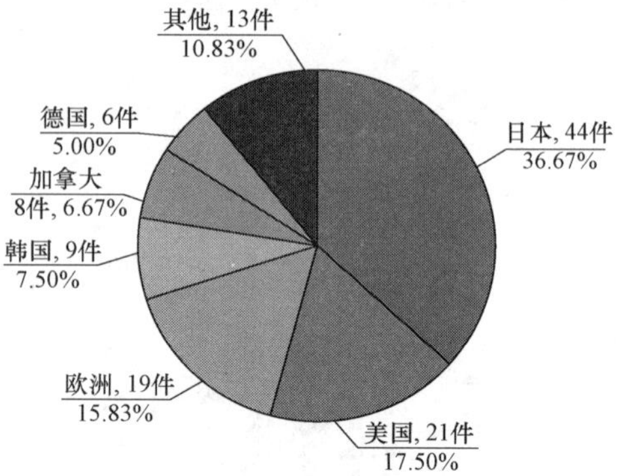

图 4-2-13　住友高性能碳化物陶瓷先进材料成型技术全球布局

4.3　在华专利分析

4.3.1　专利技术原创国家/地区分析

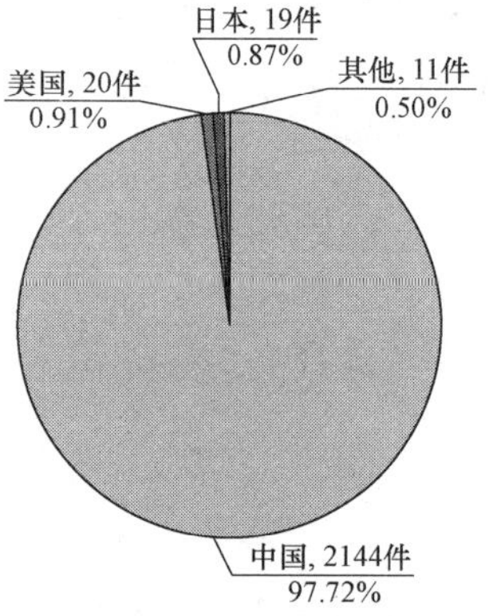

图 4-3-1　高性能碳化物先进陶瓷材料成型技术在华专利申请量技术原创国家/地区分布

图 4-3-1 是高性能碳化物先进陶瓷材料成型技术领域在华申请主要原创国家/地区占比。中国申请量排名第一位，达到 2144 件，占申请总量的 97.72%，远超美国、日本等其他国家/地区，说明在该领域中国较重视本土市场，且国内技术发展迅速；其次是美国，申请量为 20 件，占比仅为 0.91%；排名第三位的是日本，申请量为 19 件，占比为 0.87%；其他国家/地区的申请仅有 11 件，占比仅有 0.50%。这说明国外在该领域对中国市场的布局不多，中国市场不是该领域领先国家的布局重点。

4.3.2　在华区域分布

表 4-3-1 是高性能碳化物先进陶瓷材料成型技术在华申请区域分布。由表可知，该领域在华专利申请主要集中于山东、江苏、浙江、辽宁、广东等沿海地区，此五省申请总量达 918 件，占总申请量的 42.82%；陕西、湖南、安徽、河南、湖北等五省申请总量达 645 件，占总申请量的 30.08%。黄河以北地区以高校、科研机构申请为主；黄河以南地区，高校、科研机构和企业申请在不同省份占比不同。内蒙古地区申请人类型主要为企业；西北地区除新疆企业占比较大外，青海和甘肃高校、科研机构占比较大；高性能碳化物先进陶瓷材料在华申请人类型为个人的专利较少，仅占总申请量的 5.24%。

总体看来，高校、科研机构申请人在高性能碳化物先进陶瓷材料在华申请占有较大优势，产业化进程仍在进行。

表 4-3-1　高性能碳化物先进陶瓷材料成型技术中国区域分布

区域	申请量/件
山东	300
江苏	214
陕西	181
浙江	174
北京	155
湖南	142
安徽	131
上海	129
辽宁	116
广东	114
河南	97
湖北	94
黑龙江	73
四川	38
福建	29
江西	28
河北	22
天津	20
吉林	16
宁夏	12
重庆	10
山西	9
贵州	8
云南	7
广西	7
新疆	4

续表

区域	申请量/件
甘肃	3
台湾	3
内蒙古	2
香港	2
海南	2
青海	2
西藏	0
澳门	0

4.3.3 在华创新主体

表4-3-2为高性能碳化物先进陶瓷材料成型技术在华高校、科研机构创新主体排名情况。申请量排名第一位的创新主体是山东理工大学，其申请量超出第二名上硅所约一倍；排在第二至第五位的分别是上硅所、国防科技大学、西北工业大学和西安交通大学，申请量较为接近；排在第六至第十位的分别是哈尔滨工业大学、中国科学院金属研究所、宁波大学、东北大学和武汉科技大学，其申请量相较前五名有较大差距。

表4-3-2 高性能碳化物先进陶瓷材料成型技术在华高校、科研机构创新主体排名

排名	申请人	申请量/件	近5年申请量/件	申请持续时间	近5年申请占比	平均被引次数	平均权利要求数	发明人数
1	山东理工大学	155	135	2009~2018年	87.10%	0.09	1.61	27
2	上硅所	78	41	1993~2019年	52.56%	1.42	8.33	126
3	国防科技大学	71	32	2002~2019年	45.07%	3.33	6.19	116
4	西北工业大学	62	44	2000~2019年	70.97%	1.06	4.16	130
5	西安交通大学	54	21	2003~2019年	38.89%	0.11	5.91	99
6	哈尔滨工业大学	38	14	2004~2018年	36.84%	0.97	8.37	77
7	中国科学院金属研究所	35	11	2003~2018年	31.43%	0.31	5.74	53
8	宁波大学	27	0	2006~2009年	0	0	2.85	13

续表

排名	申请人	申请量/件	近 5 年申请量/件	申请持续时间	近 5 年申请占比	平均被引次数	平均权利要求数	发明人数
9	东北大学	25	18	2005~2019 年	72%	0.16	7.44	82
10	武汉科技大学	22	20	2012~2019 年	90.91%	0.04	6.78	83

从专利申请持续时间角度分析，上硅所在该领域研究起步最早，比西北工业大学早 7 年开始专利布局；国防科技大学、西安交通大学、哈尔滨工业大学、中国科学院金属研究所和东北大学在 2002~2005 年相继开始在该领域进行专利布局；山东理工大学和武汉科技大学起步相对较晚，分别开始于 2009 年和 2012 年。

从活跃度（近 5 年申请量与总申请量之比）分析来看，山东理工大学和武汉科技大学起步较晚，但在该领域活跃度超过 80%；西北工业大学和东北大学活跃度超过 70%。

从专利平均被引次数来看，国防科技大学平均被引次数达到 3.33，上硅所和西北工业大学也大于 1，此三家高校/科研机构的专利价值较高。

从发明人数来看，上硅所、国防科技大学、西北工业大学和西安交通大学的发明人人数较多，发明人团队规模较大。

表 4-3-3 是高性能碳化物先进陶瓷材料成型技术在华企业创新主体排名情况。可见浙江立泰复合材料股份有限公司、太仓派欧技术咨询服务有限公司和苏州宏久航空防热材料科技有限公司的申请量相对较多。高性能碳化物先进陶瓷材料成型技术在华申请量排名前十位的企业申请量不高，与高校、科研机构申请量相比具有较大差距。

表 4-3-3　高性能碳化物先进陶瓷材料成型技术在华企业创新主体排名

排名	申请人	申请量/件	近 5 年申请量/件	申请持续时间	近 5 年申请占比	平均被引次数	平均权利要求数	发明人数
1	浙江立泰复合材料股份有限公司	20	19	2009~2018 年	90.00%	0.05	6.45	17
2	太仓派欧技术咨询服务有限公司	18	4	2013~2014 年	22.22%	0.67	2.83	4
3	苏州宏久航空防热材料科技有限公司	15	13	2014~2019 年	84.62%	0	2.00	10
4	江西嘉捷信达新材料科技有限公司	12	12	2017~2019 年	100.00%	0	9.42	2
5	宁波伏尔肯科技股份有限公司	12	7	2011~2019 年	54.55%	0	6.75	15
6	桐城市明丽碳化硼制品有限公司	11	11	2016~2018 年	100.00%	1.58	3.73	2

续表

排名	申请人	申请量/件	近5年申请量/件	申请持续时间	近5年申请占比	平均被引次数	平均权利要求数	发明人数
7	山东宝纳新材料有限公司	11	8	2012~2018年	100.00%	0	6.36	18
8	湖北三江航天江北机械工程有限公司	10	7	2012~2018年	72.73%	0.73	6.82	27
9	中钢集团洛阳耐火材料研究院有限公司	10	4	2010~2017年	40.00%	0	5.30	33
10	佛山市高明区诚睿基科技有限公司	10	10	2017年	100.00%	0	2.00	1

从专利申请持续时间角度看，大部分企业是在2009~2014年集中进入该领域，只有3家企业为近两年新进入的企业；太仓派欧技术咨询服务有限公司仅于2013~2014年进行该领域专利申请，是因为苏州宏久航空防热材料科技有限公司是其部分控股子公司，2014年以后该领域的专利申请由苏州宏久航空防热材料科技有限公司继续进行。

从活跃度角度分析可知，10家企业中有4家达到了100%，其中江西嘉捷信达新材料科技有限公司、桐城市明丽碳化硼制品有限公司、佛山市高明区诚睿基科技有限公司均为近年新成立企业；7家活跃度超过了70%，该领域在华主要企业创新主体活跃度超过了高校、科研机构。从专利平均被引次数分析，仅有桐城市明丽碳化硼制品有限公司一家企业的平均被引次数超过1次，整体专利价值比高校、科研机构要低；发明人人数不多，企业创新主体发明人团队规模较高校要小。

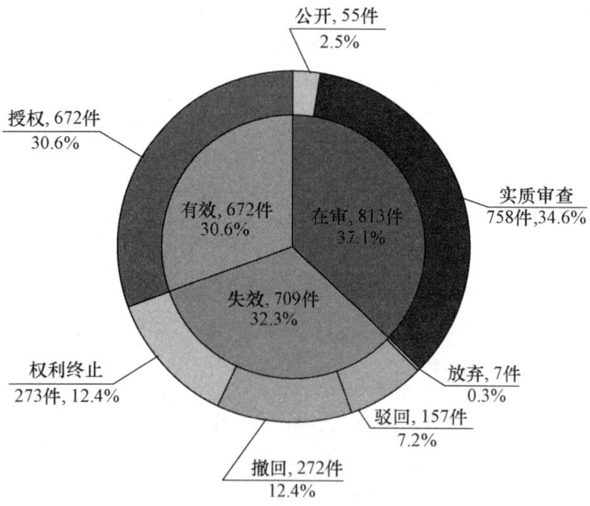

图4-3-2 近20年高性能碳化物先进陶瓷材料成型技术在华发明专利法律状态

4.3.4 在华法律状态

图4-3-2所示为高性能碳化物先进陶瓷材料在华发明专利近20年法律状态。从近20年该领域在华发明专利有效性看，有效专利、失效专利和在审专利的比例较接近。在审发明专利中当前法

律状态为实质审查的专利占比较高，处于公开状态的较少；失效发明专利中法律状态为权利终止、撤回和驳回的专利比例较接近，处于放弃状态的较少。可见近 20 年该领域在华发明专利申请处于相对活跃期。

图 4-3-3 为高性能碳化物先进陶瓷材料在华实用新型专利近 10 年法律状态。从图可知，从近 10 年该领域在实用新型专利有效性分析，有效专利占比较高。从当前法律状态维度分析可知，失效专利中当前法律状态均为权利终止。对比近 20 年发明专利数据，可看出该领域以发明申请为主，实用新型极少。

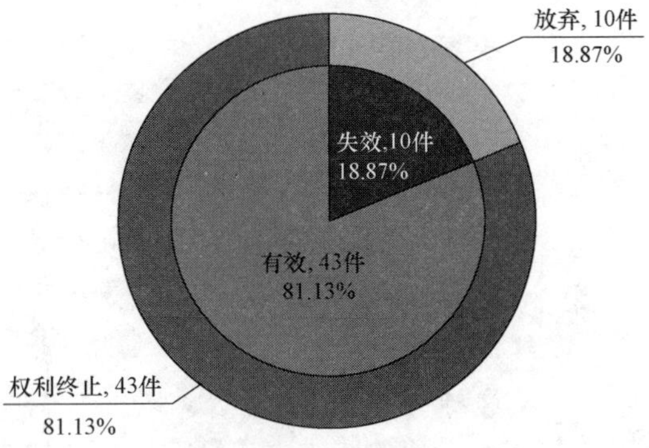

图 4-3-3　近 10 年高性能碳化物先进陶瓷材料成型技术在华实用新型专利法律状态

4.3.5　在华技术分布

图 4-3-4 为近 10 年高性能碳化物先进陶瓷材料成型技术在华申请主要高校、科研机构的技术分布。山东理工大学成型技术专利主要为挤压成型和冷等静压成型，其余专利分布在注浆成型、模压成型和凝胶注模成型技术领域；上硅所、国防科技大学、西北工业大学和西安交通大学涉猎的成型技术领域较广，模压成型是这四所高校、科研机构均占有重要比例的成型技术。上硅所和西安交通大学对注浆成型、冷等静压成型和挤压成型均有研究；国防科技大学对 3D 打印成型有较多研究，对凝胶注模成型也有研究；国防科技大学和西北工业大学对其他主要高校、科研机构空白的注射成型也有研究；上硅所和西北工业大学对流延成型有所研究；西安交通大学还在 3D 打印成型、凝胶注模成型领域有所建树。哈尔滨工业大学、中国科学院金属研究所、东北大学、武汉科技大学和中南大学研究重点在于模压成型，哈尔滨工业大学和金属研究所还涉及冷等静压成型，哈尔滨工业大学、武汉科技大学和中南大学也涉及注浆成型，武汉科技大学还涉及挤压成型，中南大学在 3D 打印成型技术专利申请占比最大。

综合以上分析，可得知近 10 年高性能碳化物先进陶瓷材料在华申请热点的技术为模压成型。这是一种相对成本低、效率高、工业设备简单的成型技术，被广泛应用于高性能碳化物先进陶瓷材料成型领域。此外，对同为相对传统的成型方式的注浆成型和挤压成型技术，在华主要高校、科研机构等创新主体也有所研究，而冷等静压成型、凝胶注模成型和 3D 打印成型等较新的成型技术亦为较热门的研究点。

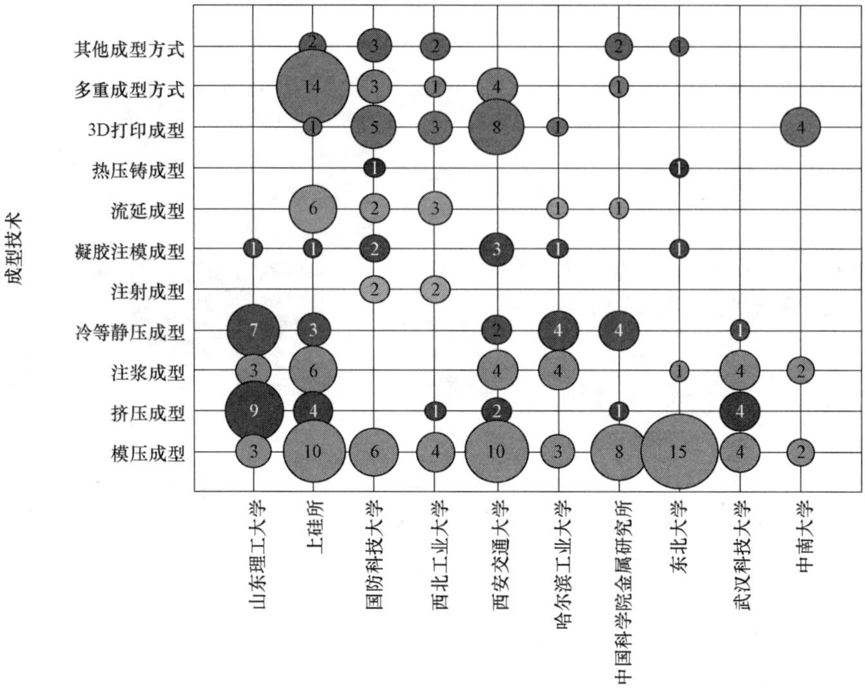

图 4-3-4　近 10 年高性能碳化物先进陶瓷材料成型技术在华高校、科研机构创新主体技术分布

注：图中数字表示申请量，单位为件。

由图 4-3-5 可知，浙江立泰复合材料股份有限公司近 10 年的专利申请主要集中于模压成型，其余申请为注浆成型和凝胶注模成型；太仓派欧技术咨询服务有限公司近 10 年专利申请分散于热压铸成型、3D 打印成型、冷等静压成型和模压成型等领域；苏州宏久航空防热材料科技有限公司除了在传统的模压成型技术有专利布局，其近 10 年专利申请还分布于 3D 打印成型和凝胶注模成型等较新的成型技术领域；江西嘉捷信达新材料科技有限公司近 10 年专利申请除了少量的注射成型技术，大部分专利涉及 3D 打印成型技术；宁波伏尔肯科技股份有限公司和山东宝纳新材料有限公司技术领域较为相近，二者近 10 年均视模压成型为研究重点，且在挤压成型、注浆成型和冷等静压成型等领域均有专利布局，不同的是宁波伏尔肯科技股份有限公司还申请了 3D 打印成型技术专利，而山东宝纳新材料有限公司则申请了涉及注射成型技术的专利；桐城市明丽碳化硼制品有限公司近 10 年专利申请主要集中在模压成型和冷等静压成型这两种压力成型技术；湖北三江航天江北机械工程有限公司和中钢集团洛阳耐火材料研究院有限公司近 10 年专利申请除涉及模压成型外，还包含 3D 打印成型、热压铸成型和凝胶注模成型、注浆成型等技术；佛山市高明区诚睿基科技有限公司近 10 年专利申请均涉及挤压成型技术。由此可知，在华高校、科研机构创新主体在该领域成型技术的涉猎面相对较广。

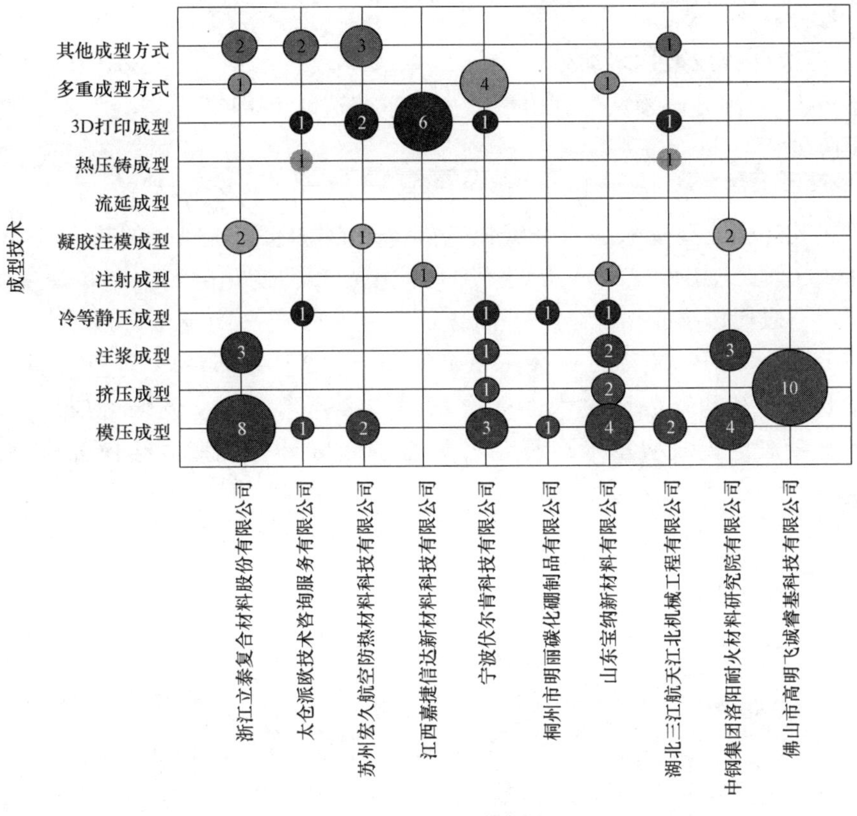

图4-3-5 近10年高性能碳化物先进陶瓷材料成型技术在华企业技术分布

注：图中数字表示申请量，单位为件。

4.4 热点技术

凝胶注模成型和3D打印成型是碳化物先进陶瓷材料成型技术领域较新且具有巨大发展前景的成型方式，因此本节选取它们作为热点技术进行具体分析。

4.4.1 凝胶注模成型

凝胶注模成型，又叫作原位凝固成型、注凝成型，是一种通过制备低黏度、高固相体积分数的陶瓷浆料/悬浮液，再将浆料中的有机单体交联聚合，使得浆料原位凝固，从而获得高密度、高强度、均匀性好的坯体的陶瓷胶态成型技术。与传统陶瓷成型技术相比，凝胶注模成型具有以下优点：适用范围广，可制备单一材料或复合材料；液态浆料充分填充于模具中，可制备复杂/异构件；生坯强度高，塑性较好，可进一步机加工后处理成更为精密的陶瓷制品；对模具要求不高；烧结后制品纯净度高。因此，凝胶注模成型具有广阔的发展前景，是替代传统陶瓷成型技术的热点选择。本节将从技术功效、技术路线、重点专利三个方面进行分析，为国内企业、科研机构技术研发改进提供参考。

4.4.1.1 凝胶注模成型技术功效

由于近 10 年国外该领域专利申请较少，本节选取近 10 年在华凝胶注模成型技术进行功效矩阵分析。

如图 4-4-1 所示，近 10 年在华凝胶注模成型技术最多的技术创新点是成型新用途，说明凝胶注模成型技术是当今碳化物陶瓷成型技术更新换代的热点选择。如专利 CN102303353A、CN104972130A 介绍了凝胶注模成型在变化磁场中制备梯度金属/陶瓷材料的应用，取代传统成型，带来了简化成型工艺及提高陶瓷生产效率的效果；专利 CN101740151A、CN106007726A、CN107353015A、CN109485444A 等介绍了凝胶注模成型技术替代传统陶瓷成型技术在复合材料、多孔陶瓷制备领域的应用。相对传统成型技术，凝胶注模成型技术在复合材料制备领域具有成型件结构强度高、力学性能好的优势。

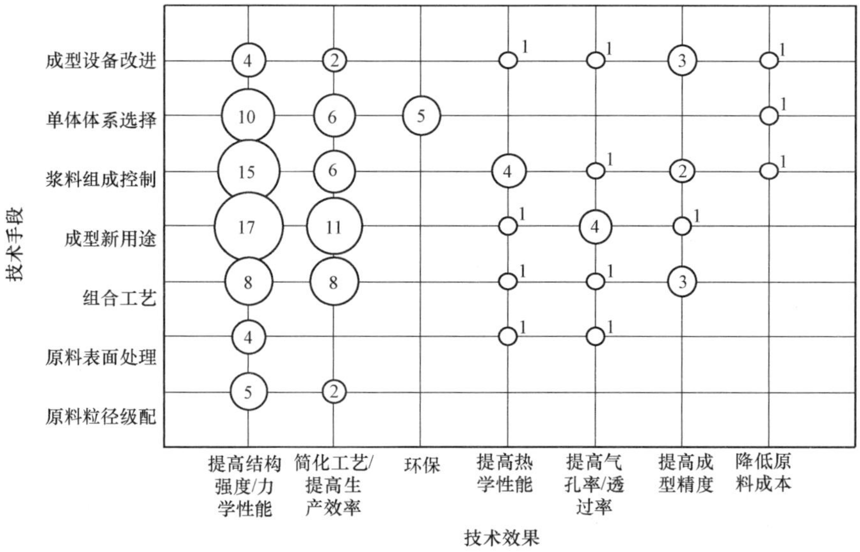

图 4-4-1　近 10 年高性能碳化物先进陶瓷材料凝胶注模成型技术在华功效

注：图中数字表示申请量，单位为件。

凝胶注模浆料组分是成型技术关键影响因素，即浆料组成的控制和添加剂的选择影响着碳化物陶瓷的成型效果。专利 CN101525248A、CN102085688A、CN102875151A、CN103406973A 等介绍了溶剂选择对提高凝胶注模成型件强度/力学性能的影响；专利 CN102875150A、CN103113123A 等公开了提高浆料固相含量或降低黏度对提高凝胶注模成型碳化物陶瓷力学或热学性能的效果；专利 CN108164269A、CN108329031A 和 CN108727032A 说明了分散剂的选择对碳化物陶瓷力学性能和简化工艺的影响；专利 CN103072182A、CN104003730A、CN105835209A、CN109320250A 等涉及单体体系的选择对凝胶注模成型碳化物陶瓷性能和环保的帮助。

通过与其他成型工艺结合可实现碳化物陶瓷成型的有益效果，如专利

CN102671550A 公开了凝胶注模与挤出成型结合，专利 CN105036752A 公开了凝胶注模与离心注模结合成型碳化物陶瓷，专利 CN105801094A 介绍了凝胶注模与注射成型结合。这些方法结合传统陶瓷成型方式和凝胶注模成型各自的优势，具有提高结构强度/力学性能、简化工艺、提高生产效率以及提高成型精度的优点。还可以通过凝胶注模与其他陶瓷工艺结合来提高成型件强度/性能或简化工艺，如专利 CN103058708A、CN105924225B、CN107935628A 等公开了发泡法与凝胶注模结合的工艺。

从图 4-4-2 和图 4-4-1 可以看出，浆料组成控制、组合工艺、原料粒径级配是该领域主要的技术手段，提高结构强度/力学性能和提高气孔率/透过率是主要的技术效果。其中通过浆料组成控制、单体体系选择或将凝胶注模成型应用于新的材料制备领域来提高材料或产品的结构强度/力学性能，以及通过浆料组成控制来提高气孔率/透过率、应用于新的材料制备领域来简化工艺/提高生产率是该领域专利涉及的重要功效组合。

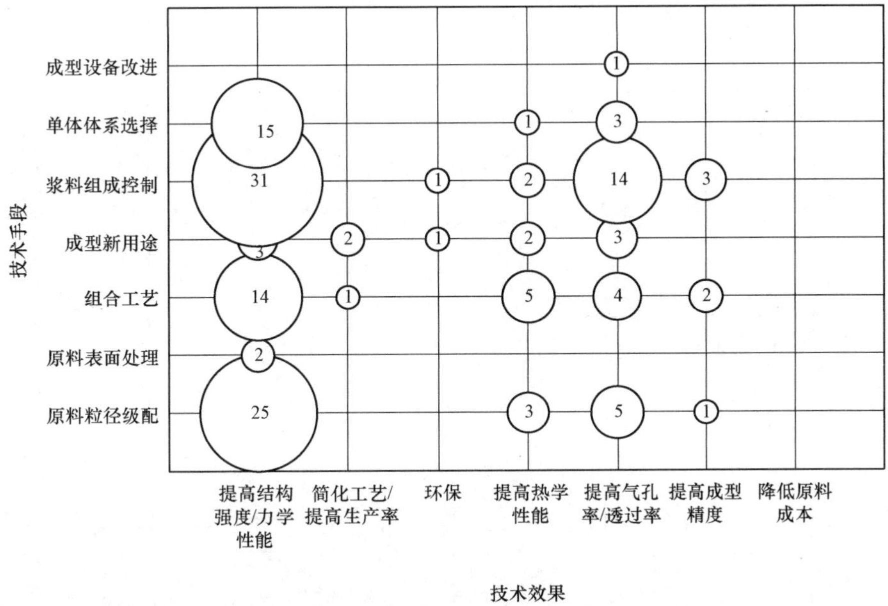

图 4-4-2 1997 年至今高性能碳化物先进陶瓷材料凝胶注模成型技术文献功效

注：图中数字表示文献量，单位为篇。

4.4.1.2 凝胶注模成型技术路线

如图 4-4-3 所示，凝胶注模成型技术是 1988 年由美国橡树岭国家重点实验室发明并申请专利 US4894194A，奠定了此后凝胶注模丙烯酰胺有机单体体系的基础。1991 年美国橡树岭国家重点实验室在之前首件专利的基础上提出溶剂改进为水基的专利申请 US5028362A。1996 年斯克弗·诺瓦公司提出使用无毒的蛋白质单体体系的凝胶注模专利申请 US5972284A。1998 年美国洛克希德马丁能源研究公司的 JANNEY 和 OMATETE 提出凝胶注模成型可应用于碳化物陶瓷制备的专利申请 US6066279A。同年，清华大学提出海藻酸钠单体凝胶注模制备精密陶瓷部件的专利申请 CN1215711A。1999 年清华大

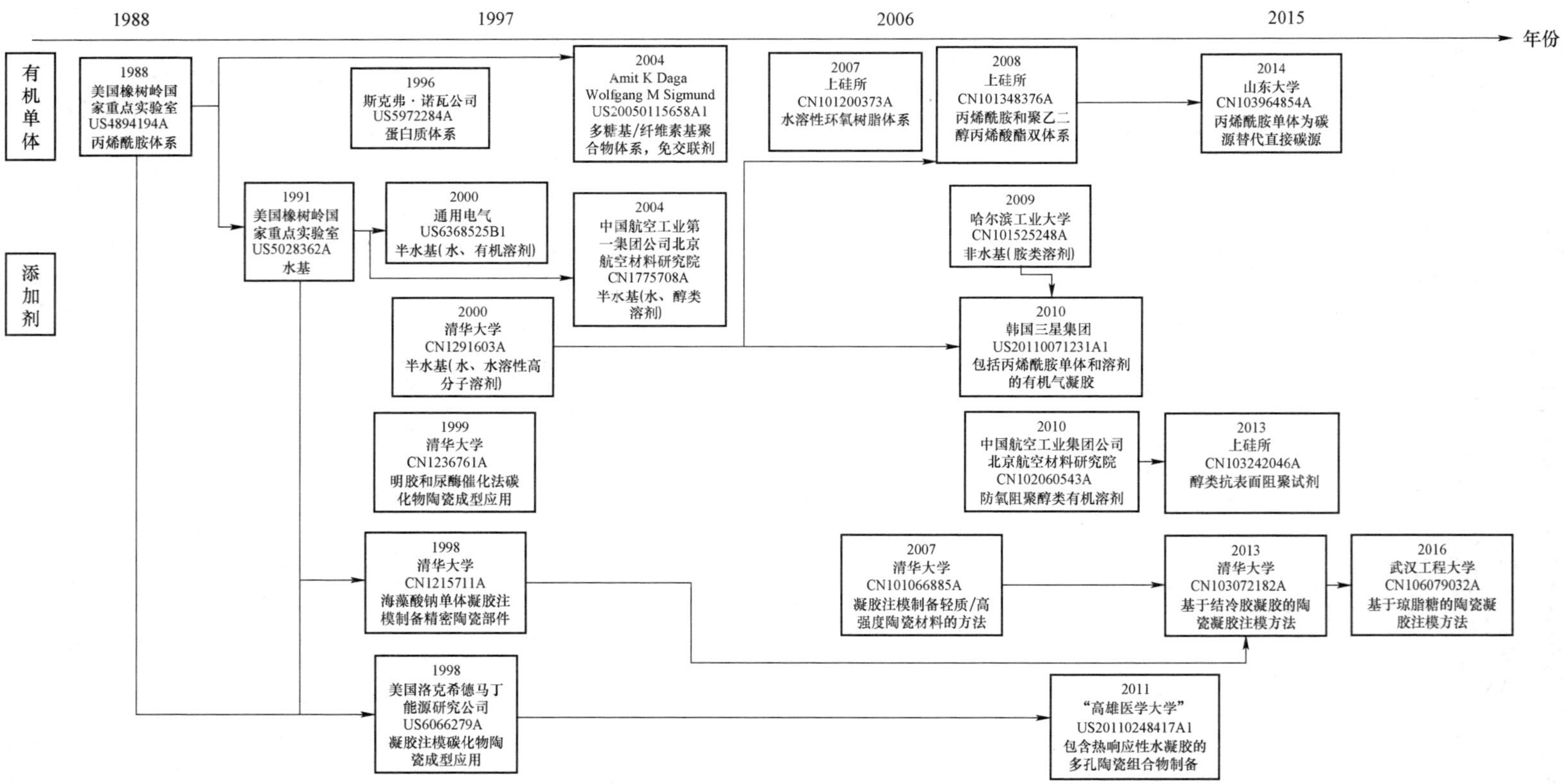

图 4-4-3　高性能碳化物先进陶瓷材料凝胶注模成型技术路线

学谢志鹏等人用明胶和酶催化法制备了一种新型陶瓷铸件，利用尿素作为氢键阻断剂，阻止热明胶溶液冷却至室温时的凝胶转化，待球磨、真空除泡等工艺操作完成后，再加入尿酶使尿素分解，使明胶大分子重新获得形成氢键的能力，完成凝胶化转变，形成网络结构，实现原位凝固成型（CN1236761A）。

进入21世纪以后，中国在该领域技术发展较快。2000年通用电气在美国橡树岭国家重点实验室1991年专利的基础上提出采用半水基溶剂（水、有机溶剂）的凝胶注模成型专利US6368525B1；清华大学2000年提出水、水溶性高分子溶剂半水基专利申请CN1291603A；2007年清华大学提出凝胶注模制备轻质/高强度陶瓷材料的专利申请CN101066885A；2008年上硅所提出双单体体系的凝胶注模成型专利申请CN101348376A；2009年哈尔滨工业大学提出基于非水基（胺类溶剂）的专利申请CN101525248A；2010年韩国三星集团提出关于包括丙烯酰胺单体和溶剂的有机气凝胶的专利申请US20110071231A1，同年中国航空工业集团公司北京航空材料研究院提出有关防氧阻聚醇类有机溶剂的专利申请CN102060543A；2013年上硅所提出醇类抗表面阻聚试剂专利申请CN103242046A；2014年山东大学提出丙烯酰胺单体为碳源替代直接碳源的专利申请CN103964854A。

可见21世纪以后高性能碳化物先进陶瓷材料凝胶注模成型技术主要以国内研究为主，以清华大学和上硅所为代表的国内高校、科研机构对凝胶注模成型技术及其应用的研究进展较快。凝胶注模成型技术作为一种制备高可靠性、复杂形状部件的粉体成型方法，从根本上变革了传统的粉体成型工艺。随着研究的深入，该技术必将向低成本、实用化、高效率、高可靠性和高重复性的工业化方向发展

4.4.1.3 凝胶注模技术重点专利

依据专利的技术创新、被引次数、运营、诉讼情况等标准，本节选取部分高性能碳化物先进陶瓷材料凝胶注模成型技术重点专利，见表4-4-1。

该领域专利申请起步于20世纪80年代末期，核心专利主要出现在较早期的20世纪八九十年代。下面从中选区3件专利进行详细分析。

（1）US4894194A

专利名称为“一种陶瓷粉末成型方法”，申请日为1988年2月22日，专利权人为美国橡树岭国家重点实验室。该发明公开的技术方案为：一种成型的陶瓷粉末的方法，包括：（a）形成浆状混合物，包含陶瓷粉末，所述的陶瓷粉末、分散剂、主要由三羟甲基丙烷三丙烯酸酯单体组成的单体溶液、己烷-二丙烯酸酯单体、自由基引发剂化合物和有机溶剂；（b）将所述混合浆料倒入模具中；（c）加热所述模具包含所述浆料混合物在温度为100℃至120℃以下，保持至少5分钟以使所述单体聚合和交联，形成牢固的聚合物-溶剂凝胶基质，使所述形成浆状混合物成型为坯体；（d）从所述模具中除去所述成型坯体；（e）加热所述固体状产品在温度大于130℃，2至6小时，以从所述产物基本除去所述有机溶剂；（f）加热所述坯体，在温度大于500℃下保持足够的时间以基本除去所述聚合物从所述产物。与现有技术中的注浆、注射、模压和挤压成型不同，该发明利用了有机单体和各种添加剂的交联固化反应即原位凝固成型，该技术方

案的技术效果是可保证成型坯体具有均匀性和一定强度，同时具有一定的复杂/异构件成型能力。且与现有的注射、模压和挤压成型相比，该方案可以显著降低成型设备的成本，具有工艺简单、成型效率高的优势。

表 4-4-1　高性能碳化物先进陶瓷材料凝胶注模成型技术重点专利

序号	公开（公告）号	申请年	标题	申请人	被引次数
1	US4894194A	1988	一种陶瓷粉末成型方法	橡树岭国家重点实验室（美国）	83
2	US5028362A	1989	使用水基凝胶注模成型陶瓷粉末的方法	橡树岭国家重点实验室（美国）	105
3	US5972284A	1996	固体成型体的制造方法	斯克弗·诺瓦公司（美国）	20
4	US6066279A	1998	凝胶注模方法	洛克希德马丁能源研究公司（美国）	33
5	CN1215711A	1998	精密陶瓷部件的无毒性凝胶注模成型工艺	清华大学	23
6	US6368525B1	2000	从陶瓷制品中除去挥发性组分的方法和相关方法	通用电气（美国）	13
7	CN1291603A	2000	陶瓷部件的无氧阻聚凝胶注模成型方法	清华大学	7
8	CN1775708A	2004	陶瓷坯体的半水基注模凝胶法精密成型方法	中国航空工业第一集团公司北京航空材料研究院	10
9	CN101200373A	2007	一种用于橡胶模具的碳化硅陶瓷坯体的制备方法	上硅所	12
10	CN101066885A	2007	利用胶态成型工艺制备轻质、高强度陶瓷材料的方法	清华大学	
11	CN101348376A	2008	陶瓷材料凝胶浇注成型用的双组分单体体系和使用方法	上硅所	5
12	CN101525248A	2009	陶瓷气凝胶及通过凝胶注模成型制备陶瓷气凝胶的方法	哈尔滨工业大学	10
13	US20110071231A1	2010	有机气凝胶以及有机气凝胶组合物和制造方法	三星集团	6

续表

序号	公开（公告）号	申请年	标题	申请人	被引次数
14	CN102060543A	2010	一种防止注模凝胶成型过程中氧阻聚的方法	中国航空工业集团公司北京航空材料研究院	3
15	CN103242046A	2013	一种自由基体系凝胶注模成型的方法	中国科学院上海硅酸盐研究所	1
16	CN103072182A	2013	一种基于结冷胶凝胶的陶瓷凝胶注模成型方法	清华大学	7
17	CN103964854A	2014	一种叠层装甲用 SiC 陶瓷薄层防弹材料及其制备方法	山东大学	2

（2）CN1291603A

专利名称为“陶瓷部件的无氧阻聚凝胶注模成型方法”，申请日为 2000 年 9 月 29 日，专利权人为清华大学。该发明公开的技术方案为：一种陶瓷部件的无氧阻聚凝胶注模成型方法，其特征在于，该方法包括以下各步骤：首先制备单体预混液，将丙烯酰胺单体溶解于水中，其质量比为 3～30：100；将水溶性高分子溶于上述单体预混液中，水溶性高分子为吡咯化合物、聚乙烯醇、聚氧化乙烯、褐藻酸钠和淀粉中的任何一种，高分子与单体预混液的质量比为 2～20：100；在上述高分子水溶液中加入陶瓷粉料，充分搅拌分散，陶瓷粉料与高分子水溶液的体积比为 65～130：100；将上述搅拌后的混合料进行球磨，时间为 12～48 小时，然后在 5～25℃温度范围内真空除泡，除泡时间为 10～30 分钟；然后加入过硫酸铵或过硫酸钾作为引发剂，同时加入 N，N，N′，N′-四甲基乙二铵作为催化剂，引发剂的加入量为单体预混液重量的 0.05wt%～2wt%，并均匀搅拌分散，催化剂加入量为单体预混液重量的 0.02wt%～0.1wt%；将上述陶瓷悬浮体注入非孔模具，然后置于 40～80℃保温箱内，保温 5～60 分钟，悬浮体内单体分子聚合反应并与水溶性高分子相互作用形成凝胶网络，从而使陶瓷悬浮体转变为该发明的陶瓷部件。该发明提出一种陶瓷部件的无氧阻聚凝胶注模成型方法，其原理是将某些水溶性高分子溶解在单体溶液中，加入陶瓷粉体，均匀分散混合得到浓悬浮体，然后加入引发剂和催化剂，单体聚合形成凝胶网络结构，使陶瓷悬浮体原位固化为陶瓷坯体。由于这些水溶性高分子中的吸氧电子的吸氧作用优先于单体自由基的吸氧作用，从而避免了空气中氧对单体聚合的阻碍作用，克服了表面疏松壳层形成及其剥落现象。与现有技术相比，该发明具有如下优点：适合不同种类不同形状的陶瓷或耐火材料产品的成型制备；成型的陶瓷坯体表面光洁无任何表面剥落等缺陷；干燥后坯强度高（20～40MPa），韧性好，可在机床上进行机加工；所用成型助剂价格低廉，便于工业化生产。

（3）CN101200373A

专利名称为“一种用于橡胶模具的碳化硅陶瓷坯体的制备方法”，申请日为 2007 年 12 月 11 日，专利权人为上硅所。该发明公开的技术方案为：一种用于橡胶模具的碳化硅陶瓷坯体的制备方法，包括下述步骤：将环氧树脂和分散剂溶于分散介质中，环氧树脂分子中具有2个以上环氧基，每100 g溶剂中溶解量大于5.0 g，配制成预混液；加入碳化硅粉体，通过搅拌、球磨或砂磨方式使浆料混合均匀；加入烧结助剂；进行真空除气，倒入橡胶模具；加入固化剂，并使固化剂混合均匀；在20~60℃温度范围进行浆料固化，浆料固化后可脱模，也可不脱模。室温环境下干燥。该发明提出了以水溶性环氧树脂作为聚合体系制备碳化硅陶瓷坯体，避免模具材料的阻聚，并且保证能够制备出适合凝胶浇注的碳化硅浆料。模具材料可采用具有弹性的橡胶等有机或无机高分子化合物及其复合材料，以橡胶等模具制备出碳化硅陶瓷坯体部件，并可以重复使用。这对凝胶浇注成型制备碳化硅陶瓷的工业化具有重要的意义。与现有技术相比，该发明具有如下优点：以水溶性环氧树脂作为聚合体系应用于碳化硅凝胶浇注成型时，碳化硅浆料的流动性满足凝胶浇注成型的需要，碳化硅浆料固化进程可控，固化坯体的强度高，可进行机械加工。

4.4.2 3D打印成型

3D打印成型为快速成型技术的一种，是以数字模型文件为基础，运用金属、陶瓷或塑料粉末/浆料/膏体等材料，通过黏合/烧结/熔化等方式逐层打印并构造成型制品的技术。该技术具有快速成型、工艺简单、自动化程度高、成型精度高可实现净尺寸/近净尺寸成型和可制备复杂/异构件的特点。3D打印成型技术一经问世便展现了巨大的优势和火热的发展前景，是当今陶瓷成型技术领域一大热点前沿技术。本节将从技术功效、技术路线、重点专利三个方面进行分析，为国内企业、科研机构技术研发改进提供参考。

4.4.2.1 3D打印成型技术功效

图4-4-4是近10年在华高性能碳化物陶瓷领域3D打印成型技术功效矩阵。3D打印成型可以分为多个技术分支，各技术分支采取不同的技术手段和依据不同的原理。

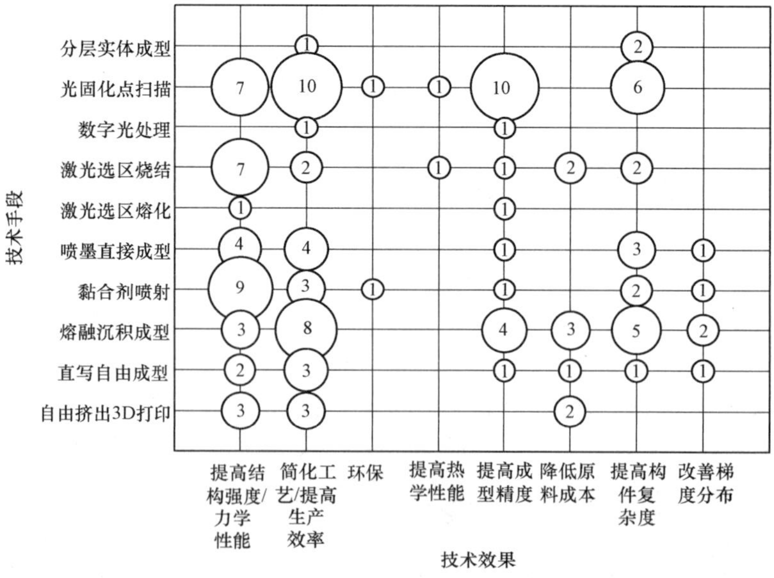

图4-4-4 近10年高性能碳化物先进陶瓷材料3D打印成型技术在华专利技术功效矩阵

注：图中数字表示申请量，单位为项。

在提高结构强度/力学性能方面，为了实现这类效果，主要采用的技术手段有光固化点扫描、激光选区烧结、黏合剂喷射等；光固化点扫描还能实现简化工艺/提高生产效率、提高成型精度和提高构件复杂度等技术效果；熔融沉积成型也可以实现简化工艺/提高生产效率、提高成型精度和提高构件复杂度的技术效果；喷墨直接成型和直写自由成型、自由挤出 3D 打印主要能实现简化工艺/提高生产效率的技术效果；喷墨直接成型还可以实现提高构件复杂度的技术效果；分层实体成型、数字光处理和激光选区熔化目前在该领域应用不多，实现的技术效果也较少。

将图 4-4-5 文献技术功效和图 4-4-4 进行对比分析，可以看出，提高结构强度/力学性能和简化工艺/提高生产效率是 3D 打印成型技术目前的研究热点，此外提高成型精度和提高构件复杂度也是 3D 打印成型技术重要的技术效果。综上所述，3D 打印成型技术具有成型结构强度/力学性能优异、工艺简单、生产效率高、成型精度高和可实现复杂/异构件成型的优点。若将其与后续处理工艺相结合，不但可实现复杂形状部件的近净尺寸制造，而且可实现新型陶瓷基复合材料的组分和微结构设计，从而可同步获得性能优异的陶瓷（陶瓷基复合）材料及其复杂形状部件。

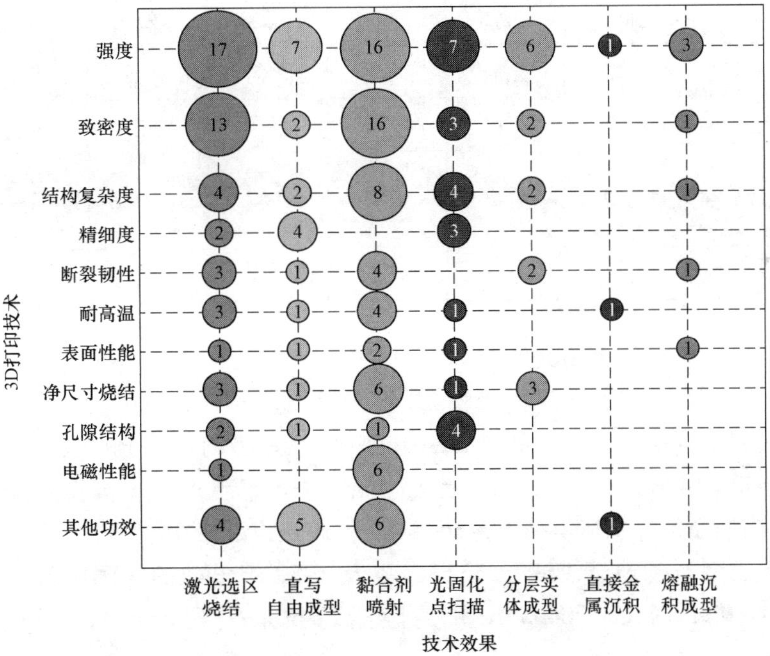

图 4-4-5　高性能碳化物先进陶瓷材料 3D 打印成型技术全球文献功效技术矩阵

注：图中数字表示文献量，单位为篇。

经过对近 10 年在华先进碳化物陶瓷 3D 打印成型技术专利的归纳、总结，得出在先进碳化物陶瓷成型领域常用的八种 3D 打印成型技术的对比情况（见表 4-4-2）。

表 4-4-2　八种高性能碳化物先进陶瓷材料 3D 打印成型技术对比

	黏合剂喷射	喷墨打印	光固化点扫描	激光选区烧结	激光选区熔化	熔融沉积成型	直写自由成型	自由挤出
原材料	粉体	陶瓷墨水	浆料/悬浮液/胶体	粉体	粉体	丝/线材	浆料/悬浮液/胶体	膏体/泥料
出料方式	喷射	喷射	喷射	铺设	铺设	挤出	挤出/喷出	挤出
成型原理	基于粉末床的黏结剂喷射	陶瓷墨水直接喷射	光固化	基于粉末床的激光选区烧结	基于粉末床的激光选区熔融	熔融沉积	悬浮液沉积	膏体挤出沉积
黏结剂	需要	需要	需要	需要	无需	需要	需要	需要
成型温度	室温	加热/室温	室温	高温	高温	加热	室温	室温
成型尺寸	大	小	小	大	大	大	大	大
成本	低	低	高	高	高	低	低	低
支撑	无需	无需	无需	无需	无需	需要	需要	无需
复杂性	复杂	复杂	简单	复杂	复杂	复杂	简单	简单
二次处理	无需	无需	需要	无需	无需	无需	无需	无需
激光	无需	无需	需要	需要	需要	无需	无需	无需

4.4.2.2　3D 打印成型技术路线

进入 20 世纪 80 年代，先进的陶瓷 3D 打印成型技术开始出现，并应用于碳化物陶瓷成型领域（见图 4-4-6）。首先是 1984 年美国 UVP 公司发明光固化点扫描成型技术并提出专利申请 US4575330A，该技术继而引出 1986 年出现的美国得克萨斯大学奥斯汀分校的激光选区烧结专利申请 US4863538A、1987 年的美国人 FEYGIN MICHAEL 提出的分层实体成型专利申请 US4752352A，以及 1989 年出现的美国麻省理工学院黏合剂喷射打印专利申请 US5204055A 和美国斯特拉塔公司的熔融沉积成型专利申请 US5121329A。

FEYGIN MICHAEL 提出的分层实体成型技术，于 1990 年开发出了世界上第一台商用分层实体成型设备——LOM-10150。其原理是首先在 PC 端得到三维模型的边界轮廓信息，在成型平台上铺设陶瓷片体，通过激光对陶瓷片体进行切割，每完成一层的切割，将成型平台在竖直方向移动，重新铺设陶瓷片体，依此类推，最终用热压机将切割好的陶瓷片体压合在一起，形成实体零件。

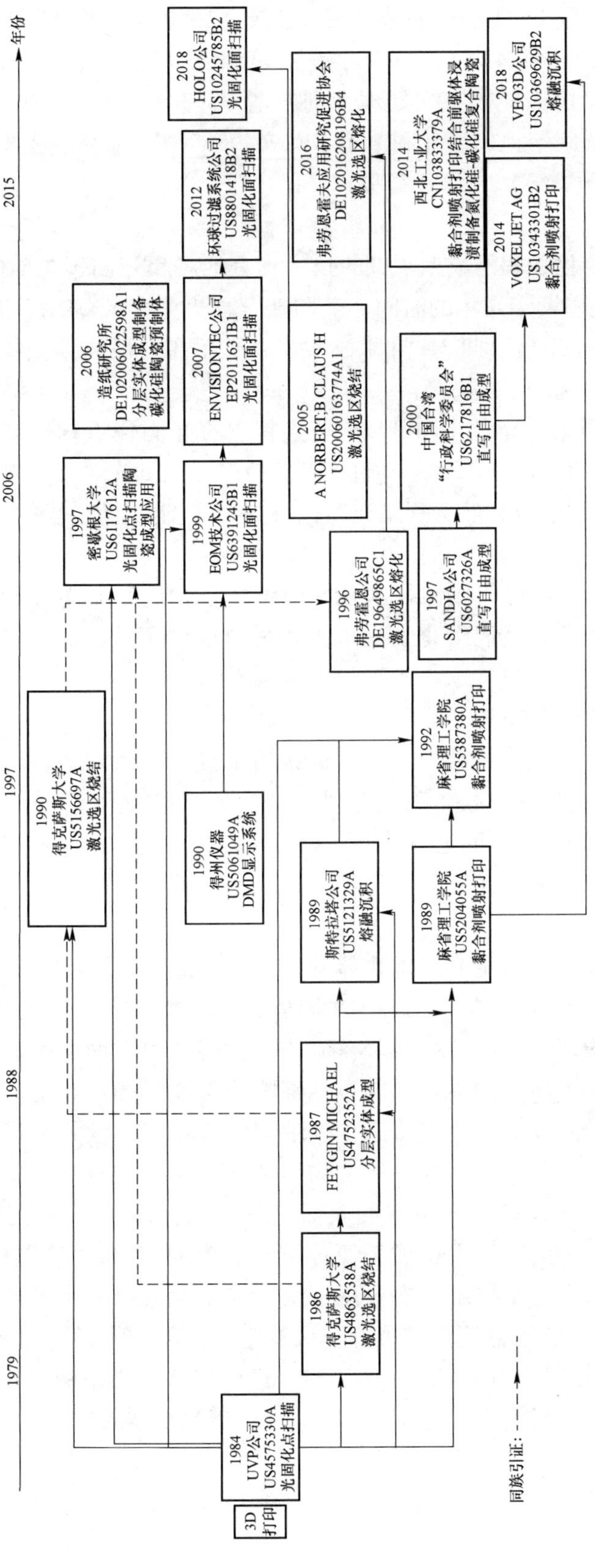

图 4-4-6　高性能碳化物先进陶瓷材料 3D 打印成型技术路线

进入20世纪90年代，3D打印成型进一步发展。1990年，美国得州仪器推出数字微镜元件显示系统（US5061049A），1999年美国EOM技术公司将此系统引入光固化立体成型，提出光固化面扫描即数字光处理专利申请US6391245B1。1996年，德国的弗劳霍恩公司提出激光选区熔化成型专利申请DE19649865C1，弥补了激光选区烧结技术的不足。1997年，美国SANDIA国家实验室又提出了更加先进的发明直写自由成型专利申请US6027326A。

可见美国在先进碳化物陶瓷成型领域的技术具有绝对和开创领先地位。在20世纪80年代中期至90年代中期十几年的时间，美国在全球大力布局3D打印各技术分支的原始和核心专利，为90年代后期3D打印成型技术开始在高性能碳化物先进陶瓷材料领域的应用打下了技术基础。

1997年，美国密歇根大学的GRIFFITH等人首次将光固化点扫描技术应用到陶瓷零件中并提出专利申请US6117612A，他们将陶瓷粉末加入到光敏液体中，配制成高固相、低黏度的陶瓷-光敏浆料，然后利用光固化点扫描成型陶瓷坯体，再经过后续的脱脂和烧结得到陶瓷零件。

进入21世纪以后，3D打印成型技术在此前出现技术的基础上逐渐改进，不断成熟，且越来越多地应用于高性能碳化物先进陶瓷材料成型领域。这种新型陶瓷成型技术正呈现广阔的发展前景。

4.4.2.3　3D打印成型重点专利

根据专利的开创性，被引次数，运营、诉讼情况等标准，本节选取部分高性能碳化物先进陶瓷材料3D打印成型技术重点专利，如表4-4-3所示。

该领域专利申请起步于20世纪80年代中期，核心专利主要出现在较早期的20世纪八九十年代。下面从中选取3件专利进行分析。

（1）US4575330A

专利名称为“用光固化法生产三维物体的设备”，申请日为1984年8月8日，专利申请人为UVP公司，专利权人转让为3D系统公司。该发明公开的技术方案为：一种用于生成三维物体的系统，该系统通过在流体介质的选定表面处生成待形成物体的横截面图案来生成三维物体，该横截面图案能够响应于通过撞击辐射、粒子轰击或化学反应的适当协同刺激而改变其物理状态，表示物体的相应连续相邻横截面的连续相邻薄层被自动形成并集成在一起以提供所需物体的逐步层状堆积，由此在形成过程中形成三维物体并从流体介质基本上平坦的表面提取三维物体。与现有技术中的注浆、注射、模压和挤压成型不同，该发明成型原理可以追溯到1976年喷墨打印机的发明，该发明人查尔斯·胡尔将光学技术首次应用于快速成型领域，发明了光固化点扫描成型技术，标志着3D打印的帷幕被正式拉开。该技术方案的技术效果是无需成型模具，具有基本复杂/异构件成型能力，与现有的注射、模压和挤压成型相比，该方案可以显著简化成型工艺流程，提高成型的速度，具有基本成型效率高的优势。

（2）US5204055A

专利名称为“立体印刷技术”，申请日为1989年12月8日，专利权人为麻省理工学院。该发明公开的技术方案为：一种用于制造部件的方法，通过（a）在受限区域中沉积粉末材料的第一层，然后（b）在粉末材料层的选定区域中沉积黏结剂材料，以在选定区域中产生黏结粉末材料层。这样的步骤被重复选定的次数，以产生连续层的选定区域的黏结粉末材料（c），从而形成所需的组分（d），然后移除未黏结的粉末材料（e）。在一些情况下，可以进一步加工该部件，例如通过加热该部件以进一步加强其结合。该发明是由美国麻省理工学院的 EMANUAL SACHS 等人研制并于 1989 年申请的黏合剂喷射成型专利，是材料微滴喷射成形范畴的核心专利之一。与最早的光固化点扫描相比，该发明的技术方案无须使用激光束来引发材料的固化，而是直接在预先铺设在粉末床上的粉末层喷射黏合剂以实现材料的黏结和固化，因此特别适合于金属、塑料或者陶瓷等无机材料单独或者彼此复合成型。与现有技术相比，该发明提供了一种可快速成型金属、塑料或陶瓷及其复合材料的成型方法，并可实现复杂/异构件成型。

（3）US6027326A

专利名称为“具有低黏结剂浆料的自由成型物体”，申请日为 1997 年 10 月 28 日，专利权人为美国 SANDIA 国家实验室。该发明公开的技术方案为：包括预定材料快速成型系统，成型部分通过相对于浆料表面以预定图案移动的喷嘴沉积在浆料表面上，所述浆料包括挥发性溶剂混合物、构成材料的颗粒，包含不溶性溶剂和少量的非易失性有机黏结剂和/或分散剂。液体中粒子的体积百分比足够高，以使所述浆料是假塑性的，因此可流动通过喷嘴，易挥发溶剂可沉积及快速干燥，从浆液中析出时材料颗粒可膨胀。与黏合剂喷射成型相比，该发明的技术方案无须先在粉末床上铺设粉末层再喷射黏合剂黏合固化成型，而是直接喷射悬浮液沉积固化成型。与现有技术相比，该发明进一步简化了 3D 打印成型的工艺流程，可提供更加快速的复杂/异构件成型。

表 4-4-3 高性能碳化物先进陶瓷材料 3D 打印成型技术重点专利

序号	公开（公告）号	申请年	标题	申请人	被引次数	当前法律状态
1	US4575330A	1984	用光固化法生产三维物体的设备	UVP 公司（美国）	1355	失效
2	US4863538A	1986	通过选择性烧结生产零件的方法和设备	得克萨斯大学奥斯汀分校（美国）	922	失效
3	US4752352A	1987	用于由叠层形成整体物体装置和方法	FEYGIN MICHAEL（美国）	354	失效
4	US5204055A	1989	立体印刷技术	麻省理工学院（美国）	1157	失效

续表

序号	公开（公告）号	申请年	标题	申请人	被引次数	当前法律状态
5	US5121329A	1989	用于创建三维对象装置和方法	斯特拉塔公司（美国）	881	失效
6	US5156697A	1990	前驱体粉末复合成型选择性激光烧结	得克萨斯大学奥斯汀分校	249	失效/转让
7	US5972284A	1996	固体成型体的制造方法	斯克弗·诺瓦公司（美国）	20	失效
8	US6027326A	1997	具有低黏结剂浆料的自由成型物体	SANDIA 国家实验室（美国）	106	失效
9	US6117612A	1997	用于陶瓷和金属快速成型的立体光刻树脂	密歇根大学（美国）	147	失效/转让
10	DE19905067A1	1999	层叠成型构建装置，特别是用于激光成型的金属物，具有激光熔融和固化层区域	FOCKELE MATTHIAS；SCHWARZE DIETER（德国）	57	失效
11	US6454972B1	2000	使用化学反应性悬浮液的固体自由形态制造	SANDIA 国家实验室（美国）	53	有效/转让
12	US20060163774A1	2005	成型生坯的方法和由该方法制成的制品	ABELS NORBERT；BACKES CLAUS H	43	有效/转让
13	EP2011631B1	2007	用于制造三维物体的方法和装置	ENVISIONTEC GMBH	29	有效/诉讼
14	US8658076B2	2011	用于生产三维物体的工艺和自由成形制造系统	ENVISIONTEC GMBH	17	有效
15	US10343301B2	2014	使用水溶性浇铸模具生产模制品的方法及其生产材料系统	VOXELJET AG；FLUIDSOLIDS AG	0	有效/转让
16	CN103833370A	2014	一种复相陶瓷 Si_3N_4-SiC 的近尺寸制备方法	西北工业大学	10	有效

续表

序号	公开（公告）号	申请年	标题	申请人	被引次数	当前法律状态
17	DE102016208196B4	2016	三维复合构件的生成制造方法	FRAUNHOFER GESELLSCHAFT ZURFöRDERUNG DER ANGEWANDTEN FORSCHUNG E V	0	有效

4.5 小 结

（1）全球高性能碳化物先进陶瓷材料成型技术专利申请在20世纪50年代末起进入萌芽期，此后依次经历第一快速增长期、缓慢发展期、产业调整期和第二快速增长期。该领域专利申请量最大的成型方式为模压成型，其次是挤压成型、注浆成型和冷等静压成型；注射成型、流延成型和热压铸成型在该领域应用较少；80年代兴起的凝胶注模成型和3D打印成型为该领域的热点研究技术，是用于替代以上传统成型技术的未来发展方向。该领域原创国家/地区主要集中于东亚、北美以及欧洲地区，中国、日本和美国是三大专利原创国，三国申请量占据全球本领域专利申请的近3/4；美国在国外申请最多，为1128件，为其在国内申请的近2倍；日本国外申请为895件，占其总申请量近一半；中国主要是在本国申请，为2144件，其国外申请仅39件。该领域市场国家/地区同样集中于中国、欧洲、美国、日本等国家/地区，其中，国外申请人在日本的专利布局为341件，约为本国布局的1/3；美国市场国外布局占接近一半，达到594件，为全球第一；中国在本国布局达到2144件，占97.74%，但国外申请人在中国的布局仅有50件，占2.28%。总体而言，成型技术在本领域已不是欧洲、美国、日本等国家/地区专利研发的重点和热点。

（2）中国于20世纪90年代末步入缓慢发展期，2006年进入产业调整期，2008年至今处于快速增长期，进入21世纪以后，中国以外专利原创国家/地区专利申请量总体呈现下滑趋势，中国则在该领域大力布局，尤其是近10年占据该领域大部分专利申请。中国作为专利技术原创国，原创申请最多，但主要集中于本国市场；作为专利目标/市场国，中国市场最大，但国外在华布局不多；中国市场活跃度较高，正处于成型技术研发的活跃期，是全球活跃的主要专利原创国和市场国。

（3）当前全球高性能碳化物先进陶瓷材料成型技术分支中，压力成型居主力地位，其次是塑形成型和浆料成型。凝胶注模成型、3D打印成型尤其是熔融沉积和黏结剂喷射成型技术近5年发展较快，并以技术先进性自20世纪80年代末以来备受该领域所青睐，是未来替代传统成型方式的热点成型技术。

（4）在全球创新主体中，欧洲、美国、日本以企业为主，中国以高校、科研机构为主，专利质量仍低于国外专利质量，产业化程度有待提高。该领域在华申请以发明申请为主，实用新型极少。在华专利申请主要集中于经济较发达地区，高校、科研机构申请人在该领域于申请量、授权率、持续时间、平均被引次数、发明人团队规模等方面占有较大优势，但企业申请人活跃度和授权率与高校、科研机构差距不大。高性能碳化物先进陶瓷材料在华申请量最多的技术为模压成型，对于注浆成型和挤压成型，在华主要高校、科研机构等创新主体也有研究，凝胶注模成型和3D打印成型等较新的成型技术亦为较热门的研究点。

（5）高校、科研机构创新主体是在华申请的主力，企业创新主体也具备一定实力，但企业申请占比仍显略低，需要加快专利产业化进程。目前在高性能碳化物先进陶瓷材料成型领域活跃期，政府和相关企业应进一步提高在一些热点领域的研究投入，如凝胶注模成型和3D打印成型，尤其是熔融沉积和黏结剂喷射成型技术等，并基于目标市场，加大海外布局，提高核心竞争力，加速产业技术的成熟。

第 5 章　高性能碳化物先进陶瓷材料烧结技术分析

烧结方法按烧结状态分为固相烧结和液相烧结，按烧结方式分为常压烧结、反应烧结、重结晶、热压烧结、气氛烧结、热等静压烧结、微波烧结、自蔓延烧结、放电等离子烧结、激光烧结等。

本章从高性能碳化物先进陶瓷材料烧结技术的申请量趋势、主要来源国和目标国、主要申请人、发明人、技术构成、技术发展路线、热点技术等方面对全球及在华专利申请状况进行分析。本章全球专利数据检索日期截至 2019 年 6 月 30 日，专利申请共 4468 件。

5.1　全球申请分析

5.1.1　全球申请趋势分析

1905 年，CARBORUNDUM 在碳化物先进陶瓷材料烧结技术领域申请了第一件专利。如图 5-1-1 所示，该图显示了从 1905~2019 年全球范围内公开的涉及碳化物先进陶瓷材料烧结技术的专利申请量趋势。1905~1970 年，碳化物先进陶瓷材料烧结技术全球专利申请量很少，几乎在 20 件以下。该时期为碳化物先进陶瓷材料烧结技术的萌芽时期，技术研发处于探索阶段。

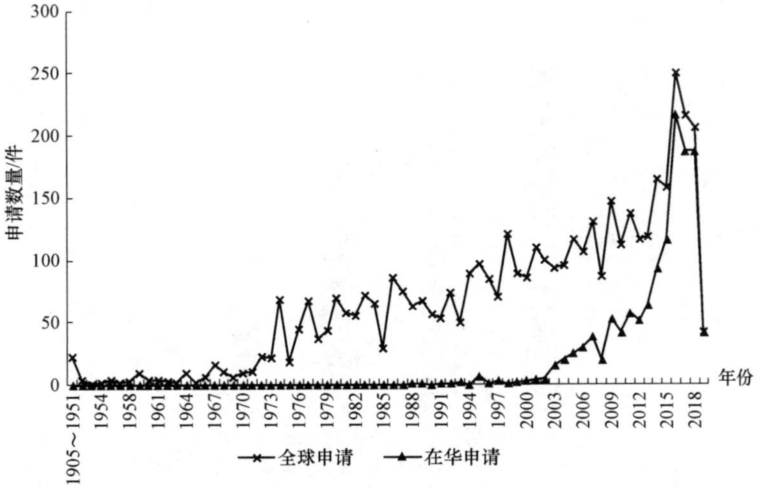

图 5-1-1　碳化物先进陶瓷材料烧结技术全球专利申请趋势

1971~1997年，这一时期碳化物先进陶瓷材料烧结技术的专利申请量得到了提升，数量缓慢增加，申请人和发明人也在逐渐增加，研发团队不断壮大。其中，热等静压烧结是由美国科学家于1955年发明的，20世纪70年代开始在陶瓷领域应用；1972年，PROEHAZKA采用亚微米碳化硅粉末和含硼添加剂的均匀分散体热压烧结制备致密碳化硅陶瓷；1976年，PROEHAZKA又以少量的硼、碳为烧结助剂，在无任何外部压力的条件下成功制备了致密的碳化硅陶瓷。这一时期为碳化物先进陶瓷材料烧结技术的发展时期，热等静压烧结、微波烧结、放电等离子烧结等新技术相继出现，虽然申请量仍不多，有起伏，但逐渐达到了每年100多件的数量。

1998年至今，是碳化物先进陶瓷材料烧结技术的快速发展时期，专利申请量呈快速增长的趋势。

中国在碳化物先进陶瓷材料烧结技术领域发展得较晚，主要是由于工业基础相对比较薄弱。中国从1988年开始在碳化物先进陶瓷材料烧结技术领域申请专利，至21世纪初专利申请量不多，2008年后专利申请量呈快速增长的趋势，尤其是2015年后，中国专利申请量的增长趋势与全球专利申请量的增长趋势相近，成为全球专利申请量增长的主要因素。

5.1.2 技术原创和目标国家/地区及流向分析

图5-1-2为碳化物先进陶瓷材料烧结技术全球主要来源国家/地区申请量分布。从图中可以看出，日本的专利申请位居第一，其次是中国、美国、德国和韩国，技术主要集中在上述五个国家。在申请人国别为美国的专利申请中，美国本国的专利申请为282件，国外的专利申请达591件，国外的专利申请是本国的两倍；在申请人国别为日本的专利申请中，日本本国的专利申请共796件，国外申请的专利共513件，国外的专利申请和本国的专利申请相近。德国和韩国分别与美国、日本情况相对应，德国国外专利申请是本国专利申请的两倍，韩国国外的专利申请与本土的专利申请相近，说明美国和德国比较注重技术输出，日本、韩国技术分布较均衡。而中国主要在本国申请专利，共1220件，国外布局专利较少，只有14件。

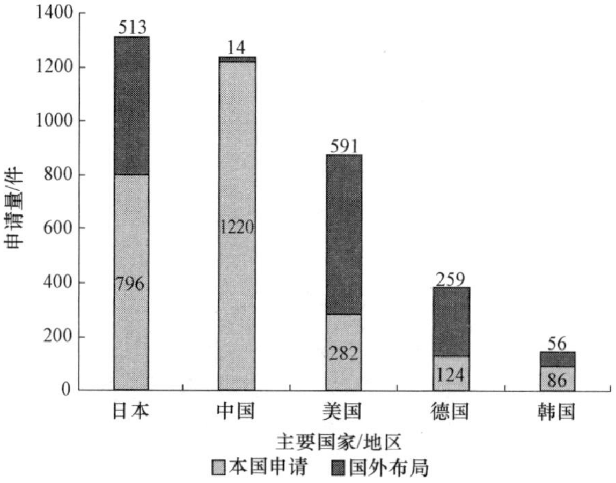

图5-1-2 碳化物先进陶瓷材料烧结技术全球主要来源国家/地区申请量分布

图 5-1-3 是碳化物先进陶瓷材料烧结技术全球主要目标国家/地区申请量分布。其中，中国专利申请量排名第一位，本国的专利申请 1220 件，外国在中国的专利申请为 68 件，而外国在美国的专利申请是外国在中国的专利申请的 4 倍；美国在本国的专利申请达 282 件，外国在美国的专利申请达 291 件，超出了美国在本国的专利申请，说明外国较为注重在美国的专利布局。此外，与美国情况相同的还有德国，外国在德国的专利布局超出了德国在本国的专利申请，说明德国也是外国较重视的一个市场。日本的本国的专利申请 796 件，外国在日本的专利申请共 171 件，说明日本专利主要是本国申请专利。

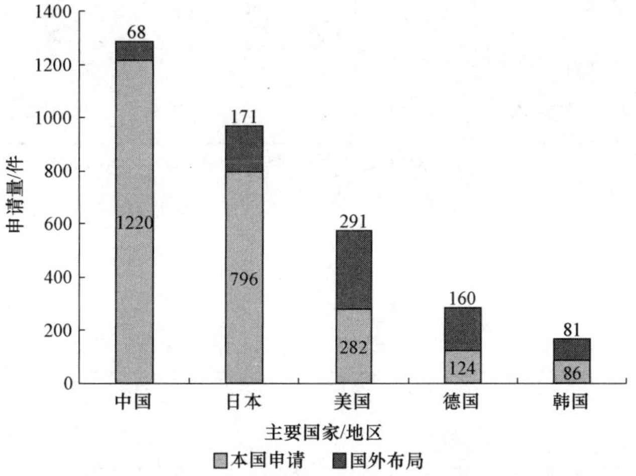

图 5-1-3 碳化物先进陶瓷材料烧结技术全球主要布局国家/地区申请量分布

结合图 5-1-4 碳化物先进陶瓷材料烧结技术全球主要申请国家专利流向来看，中国近年来逐步重视碳化物先进陶瓷材料烧结技术领域研发，成为主要的申请国家之一，

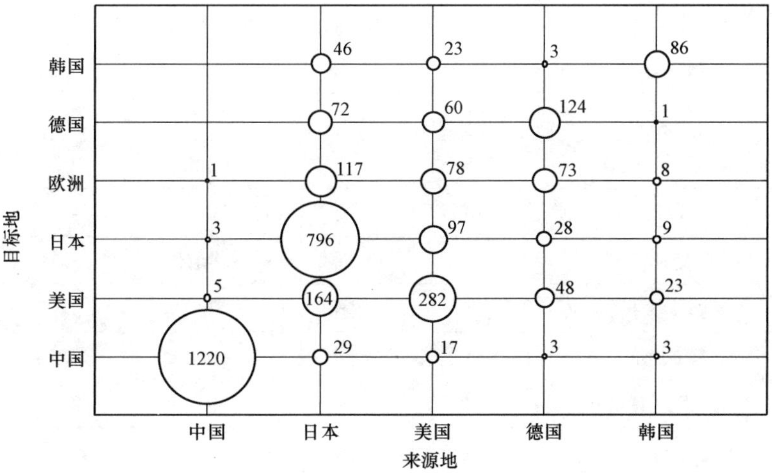

图 5-1-4 碳化物先进陶瓷材料烧结技术全球主要来源国家/地区申请流向

注：图中数字表示申请量，单位为件。

然而大部分专利为本国企业、科研机构申请，外国在中国申请的专利较少。日本除了在本国申请专利外，还比较看重欧洲和美国的市场，在这两个国家/地区有一定的专利布局。美国技术研发能力突出，是主要国家/地区比较注重的国外市场，在美国申请专利的总量超过美国本土专利申请总量。美国最注重的市场是日本和欧洲，在日本和欧专局申请了大量的专利。德国除本国外，主要在美国和欧专局进行申请专利；韩国的申请量不高，占据的市场份额较小。

5.1.3 全球创新主体分析

对碳化物先进陶瓷材料烧结技术领域全球创新主体专利申请进行统计排序，全球前30位的申请人及申请情况见表5-1-1。

表5-1-1 碳化物先进陶瓷材料烧结技术全球主要申请人专利申请量排名

排名	申请人	申请量/件	国别	近5年申请占比	平均被引次数	平均权利要求数
1	日本碍子	271	日本	4.43%	3.35	7.04
2	通用电气	174	美国	0	8.02	8.21
3	圣戈班集团	165	法国	0	3.65	14.45
4	普利司通	104	日本	1.92%	5.65	6.49
5	陶氏	79	美国	0	5.56	9.27
6	CARBORUNDUM	75	美国	0	5.73	9.29
7	日立	70	日本	0	2.96	5.93
8	上硅所	66	中国	37.88%	1.33	8.17
9	住友	63	日本	4.76%	3.60	5.56
10	山东理工大学	62	中国	85.48%	0.11	2.48
11	揖斐电	58	日本	8.62%	3.31	6.31
12	东芝	51	日本	1.96%	2.86	5.14
13	产业技术综合研究所	46	日本	0	2.96	8.26
14	LG	40	韩国	0	1.10	10.58
15	西安交通大学	39	中国	38.46%	0.15	5.82
16	法国原子	37	法国	2.70%	3.05	8.84
17	戴姆勒	34	德国	0	3.18	12.47
18	KENNECOTT	34	美国	0	8.97	6.97
19	英国原子能管理局	31	英国	0	3.74	7.71
20	东北大学	31	中国	67.74%	0.13	7.32
21	中国科学院金属研究所	29	中国	20.69%	0.21	4.34

续表

排名	申请人	申请量/件	国别	近5年申请占比	平均被引次数	平均权利要求数
22	京瓷	28	日本	0	2.68	5.68
23	M 丘比德	26	美国	0	7.81	18.19
24	哈尔滨工业大学	24	中国	54.17%	0.75	8.08
25	佐治亚技术研究公司	22	美国	0	1.45	16.59
26	太平洋水泥	21	日本	0	2.95	4.48
27	科学及工业研究委员会	21	印度	0	6.81	5.19
28	西卡特	20	法国	0	8.30	10.70
29	武汉理工大学	17	中国	29.41%	1.06	5.41
30	清华大学	16	中国	12.50%	2.63	4.63

从表5-1-1可以看出，来自日本的申请人最多，共9个。日本不仅申请总量最多，还拥有较多的大型企业，如日本碍子、日立等；在排名前30位的申请人中，来自美国的企业共6家，CARBORUNDUM是碳化物先进陶瓷材料烧结技术领域申请专利最早的公司，这与美国较早开始碳化物陶瓷烧结技术的情况相符，碳化硅的反应烧结技术最早在美国研究成功，早期碳化物烧结技术（如热压烧结、常压烧结、反应烧结等）的研发多集中在美国；我国专利申请人在全球虽然排名第二位，有8家高校、科研机构进入全球申请量排名前30位申请人，但却没有一家企业，说明我国企业在该领域技术相对比较薄弱，导致我国在高性能碳化物先进陶瓷材料产业发展受到一定限制。

从近5年专利申请占比的角度来看，碳化物先进陶瓷材料烧结技术的专利申请多集中在中国，山东理工大学近5年专利申请占比最高，高达85.48%；其次是东北大学、哈尔滨工业大学、西安交通大学、上硅所，占比分别为67.74%、54.17%、38.46%、37.88%。除中国外，其他国家近5年几乎没有专利申请。

从平均被引次数的角度来看，中国的专利申请平均被引次数普遍较低，除清华大学、上硅所、武汉理工大学外，其余申请人的专利平均被引次数不超过1次。美国KENNECOTT公司的专利平均被引次数最高，达8.97次，其次是法国的西卡特、美国的通用电气，平均被引次数分别达8.30次、8.02次，说明这几家公司的专利质量较高。

从平均权利要求数的角度来看，M丘比德技术公司（以下简称“M丘比德”）的专利平均权利要求数最高，高达18.19；其次是佐治亚技术研究公司、圣戈班集团、戴姆勒和西卡特，平均权利要求数分别为16.59、14.45、12.47和10.70。平均权利要求数排名前五位的申请人主要来自美国和法国，说明这两个国家在该领域的技术研发实力较强，专利质量较高。中国的申请人中，上硅所的平均权利要求数最高，高达8.17，而山东理工大学的平均权利要求数最低，达2.48。

5.1.4 全球主要发明人分析

碳化物先进陶瓷材料烧结技术领域全球专利前十位发明人如图5-1-5所示，HANZAWA SHIGERU、KOMIYAMA TSUNEO、KAWASAKI SHINJI均来自日本碍子，黄政仁、刘学建、陈健来自上硅所，SVANTE PROCHAZKA、BRUN MILIVOJ K来自通用电气，唐竹兴来自山东理工大学，ODAKA FUMIO来自普利司通，TANI EIJI来自产业技术综合研究所，KIM JONATHAN来自KENNECOTT。可以看出，这些发明人基本来自全球主要创新主体，其中来自日本的发明人最多。排名前五位的发明人有3位来自日本碍子，排名第一位的HANZAWA SHIGERU专利申请量共58件，均作为第一发明人，可见该发明人在日本碍子的地位较高，HANZAWA从1990年开始发明专利，一直持续到2001年，2001年后间歇性申请专利，直至2010年，其研究方向主要为利用反应烧结技术制备碳化硅复合材料。专利申请排名第三位的发明人KOMIYAMA TSUNEO与HANZAWA合作发明的专利共27件，是HANZAWA团队的核心成员。SVANTE PROCHAZKA来自通用电气，于1972年在该领域申请专利，涉及的技术有热压烧结和常压烧结，1992年与BRUN MILIVOJ K共合作发明了4件专利，主要涉及了用熔融硅渗透纤维预制体、反应烧结制备复合材料的技术。来自普利司通的ODAKA FUMIO于1997年在该领域申请专利，一直持续到2015年，在烧结技术领域的研究方向主要有反应烧结和热压烧结。

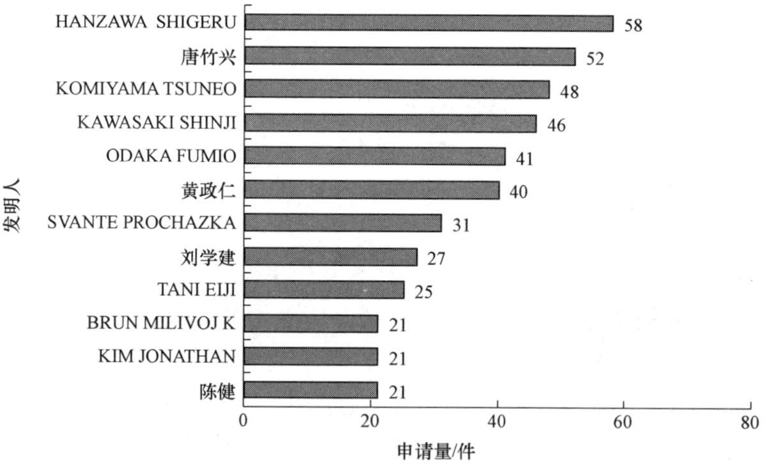

图5-1-5 碳化物先进陶瓷材料烧结技术领域全球主要发明人专利申请排名

5.1.5 技术分析

5.1.5.1 技术构成

将2009~2018年碳化物先进陶瓷材料烧结技术的全球专利合并简单同族后，共计1075项。分别对主要烧结技术全球专利申请量统计分析，结果如图5-1-6所示。可以看出，反应烧结的专利申请量最多，共306项；其次是常压烧结、气氛烧结、热压烧结、放电等离子烧结等，其专利申请量分别为238项、224项、125项及71项。反应烧结与普通烧结方法相比，反应速度快，传质和传热过程贯穿在烧结全过程，普通烧结法物质迁移过程发生在坯体颗粒与颗粒局部，反应烧结法物质迁移过程发生在长距离范围内，烧成的制品不收缩，尺寸不变化，在工业上得到广泛应用。常压烧结是在大气压力条件下通过对制品加热而烧结的方法，易操作、易控温、适用范围广，是基本的烧结方法。热压烧结由于同时加温、加压，有助于粉末颗粒的接触和扩散、流动等传质过程，降低烧结温度，缩短烧结时间，容易获得接近理论密度的烧结体。不同的材料选择适宜的气氛烧结，有助于烧结过程，提高制品致密化程度，碳化硅陶瓷在氮气及惰性气体中烧结可防止陶瓷氧化。放电等离子烧结（SPS）是20世纪80年代新兴的一种烧结技术，由于放电等离子烧结技术具有快速、低温、高效率等优点，近几年国外许多大学和科研机构都相继配备了放电等离子烧结系统，并利用放电等离子进行新材料的研究和开发。微波烧结、自蔓延烧结由于近些年才发展起来，专利申请量较少。综合来看，反应烧结、常压烧结、气氛烧结是较常用的几种碳化物先进陶瓷材料烧结技术，且申请量较多，激光烧结、放电等离子烧结、自蔓延烧结由于是新兴技术，专利申请量较少。

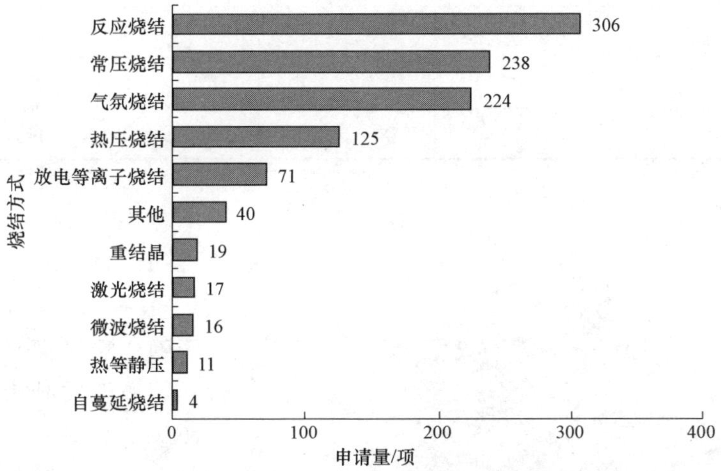

图5-1-6　2009~2018年碳化物先进陶瓷材料全球烧结技术专利申请量

表5-1-2是2009~2018年碳化物先进陶瓷材料烧结技术全球专利年份分布。由表可知，2009~2013年全球碳化物先进陶瓷材料烧结技术领域各个烧结方式的专利申请均不多，2014年开始专利申请量迅速增长。反应烧结、常压烧结、气氛烧结、热压烧结从2009年开始均有一定量的专利申请，随着年份的递增，专利申请也在逐渐增长。反应烧结在2016年专利申请最多，高达88项；常压烧结于2018年专利申请最多，高达50项；热压烧结于2017年专利申请最多，高达24项；气氛烧结在2017年申请量最多，高达43项；微波烧结在2017年专利申请量最多，高达4项；热等静压烧结在2016年及2018年专利申请量最多，有2项；放电等离子烧结的专利申请虽然不多，但

是保持着逐年增长的趋势，2018 年专利申请最多，高达 16 项；重结晶、激光烧结在 2011 年开始申请专利，随后的年份中专利申请量不多，只有零星几项，重结晶在 2016 年专利申请量最多，达 4 项，激光烧结在 2016 年专利申请量最多，高达 5 项；自蔓延烧结自 2010 年递交专利申请后，随后的几年中无专利申请，2016～2018 年每年仅有一项专利申请。

表 5-1-2　2009～2018 年碳化物先进陶瓷材料全球烧结技术年份分布　单位：项

烧结方式	2009 年	2010 年	2011 年	2012 年	2013 年	2014 年	2015 年	2016 年	2017 年	2018 年
反应烧结	16	11	18	10	19	30	30	88	41	43
常压烧结	13	6	15	10	14	23	30	33	44	50
气氛烧结	9	17	17	16	17	19	26	27	43	34
热压烧结	6	8	11	10	8	17	4	17	24	21
放电等离子烧结	1	2	2	4	6	7	8	13	12	16
重结晶	0	0	1	1	2	2	3	4	3	3
激光烧结	0	0	1	1	0	2	2	5	2	4
微波烧结	0	1	0	2	1	1	3	3	4	1
热等静压烧结	1	1	1	0	1	1	1	2	1	2
自蔓延烧结	0	1	0	0	0	0	0	1	1	1

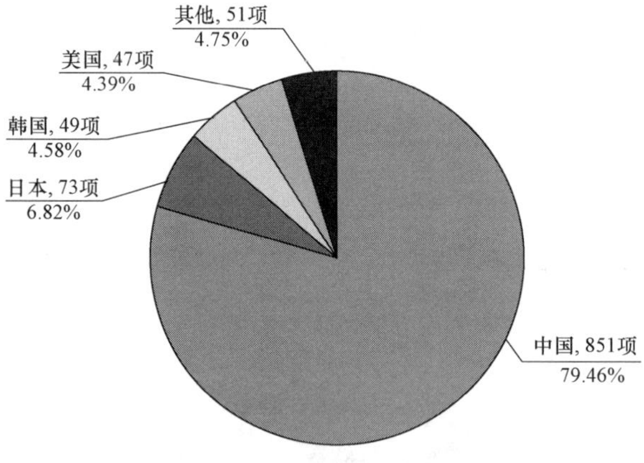

图 5-1-7　2009～2018 年碳化物先进陶瓷材料烧结技术全球主要申请国家占比

图 5-1-7 是 2009～2018 年碳化物先进陶瓷材料烧结技术全球主要申请国家占比。如图所示，近 10 年，中国在碳化物先进陶瓷材料烧结技术领域的专利申请量最多，共 851 项，占 79.46%；其次是日本、韩国和美国，专利申请量分别为 73 项、49 项和 47 项，其占比分别为 6.82%、4.58% 和 4.39%。日本的专利申请主要集中在气氛烧结、反应烧结和放电等离子烧结技术上；美国的专利申请主要集中在反应烧结、常压烧结和热压烧结等方面；中国的专利申请主要集中在反应烧结、常压烧结和气氛烧结等方面。虽然美国是该领域研究最早的国家，但是近 10 年在该领域专利申请量较少，说明美国的研究方向已经发生变化。

5.1.5.2 烧结技术发展路线

图5-1-8展示了全球碳化物先进陶瓷材料烧结技术领域的技术发展路线。该领域最早的专利是US1013700A，申请人是CARBORUNDUM，公开了一种致密的碳化硅烧结体。20世纪40年代至60年代，是常压烧结、反应烧结、气氛烧结、重结晶、热压烧结等烧结方式的萌芽时期；20世纪70年代至90年代是发展时期，这一时期反应烧结、常压烧结、热压烧结等烧结技术在进一步发展，常压烧结和热压烧结从不添加助剂发展到添加金属元素、B-C等助剂降低烧结温度，提高材料的韧性和强度；反应烧结从全碳素坯反应渗硅发展到添加碳纤维增韧制备预制体渗硅，渗透方式从硅粉熔融渗透发展到合金浸渗。这一时期还出现了自蔓延烧结、热等静压烧结（DE2945513A1）、微波烧结（EP0231588A1）、放电等离子烧结（US4666775A）、激光烧结（US5032242A）等新兴烧结技术。

21世纪以来，烧结技术继续发展，反应烧结出现了多种渗透技术，例如有机前驱体浸渍和裂解法、熔融浸渗法、化学气相浸渗法等渗透多孔预制件制备陶瓷基复合材料；常压烧结从最初的添加B-C系助剂发展至Al_2O_3-Y_2O_3、稀土氧化物等助剂；放电等离子烧结工艺简单，烧结速度快，周期短，可防止晶粒长大，快速实现坯体致密化，是近年来备受研究者们青睐的一种烧结技术，广泛应用于制备新型陶瓷复合材料、纳米陶瓷。

早期的常压烧结不添加助剂，直至1976年通用电气（US4004934A）添加B-C系助剂固相烧结制备致密碳化硅陶瓷。1977年CARBORUNDUM（US4135938A）通过添加BN、BP、AlB_2改善碳化硅陶瓷的导电性和抗热震性。1983年，OMORI公司（US4502983A）通过加入稀土氧化物、氧化铝或氧化硼作为烧结助剂，提高碳化硅陶瓷的抗弯强度和致密度。引入稀土氧化物作为烧结助剂，高温下稀土氧化物与游离金属硅反应，生成比二氧化硅更耐高温氧化的稀土金属硅化物晶界相，极大提高制品的高温抗氧化性，因此稀土氧化物作为烧结助剂被广泛应用在常压烧结中。1992年CARBORUNDUM（US5298470A）在烧结碳化硅陶瓷时加入AlN和稀土氧化物，提高陶瓷的断裂韧性。1995年中国台湾“工业技术研究院”（US5656218A）在烧结时加入Al_2O_3和Y_2O_3，提高碳化硅陶瓷材料的弯曲强度和断裂韧性。常压烧结技术被广泛应用在碳化硅陶瓷制备中，然而B_4C的常压烧结仍存在一定的困难，2012年上硅所（CN102757224A）公开了一种添加Cr_3C_2除去B_4C表面的B_2O_3，促进烧结B_4C陶瓷致密化，可进行规模化生产。

反应烧结是陶瓷坯体在一定温度下通过固相、液相和气相相互间发生化学反应，同时进行致密化和组分的合成，得到烧结体的过程。1942年，CARBORUNDUM公司专利US2431326A公开了一种通过硅渗入糠醛糠醇混合物与酸反应制备的碳骨架中，制备碳化硅体的方法；1959年，POWER JETS公司专利US3275722A公开了一种硅渗入由碳化硅颗粒与石墨粉组成的原料中，反应烧结碳化硅陶瓷的方法；1960年，VALLEY（US3235346A）公开了一种通过对碳质骨架中的熔融金属进行渗透和热处理获得基本上无孔的碳化物制品，烧结后材料抗弯强度可达600~800MPa，远超传统反应烧结制备

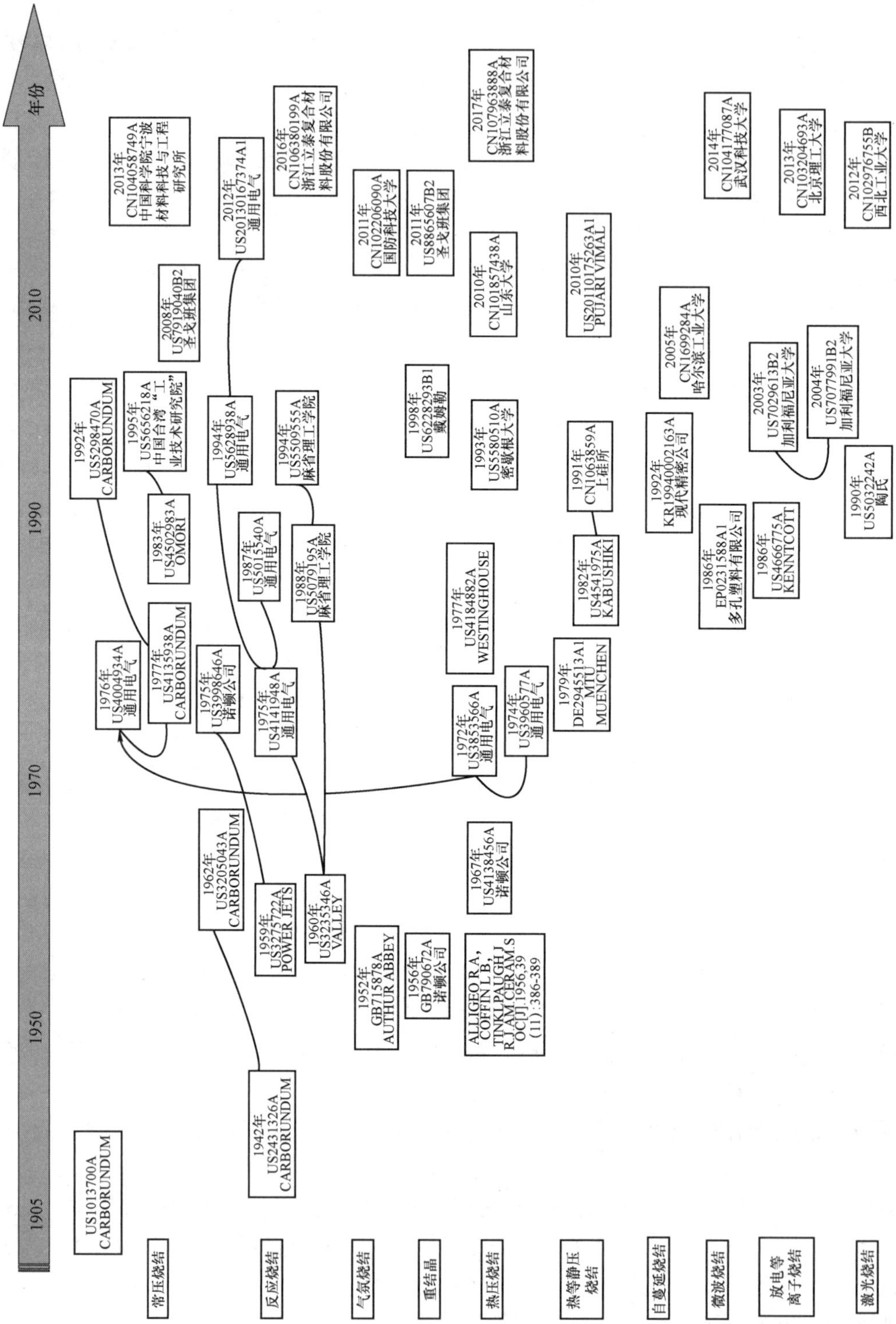

图5-1-8 全球碳化物先进陶瓷材料烧结技术领域技术发展路线

材料的抗弯强度；1975年，通用电气（US4141948A）研发了一种新型预制体的制备工艺，在模具中加入碳纤维结构，加压得到碳纤维预浸料坯，再熔融渗硅制备碳化硅复合材料；1988年，麻省理工学院的CHIANG等人（US5079195A）在VALLEY（US3235346A）的技术上进行改进，公开了一种采用硅合金渗透剂制备碳化硅复合材料的方法，利用合金渗透碳预制件，硅与碳反应形成碳化硅，游离硅融入合金，改善韧性和强度；2001年，M丘比德（US6609452B1）利用硅铝合金渗透技术制备碳化硅装甲体，并在预制件中加入碳纤维；2012年，通用电气（US20130167374A1）利用有机前驱体浸渍和裂解法、化学气相浸渗法、熔融浸渗法等多种渗透技术使多孔预制体致密化，制备陶瓷基复合材料制品（是反应烧结，先制备预制体，再利用渗透技术将硅渗入预制体中）。

反应烧结的碳化硅体存在较高的Si、SiO_2或C残留，导致高温性能不佳，孔隙较大，重结晶则解决了这一问题。重结晶以高纯超细碳化硅为原料，在2400℃及一定压力及气氛的保护下，发生蒸发—凝聚—再结晶的作用，在颗粒接触处发生颗粒共生形成烧结体，其基本不收缩。1956年，诺顿公司（GB790672A）申请了一种重结晶制备碳化硅制品的方法，通过改变再结晶技术的参数以及通过改变粒度来控制制品的孔隙率，在该过程的重结晶步骤中，一旦达到临界温度，细晶、中晶和大晶体就开始一起生长，温度越高，生长越快，再结晶温度越高，生长越快、孔隙越小。1998年，戴姆勒（US6228293B1）利用重结晶制备纤维增强碳化硅陶瓷材料，降低烧结温度。2011年，圣戈班集团（US8865607B2）将金属合金浸渗剂加入碳化硅体进行重结晶，其制品具有较强的抗冲击性。

20世纪50年代，ALLIEGRO等研究B、Al、Fe、Al-Fe、Zr-B等添加剂对热压碳化硅致密化后的影响。1967年，诺顿公司（US4138456A）将TiC、TiB_2或其混合物，热压烧结制备陶瓷装甲体。1972年，通用电气（US3853566A）使用B作为烧结助剂热压烧结碳化硅。1974年，通用电气（US3960577A）在专利US3853566A基础上进一步改进，通过在亚微米碳化硅粉末中加入B和B_4C的含硼化合物形成基本均匀的分散体，热压烧结制备碳化硅，改善其导电性。1977年WESTINGHOUSE公司（US4184882A）发现在热压烧结Si_3N_4-SiC复合材料时，加入一定量的MgO可以用于增强致密化。1993年，密歇根大学专利US5580510A添加AlN、Al_2O_3和Si_3N_4提高碳化硅陶瓷基体韧性。2010年，山东大学专利CN101857438A公开了一种热压烧结Al_2O_3-TiC-ZrO_2复合材料的制备方法。

热等静压技术研究始于1955年，由美国BATTELLE研究所为研制核反应堆材料而开展的。1965年美国BATTELLE研究所研制的第一台热等静压机问世，标志着热等静压设备的诞生，但是，20世纪70年代热等静压烧结技术才开始在陶瓷领域应用。1979年，MTU公司（DE2945513A1）利用热等静压烧结多孔碳化硅陶瓷。1982年，KABUSHIKI（US4541975A）将碳化硅粉末和烧结助剂的混合物模塑成预定形状的生压坯，预烧结坯体再进行热等静压烧结。1991年，上硅所（CN1063859A）发现在热等静压烧结工艺过程中，Al_2O_3可有效促进碳化硅陶瓷致密化。2010年，PUJARI VIMAL

（US20110175263A1）利用BN涂覆生坯，热等静压烧结碳化硅陶瓷。

20世纪80年代是放电等离子烧结的萌芽时期。放电等离子烧结是日本研发出的一种新型快速烧结技术，并在新材料研究领域内推广使用。1986年，KENNTCOTT公司申请的专利US4666775A公开了一种等离子燃烧炉快速烧结碳化硅粉末的技术，减少加工时间和成本。放电等离子烧结工艺简单，烧结速度快，周期短，可防止晶粒长大，快速实现坯体致密化，是近年来备受研究者们青睐的一种烧结技术。2003年加州大学（US7029613B2）利用放电等离子烧结 Si_3N_4/SiC 的非晶粉末的混合物，提高材料的抗蠕变性；2004年专利USTO77991B2在专利US7029613B2的基础上进行改进，加入BN，采用放电等离子烧结技术烧结 Si_3N_4/SiC/BN 的混合物，提高致密度和强度。2013年北京理工大学（CN103204693A）利用放电等离子烧结制备短切碳纤维/碳化硅复合材料。

通用电气在碳化物先进陶瓷材料烧结技术领域较为活跃。20世纪70年代，通用电气的研发方向主要为热压烧结、常压烧结和反应烧结。1972年，通用电气（US3853566A）使用硼作为烧结助剂热压烧结碳化硅；1974年专利US3960577A在专利US3853566A基础上进一步改进，通过在亚微米碳化硅粉末中加入B和 B_4C 的含硼化合物形成基本上均匀的分散体，热压烧结制备碳化硅，改善其导电性；1975年，US4141948A公开了一种新型预制体的制备工艺，在模具中加入碳纤维结构，加压得到碳纤维预浸料坯，再熔融渗硅制备碳化硅复合材料；1976年，US4004934A公开了添加B-C系助剂固相烧结制备致密碳化硅陶瓷的技术，烧结助剂被应用于常压烧结。20世纪80年代开始通用电气在烧结技术领域的研究重点为反应烧结，1987年，利用纤维预制件熔融渗硅后，在表面涂覆BN（US5015540A）；1994年，利用碳渗透以涂覆预制件的薄层，熔融硅渗透涂覆预制件，熔融硅和碳反应以在层间区域中形成碳化硅（US5628938A）；2012年，采用碳化硅纤维预浸带堆叠烧制多孔预制体，通过有机前驱体浸渍和裂解法、化学气相浸渗法、熔融浸渗法、合金熔渗等多种渗透技术使多孔预制件致密化得到陶瓷基复合材料制品（US20130167374A1）。

5.2 在华申请分析

中国在碳化物先进陶瓷材料烧结技术领域起步虽晚，但发展较迅速。2015年后中国专利申请量的增长趋势与全球专利申请量的增长趋势相近，成为全球专利申请量的增长的主要因素。截至2019年6月30日，检索到在华碳化物先进陶瓷材料烧结技术的相关专利申请共1285件。

中国最早研究反应烧结碳化硅的单位是上硅所，是国内最早、最系统开展碳化硅陶瓷研究的研究团队，在先进碳化物陶瓷材料的成型、制备、烧结、结构设计和性能调控等方面建立了系统的理论体系，发展了以碳化硅为主的先进碳化物陶瓷材料的反应烧结、常压烧结、热压烧结、热等静压烧结等一系列烧结技术。20世纪90年代中期，山东潍坊华美精细技术陶瓷有限公司与德国FCT公司，共同出资6300万元人民币，合资建立真空反应烧结碳化硅制品生产线，生产的主要设备及软件从德国引进，主要产品是陶瓷行业用高温窑具，各种规格的辊棒、方梁、燃烧嘴罩、匣钵、冷风管以及机械方面的耐磨件，年产量可达200吨，是我国生产反应烧结碳化硅陶瓷规模最大的工厂。

5.2.1　在华专利申请趋势分析

图5-2-1为碳化物先进陶瓷材料烧结技术领域在华专利申请量趋势。由图可知，1988年中国在该领域申请了第一件专利，直至2002年专利申请量均较少，说明在这一时期中国在该领域处于探索阶段。2002年后专利申请量开始缓慢增长，至2010年，每年的专利申请量只有几十件。2010年后中国在该领域处于快速增长时期，专利申请由早期的几十件，增长至100件/年以上，2017年达到高峰值，专利申请高达226件。

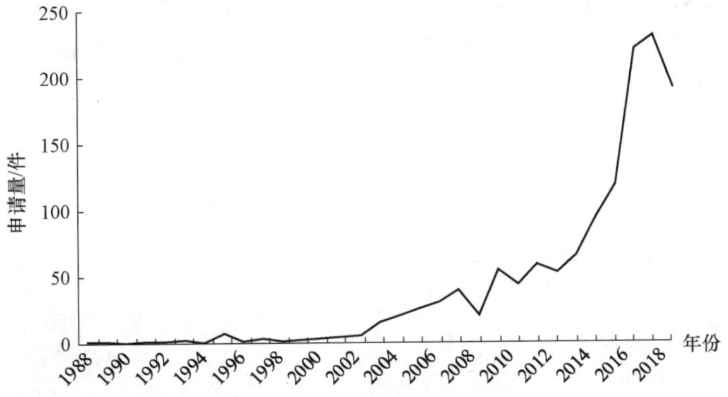

图5-2-1　碳化物先进陶瓷材料烧结技术领域在华专利申请量趋势

5.2.2　在华专利申请国家地区/分布

图5-2-2是碳化物先进陶瓷材料烧结技术领域在华专利申请量国家/地区分布。中国以1220件的专利申请排名第一位，占比94.94%，专利申请主要集中在反应烧结、常压烧结、气氛烧结、热压烧结等方面；日本以29件的专利申请排名第二位，占比2.26%，专利申请集中在气氛烧结、反应烧结和放电等离子烧结技术上；排名第三位的是美国，专利申请共17件，占比1.32%，专利申请集中在反应烧结、常压烧结和热压烧结等方面；法国以8件专利申请排名第四位，占比0.62%；其他国家/地

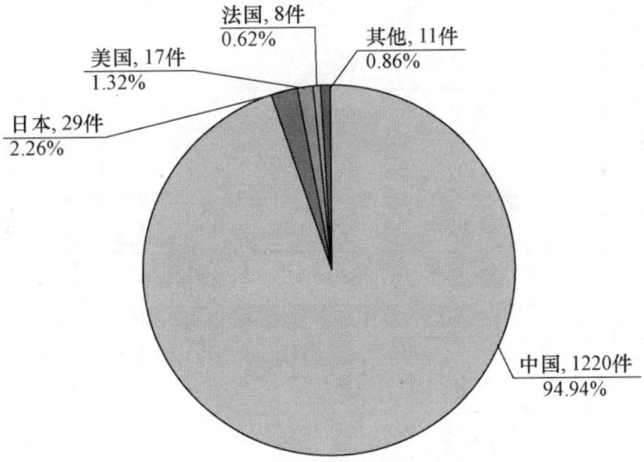

图5-2-2　碳化物先进陶瓷材料烧结技术在华申请量国家/地区分布

区的专利申请共11件，占比0.86%。国外在我国专利布局较少，仅占5.06%。

5.2.3 在华专利申请省市分布

结合表5-2-1可知，山东以170件的专利申请量位居第一，近5年专利申请高达121件，占比71.18%，其次是浙江、江苏、上海、陕西等。山东的高校、科研机构专利申请最多，共99件，其专利申请量占总的专利申请量的一半多。山东、上海、陕西、辽宁、北京这几个地区以高校、科研机构为主要研发力量。上海是除山东外高校、科研机构专利申请最多的地区，高校、科研机构的专利申请达90件，然而上海近5年的专利申请不多，只有48件。浙江、江苏、河南、安徽、广东则主要以企业申请专利为主，国内先进结构陶瓷产业主要集中在广东、江苏、山东、浙江、江西、河南、辽宁等地，在技术和产品方面具有竞争力。江苏是企业申请最多的省份，共80件，占江苏总申请量的68.97%，其次是浙江，浙江的企业申请专利共79件。山西、内蒙古、青海、甘肃等地专利申请较少，只有几件专利申请。排名前十位的省（区、市）近5年专利申请量较多，占比较高，说明近5年内我国在碳化物先进陶瓷材料烧结技术领域发展较快，技术研发能力较强。

表5-2-1 碳化物先进陶瓷材料烧结技术领域在华主要省区市专利申请情况

单位：件

序号	省（区、市）	申请人类型			申请量	近5年申请量	近5年申请占比
		高校、科研机构	企业	个人			
1	山东	99	62	12	170	121	71.18%
2	浙江	36	79	5	120	61	50.83%
3	江苏	27	80	13	116	79	68.10%
4	上海	90	10	3	100	48	48.00%
5	陕西	72	15	10	96	54	56.25%
6	辽宁	66	16	3	85	40	47.06%
7	北京	64	21	1	83	47	56.63%
8	河南	17	46	5	66	33	50.00%
9	安徽	7	43	5	55	48	87.27%
10	湖北	38	21	1	55	26	47.27%
11	广东	22	31	2	54	41	75.93%
12	湖南	25	24	6	54	40	74.07%
13	黑龙江	32	9	9	50	21	42.00%
14	四川	11	6	0	17	15	88.24%

续表

序号	省（区、市）	申请人类型			申请量	近5年申请量	近5年申请占比
		高校、科研机构	企业	个人			
15	河北	11	4	3	17	15	88.24%
16	江西	5	10	0	15	10	66.67%
17	宁夏	3	8	1	12	6	50.00%
18	天津	6	4	1	11	5	45.45%
19	吉林	8	2	0	10	10	100.00%
20	贵州	3	2	1	6	3	50.00%
21	福建	3	3	1	6	2	33.33%
22	山西	4	1	0	5	0	0
23	云南	3	2	0	5	2	40.00%
24	内蒙古	0	4	0	4	4	100.00%
25	海南	2	0	0	2	0	0
26	青海	0	1	1	2	1	50.00%
27	重庆	1	1	0	2	1	50.00%
28	甘肃	1	0	0	1	1	100.00%

5.2.4 在华主要申请人

对碳化物先进陶瓷材料烧结技术领域中国专利申请的申请人按照申请量排序，其中排名前20位的申请人及申请量如表5-2-2所示。

可以看出，中国专利排名前十位的申请人中有8家高校、科研院所，企业仅有2家，分别为浙江立泰复合材料股份有限公司和宁波东联密封件有限公司。宁波东联密封件有限公司专业生产常压烧结碳化硅、反应烧结碳化硅材料、碳石墨等密封材料，与北京科技大学合作建立了北京科技大学特种陶瓷粉末冶金研究所东联分所。尽管该公司与北京科技大学进行产学研合作，然而起步较晚，2013年开始申请专利，专利申请量不多，仅14件。

在排名前十位的申请人中，上硅所以66件的专利申请量排名第一位，其次是山东理工大学、西安交通大学、东北大学、中国科学院金属研究所等。上硅所先进碳化物陶瓷材料课题组长期开展先进碳化物陶瓷以及陶瓷基复合材料研究，1991年开始在该领域申请专利，一直持续到2018年，专利申请时间跨度较长，发展了以碳化硅为主的先进碳化物陶瓷材料的反应烧结、常压烧结、热压烧结、热等静压烧结等一系列烧结技术。山东理工大学于2009年开始在该领域申请专利，尤其是近5年内专利申请量大，近5年申请量占比高达85.48%，该校设有先进陶瓷材料实验室和陶瓷材料分析测试实验室，在烧结方面，拥有美国进口的化学气相渗透炉、多功能烧结炉等系列设备。西安交通大学在该领域中国专利申请排名第三位，在氮化硅-碳化硅纳米陶瓷的常压烧结制备。反应烧结碳化硅多孔陶瓷及多孔氮化硅-碳化硅纳米复合材料方面作出了有特色的工作。

由近5年专利申请占比的情况可知，安徽省和翰光电科技有限公司、北京理工大学、山东理工大学、浙江立泰复合材料股份有限公司、西北工业大学的近5年专利申请占比较高，分别为100.00%、90.91%、85.48%、75.00%、75.00%。其中，安徽省和翰光电科技有限公司仅在2015年申请专利。

从平均被引次数的角度来看，专利的平均被引次数均不高。国防科技大学的专利平均被引次数最高，为3.38次，其次是北京科技大学、清华大学、安徽省和翰光电科技有限公司、北京理工大学，平均被引次数分别为2.70次、2.63次、2.00次、1.55次。专利平均被引次数排名前五位的申请人中，有3所北京的高校，由此可见北京高校的研发能力较强。

从平均权利要求数的角度来看，上硅所的专利平均权利要求数最高，为8.17；其次是哈尔滨工业大学、宁波东联密封件有限公司、山东宝纳新材料有限公司、东北大学，专利平均要求数分别为8.08、7.71、7.56、7.32，可见这几个申请人的专利质量较高。尽管安徽省和翰光电科技有限公司的近5年专利申请占比和平均被引次数较高，但是平均权利要求数较低，为2.22。山东理工大学的专利近5年申请占比较高，但是平均被引次数和平均权利要求数较低。

尽管进入21世纪后中国在碳化物先进陶瓷材料烧结技术领域迅速崛起，但是专利申请量排名前20位的中国申请人专利的平均被引次数和平均权利要求数不高。相对而言，在申请量排名前20位的申请人中有多达15家高校、科研院所，说明中国在碳化物先进陶瓷材料烧结技术领域的研究还基本集中在高校、科研院所中。高校、科研院所的研究有些还处于实验室研究阶段，高校与企业合作研发也较少，产学研结合度不高。我国虽有大量的专利申请，但企业的技术水平及市场化的程度无法与外国的大型企业相提并论。

表5-2-2　碳化物先进陶瓷材料烧结技术领域在华主要申请人排名

排名	申请人	申请量/件	省（区、市）	近5年申请占比	平均被引次数	平均权利要求数
1	上硅所	66	上海	37.88%	1.33	8.17
2	山东理工大学	62	山东	85.48%	0.11	2.48
3	西安交通大学	39	陕西	38.46%	0.15	5.82
4	东北大学	31	辽宁	67.74%	0.13	7.32

续表

排名	申请人	申请量/件	省（区、市）	近5年申请占比	平均被引次数	平均权利要求数
5	中国科学院金属研究所	29	辽宁	20.69%	0.21	4.34
6	哈尔滨工业大学	24	黑龙江	54.17%	0.75	8.08
7	武汉理工大学	17	湖北	29.41%	1.06	5.41
8	清华大学	16	北京	12.50%	2.63	4.63
9	浙江立泰复合材料股份有限公司	16	浙江	75.00%	0.06	5.31
10	宁波东联密封件有限公司	14	浙江	57.14%	0.57	7.71
11	国防科技大学	13	湖南	53.85%	3.38	6.92
12	浙江大学	13	浙江	0	0.38	4.15
13	陕西科技大学	13	陕西	46.15%	1.46	6.31
14	西北工业大学	12	陕西	75.00%	1.00	4.25
15	武汉科技大学	11	湖北	72.73%	0.18	6.18
16	北京理工大学	11	北京	90.91%	1.55	6.18
17	南京工业大学	11	江苏	36.36%	0.18	6.73
18	中钢集团洛阳耐火材料研究院有限公司	11	河南	54.55%	0.36	5.09
19	北京科技大学	10	北京	10.00%	2.70	4.40
20	安徽省和翰光电科技有限公司	9	安徽	100.00%	2.00	2.22
21	山东宝纳新材料有限公司	9	山东	55.56%	0	7.56

5.2.5　在华主要发明人

对碳化物先进陶瓷材料烧结技术领域中国发明人按照申请量排序，其中排名前十位的发明人及申请量如图5-2-3所示。排名第一位的是山东理工大学的唐竹兴，专利申请量共52件；排名第二位、第三位、第四位的是上硅所的黄政仁、刘学建、陈健。排名前十位的发明人中有5位来自上硅所，分别是黄政仁、刘学建、陈健、陈忠明、姚秀敏；有3位来自东新新材料科技有限公司，分别是杨辉、郭兴忠、高黎华。

唐竹兴的申请量位居第一，主要从事碳化硅、碳纤维-陶瓷复合材料等陶瓷材料研究，其专利申请时间起步较晚，2009年在该领域申请专利，至今授权专利50件，有效专利44件，研究方向主要为利用反应烧结技术制备碳纤维和陶瓷材料复合的摩擦材料。

黄政仁于1987年起开始从事先进结构陶瓷和陶瓷基复合材料领域的研究工作，目前主要研究方向为碳化物高性能陶瓷材料、碳化硅复合材料、金属-陶瓷纳米复合材料的设计、制备和性能研究，2004年开始在该领域申请专利，一直持续至今。2004~2014年，每年的专利申请不超过5件，2016年专利申请达到高峰值，涉及的烧结技术范围较广，有反应烧结、常压烧结、热压烧结、放电等离子烧结等。

刘学建主要从事氮化硅、碳化硅等非氧化物先进陶瓷材料的制备科学及其应用工程化研究，主持、参加了国家“九五”“十五”“863项目”“先进结构陶瓷的烧结技术研究”“耐高温、高强、耐磨损、耐腐蚀陶瓷部件的关键制备技术”等多个项目。其在该领域的专利申请时间始于2007年，授权专利17件，有效专利15件，专利申请均为与黄政仁合作申请。

东新新材料科技有限公司长期与浙江大学合作开展产学研活动。该公司的专利申请也是与浙江大学合作申请的，研究方向为利用反应烧结、常压烧结、热压烧结等烧结技术制备碳化硅陶瓷材料。

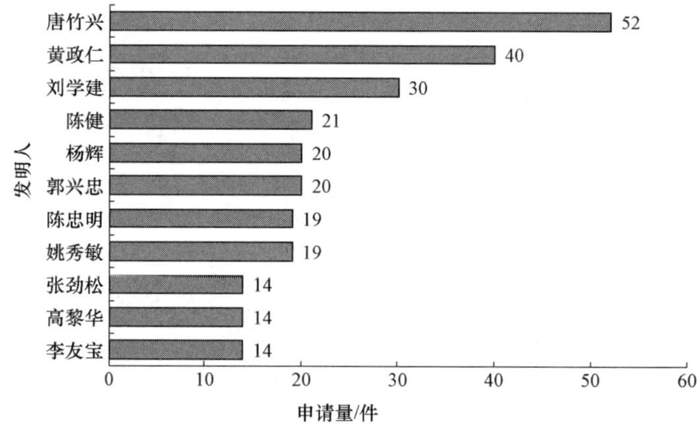

图5-2-3　碳化物先进陶瓷材料烧结技术中国主要发明人排名

综合来看，该领域中国专利申请的发明人前十位中来自高校、科研院所的发明人有6位，其中5位来自上硅所；来自企业的发明人共4位，其中3位来自浙江东新新材料科技有限公司。高校、科研院所的发明人占主导地位，企业的技术研发实力仍需加强。高校及科研单位可与企业加强技术合作与研发，将实验成果向产业化转移。

5.2.6　在华法律状态

从图5-2-4碳化物先进陶瓷材料烧结技术中国专利申请（包括发明和实用新型）法律状态可以看出，有效专利、在审专利和失效专利的占比分别为25.99%、40.70%、33.31%，其中失效专利的占比较大，说明在中国可以无偿使用的专利较多，造成失效的专利的原因有撤回、驳回、放弃、权利终止，专利申请分别为166件、90件、7件、168件。权利终止是未缴年费导致专利权的终止，放弃是则因专利权视为放弃。结合在审和有效的专利来看，授权和实质审查的专利数量较多，授权专利334件，实质审查专利499件，占比较高，说明碳化物先进陶瓷材料烧结技术较为活跃，具有较好的发展前景。

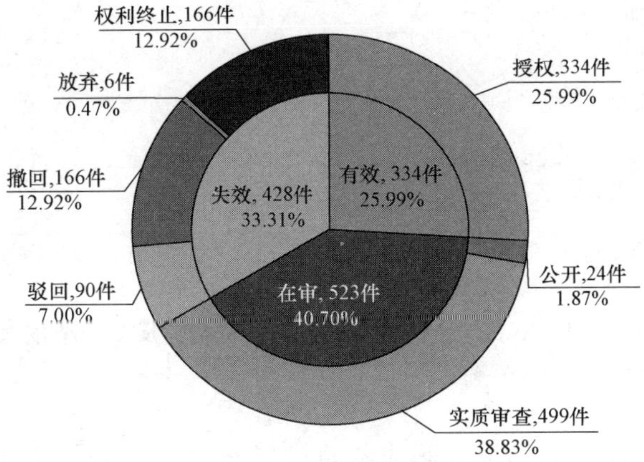

图5-2-4　碳化物先进陶瓷材料烧结技术在华专利法律状态

5.3　热点技术

反应烧结和常压烧结是碳化物先进陶瓷材料烧结技术领域应用最广泛的烧结方式，因此选取反应烧结和常压烧结作为热点技术进行分析。

5.3.1　反应烧结

反应烧结是陶瓷原料成型体在一定温度下通过固相、液相和气相相互间发生化学反应，同时进行致密化和规定组分的合成，得到预定烧结体的过程。与普通烧结方法相比，反应烧结制品在烧成前后几乎没有尺寸收缩，温度低于其他方法的烧结温度，可制成形状复杂的制品，在工业上得到了广泛应用。本节将从技术功效、技术路线、重点专利三个方面进行分析，为国内企业、研究机构技术研发改进提供参考。

5.3.1.1　反应烧结技术功效

图5-3-1是2009~2018年全球碳化物先进陶瓷材料反应烧结技术的专利功效矩阵。从图中可以看出，目前主要采用的技术手段有制备工艺改进、基体改进、后处理以及其他改进；采用这些技术手段能达到的效果主要有提高强度、降低成本、提高断裂韧性、提高致密度、耐腐蚀、耐高温等。在改进的技术手段中主要通过制备工艺和基体改进达到提高强度、提高致密度、降低成本的效果，由此可见如何提高反应烧结制品的强度、致密度，降低成本是研发人员重点关注的问题。

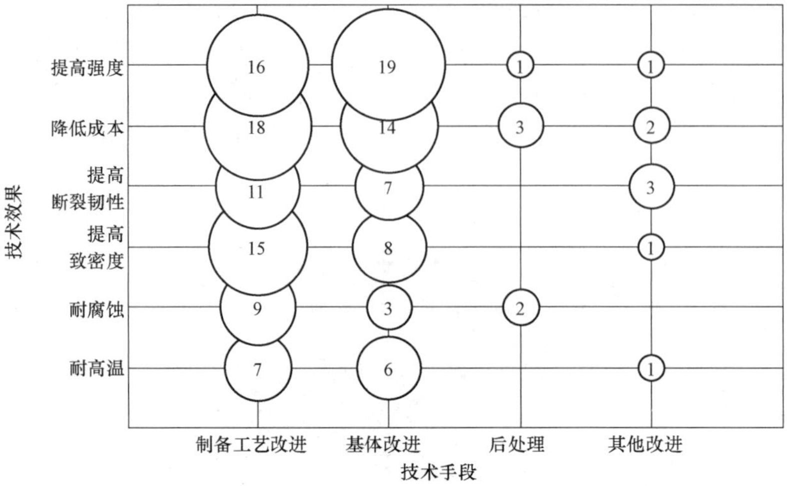

图 5-3-1　2009~2018 年全球碳化物先进陶瓷材料反应烧结技术功效矩阵

注：图中数字表示申请量，单位为项。

反应烧结受升温速度、温度、粉末粒度、压坯密度、烧结气氛等因素的影响，在制备工艺改进方面，主要技术手段是通过改进烧结温度、控制升温速率、预处理坯体、改进渗透方式等手段达到提高强度、降低成本、提高致密度的效果。在改进烧结温度方面，专利 CN106673661A 采用升温工艺制度，聚乙烯醇作为黏结剂，在高温阶段保持较低的升温速度，烧结保温结束后，在惰性气体环境和压力作用下，缓慢冷却，制品致密度高，表面无裂纹，无大量硅残留。渗透方面主要通过化学气相浸渗、真空浸渍结合反应熔体浸渗、两次熔融渗硅等方式进行改进。例如，专利 CN103342570B 将预处理后的碳毡或石墨毡浸入三聚氰胺和硼酸溶液中，涂覆一层氮化硼保护层，再浸入碳/碳化硅浆料水溶液浸渗，使碳毡或石墨毡孔隙中充满碳/碳化硅，置于烧结炉中，在 1600~1800℃温度下进行一次熔融渗硅处理，再浸入液体酚醛树脂中，然后在 800~1000℃、惰性气氛保护下碳化处理，使树脂全部碳化，最后进行二次熔融渗硅处理，使树脂碳化产生的碳与硅全部反应生成碳化硅，得到碳/碳化硅复合材料，采用两次渗硅处理既提高了材料的致密度，又降低了气孔含量和游离硅的含量，显著改善了其强度、韧性和摩擦磨损性能。真空浸渍结合反应熔融浸渗工艺简单，成本低，可进行界面设计控制反应熔体浸渗时间，而化学气相浸渗制备的产品致密度较高，性能高，可制备任何形状的部件。专利 CN109704798A 将化学气相浸渗与反应熔融浸渗两种工艺相结合，通过真空浸渍的方法将配置好的金刚石浆料引入已经用化学气相浸渗法沉积至半致密的碳/碳化硅多孔预制体中，最后用反应熔融浸渗法使碳/碳化硅-金刚石复合材料致密化。

在基体改进方面，通过改变粉料的配比、改变粉体的粒度进而该变其微观结构、加入石墨或石墨烯、加入碳化硅纤维增韧等方式改进基体，达到提高产品的致密度、强度和断裂韧性，降低成本的效果。专利 CN104926313B 将碳化硅、石墨烯、炭粉进行特定配比，压制成坯体，真空条件下进行反应烧结，制备碳化硅陶瓷材料；专利

CN109678521A以石墨纸为基体，并在黏结剂中加入一定量的碳化硅晶须作为增韧相，通过石墨纸与金属硅粉的反应烧结制备碳化硅陶瓷。

在后处理方面，反应烧结过程需要进行熔渗硅与碳的反应，为保证素坯中的碳完全参与反应，熔渗的硅必须超过理论计算数值，否则将导致素坯心部欠烧残碳，从而使制品性能大幅度下降。超量的硅往往沉积在烧结后的陶瓷表面，与陶瓷紧密地结合，非常难以去除，因此需要对反应烧结后的陶瓷进行后处理，去除残余的硅，使陶瓷坯体表面光洁，提高制品性能。专利CN105948754B使用热处理的方式或先用机械方式（例如砂轮打磨）初步去除反应烧结碳化硅陶瓷表面的硅，再放入氢氧化钠溶液中浸泡后洗涤。利用该方法处理后的制品微观结构均匀，机械强度高，耐腐蚀性能较好。

5.3.1.2 反应烧结技术发展路线

20世纪四五十年代，最初的反应烧结利用硅粉渗入碳化硅粉和碳粉混合制备的坯体中，当温度高于硅的熔点时，熔融硅与坯体中的碳反应生成新的碳化硅；20世纪60年代HUCKE提出了一种全碳素坯反应烧结工艺，提高材料的抗弯强度；20世纪70年代通用电气在制备坯体时加入碳纤维，利用纤维增强复合材料，形成纤维预制体再用熔融硅渗透制备碳化硅复合材料；20世纪80年代麻省理工学院的CHIANG等人在HUCKE的制备基础上进行改进，采用合金渗透含碳的坯体，提高材料的断裂韧性和强度；21世纪以来，研究者们在工艺方面进一步改进，利用多种渗透技术例如有机前驱体浸渍和裂解法、熔融浸渗法和化学气相浸渗等渗透多孔预制件制备陶瓷基复合材料。

图5-3-2展示了全球碳化物先进陶瓷材料反应烧结技术发展路线。1942年CARBORUNDUM提出了第一件反应烧结制备碳化硅的专利US2431326A，该专利通过利用硅渗入碳体，反应烧结制备碳化硅。1959年，POWER JETS的POPPER（US3275722A）在1800~2300℃的真空环境下将硅渗入由碳化硅颗粒与石墨粉组成的多孔性物质中制备自黏结碳化硅。1960年，VALLEY（US3235346A）公开了一种通过对碳质骨架中的熔融金属进行渗透和热处理获得基本上无孔的碳化物制品，烧结后材料抗弯强度可达600~800MPa，远超传统反应烧结制备材料的抗弯强度。1962年CARBORUNDUM的TAYLOR（US3205043A）同样通过反应性地将硅渗透到由碳化硅和单体碳组成的多孔性材料中制备致密碳化硅。与POPPER不同，TAYLOR首先将碳化硅颗粒预制成型，进而在该成型的预制体中引入一定量的碳。在他的发明的一个实施方式中，TAYLOR以可碳化树脂的形式加入碳，然后加热含有碳化硅和渗透树脂的物质以分解（碳化）该树脂。在硅存在的情况下，将这种预制体加热到至少2000℃，使得硅可以进入预制体中并和加入的碳反应生成碳化硅。1975年，通用电气（US4141948A）研发了一种新型预制体的制备工艺，在模具中加入碳纤维结构，加压得到碳纤维预浸料坯，在1400~1800℃下用熔融渗透硅，反应得到碳化硅-硅基复合材料，该方法工艺简单，尺寸误差较小。1988年，麻省理工学院的CHIANG等人（US5079195A）在VALLEY（US3235346A）公开的技术上进行改进，专利公开了采用硅合金渗透剂制备碳化硅复合材料的方法，利用合金渗透碳预制件，硅与碳反应形成碳化硅，游离硅融入合金，改善韧性和强度。

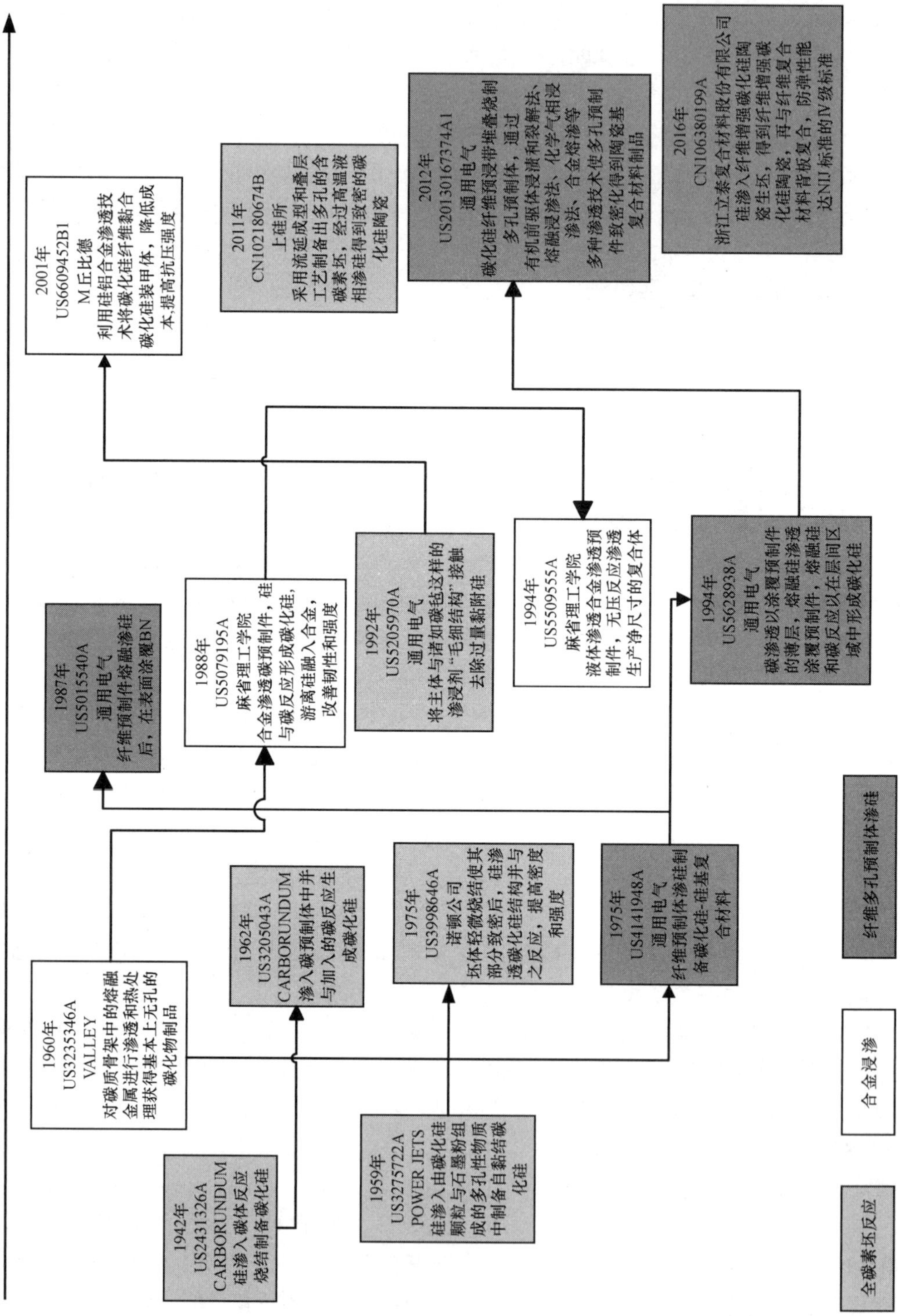

图5-3-2 全球碳化物先进陶瓷材料反应烧结技术路线

利用硅或其化合物进行渗透时，通常在反应结束后会有残留的硅在碳化硅体表面，为改善其表面光洁度，1992年专利US5205970A公开了一种去除碳化硅体表面残留的多余硅的方法，将反应生成体与诸如碳毡这样的“毛细结构”接触。毛细结构包含渗浸剂熔融温度下为固态的渗浸剂湿润材料的多孔体，反应生成体中的渗浸剂可以充满反应生成体的孔隙而不至于被吸入毛细结构中而在反应生成体中留下孔隙。1994年，麻省理工学院的CHIANG等人针对合金渗透碳预制体的技术进行进一步改进（US5509555A），合金渗透剂所渗透的预制体由碳组成或由碳与至少一种其他材料混合，如金属如Mo、W或Nb，碳化物如SiC、TiC或ZrC，氮化物如Si_3N_4、TiN或AlN，氧化物如ZrO_2或Al_2O_3，金属间化合物如$MoSi_2$或WSi_2，或它们的混合物。该液体渗透剂包括硅以及一种金属如铝、铜、锌、镍、钴、铁、锰、铬、钛、银、金、铂及它们的混合物。普通的反应烧结过程中渗透期间需要加压，加压渗透需要更复杂更昂贵的设备，同时对于产品的尺寸与形状也有更多的限制，而该专利公开的合金渗透的过程中不需要加压，可在常压状态下进行渗透，节省成本，也能生产非常接近于净尺寸的复合体。

21世纪，上硅所（CN102180674B）在工艺上对碳素坯的制备进行改进，公开了一种在工艺上改进制备多孔碳素坯的方法，采用流延成型和叠层工艺制备出多孔的含碳素坯，经过高温液相渗硅得到致密的碳化硅陶瓷。2012年通用电气（US20130167374A1）公开了使用碳化硅纤维预浸带堆叠烧制多孔预制体，通过有机前驱体浸渍和裂解法、熔融浸渗法和化学气相浸渗法、合金熔渗等多种渗透技术使多孔预制件致密化得到陶瓷基复合材料制品的方法。

5.3.1.3 反应烧结技术重点专利

通过阅读专利文件内容，参考同族专利数量、被引频次、转让、许可、质押等依据，筛选出反应烧结技术重点专利，按申请日的先后顺序排列，如表5-3-1所示。

表5-3-1 反应烧结技术重点专利

序号	公开（公告）号	发明名称	申请日	申请人	简单同族个数	被引频次
1	US4141948A	一种制备成形碳化硅-硅基复合材料的方法及其制品	1975-04-30	通用电气	9	54
2	US3998646A	高密度碳化硅的制备工艺	1975-03-06	诺顿公司	7	35
3	US4944904A	获得含纤维复合材料的方法	1988-07-08	通用电气	1	92
4	US5294489A	碳化硅复合材料中添加活性中间层的保护涂层	1992-04-02	通用电气	8	42

续表

序号	公开（公告）号	发明名称	申请日	申请人	简单同族个数	被引频次
5	US5205970A	渗透方法形成具有改善的表面光洁度的碳化硅体	1992-04-03	通用电气	1	60
6	US5509555A	通过无压反应渗透制备制品的方法	1994-06-03	麻省理工学院	1	78
7	US5643514A	制造碳化硅组合物的方法	1995-05-22	CARBORUNDUM	5	30
8	US6609452B1	碳化硅装甲体及其制造方法	2001-01-10	M 丘比德	1	67
9	CN101289319A	一种反应烧结碳化硅陶瓷及其生产方法	2008-06-03	浙江东新新材料科技有限公司	2	19
10	US9272913B2	碳化硅纤维的生产方法	2014-12-15	ADVANCED CERAMIC	5	2
11	CN105948754B	反应烧结制备细晶粒碳化硅陶瓷的方法	2016-05-03	浙江东新新材料科技有限公司	2	0
12	CN106116584A	反应烧结制备碳化硅/二硅化钼复合陶瓷的方法	2016-06-13	浙江东新新材料科技有限公司	1	0

在碳化物先进陶瓷材料反应烧结技术领域中，通用电气的专利被引频次均较高，如专利US4141948A、US4944904A、US5205970A。这些被引频次较高的专利多在美国申请，且申请时间较早，许多专利已经失效，研发人员可借鉴国外已经失效专利的技术手段，从而节省研发成本，避免研发力量的浪费。下面根据专利被引次数，从重点专利中选取被引频次较高的3件专利进行分析。

（1）US3998646A

专利名称为“高密度碳化硅的制备工艺”，申请日为1975年3月6日，专利权人为诺顿公司。该专利公开的技术方案为：该发明将坯体轻微烧结使其部分致密后，硅渗透碳化硅结构并与之反应，形成碳化硅制品，提高坯体的致密度和强度。

该专利被引次数较多，共计35次，权利要求数量为9项，说明该专利技术先进性较好。

（2）US4141948A

专利名称为“一种制备成形碳化硅-硅基复合材料的方法及其制品”，申请日为

1975年4月30日，专利权人为通用电气。在低模量碳纤维预制体加入黏合剂，然后将碳纤维预浸料在模具中，在惰性气氛或真空中，在1400~1800℃的温度范围内，用足够的熔融硅金属渗透碳纤维预制件。基于上述方法可制作高硬度、高性能、复杂形状的陶瓷部件，可用于制作燃气涡轮护罩或飞机引擎罩盖段。

该专利被引次数较多，共计54次，权利要求数量为8项，说明该专利技术先进性较好。

（3）US5509555A

专利名称为“通过无压反应渗透生产制品的方法”，申请日为1994年6月3日，专利权人为麻省理工学院。该专利公开的技术方案为：用硅合金渗透剂制备碳化硅复合材料的方法。合金渗透剂所渗透的预制体由碳组成或由碳与至少一种其他材料混合，如金属如Mo、W或Nb，碳化物如SiC、TiC或ZrC，氮化物如Si_3N_4、TiN或AlN，氧化物如ZrO_2或Al_2O_3，金属间化合物如$MoSi_2$或WSi_2，或它们的混合物。该发明的技术效果为：加压渗透需要更复杂更昂贵的设备，同时对于产品的尺寸与形状也有更多的限制。虽然该发明并非仅限于无压系统，但除非另加说明，渗透不需要加压，可生产非常接近于净尺寸的复合体，而不需要另外的机加工步骤。

该专利被引次数较多，共计78次，权利要求数量为40项，说明该专利技术先进性较好。

5.3.2 常压烧结

常压烧结是指在无外界压力条件下，具有一定形状的坯体在一定温度和气氛下经过物理化学过程变成具有一定性能的固结致密块体的过程。常压烧结设备简单，易于工业化生产，是应用较广的一种烧结方法，这种烧结方法也被广泛地应用于纳米陶瓷的烧结。常压烧结工艺简单，适用于不同形状、大小的物件烧制，温度便于控制。在常压烧结过程中，对烧结致密化过程的控制手段只有温度及升温速率这两个参数，故其对烧结过程中物体的致密化过程、显微结构发育等研究极具意义，研究最为活跃。本小节将从技术功效、技术路线、重点专利三个方面进行分析，为国内企业、研究机构技术研发改进提供参考。

5.3.2.1 常压烧结技术功效

图5-3-3是2009~2018年全球碳化物先进陶瓷材料常压烧结的专利技术功效矩阵。从图中可以看出，目前主要采用的技术手段有制备方法改进、烧结助剂改进、基体改进以及其他改进手段；采用这些技术手段能达到的技术效果主要有降低成本、提高强度、提高致密度、降低烧结温度、耐腐蚀、提高断裂韧性。采用制备工艺改进的手段主要可达到降低成本、提高强度的效果，工艺改进的手段有采用两段式无压烧结、二次烧结、粉料处理等；对烧结助剂改进可主要达到降低成本、提高强度、提高断裂韧性、降低烧结温度的效果；对基体进行改进可主要达到降低成本、提高强度和致密度的效果，基体改进的手段有在基体中加入黏合剂、造孔剂或添加剂，控制原料的粒度，对浆料进行改进等。

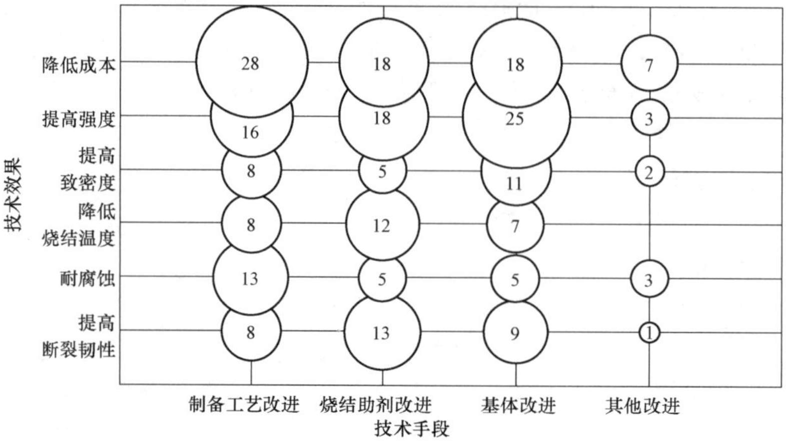

图5-3-3　2009~2018年全球碳化物先进陶瓷材料常压烧结技术功效矩阵

注：图中数字表示申请量，单位为项。

在制备工艺改进方面，通过采用两段式无压烧结、二次烧结、粉料和浆料进行预处理（如喷雾造粒、粉料湿磨、冷冻干燥）等手段进行改进，提高陶瓷材料的致密度和强度，降低成本。专利CN104446493B采用亚微米级α-碳化硅作原料，烧结时采用两步烧结法，两步烧结为先升温至2150~2200℃，然后迅速降至2000~2050℃，保温4~7 h，在低于目前固相烧结碳化硅的温度下，得到致密且性能优异的碳化硅陶瓷，以降低生产成本，实现工业化生产。专利CN107324811A将浆料与碳化硅混合制备烧结坯体，坯体于1600~2000℃的条件下预烧结3~8 h得到预制体，预制体降温后置于温度为1600~2500℃的条件下进行二次烧结，制得高韧性碳化硅复合材料。专利CN102260092A公开了一种多孔碳化硅陶瓷材料的制备方法，将碳化硅粉体、烧结助剂和分散剂加入水中，制备陶瓷水基浆料，浆料浇注到模具中后冷冻干燥得到多孔素坯，再进行高温固相烧结。该发明利用冷冻干燥和高温固相烧结技术的结合，制备出了一种能够高于1500℃的高温环境中使用的多孔碳化硅陶瓷材料，通过调节浆料的固含量、浆料中添加有机聚合物的含量及固相烧结温度，可得到不同气孔率和强度的多孔碳化硅陶瓷材料，可满足碳化硅陶瓷在不同领域的应用要求。

在基体改进方面主要通过在基体中加入黏合剂、造孔剂或添加剂等，控制原料的粒度，对浆料进行改进等方式对基体进行改进。专利CN103459351B通过向含有B_4C的浆料中添加含钛化合物，常压烧结制备B_4C装甲结构；专利CN108083811A公开了一种以两种或两种以上成分及粒径均不同的陶瓷颗粒为原料，添加一定量分散剂和烧结助剂配制水系浆料，对浆料依次进行冷冻、冷冻干燥、排胶烧结等工艺，制备结构和成分呈双梯度的多孔陶瓷材料的方法。该方法操作简便、对设备要求低、无污染。

使用烧结助剂可降低陶瓷烧结的温度，常压烧结温度较高，在常压下烧结温度为2000℃或更高，且致密度和强度不高。烧结助剂有利于形成固溶体和液相，可降低烧结温度，使扩散和烧结速度增大。另外，烧结助剂可抑制晶粒长大，由于烧结后期晶粒长大，若二次再结晶或间断性晶粒长大过快，又会因晶粒变粗、晶界变宽而出现反致密化现象并影响制品的显微组织结构，这时可通过加入能抑制晶粒异常长大的烧结助剂来促进致密化的过程。常压烧结中常用的烧结助剂有 B-C 系、Al_2O_3-Y_2O_3系、稀土氧化物、金属氧化物等。针对烧结助剂，进一步对烧结助剂进行分类，制作技术功效如图 5-3-4 所示。

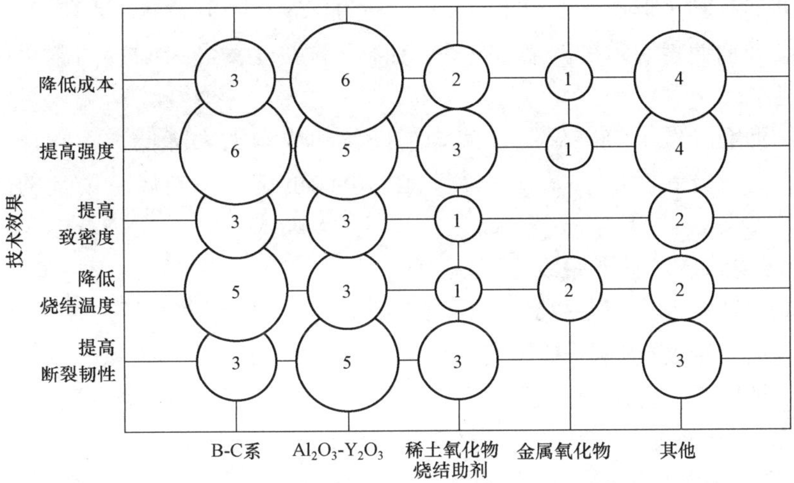

图 5-3-4　2009~2018 年全球碳化物先进陶瓷材料常压烧结助剂功效矩阵

单独加入 B 或 C 作为烧结助剂时不能使碳化硅陶瓷充分致密，只有同时加入 B 和 C 才能使碳化硅陶瓷充分致密化。早期的 B-C 作为烧结助剂属于固相烧结的范畴，烧结温度高，引入氧化物作为烧结助剂（例如 Al_2O_3-Y_2O_3）产生多元低共熔物，从而可以在较低的温度下采用常压烧结的方式使碳化硅陶瓷致密化。专利 CN106673660A 采用液相烧结的方法制备碳化硅非线性电阻陶瓷，由于引入低共熔稀土氧化物烧结助剂（Al_2O_3粉体和 Y_2O_3粉体的粒径都小于 1μm），可以实现较低烧结温度碳化硅陶瓷的致密化，同时所制备的碳化硅陶瓷晶粒为等轴状且晶粒细小，另外晶界液相的引入和独特的界面结构导致材料的界面结合弱化，使材料的断裂变为完全的沿晶断裂模式，因此材料的强度和韧性得到显著提高。然而，氧化物烧结助剂会与碳化硅基体反应，生成挥发性气体，造成烧成失重增大，不利于致密化，因而将稀土氧化物作为烧结助剂，高温下稀土氧化物与游离硅反应，生成比二氧化硅更耐高温氧化的稀土硅化物晶界相，极大提高制品的高温抗氧化性。稀土氧化物烧结助剂包括 AlN-R_2O_3（R 为稀土元素）、氧化钇、氧化镱、氧化镧、氧化钆等。AlN 和碳化硅同具四面体结构，两者在 2000℃以上可以相互反应，形成固溶体，产生原位增韧，AlN 在液相烧结温度下不会与反应体系产生气相反应，避免质量流失。[1] 专利 KR101698378B1 通过加入 AlN-Y_2O_3-Sc_2O_3的烧结助剂制备碳化硅陶瓷，该种陶瓷与常规碳化硅陶瓷相比，具有良好的导热性、断裂韧性、弯曲强度、维氏硬度和机械性能，此外，在常压条件下，通过加入烧结助剂 AlN-Y_2O_3-Sc_2O_3，可制备相对密度较高的碳化硅陶瓷。金属氧化物烧结助剂包

---

[1] 王静，张玉军，龚红宇．无压烧结碳化硅研究进展［J］．陶瓷，2008（4）：17-19.

括 Al_2O_3、MgO、BaO 等，金属氧化物本身在高温时呈现液相而得以在常压或加压条件下烧结制备基本上没有气孔的高致密度烧结体。专利 CN106699220B 公开了一种碳化硅泡沫陶瓷的制备方法，采用预处理后的有机泡沫在陶瓷料浆中挂浆，将挂浆后的有机泡沫干燥后，加入 Al_2O_3、MgO 等烧结助剂，烧结并保温，冷却得到碳化硅泡沫陶瓷。一方面烧结助剂有利于形成固溶体和液相，可降低烧结温度，使扩散和烧结速度增大；另一方面烧结助剂使得制得的陶瓷料浆具有合适的黏度，最终制得的碳化硅泡沫陶瓷具有优越的性能。

采用烧结助剂降低了烧结温度，使烧结设备和成本大大降低，不同烧结助剂的添加可改变材料的成分和性质，提高产品性能，由此可见对不同烧结助剂的研究对常压烧结有重要的意义。

5.3.2.2 常压烧结技术发展路线

为了降低烧结温度，制备更致密化的烧结体，烧结助剂被广泛应用于常压烧结中。从早期的不添加烧结助剂到 B-C 系烧结助剂，发展到 Al_2O_3-Y_2O_3系、稀土氧化物、金属氧化物等烧结助剂，烧结温度逐步降低，力学性能和结构设计也在逐渐提高和改进。图 5-3-5 展示了全球碳化物先进陶瓷材料常压烧结技术的发展路线。

1976 年通用电气 PROCHAZKA SVANTE（US4004934A）采用亚微米级的 β-碳化硅和少量 B、C 添加剂为原料，通过常压烧结工艺得到了致密的碳化硅陶瓷；1977 年，CARBORUNDUM 公司申请了专利 US4135938A，通过氮化硼、磷化硼、二硼化铝及其混合物为添加剂，改善抗热震性能和导电性；1979 年专利 US4230497A 公开了一种常压烧结亚微米粉末压块的制备方法，其原料的组分为 95.40%（重量）的 α-碳化硅、0.10%~2.00%（重量）的碳、0.20%~2.0%（重量）的铝、0~0.50%（重量）的氮和 0~0.10%（重量）的氧，通过常压烧结亚微米粉末压块的制备方法，可提高碳化硅陶瓷的致密度和抗弯强度，降低成本；1983 年 OMORI 公司（US4502983A）使用稀土氧化物或氧化铝或氧化硼作为烧结助剂，提高致密度和抗弯曲强度；同年，专利 US4525461 公开了一种用铝、铍或硼的化合物作为烧结助剂烧结超细晶粒的碳化硅/石墨/碳复合陶瓷体的制备方法。该法无须精确控制温度和时间，并且能烧制出具有较强抗冲击性的陶瓷材料。固相烧结的碳化硅晶界较为“干净”，基本无液相存在，晶粒在高温下很容易长大，因此断裂时是穿晶断裂，制品的强度与断裂韧性不高。液相烧结的添加剂主要是 Al_2O_3-Y_2O_3，为了降低温度，选熔点较低的 YAG 为基本配方组元，当 YAG 的组成达 6.00% 时，碳化硅材料基本致密，材料强度和韧性均显著提高。1989 年日本电装（US4925815A）采用 Al、B 或稀土氧化物（Y_2O_3等）为烧结助剂，添加石墨晶须增韧碳化硅复合陶瓷，提高强度、断裂韧性和导电性。常压烧结技术被广泛应用在碳化硅陶瓷制备中，然而 B_4C 的常压烧结仍存在一定的困难。为获得致密的 B_4C 陶瓷材料，2005 年佐治亚洲技术研究公司（US8377369B2）通过氧化硼涂敷的无掺混碳化硼成型体常压烧结后经热等静压后处理的方式进一步致密化；2012 年上硅所（CN102757224A）公开了一种添加 Cr_3C_2除去 B_4C 表面的 B_2O_3，促进烧结 B_4C 陶瓷致密化。

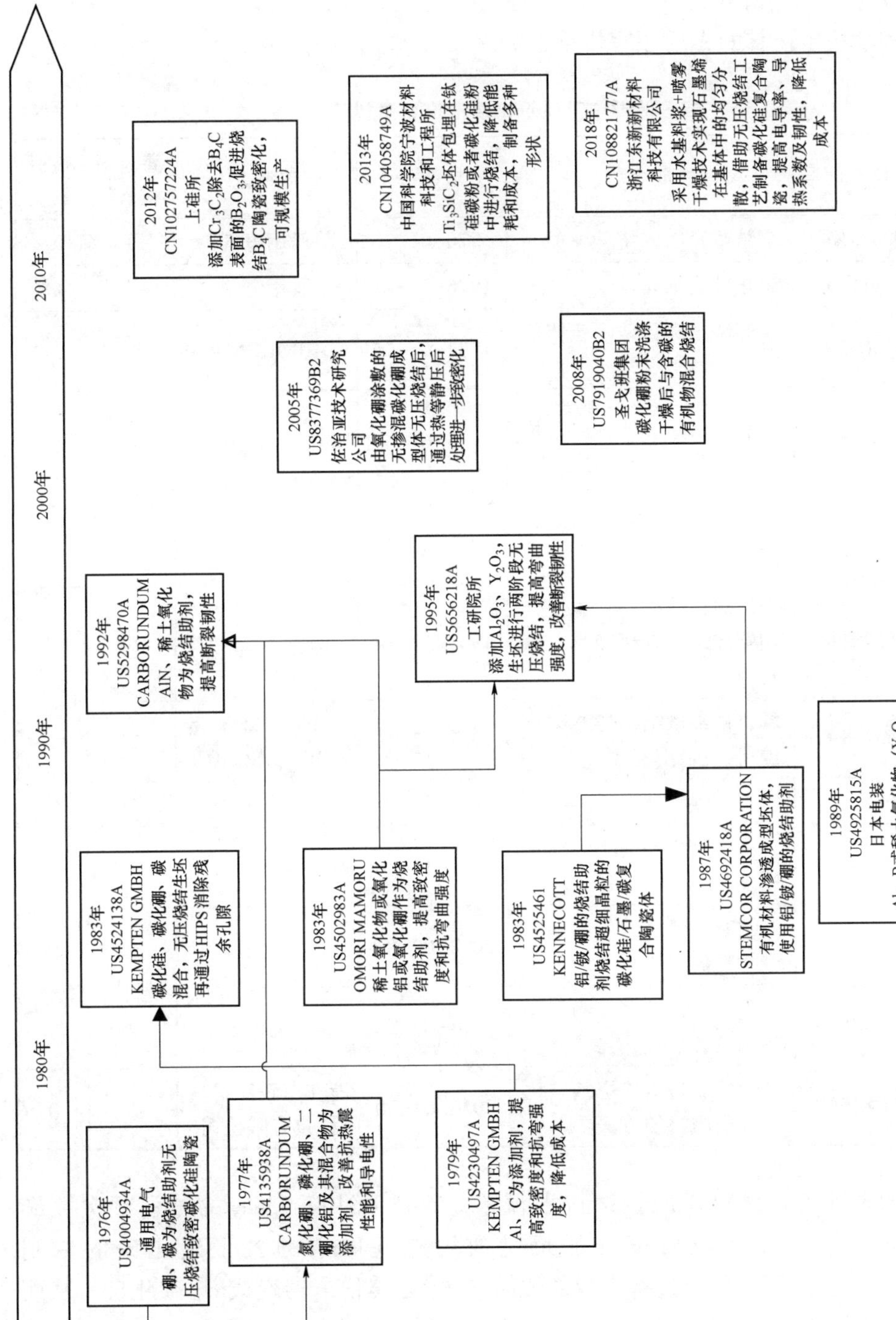

图5-3-5　全球碳化物先进陶瓷材料常压烧结技术路线

5.3.2.3 常压烧结技术重点专利

通过阅读专利文件内容，参考同族专利数量、被引频次、转让、许可等依据，挑选出重点专利，按申请日的先后顺序排列，如表5-3-2所示。

表5-3-2 常压烧结技术重点专利

序号	公开（公告）号	发明名称	申请日	申请人	简单同族个数	被引频次
1	US4004934A	烧结致密的碳化硅	1976-04-22	通用电气	1	162
2	US4041117A	碳化硅烧结体	1976-06-21	通用电气	1	68
3	US4124667A	生产烧结碳化硅陶瓷体的方法	1977-04-25	CARBORUNDUM	42	56
4	US4230497A	多晶α-碳化硅的致密烧结成形制品及其制造方法	1979-02-26	ELEKTROSCH MELZWERK KEMPTEN GMBH	15	44
5	US4502983A	复合碳化硅烧结型材及其制备	1983-06-28	OMORI MAMORU	1	56
6	US4525461A	烧结碳化硅/石墨/碳复合陶瓷体，具有超细晶粒微观结构	1983-12-14	KENNECOTT	14	57
7	US4692418A	具有精细微结构烧结碳化硅/碳复合陶瓷体	1987-02-19	STEMCOR CORPORATION	16	122
8	US5236875A	密集的碳化硅陶瓷产品	1990-10-26	西部矿业	24	32
9	CN102503427B	一种高韧性硼化物-碳化物复相陶瓷的制备方法	2011-11-10	哈尔滨工业大学	1	0
10	CN102757224A	烧结制备致密碳化硼基陶瓷材料的方法	2012-07-31	上硅所	1	25
11	CN104261867B	一种纯碳化硅多孔陶瓷膜的制备方法	2014-09-23	武汉工程大学	2	0
12	CN105948753B	分段式制备常压烧结碳化硅陶瓷内衬的方法	2016-04-30	浙江东新新材料科技有限公司	2	0

在碳化物先进陶瓷材料常压烧结技术领域，专利US4004934A的被引频次数最高，达162次；被引频次位居第二的仍是通用电气申请的关于碳化硅的专利（US4041117A），公开了一种通过将大量的烧结β-碳化硅粉末转变成α-碳化硅，从而改善对碳化硅烧结的晶粒生长控制，再加入硼和碳作为添加剂的混合物烧结来制造碳化硅烧结体。该发明的方法控制了晶粒生长，因此烧结可以在较宽的温度范围内进行，无须控制临界温度，烧结成本颇为经济和实用，烧结制品的形状变化较小，机械性能良好。CARBORUNDUM公司申请的专利US4124667A虽不是被引频次最高的专利，但

是其简单同族多达42个，除了在美国本国进行保护，还将技术输出至奥地利、澳大利亚、德国、加拿大、法国、西班牙、日本、瑞典等国家。该专利公开了一种将碳化硅、碳化物有机材料、硼或其化合物混合常压烧结碳化硅陶瓷体的方法。此法同US4041117A的解决问题相同，为了降低成本，将昂贵且难以获得的β-碳化硅转化为α-碳化硅，制备致密的碳化硅烧结体。

下面根据专利被引次数，从重点专利中选取被引频次较高的3件专利进行分析。

（1）US4004934A

专利名称为“烧结致密的碳化硅”，申请日为1976年4月22日，专利权人为通用电气。该专利公开的技术方案为：一种制备致密碳化硅陶瓷的方法，包括以下步骤：用足够量的含硼添加剂和含碳添加剂均匀分散碳化硅，将粉末混合物形成成形坯体，然后在受控气氛中，在没有外部压力的情况下，在1900~2100℃的温度下烧结该坯体。利用此法可制备复杂形状的碳化硅制品，密度至少为理论值的95%，具有高温抗氧化性和较强的抗蠕变性。

该专利被引次数较多，共计162次，权利要求数量为23项，说明该专利技术先进性较好。

（2）US4502983A

专利名称为“复合碳化硅烧结型材及其制备”，申请日为1983年6月28日，专利权人为OMORI MAMORU。该专利公开的技术方案为：将稀土元素或稀土化合物的混合物加入α-碳化硅中，放入粉碎机破碎，混合细粉与少量的水放置在金属模具中预成型制得生坯，在氩气气氛下烧结得到复合碳化硅体。根据该发明生产的复合烧结碳化硅体具有较高的致密度、抗弯强度，优异的抗氧化性、耐磨性、抗蠕变性、抗热震性能及绝缘性能。

该专利被引次数较多，共计56次，权利要求数量为4项，说明该专利技术先进性较好。

（3）US4692418A

专利名称为“具有精细微结构烧结碳化硅/碳复合陶瓷体”，申请日为1987年2月19日，专利权人为STEMCOR公司。该专利公开的技术方案为：通过将碳化硅粉料、石墨、有机溶剂、临时黏合剂混合后破碎，对破碎后的混合物进行干燥和筛分，成型坯体用有机材料渗透，所述有机材料可在升高的温度下焦化以形成碳，烧结助剂选自铝、铍或硼或含有上述元素或化合物中的任何一种或多种或其混合物的化合物，在惰性气氛或真空中烧结。该发明制备的烧结碳化硅/碳复合材料具有细粒状多晶陶瓷体微结构和较高的导电性，完全致密，烧结时对精确的温度/时间控制的要求相对较低。

该专利被引次数较多，共计122次，权利要求数量为18项，说明该专利技术先进性较好。

5.4　小　结

（1）在申请态势方面，碳化物先进陶瓷材料烧结技术领域的全球申请量趋势分三个时期：1905~1970年是该技术的萌芽时期，技术研发处于探索阶段，专利申请量较少；1971~1997年，这一时期是发展时期，专利申请量逐渐增加，1988年中国在该领域申请了第一件专利，起步较晚；1998年至今，专利申请快速增长，中国的专利申请量趋势与全球专利申请量趋势相近，成为全球专利申请增长的主要因素。在碳化物先进陶瓷材料烧结技术领域，日本的申请量位居第一，其次是中国、美国、德国和韩国。美国和德国对国外市场较为注重，日本除在本国市场外对欧洲和美国的市场较为关注，而中国主要在本国申请。

（2）在创新主体方面，碳化物先进陶瓷材料烧结技术领域全球前30位的申请人中主要来自日本、中国和美国，全球前十位的发明人中来自日本的发明人最多，其次是中国。其中，排名前30位中的中国申请人均为高校、科研机构，日本、美国的申请人以企业居多，中国在该领域处于研发试验阶段，产业应用较少。在该领域中国的专利申请中，山东、浙江、江苏、上海、陕西的申请量较多，山东、上海、北京、山西等地以高校、科研机构为主要的研发力量，浙江、江苏、安徽、广东则以企业为主要的研发力量。在华碳化物先进陶瓷材料烧结技术专利申请排名前20位的申请人以高校、科研机构居多，排名第一是上硅所，其次是山东理工大学。排名前十位的发明人中来自山东理工大学的唐竹兴位居第一，涉及的烧结技术主要为反应烧结；其次是上硅所的黄政仁，黄政仁在碳化物先进陶瓷材料烧结技术领域涉猎的范围较广，有常压烧结、反应烧结、放电等离子烧结等。这两家科研机构研发实力雄厚，企业的研发实力仍需加强，高校、科研机构可与企业加强技术合作和研发，将实验成果向产业化转移。

（3）在技术发展方面，在碳化物先进陶瓷材料烧结技术领域最早的专利申请来自CARBORUNDUM，20世纪40~60年代，是常压烧结、反应烧结、气氛烧结、重结晶、热压烧结等烧结方式的萌芽时期；20世纪70~90年代是碳化物先进陶瓷材料烧结技术的发展时期，这一时期还出现了自蔓延烧结、热等静压烧结、微波烧结、放电等离子烧结、激光烧结等新兴烧结技术。在碳化物先进陶瓷材料烧结技术领域，重点专利技术主要掌握在CARBORUNDUM、通用电气、KENNECOTT等公司手中，这些公司及其专利是我国企业重点关注的对象。

（4）在技术功效方面，研发人员对烧结技术不断改进，针对基体、制备工艺、烧结助剂等方面着手改进，致力于达到提高强度、致密度和断裂韧性，降低成本等技术效果。反应烧结在制备工艺改进的手段中主要通过改进烧结制度、控制升温速率、预处理坯体、改进渗透方式；在基体改进方面，通过改变粉料的配比、改变粉体的粒度进而该变其微观结构、加入石墨或石墨烯、加入碳化硅纤维增韧等方式改进基体。在反应烧结技术领域，近10年（2009~2018年）国外在该领域的技术改进手段集中在制备方法和基体改进方面，通过烧结制度改进、渗透方式改进、粒度改进、浆料改进等方式达到耐腐蚀、耐高温、提高致密度、降低成本的效果；中国在该领域的技术改进手段集中在制备方法和基体改进、后处理等方面，通过改进烧结制度、预处理坯体、改进渗透方式、改进粉料配比、利用纤维增韧等方式达到提高产品致密度、降低成本、提高强度的效果。常压烧结目前主要采用的技术手段有制备方法改进、烧结助剂改进、烧结制度改进以及其他的一些改进技术手段；在制备工艺方面，通过采用两段式无压烧结、二次烧结、粉料和浆料进行预处理（如喷雾造粒、粉料湿磨、冷冻干燥）等手段进行改进，提高陶瓷材料的致密度和强度，降低成本；在基体改进方面主要通过在基体中加入黏合剂、造孔剂或添加剂等，控制原料的粒度，对浆料进行改进等方式对基体进行改进；采用烧结助剂降低了烧结温度，使烧结设备和成本大大降低，不同的烧结助剂添加可改变材料的成分和性质，提高产品性能，常用的烧结助剂有 B-C 系、Al_2O_3-Y_2O_3、稀土氧化物、金属氧化物等。在常压烧结技术领域，近 10 年（2009~2018 年）国外在该领域的技术改进手段集中在制备方法和烧结助剂改进方面，通过控制升温速率、改进浆料、加入 Al_2O_3-Y_2O_3、稀土氧化物助剂等达到提高致密度、降低烧结温度的效果；中国在该领域主要采用在制备方法改进、基体改进及加入烧结助剂等技术手段改进，通过二次烧结、预处理粉料和浆料、加入黏结剂、加入烧结助剂（如 B-C 系、Al_2O_3-Y_2O_3、稀土氧化物）达到降低成本、提高致密度和强度、降低烧结温度的效果。

（5）中国在碳化物陶瓷烧结技术领域起步较晚，尽管 21 世纪后在该领域迅速崛起，但是专利质量有待进一步提高。高校、科研院所占主导地位，企业申请较少，企业与高校、科研单位可加强技术合作与研发，提高产业化应用。

第6章 航空航天用高性能碳化物先进陶瓷材料研究

6.1 材料概况

航空航天领域用材料大多在超高温、高真空、强辐照等极端苛刻环境中使用，要求材料具有高比强、高比模、耐高温、抗烧蚀等特性。而碳化物陶瓷间的原子多以较强的共价键结合，具有高熔点、高强度、高硬度等优异性能，有些还具有特殊的电、磁或热学性能，因此其在航空航天领域得到广泛应用。❶ 其中用作超高温陶瓷的碳化物陶瓷材料，主要指碳化铪（HfC）、碳化锆（ZrC）和碳化钽（TaC），以及以其为基体的陶瓷基复合材料，这三种物质熔点均超过3000℃，具有优良的热化学稳定性和优异的物理性能，包括高弹性模量、高硬度、低饱和蒸气压、适中的热膨胀率和良好的抗热震性能等，并且能在高温下保持很高的强度。此外，碳化钨、碳化钛、碳化铬等碳化物超高温陶瓷材料，作为涂层在航空航天领域的应用也受到各个国家的广泛关注，由于难以单独制成涂层，其一般与钴、镍基自熔性合金制成金属陶瓷，制成的金属陶瓷具有更高的硬度和优异的高温性能，可用作耐磨、耐擦伤、耐腐蚀涂层。碳化物超高温陶瓷能够适应超高音速长时飞行、大气层再入、跨大气层飞行与火箭推进系统等极端环境，可以应用于机翼前缘、发动机热端等各种关键部件。作为应用在航空航天飞行器上的重要材料，碳化物超高温陶瓷材料得到各国的高度关注。❷

另外，随着航空发动机推重比的不断提高，急需发展轻质、高强韧、耐高温、长寿命、抗烧蚀、抗氧化的碳化物陶瓷基复合材料，以满足航空发动机愈加苛刻的服役要求。碳化硅陶瓷基复合材料是一种轻质、耐高温、冷却时间短甚至无需冷却的新型耐高温结构材料，是目前国际公认的最有潜力的发动机热结构材料之一，其保留了碳化硅纤维高强高模、耐高温、抗蠕变、耐腐蚀、材料热膨胀系数小等优点，同时克服了碳化硅陶瓷断裂韧性低和抗冲击性能差的缺陷。碳化硅陶瓷基复合材料主要包括碳/碳化硅和碳化硅/碳化硅。碳化硅陶瓷基复合材料是兼具金属材料、陶瓷材料和碳材料性能优点的热结构功能一体化新型材料，具有材料结构一体化和多尺度的结构特征，通过各结构单元的优化设计，产生协同效应，可达到高性能和各性能的合理匹配。因此，陶瓷基复合材料具有耐高温、耐腐蚀、耐磨损、密度低（密度仅为高温合金的

❶ 肖汉宁，刘井雄，郭文明，等．工程陶瓷的技术现状与产业发展［J］．机械工程材料，2016，40（6）：1-7，105.

❷ 杨路平，周长灵，王艳艳，等．超高温材料的研究进展［J］．佛山陶瓷，2017，27（10）：1-7.

1/3～1/4)、高比强、高比模、热膨胀系数小、高温强度高（在高温及疲劳环境下，强度不降低，反而有升高趋势)、抗氧化、抗烧蚀、抗热震、吸震性好、韧性良好、对裂纹不敏感、不发生灾难性损毁等优点。陶瓷基复合材料已引起美国、日本、法国、德国等国家的普遍关注，历经十多年研究，陶瓷基复合材料已经逐渐应用于其高推重比航空发动机热端部件。❶

本章对全球航空航天用碳化物陶瓷材料进行分析，主要从航空航天用碳化物陶瓷材料的全球申请量趋势、技术热点、技术原创国家/地区和目标国家/地区、主要申请人等方面对全球及在华专利申请状况进行分析，并对热点材料碳/碳化硅和碳化硅/碳化硅专利进行深入分析。

6.2　专利概况分析

6.2.1　全球申请趋势分析

截至2019年6月30日，航空航天用碳化物陶瓷材料全球专利申请总量为1837项。其中，中国申请934项，占50.84%；国外申请903项，占49.16%。

从图6-2-1可以看出，航空航天用碳化物陶瓷材料全球专利申请量总体呈现增长态势。1947～1983年为缓慢发展期，1984～2002年为第一快速增长期，2003年以后进入第二快速增长期，至2016年专利年申请量达到171项。

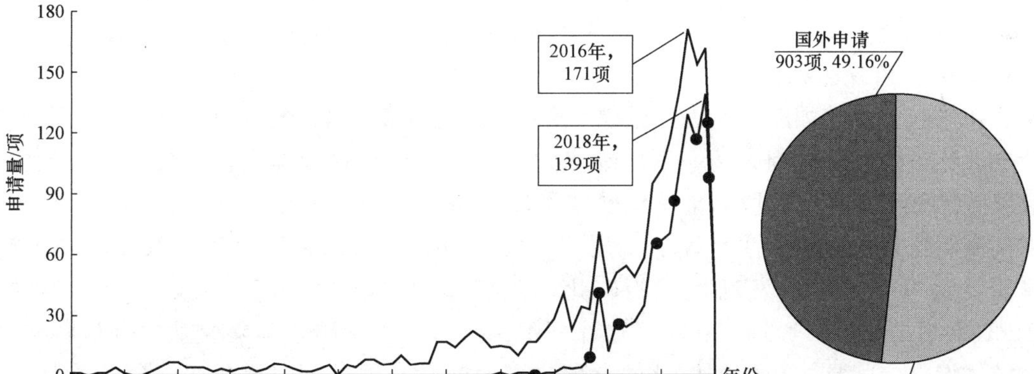

（1）全球和中国专利申请量趋势　　（2）国内外申请量占比

图6-2-1　航空航天用碳化物陶瓷材料全球专利申请量情况

❶ 刘巧沐，黄顺洲，何爱杰. 碳化硅陶瓷基复合材料在航空发动机上的应用需求及挑战［J］. 材料工程，2019，47（2）：1-10.

航空航天用碳化物陶瓷材料全球专利申请的整体态势可分为三个阶段。

（1）缓慢发展期（1947~1983 年）

在此期间一共申请了 122 项专利，全球年专利申请量一直维持在 10 项以下。20 世纪 40 年代，以碳化物陶瓷材料在金属合金中的研究为主，经过 20 年的努力，在 60 年代制成了涡轮叶片，但是由于在进行试验时，抗冲击韧性过低，被冲击断裂而失败，不得不停止研究。20 世纪六七十年代开始研究碳化物陶瓷材料在液体火箭发动机上的应用，但其抗氧化性能较低，仍旧无法大量使用。在此阶段，专利申请主要集中在美国、日本、德国、英国和加拿大等国家，而这些专利申请又主要集中在通用电气、圣戈班集团、陶氏以及宇部兴产株式会社等国外公司。

（2）第一快速增长期（1984~2002 年）

航空航天用碳化物陶瓷材料在此期间出现了第一次研究热潮。20 世纪 80 年代以来，随着航空航天技术发展的需要以及许多新技术、新工艺的出现，国外的碳化物陶瓷材料研究热潮又重新掀起。就专利申请量来说，这一阶段申请量较大的国家仍然是美国、日本、德国、法国等。发达国家在 20 世纪 80 年代开始探索使用碳/碳化硅代替卫星用姿控、轨控液体火箭发动机的铌合金燃烧室-喷管。如日本从 20 世纪 80 年代开始碳/碳化硅复合材料在航天领域的应用研究，采用前驱体转化法不仅成功实现了碳/碳化硅复合材料在姿控、轨控发动机推力室的应用，而且其在高温燃器透平、热交换器等方面得到广泛应用。❶ 20 世纪 80 年代初日本碳素公司研制出新型的碳化硅陶瓷纤维，其抗氧化性能优异，而且与金属、树脂及陶瓷基体的相容性良好。随后英国 ICI 和考陶尔德等公司开始研制高温增强纤维。陶瓷基体复合材料是以陶瓷为基体与各种纤维复合的一类复合材料，它克服了一般陶瓷的脆性，作为固体火箭发动机的内衬、喷管已取得了可喜的进展。1985 年，美国科学技术局提出了一项发展亚音速、超音速和跨大气层高音速飞机的计划，它和战略防御倡议（“SDI” 计划）结合在一起，使美国航空航天界掀起了迎接下一世纪的热潮。❷ 20 世纪 80 年代末 90 年代初，欧美国家已研制成功一系列碳化硅陶瓷基复合材料液体发动机燃烧室、推力室和喷管扩张段。在此阶段高推重比航空发动机用高温长寿命碳化硅陶瓷基复合材料正在向实用化发展，已在多种军、民用型号发动机的中等载荷静止项上演示验证成功，推重比为 9~10 级的发动机成为碳化硅陶瓷基复合材料的演示验证平台。美国在 IHPTET 第二阶段（1991~2000 年）计划中，试验了大量碳化硅陶瓷基复合材料构件，如整体燃烧室、整体导向器、整体涡轮、导向叶片、涡轮间过渡机匣、尾喷管等，在第三阶段（2001~2010）计划中，重点试验整体燃烧室和整体涡轮等。❸

---

❶ FROYUM K, GOEPLERT S, HENRICKSON J, et al. Honeywell micro electro mechanical systems（MEMS）inertial measurement unit（IMU）[J]. Proceedings of IEEE/ION PLANS 2012, 2012: 831-836.

❷ 杜善义，韩杰才，李文芳，等．陶瓷基复合材料的发展及在航空宇航器上的应用前景 [J]. 宇航材料工艺，1991（5）：1-11.

❸ 张立同，成来飞，徐永东．新型碳化硅陶瓷基复合材料的研究进展 [J]. 航空制造技术，2003（1）：24-32.

（3）第二快速增长期（2003年至今）

进入21世纪以来，航空航天用碳化物陶瓷专利申请增长迅速，世界各国高度重视先进材料。NASA和联邦航空局大规模应用了先进陶瓷，比如，在航空发动机上用陶瓷来替代其他材料，提出了关于先进陶瓷的多个计划，每年在对于先进材料的研究和应用上，投入多达35亿美元。各国在航天材料领域取得一系列新进展，一方面积极探索与学术界、工业界的合作，共同推动先进材料技术发展；另一方面，积极开展关键技术攻关，重点关注能提升航天装备性能的材料，力求通过新型材料的研制，简化航天装备结构。在此阶段，专利申请人主要为美国、日本、法国、中国等国家。在材料的制备上，日本拥有聚碳硅烷（Polycarbosilane，PCS）和连续碳化硅纤维制备技术，主要开展有机前驱体浸渍和裂解法制备碳化硅陶瓷基复合材料的研究，碳化硅/碳化硅的研究水平较高。法国在化学气相浸渗技术方面处于国际领先地位。德国以反应熔融浸渗和有机前驱体浸渍和裂解法技术为主，反应熔融浸渗技术世界领先。美国以有机前驱体浸渍和裂解法和化学气相浸渗技术为主，水平均较高。中国以化学气相浸渗、反应熔融浸渗、有机前驱体浸渍和裂解法技术为主，主要研究单位包括西北工业大学、航天材料及工艺研究所、西安航天复合材料研究所、上硅所、航空工业复合材料技术中心、国防科技大学等，中国航空航天用碳化物陶瓷材料专利申请量增长迅速，在材料制备技术方面，达到了国际先进水平。

6.2.2　技术构成分析

如表6-2-1所示，课题组将航空航天用碳化物陶瓷材料分为四个技术分支，分别为碳化物涂层、碳化硅增韧相、碳化物陶瓷以及碳化物陶瓷复合材料。从图中我们可以看出，航空航天用碳化物陶瓷材料技术分支中碳化物陶瓷复合材料领域申请量最多，占据比重最大，为759项，占比43.08%；碳化物涂层为517项，占比29.34%；碳化硅增韧相为249项，占比14.13%；碳化物陶瓷237项，占比13.45%。作为主要技术分支的碳化物陶瓷复合材料可细分为碳/碳化硅复合材料、碳化硅/碳化硅复合材料、碳化硼基复合材料以及其他碳化物复合材料，专利申请量分别为348项、251项、37项、123项。随着航空航天技术的发展，航空发动机、航天热防护系统、原子能等领域，对新材料尤其是高温结构材料，提出了更高的要求，希望出现具有低密度、高强度、高模量、高韧性、耐高温、耐腐蚀等优良性能的先进材料。因此，研究人员把目标锁定在纤维增强陶瓷基复合材料上。纤维增强陶瓷基复合材料具有类似金属的断裂行为，对裂纹不敏感，克服了一般陶瓷材料脆性大、可靠性差等致命弱点。目前应用最为广泛的陶瓷基复合材料主要有碳/碳化硅和碳化硅/碳化硅两种，碳/碳化硅的使用温度为1650℃，碳化硅/碳化硅为1450℃，这两种材料具有高温强度大、重量轻、耐腐蚀和耐磨损性好等优异性，且其高温能力将改善发动机性能、推重比和耗油率，可用于长寿命航空发动机的制造。

表6-2-1 航天航空用碳化物陶瓷材料专利技术分布

第一级	第二级	申请量/项	第三级	申请量/项
航天航空用碳化物陶瓷材料	碳化物陶瓷复合材料	759	碳/碳化硅复合材料	348
			碳化硅/碳化硅复合材料	251
			碳化硼基复合材料	37
			其他碳化物复合材料	123
	碳化物陶瓷	237		
	碳化物涂层	517		
	碳化硅增韧相	249		

6.2.3 技术原创国家/地区与目标国家/地区分析

图6-2-2为航空航天用碳化物陶瓷材料领域申请量排名前十位的技术原创国和目标国家/地区分布，其中技术原创国家/地区代表技术的来源国家/地区，目标国家/地区代表要求技术布局的国家/地区。从图中可以看出，航空航天用碳化物陶瓷材料领域专利申请量排名前十位的原创国分别是中国、美国、日本、法国、韩国、德国、俄罗斯、英国、印度和加拿大。其中，中国、美国、日本的专利申请量分别为918项、445项、163项，申请量均在100项以上，占全球申请量的80%以上，显示出该领域技术重点集中在中国、美国和日本；排名第四位和第五位的是法国和韩国，专利申请量分别为87项和58项。

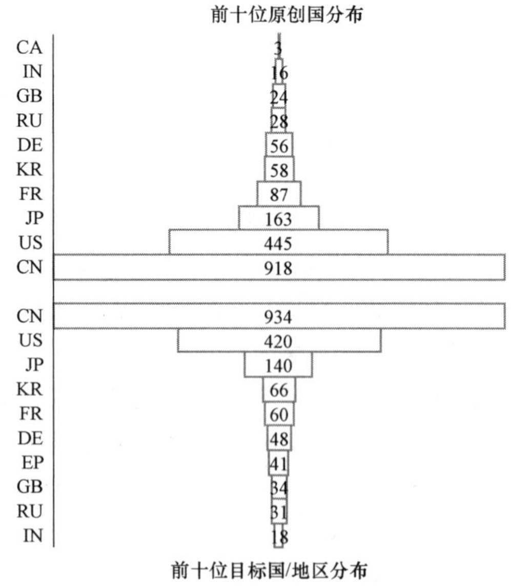

图6-2-2 航空航天用碳化物陶瓷材料前十位技术原创国家与目标国家/地区分布

注：图中数字表示申请量，单位为项。

专利申请量排名前十位的目标国家/地区分别是中国、美国、日本、韩国、法国、德国、欧洲、英国、俄罗斯和印度，其中在中国、美国、日本布局的专利申请量分别为934项、420项、140项。排名前三位的国家布局量均在100项以上，占了全球布局量的75%以上，这显示出该领域中国、美国、日本的市场比较活跃。

6.2.4 在华发展状况分析

6.2.4.1 区域专利申请分析

表6-2-2为申请量排名前十位的航空航天用碳化物陶瓷材料领域在华专利申请省份分布。从中可以看出，国内航空航天用碳化物陶瓷材料专利申请主要集中在陕西、湖南、北京、江苏、上海、浙江、黑龙江等地，其中陕西、湖南、北京、江苏四省市的航空航天用碳化物陶瓷材料专利申请集中度较高，专利申请量均达到100件以上，分别为125件、122件、115件、107件。陕西专利分布主要集中在西安，其专利申请量为124件，主要与西安拥有西安航天复合材料研究所（中国航天科技集团公司43所）、中国航天科技集团公司第四研究院（航天动力技术研究院）、西安总装备部、西北工业大学、国防科技大学西安校区等航空航天高校、研究院所有关。湖南专利主要分布在长沙，其专利申请量为106件，湖南将航空航天产业纳入制造强省建设重要内容，致力提升中小航空发动机、新材料等优势产品创新能力，支持湖南成为国家中小航空发动机的产业基地，同时在高校、科研院所方面拥有国防科技大学、中南大学等研发实力强的科研院校。北京专利申请量为115件，在航空航天技术研发上具有雄厚的研发实力与背景，拥有航天特种材料及工艺技术研究所、北京航空航天大学、中国航天空气动力技术研究院、中国运载火箭技术研究院等众多科研院所，以及拥有中国航空工业集团公司、北京卫星制造厂有限公司等企业。江苏的专利申请主要分布在苏州和南京，其专利申请量分别为58件、21件。苏州拥有众多航空航天领域的企业及科研院所，如拥有通用电气航空（苏州）有限公司，主要制造民用航空产品，包括发动机零部件、飞机结构件及操纵系统等，以及天骄通用航空（苏州）有限公司、苏州宏久航空防热材料科技有限公司、苏州赛力菲陶纤有限公司、中国科学院苏州纳米技术与纳米仿生研究所、航空纳米材料联合实验室等。

表6-2-2 航空航天用碳化物陶瓷材料在华申请主要省份分布

排名	省份	申请量/件	主要城市	申请量/件
1	陕西	125	西安	124
2	湖南	122	长沙	106
3	北京	115		
4	江苏	107	苏州	58
			南京	21
5	上海	63		

续表

排名	省份	申请量/件	主要城市	申请量/件
6	浙江	58	宁波	39
			杭州	12
7	黑龙江	43	哈尔滨	42
8	山东	34	淄博	9
9	辽宁	33	沈阳	21
10	湖北	32	武汉	19

6.2.4.2 法律状态分析

图6-2-3显示了航空航天用碳化物陶瓷材料在华发明专利法律状态分布。在这931件发明专利中，处于有效状态的专利有307件，占32.98%，处于在审状态的专利有342件，占36.73%，处于失效状态的专利有282件，占总量30.29%。鉴于近几年专利申请量逐年增加，在审发明专利申请的比例高于有效发明专利和失效发明专利的比例。而在失效的专利中，权利终止的主要原因为未缴年费、撤回和权利终止。

在华航空航天用碳化物陶瓷材料的专利基本为发明专利，实用新型专利只有3件，一定程度上说明该领域的技术门槛比较高。

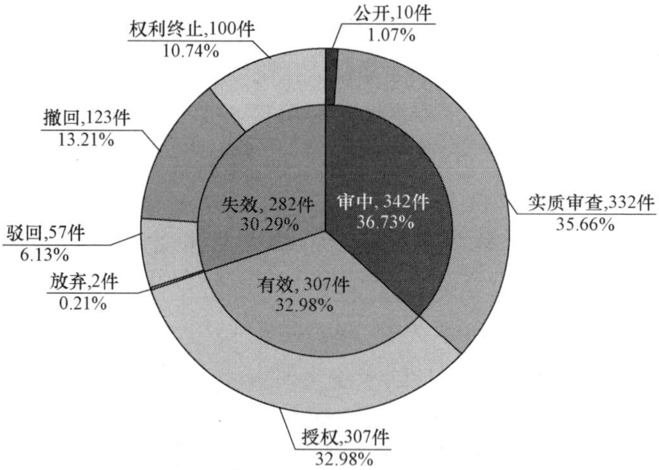

图6-2-3 航空航天用碳化物陶瓷材料在华发明专利法律状态分布

6.2.5 创新主体分析

6.2.5.1 全球主要创新主体分析

表6-2-3统计了航空航天用碳化物陶瓷材料全球专利申请排名前十位的创新主体。国防科技大学在该领域的申请量排名第一位，为72项；通用电气在该领域的申请量排名第二位，为66项；西北工业大学在该领域的申请量排名第三位，为65项。虽然全球排

名前三位的创新主体中国占 2 家，但是这两家主要在本国布局，很少到国外布局专利。

表 6-2-3　航空航天用碳化物陶瓷材料全球领军创新主体专利分布

排名	申请人	申请量/项	活跃度	平均被引次数	平均权利要求数	国别	申请持续时间
1	国防科技大学	72	49. 28%	3. 49	6. 82	中国	2005~2019 年
2	通用电气	66	21. 74%	15. 86	17. 06	美国	1966~2017 年
3	西北工业大学	65	49. 23%	20. 48	1. 29	中国	2002~2019 年
4	上硅所	43	53. 49%	0. 5	8. 95	中国	2004~2019 年
5	赛峰集团	43	28. 21%	3. 76	14. 9	法国	1963~2017 年
6	哈尔滨工业大学	34	39. 39%	1	8. 15	中国	1995~2018 年
7	联合技术公司	32	47. 06%	11. 12	12. 36	美国	1967~2018 年
8	航天特种材料及工艺技术研究所	28	93. 33%	0. 21	7. 29	中国	2012~2019 年
9	陕西科技大学	27	44. 44%	0. 59	6. 19	中国	2008~2018 年
10	苏州宏久航空防热材料科技有限公司	23	69. 57%	0. 43	2. 65	中国	2012~2019 年

从活跃度来看，航天特种材料及工艺技术研究所活跃度最高，为 93. 33%，江苏宏久航空防热材料科技有限公司居第二位，为 69. 57%，上硅所为 53. 49%，国防科技大学为 49. 28%，西北工业大学为 49. 23%，联合技术公司为 47. 06%，陕西科技大学为 44. 44%，哈尔滨工业大学为 39. 39%，赛峰集团为 28. 21%。可以看出，近 5 年，中国的创新主体技术研发较为活跃。

在全球排名前十位的申请人中，尽管来自中国的创新主体较多，但是中国创新主体的平均被引证次数和平均权利要求数不如美国的创新主体，说明中国创新主体的专利质量较美国有一定差距。虽然我国在材料技术研发上达到世界领先水平，但在航空航天碳化物陶瓷构件应用上，仍处于起步阶段，中国的创新主体需提高成果转化率，加强产学研合作。

6.2.5.2　在华主要创新主体分析

表 6-2-4 为航空航天用碳化物陶瓷材料在华专利申请排名前十位的创新主体专利分布。从专利申请量的角度来看，国防科技大学以 72 项专利申请量排名第一位，其次是西北工业大学以 65 项专利申请量排名第二位，上硅所以 43 项专利申请量排名第三位，哈尔滨工业大学以 34 项专利申请量排名第四位，航天特种材料及工艺技术研究所以 28 项专利申请量排名第五位，陕西科技大学以 27 项专利申请量排名第六位。从专利质量的角度看，国防科技大学平均被引次数为 3. 49，平均权利要求数为 6. 82，发明人数为 55 人；西北工业大学授权率达到 71. 74%，平均被引次数为 20. 48，平均权利要求数为 1. 29，发明人数为 84 人。这说明国防科技大学、西北工业大学专利质量较高，在

研发上拥有研发团队，具有较强的技术研发能力。江西嘉捷信达新材料科技有限公司平均被引次数为0，平均权利要求数为9.44，发明人数为2人，申请持续时间为2017~2019年，活跃度为100%；北京航空航天大学平均被引次数为0.27，平均权利要求数为8.67，发明人数为23人，申请持续时间为2017~2019年，活跃度为100%。这说明江西嘉捷信达新材料科技有限公司和北京航空航天大学是近年来发展的创新主体。

表6-2-4 航空航天用碳化物陶瓷材料在华重点申请人专利分布

排名	申请人	申请量/项	专利集中度	活跃度	平均被引次数	平均权利要求数	发明人数	申请持续时间
1	国防科技大学	72	7.71%	49.28%	3.49	6.82	55	2005~2019年
2	西北工业大学	65	6.96%	49.23%	20.48	1.29	84	2002~2019年
3	上硅所	43	4.60%	53.49%	0.5	8.95	50	2004~2019年
4	哈尔滨工业大学	34	3.64%	39.39%	1	8.15	41	1995~2018年
5	航天特种材料及工艺技术研究所	28	3.00%	93.33%	0.21	7.29	16	2012~2019年
6	陕西科技大学	27	2.89%	44.44%	0.59	6.19	23	2008~2018年
7	苏州宏久航空防热材料科技有限公司	23	2.46%	69.57%	0.43	2.65	11	2012~2019年
8	中南大学	19	2.03%	57.89%	0.63	7.11	61	2007~2018年
9	江西嘉捷信达新材料科技有限公司	16	1.71%	100.00%	0	9.44	2	2017~2019年
10	北京航空航天大学	15	1.61%	100.00%	0.27	8.67	23	2017~2019年

从专利集中度来看，国内创新主体专利集中度普遍较低，但近5年申请占比普遍较高，说明我国近几年较为注重航空航天用碳化物陶瓷材料技术的研究。但从表中的数据来看，在华专利申请量排名前十位的创新主体中只有2家企业，其余8家均为高校、科研院所，可见，国内该领域创新主体以高校、科研院所为主，国内高校在该领域具有一定的研究实力和技术积累，如何挖掘专利技术，提高科技成果转移转化率对于推动我国航空航天用碳化物陶瓷材料技术的进一步发展具有十分重要的现实意义。另外，国内创新主体专利集中度普遍较低，说明国内企业数量虽多，但规模普遍较小，中小微企业约占70%，多数中小微企业的核心技术基本依靠引进，其产品单一，制备成本较高，缺乏企业自主创新能力和市场竞争力。

6.3 热点材料专利分析：碳化硅复合材料

本节针对航空航天用碳化物陶瓷材料的碳化硅复合材料，分别就其技术发展脉络、技术功效、重点专利进行专利信息分析。

6.3.1　碳化硅复合材料技术功效分析

对航空航天用碳化硅复合材料的 348 项全球申请进行分析，得到技术功效，如图 6-3-1（见文前彩色插图第 5 页）所示。目前，碳化硅复合材料的结构改善、界面改性、基体改性、工艺改进、增强体是行业较为关注的改进手段，以提高复合材料力学性能、抗氧化性、抗烧蚀性、耐高温性、耐腐蚀性、致密度、耐磨性及缩短制备周期等。复合材料结构改善指对复合材料结构进行设计；界面改性指为提高复合材料整体性能而采取的改善增强体与基体接触面性能的措施，包括纤维与基体间界面改性、纤维表面改性等，如纤维表面氧化刻蚀、纤维涂层改性等；基体改性指对碳化硅基体改性，包括引入难熔金属的碳化物、硼化物，陶瓷基体表面改性，浆料浸渍中浆料组分改进等；工艺改进指复合材料制备工艺方面的改进；增强体改进指添加增强体达到基体材料增强增韧的效果，改善材料性能。

从图 6-3-1 中可以看出，航空航天用碳化硅复合材料改进的技术热点主要集中在工艺改进、基体改性以及界面改性上。工艺改进的专利申请主要集中在降低成本，提高力学性能、耐高温性能、耐磨性，专利申请量分别为 61 项、45 项、36 项、31 项；基体改性的专利申请主要集中在提高耐高温性能、抗氧化性能、抗烧蚀性能、力学性能，专利申请量分别为 26 项、17 项、15 项、12 项；界面改性的专利申请主要集中在提高力学性能和耐高温性能，其专利申请量分别为 18 项和 10 项。从近 5 年的专利申请量来看，除通过工艺改进达到降低成本的专利申请量较少以外，其他研究的申请量均较高，主要是由于通过工艺改进达到降低成本的技术比较成熟，近 5 年的研究方向集中在提高碳化硅复合材料的力学性能、耐高温性能、抗氧化性能、抗烧蚀性能方面。

而碳化硅复合材料最大的不足是碳纤维的抗氧化性能较差，因此，对于长时间使用环境的航空发动机而言，进行碳纤维及其复合材料的耐高温、抗氧化、提高其使用寿命和可靠性是研究的重点和难点。为了获得更好的耐高温性能，主要是采取工艺改进和基体改性，专利申请量分别为 36 项和 26 项；为了获得更好的抗氧化性能，主要是采取工艺改进和基体改性，专利申请量分别为 24 项和 17 项；为了获得更好的力学性能，主要是采取工艺改进和界面改性，专利申请量分别为 45 项和 18 项，较少采取复合材料结构改善，专利申请量为 7 项；为了获得更好的抗烧蚀性能，主要是采取基体改性和工艺改进，专利申请量分别为 15 项和 9 项，较少采取复合材料结构改善和界面改性，专利申请量均为 2 项。

以专利申请量来看，在工艺改进方面的专利申请量最大，主要有化学气相浸渗法、有机前驱物浸渍和裂解法、反应熔融浸渗法、热压烧结和反应烧结法、液相硅浸渍法等，以及它们的组合方法，例如热压烧结结合有机前驱体浸渍和裂解法，化学气相浸渗结合有机前驱体浸渍和裂解法等，以实现高的力学性能、耐高温性、抗氧化性、耐磨性，缩短制备周期，简化制备工艺等技术效果。其中化学气相浸渗和有机前驱体浸渍和裂解法成本相对较高，并且由于工艺自身的特点，得到的纤维增强碳化硅基复合材料具有较高的孔隙率，一般在10%~15%。这些孔隙的存在，为高温下氧的扩散提供了途径，致使材料的高温性能受到很大程度的制约。例如《固体火箭技术》杂志中的文章《聚碳硅烷制备C/C-SiC高温复合材料的应用》以聚碳硅烷（PCS）作为前驱体，采用前驱体浸渍和裂解法进行多周期的碳化硅致密，使基体具有较强的抗氧化、抗冲刷作用，虽制备出了满足航天环境应用的C/C-SiC复合材料，但制备周期长（6~10个月）、生产成本高（0.8~1.4万元/公斤）、脆性大、韧性较差等劣势，使之无法推广应用。有机前驱体浸渍和裂解法的优点是可制备具有任何形状的复合材料，并且可以获得优良的性能，例如CN107188590A，采用有机前驱体浸渍和裂解工艺成型方式，制得的纤维增强碳化硅基复合材料制件的形状、厚度能够精确控制。反应熔融浸渗法制备碳/碳化硅复合材料具有工艺简单、周期短、成本低、最终产品致密度高等优点，例如专利CN105884389B采用液相渗硅技术大大缩短硅碳反应时间，仅1个周期即可达到利用聚碳烷硅前驱体的有机前驱体浸渍和裂解法8~16个周期的效果，克服了采用有机前驱物浸渍和裂解法制备成本高、周期长的缺点。采用热压烧结制备的纤维增强碳化硅基复合材料具有较高的致密度，各项性能也较好，但受热压形式的制约，对于形状相对比较简单的材料具有较强优势。反应烧结制备纤维增强碳化硅基复合材料是一种实用的技术，且价格低廉，但其技术目前均集中在以液相硅的方式渗透，通常是在高温条件下使硅熔融，利用毛细作用下向多孔体内渗透，与碳反应形成碳化硅，但其工艺控制比较难，液相硅渗透过程中反应速度相对于液相渗透速率太快，使得工艺不易受控制，易堵塞孔道、生成缺陷等从而影响材料的制备及其性能，为此，对此研究工艺进行了改善，专利CN100371302C提供了一种气相渗硅工艺制备致密纤维增强碳化硅基复合材料的方法，采用以熔融态液体产生一定饱和蒸气压，在高温下使得硅熔化并产生硅蒸气，均匀渗透到多孔体内部，并与碳反应生成碳化硅，有效形成致密材料，以减少孔隙，提高材料性能，改变传统渗硅的方式，避免进入孔道时发生堵塞造成缺陷，使得硅渗透过程易受控制。由于各种工艺均具有自身缺陷，因此较多研究采用工艺组合方法，例如专利CN105016759A采用有机前驱体浸渍和裂解法结合等离子放电烧结法，利用有机前驱体浸渍和裂解法浸渍薄层时间短以及等离子放电烧结法烧结迅速的特点，从而实现碳/碳化硅复合材料制备，适用于小型致密构件的制造，比传统化学气相浸渗法和有机前驱体浸渍和裂解法可以节省95%的时间，并显著提高复合材料致密度，降低复合材料制造成本。目前，日本主要开展有机前驱体浸渍和裂解法制备C-SiC的研究；法国在化学气相浸渗技术方面处于国际领先地位；德国以反应熔融浸透和有机前驱体浸渍和裂解技术为主，其反应熔融浸透技术世界领先；美国以有机前驱体浸渍和裂解法和化学气相浸渗技术为主，水平均较高；中国以化学气相浸渗、反应熔融浸透、有机前驱体浸渍和裂解技术为主。从专利量可以看出，全球在工艺改进方面研究较为深入，技术较为成熟。

基体改性可以达到高的耐高温性、抗氧化性、抗烧蚀性、力学性能等，目前涉及基体改性的组分一般是氧化后能生成玻璃体的物质（如B、B_XC），以及难熔金属的碳化物、硼化物（如 ZrC、ZrB_2、HfC、HfB_2、TaC 等），用来改性碳/碳化硅复合材料基体的微粒主要有 TiC、B_4C、SiB_4、ZrB_2等，引入基体的微粒弥散分布在基体内，高温环境下氧气通过孔隙和裂纹进入基体内部，改性颗粒与氧气发生反应生成 B_2O_3、SiO_2和 ZrO_2等物质，在高温下这些物质形成玻璃体，充填部分孔隙和裂纹，阻止氧气向内部扩散。例如专利 US8236718B1，在基体相中引入 ZrB_2相，使得复合材料达到较好的力学性能、耐高温性能、抗烧蚀性能；专利 CN103288468A，在基体相中引入 ZrC 相。

界面改性可以实现陶瓷粒子均匀分散及高的力学性能、耐高温性、抗氧化性等。界面结合强度低，即增强纤维与基体很容易分离，在材料的断面可观察到脱黏、纤维拔出、纤维应力松弛等现象，起不到增强作用，但界面结合强度太高，即增强纤维与基体之间应力无法松弛，而形成脆性断裂。界面改性专利申请涉及的技术手段主要有涂覆界面层、碳纤维表面改性等。涂覆界面层主要指在制造碳/碳化硅复合材料时，纤维和基体材料支架由于化学反应，会产生一层特殊的物质，这层新物质称为界面层。界面层可以传递轴向载荷，减缓纤维脱黏、断裂、拔出，从而提高复合材料的断裂韧性，避免了材料的突然脆性失效。通常可通过在纤维表面预先沉积一层薄的碳、BN、ZrO_2或 SnO_2等涂层来制造界面层。例如专利 CN108059475A 采用多壁碳纳米管黏附在增强碳纤维上，界面层包覆在增强碳纤维和多壁碳纳米管表面，碳化硅基体填充在增强碳纤维围成的间隙中；所述的界面层为 PyC 或 BN，达到改善基体和纤维的结合界面，提高碳/碳化硅复合材料的力学性能的目的。碳纤维表面改性最常用的方法为无机酸处理法，目的是使碳纤维材料表面更为光滑，碳纤维能更好地与基体相结合，专利 FR2850649B1 则采用表面刮削使得材料表面更为光滑，再通过化学气相浸渗填补表面孔隙。

6.3.2 碳/碳化硅复合材料技术发展脉络分析

界面改进、基体改进和增强体是碳/碳化硅复合材料领域的研究热点，图 6-3-2 列出了碳/碳化硅复合材料技术发展脉络，分别介绍了增强体、界面改进和基体改进三方面的技术发展历程。

从碳/碳化硅复合材料的整体发展历程来看，增强体、界面改进和基体改进一直贯穿碳/碳化硅复合材料的发展过程，对于复合材料来说，任何一个部分的改进都可能带来性能的飞跃。

（1）涉及增强体的改进

1986 年，日本工业技术院采用连续碳纤维增强碳化硅复合材料，自此打开了碳/碳化硅复合材料专利申请的大门（US4722817A）；1996 年，EUROP PROPULSION 公开了呈径向膨胀的长纤维（FR2756277A1）；1997 年，德国西格里石墨公司对增强体进一步改进，采用石墨化碳壳包围的高强度短碳纤维增韧，达到复合材料耐高温抗氧化的效果（DE19710105A1）；2004 年，日本 IHI 株式会社以主纤维和辅助纤维共同增韧，达到补偿增韧的效果（CN100564319C）；2008 年，国防科技大学采用二维纤维布为增强相，达到周期短、成本小且层间剪切强度高、结构稳定、可靠性高、比强度高、耐高温烧蚀和高速粒子冲刷、密度低的效果（CN101224989A）；2011年，国防科技大学与湖南中坚科技有限公司采用三维纤维为增强相以达到较好的结构整体性和材料力学性能（CN102206090A）；2014年，西北工业大学采用一维纳米纤维作为增韧相，克服由陶瓷基体本身脆性大、碳陶两基体之间热物理性能匹配失调而造成的碳陶构件力学和抗烧蚀性能不佳的问题（CN103964883B）；2015年，赛峰集团运用多层编织方法制成纤维（US10328604B2）；2016年，赛峰集团采用不小于200tex的纱线进行多层编织，达到较好的表面状态，得到厚度小且较大数量的编织层以实现高的致密性（US9784217B2）。通过上述专利申请可以得出，在增强体方面的技术发展主要为：从采用相对较易制备的长纤维增强增韧发展到采用性能较好、制备工艺较难的短纤维增强增韧，进而采用主纤维和辅助纤维共同增韧，达到补偿增韧的效果，发展到采用具有更高性能的二维、三维纤维布及纳米纤维增强相及多层编织的纤维增强相。

（2）涉及界面的改性

1986年，日本工业技术院在碳纤维表面涂覆碳化硅抑制碳化硅基体和连续碳纤维之间的反应（US4722817A）；1991年，揖斐电采用碳纤维和一氧化氮反应，使碳纤维表面转化为碳化硅（JP2995583B2）；1994年，德国航空航天中心在纤维表面形成黏结层（DE4438456C2）；2006年，上硅所通过原位反应在纤维表面形成抗氧化层达到高的耐高温抗氧化效果（CN100415690C）；2007年，西北工业大学采用PyC基体取代部分碳化硅基体形成$(PyC/SiC)_n$多层基体来克服对碳/碳化硅陶瓷基复合材料结构控制有限的问题，进一步提高强韧性（CN101033137A）；2013年，上硅所采用原位生长碳化硅纳米线增韧碳纤维，用聚碳硅烷作为碳化硅纳米线的原料，在催化剂的作用下以一种新的机制在碳纤维预制体内部原位引入碳化硅纳米线，再经过前驱体真空高压浸渍裂解工艺制备原位生长碳化硅纳米线增强碳/碳化硅复合材料，以达到分布均匀、抗弯力好的效果（CN103553616B）；2014年，西北工业大学在碳纤维上制备PyC，再电泳沉积碳纳米管（CN104150939B）；2016年，西北工业大学直接利用电还原氧化石墨烯与电泳碳纳米管的方法将其二者引入纤维与基体间界面（CN105693262B）；2017年，南京航空航天大学采用多壁碳纳米管黏附在增强碳纤维上，界面层包覆在增强碳纤维和多壁碳纳米管表面，碳化硅基体填充在增强碳纤维围成的间隙中，所述的界面层为PyC或BN，厚度为0.3~3μm（CN108059475A）；2018年，西北工业大学采用的是在复合材料内部原位自生纳米层状$Zr_3Al_3C_5$相（CN109095925A）。通过上述专利申请可以得出，在界面的改性方面的技术发展主要为：前期采用直接在碳纤维表面改性使碳纤维表面转化为碳化硅从而达到抑制基体和纤维之间的反应的目的，再发展到在纤维表面形成黏结层、抗氧化层以达到增强界面的结合力的效果，继而在纤维表面预先沉积一层薄的C、BN、PyC、ZrO_2或SnO_2等涂层来制造界面层，以及在表面原位自生颗粒相，达到纤维与基体更好融合的效果。

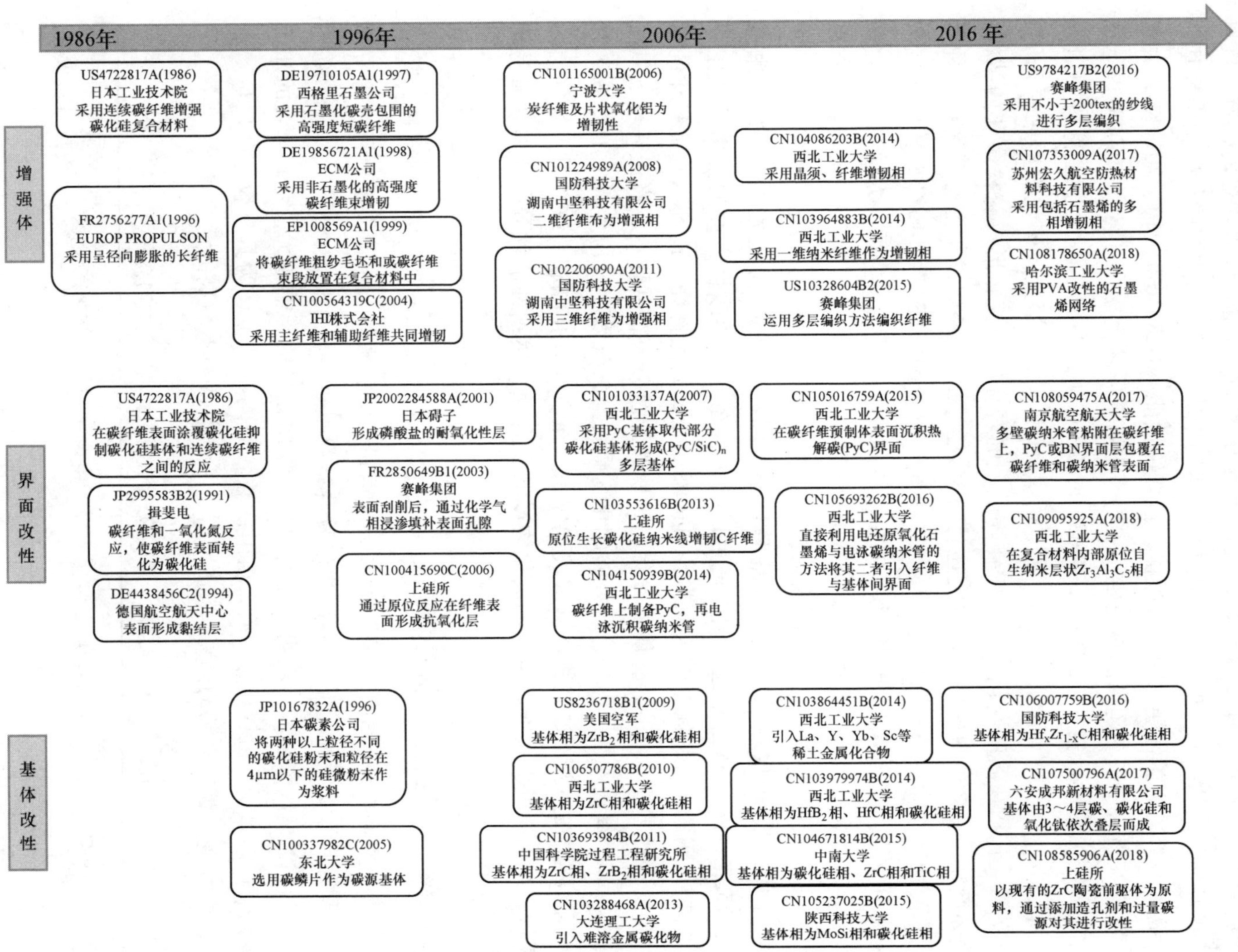

图 6-3-2　航空航天用碳/碳化硅复合材料技术脉络

（3）涉及基体的改性

1996年，日本碳素公司将两种以上粒径不同的碳化硅粉末和粒径在4μm以下的硅微粉末作为浆料（JP10167832A）；2005年，东北大学选用碳鳞片作为碳源基体，TiO_2作为烧结助剂，使得这种复合材料在抗氧化能力增大的同时，改善陶瓷的抗拉、抗弯强度以及韧性（CN100337982C）；2009年，美国空军采用ZrB_2相和碳化硅相作为基体相，达到较好的力学性能、耐高温性能、抗烧蚀性能（US8236718B1）；2013年，大连理工大学在材料中引入超高温陶瓷相（主要为难熔金属碳化物），达到在1600℃以上抗氧化、耐烧蚀的性能需求（CN103288468A）；2014年，西北工业大学在材料中引入La、Y、Yb、Sc等稀土金属化合物，解决了现有技术中难熔金属碳化物形成的ZrO_2、HfO_2等氧化产物在温度变化的过程中伴随晶型的转变体积变化形成疏松多孔的结构，材料表面缺少有效的保护层，使得上述材料难以承受重复烧蚀的缺点，开发了一种具有可重复烧蚀性能的超高温陶瓷基复合材料（CN103864451B）；2016年，国防科技大学采用$Hf_xZr_{1-x}C$相和碳化硅相作为基体相，达到成本较低，耐烧蚀、力学和抗氧化性能优异，基体含量易于控制的效果（CN106007759B）；2017年，六安成邦新材料有限公司采用三维针织编织体的碳纤维为增韧相，采用由3~4层碳、碳化硅和氧化钛依次叠层而成，最外层为氧化钛的基体，达到较好的抗氧化性能、力学性能（CN107500796A）。通过上述专利申请可以得出，在基体的改性方面的技术发展主要为：前期采用碳化硅粉体和碳为原料，通过添加金属氧化物烧结助剂达到抗氧化的目的；再发展到通过引入难熔金属的硼化物，使其弥散分布在基体内，高温环境下氧气通过孔隙和裂纹进入基体内部，改性的硼化物颗粒与氧气发生反应生成B_2O_3、SiO_2和ZrO_2等物质，在高温下这些物质形成玻璃体系，充填部分孔隙和裂纹，阻止氧气向内部扩散；继而通过引入难熔金属的碳化物或其复合相，达到性能优异、基体含量易于控制的效果。

6.3.3 碳/碳化硅复合材料重点专利

本节从专利申请的被引次数、权利要求数量、同族数量、申请人重要程度等方面来考量和筛选重点专利，得到碳/碳化硅复合材料重点专利，见表6-3-1。一般认为，一件专利的被引次数越多，表明该专利对后续发明创造的影响越大，专利蕴含的知识越多，潜在的市场价值越高，因此，被引次数较高的专利被认为具有较高的质量。进而，拥有较多高被引专利的国家、机构和个人会被认为具有较高的竞争力。

表6-3-1 航空航天用碳/碳化硅复合材料重点专利列表

序号	公开号	申请人	申请日	同族国家/地区	被引次数	权利要求数
1	US4722817A	日本产业技术综合研究所；国际贸易工业部	1986-03-28	JP，US	38	8
2	DE19710105A1	西格里石墨公司	1997-03-12	EP，DE，JP，US	97	16

续表

序号	公开号	申请人	申请日	同族国家/地区	被引次数	权利要求数
3	DE19856721A1	ECM 公司	1998-12-09	EP, AT, DE, ES	22	15
4	JP2004509792A	Carbon Akuchiengezerushafuto Esugeeru	2001-09-24	EP, WO, DE, US, CA, JP	7	28
5	US20030168757A1	德国大众公司	2002-12-23	US, EP, DE, JP	22	12
6	US7736554B2	赛峰集团	2005-04-14	GB, DE, FR, JP, IT, NO, US	13	15
7	CN101033137A	西北工业大学	2007-02-06	CN	35	2
8	CN101224989A	国防科技大学	2008-01-29	CN	103	9
9	FR2979341A1	赛峰集团	2011-08-31	KR, US, CN, EP, JP, BR, FR, IN, WO	1	15
10	CN103288468A	大连理工大学	2013-05-14	CN	40	9
11	CN104671815A	中南大学	2015-01-19	CN	4	10
12	CN105016759A	西北工业大学	2015-07-01	CN	9	7
13	CN110028329A	航天特种材料及工艺技术研究所	2018-01-11	CN	0	10
14	CN108178650A	哈尔滨工业大学	2018-01-22	CN	0	10
15	CN108585906A	上硅所	2018-04-23	CN	0	11

进一步分析上述重点专利的技术方案，其中专利 DE19710105A1、DE19856721A1、CN101224989A、US9784217B2、CN108178650A 的技术方案均涉及碳/碳化硅复合材料增强体；专利 US4722817A、JP2004509792A、CN101033137A、CN105016759A、CN110028329A 的技术方案均涉及碳/碳化硅复合材料界面改性；专利 US20030168757A1、FR2979341A1、CN103288468A、CN104671815A、CN108585906A 的技术方案均涉及碳/碳化硅复合材料基体改性。下面根据专利被引次数，从重点专利中选取引用量最高的 3 件专利进行分析。

（1）CN101224989A

专利名称为“二维纤维布增强陶瓷基复合材料及其制备方法”，申请日为 2008 年 1 月 29 日，专利权人为国防科技大学。该专利公开的技术方案为：一种二维纤维布增强陶瓷基复合材料，其特征在于所述复合材料以二维纤维布为增强相，以高熔点陶瓷粉体和/或耐高温金属粉体为填料，以碳、碳化硅、氮化硅、氮化硼或氧化物为基体，所述二维纤维布是经过叠层、穿刺纤维穿刺连接成整体后作为复合材料的增强相的。与现有技术中对纤维布针刺、缝合制备预制件不同，该发明的复合材料通过对涂刷含有陶瓷粉体或金属粉体浆料的纤维布进行叠层、穿刺制备得到。该技术方案的技术效果是以二维纤维布为增强体，以保证复合材料具有较高的断裂韧性及高使用可靠性；通过对纤维布进行穿刺、缝合，可以提高复合材料及其构件的层间剪切强度，改善复合材料及其构件的层间剪切性能，从而提高复合材料使用的可靠性，以更好地应用于大尺寸、复杂构件的成型。且与现有的三维编织预制件相比，该方案可以显著降低复合材料的制备成本，同时陶瓷微粉的引入，又可以缩短制备周期，进一步降低了制备成本。

该专利被引次数较多，共计103次，权利要求数量为9项，说明该专利技术先进性较好。

（2）DE19710105A1

专利名称为“用石墨短纤维增强的碳化硅复合材料”，申请日为1997年3月12日，专利权人为西格里石墨公司。该专利公开的技术方案为：一种高密度复合材料，其在连续操作中可耐1700℃的高温，复合增强纤维是被石墨化的碳壳包围的石墨化高强度短碳纤维，也称为石墨纤维，该壳通过将包围石墨纤维的合成树脂壳焦化然后进行石墨化而获得，石墨化的碳壳至少形成两层，碳素结构是由碳化体获得的，其中碳纤维仅被碳壳包围，在制造过程中至少再次被合成树脂浸渍，然后燃烧，在最终石墨化之前碳化。这种后处理使得碳化过程中在最里面的第一个壳中形成的小裂纹和孔也被封闭，硅可以通过这些小裂缝和孔渗入到石墨纤维中，被石墨化碳鞘围绕的石墨纤维被嵌入复合材料中。该复合材料主要由碳化硅构成，该碳化硅还包含高达20%重量的游离硅和最少量的未反应碳，并牢固地结合在该基质上，基体的硅含量低于15%重量，更优选低于5%重量。该技术方案的技术效果是使复合材料的断裂伸长率在0.25%~0.5%的范围内，孔体积不大于5%，拥有高抗弯强度、良好的导热性和中等导电性、抗热震性、耐磨性和抗氧化性，适用于在高温氧化气氛中承受动态载荷的应用，可以用作燃气轮机的零件、轮机叶轮、燃烧器和喷嘴的组件等。

该专利被引次数较多，共计97次，权利要求数量为16项，在4个国家进行了专利布局，说明该专利技术先进性和保护强度较好。

（3）US7736554B2

专利名称为“用不渗透的热结构复合材料制造零件的方法”，申请日为2005年5月14日，专利权人为赛峰集团。该专利公开的技术方案及技术效果为：由至少一种由耐火纤维制成的纤维增强物形成多孔基材，通过碳的第一相和碳化硅的第二相使增强物致密化，并且根据该发明，用基于熔融硅的组合物浸渍多孔基材，以填充基材的孔，在用熔融硅浸渍衬底之前，将纤维涂覆在碳化硅的基质相中，然后渗入基材的硅不能与纤维的碳或基体的碳接触，因此不能与之反应形成碳化硅，避免了材料内部体积增加的现象，从而抑制开裂，这确保了材料内保持高度的不渗透性。

该专利被引次数共计13次，权利要求数量为15项，在6个国家进行了专利布局，说明该专利保护范围较广、保护强度较好。

6.4 热点材料专利分析：碳化硅/碳化硅复合材料

本小节针对航空航天用碳化物陶瓷材料的碳化硅/碳化硅复合材料，分别就其技术发展脉络、技术功效、重点专利进行专利信息分析。

6.4.1 技术功效分析

本课题组对航空航天用碳化硅/碳化硅复合材料的251项全球申请进行分析，得到技术功效矩阵，如图6-4-1所示。碳化硅/碳化硅复合材料的结构改善、界面改性、基体改性、工艺改进、增强体是目前行业较为关注的改进手段。从图6-4-1中可以看出，航空航天用碳化硅/碳化硅复合材料技术热点的改进主要集中在工艺改进和界面改进上。工艺改进的专利申请主要集中在提高力学性能、致密度和降低成本，专利申请量分别为49项、36项和34项；界面改性的专利申请主要集中在提高力学性能、抗氧化性能、耐高温性能，专利申请量分别为28项、15项和12项。从近5年的专利申请量来看，其研究方向主要集中在提高碳/碳化硅复合材料的力学性能、致密度，降低成本及简化工艺等方面。

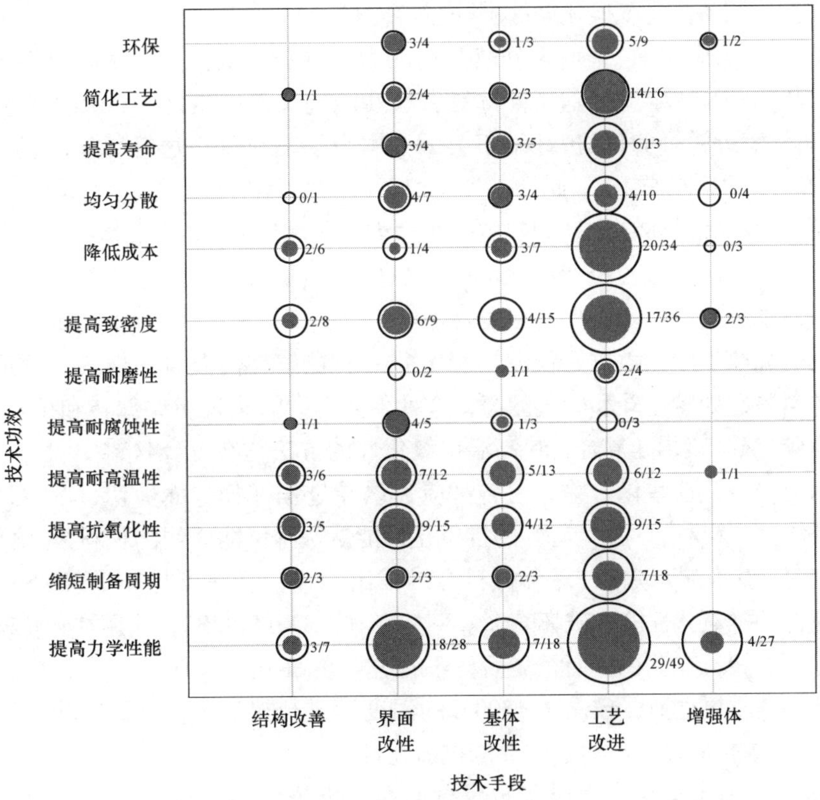

图6-4-1 航空航天用碳化硅/碳化硅复合材料技术功效矩阵

注：图中数字表示专利申请量，单位为项。内圈表示近5年申请量。

碳化硅/碳化硅复合材料因拥有低密度、优异的高温力学性能和抗氧化性能，在航空发动机热端部件上具有广阔的应用前景，具备提高发动机推重比和使用温度、减轻无效重量、简化系统结构等显著优势，然而采用的碳化硅纤维性能虽好但是价格较贵，因此降低碳化硅/碳化硅复合材料制备成本、延长碳化硅/碳化硅复合材料在航空发动机高温氧化环境下的服役寿命是当前需要解决的难题。为了降低成本，主要采取工艺改进和基体改性，对应专利申请量分别为 34 项和 7 项，较少采取复合材料结构改善和添加增强体，专利申请量分别为 6 项和 3 项；为了提高使用寿命，主要采取工艺改进、基体改性和界面改性，专利申请量分别为 13 项、5 项和 4 项；为了获得更好的力学性能，主要采取工艺改进和界面改性，专利申请量分别为 49 项和 28 项，较少采取复合材料结构改善，专利申请量为 7 项；为了获得更好的致密度，主要采取工艺改进和界面改性，专利申请量为 36 项和 15 项，较少采取添加增强体，专利申请量为 3 项。

从图 6-4-1 中可知，工艺改进方面的专利申请量最大，通过工艺的改进可实现降低成本、简化工艺、提高力学性能和致密度等技术效果。碳化硅/碳化硅的性能与其制备工艺密切相关，目前，传统制备工艺包括：有机前驱体浸渍和裂解、化学气相浸渗和反应熔融浸渗等。近年来还出现了一些新的方法，如纳米浸渍与瞬态共晶法、电泳渗透与瞬态共晶法以及多种方法联合使用的新工艺。例如专利 KR1020110107156A，采用电泳法结合超声波控制，制备高密度碳化硅/碳化硅复合材料。

界面改性可实现陶瓷粒子均匀分散及高的力学性能、致密度、耐高温性、抗氧化性等，因此，界面相是决定陶瓷基复合材料力学性能的关键因素之一，其主要功能是阻挡或者偏转基体微裂纹，同时保护纤维不会因为本身缺陷在复合材料制备过程中受损伤或者早期失效（力学熔断作用），此外，界面相还可以作为扩散阻挡层。一般认为良好的界面相材料要具有层状晶体结构（如热解碳和六方氮化硼等），这些层状材料均匀沉积在平行于纤维表面的方向上，各个亚层之间结合较弱，但是整个界面相与纤维具有较强的结合。目前广泛涉及的多元多层界面相主要是 $(X-Y)_n$ 型的多层界面相，其中 X 主要是裂纹偏转材料，如热解碳和六方氮化硼；而 Y 指一种能够在高温氧化性气氛下形成流动的氧化物相的材料，如碳化硅和碳化硼等，这种界面可同时实现裂纹偏转和抗氧化的功能。另一种提高碳化硅/碳化硅复合材料高温抗氧化性的方法是在复合材料中引入一层合适的氧化物作为界面相，这些化合物具有各种应力诱导过程（如界面剪切、孪生、相变等），能够弱化纤维-基体键合，并具有好的抗氧化性能。一种可能应用的材料是 ZrO_2，涂层达到理想结构时，碳化硅/碳化硅复合材料纤维拔出明显，呈现出与 SiC/BN/SiC 复合材料相当的或更好的抗氧化性能和破坏寿命。例如专利 US9611180B2，采用在碳化硅纤维表面沉积氮化硼界面相，在沉积界面相之后，不预先将界面相暴露于氧化气氛中，并且在沉积界面相上的基质层之前，在高于 1300℃ 的温度下进行热处理，直到完成预制坯的致密化，使碳化硅/碳化硅复合材料达到高的抗氧化性。

基体改性可降低成本，达到高的耐高温性、抗氧化性、致密度、力学性能等。碳化硅/碳化硅复合材料由于制备工艺的局限，不可避免地存在孔隙和裂纹，而孔隙和裂纹在高温氧化环境中成为氧进入复合材料的通道，削弱了复合材料在高温热力氧化环境中的整体抗氧化能力，目前研究热点在于自愈合基体的制备。自愈合基体的组元主要有B−C陶瓷和Si−B−C陶瓷，B−C陶瓷氧化后生成的B_2O_3玻璃相在高温下发生黏性流动，可以封填孔隙和微裂纹。制备自愈合基体主要有两种方法：第一种是在碳化硅基体中弥散地掺入一些在高温下能形成液相的自愈合组元，然后将弥散有自愈合组元的材料作为碳化硅/碳化硅复合材料的基体，如SiC/Si−B−C，其中Si−B−C陶瓷可以看成是碳化硅纳米晶和非晶碳化硼的弥散混合物。第二种是将B−C陶瓷和Si−B−C陶瓷与碳化硅基体设计成层层相互交替复杂精细的多层微结构，一方面可以对裂纹进行封填，使复合材料具有自愈合功能；另一方面也可以缓解纤维和基体之间的热膨胀失配，减小裂纹开口宽度，更有利于玻璃相进行封填。专利FR2983193B1则采用自愈合相，由至少一个热解碳（PyC）或硼掺杂碳（BC）层形成一种中间相，由于复合材料结构中的PyC层或者BC相间支撑裂缝的偏差到达后将在基体中自身传播，预防或延缓裂缝的生长，达到自愈合，从而增强纤维的断裂强度，提高寿命。

6.4.2 技术发展脉络分析

界面改进和增强体是碳化硅/碳化硅复合材料领域的研究热点，图6−4−2为碳化硅/碳化硅复合材料技术脉络。从碳化硅/碳化硅复合材料的整体发展历程来看，界面改进和增强体改进一直贯穿碳化硅/碳化硅复合材料的发展过程。以下简单介绍界面改进和增强体的专利发展历程。

（1）涉及界面的改性

1990年，通用电气采用在纤维表面涂有一种β相稳定剂组合物（这种组合物含有Mo、Cr、W、Ta、Pd、Nb、Ag、Zr、Hf、V、Re、Ir、Mn、Fe、Co、Ni、Cu、Pt、Au、Sn中至少一种元素），达到抑制纤维断裂效果（IT9022499D0）；1991年，住友在纤维表面涂覆由碳化硅或氮化硅（Si_3N_4）组成的耐酸性致密层，使复合材料在1500℃以上的高温下，拥有优秀的强度特性，具有耐酸性及高韧性（JP05051268A）；1998年，日本科学技术厅金属材料技术研究所与科学技术振兴事业所采用在碳化硅纤维和碳化硅相的界面上介导析出碳层的方法，防止在高温区造成强度下降致使碳化硅纤维分解（JP11335170A）；2001年的专利申请JP4707854B2，在碳化硅表面上形成碳和BN界面层，提高纤维与基体的接合强度；2004年的专利申请US7687016B1，在碳化硅纤维的表面上沉积薄的界面涂层，以减小纤维内的应力，提高寿命；2004年，通用电气将BN涂层以梯度方式或以阶梯方式层叠，改变涂层厚度达到不同的物理性质（US20060147688A1）；2011年，法国原子能委员会通过对碳化硅纤维表面进行化学蚀刻处理来降低碳化硅纤维表面的粗糙度（FR2984884B1）；2015年，国防科技大学在碳化硅纤维表面制备界面涂层，界面涂层为热解碳（PyC）涂层、六方氮化硼（h−BN）涂层或者PyC涂层与h−BN涂层组成的复合涂层，改善了复合材料中纤维与基体的界面结合，提高了复合材料的弯曲强度和断裂韧性（CN105152671B）；2017年，苏州宏久航空防热材料科技有限公司采用复合界面层，其为BN界面、ZrO_2界面、$LaPO_4$界面以及碳化硅界面的其中任意两种或三种交替周期叠加形成，达到耐高温、抗氧化的效果（CN107540400A）；2018年，航天特种材料及工艺技术研究所采用硅酸钇界面层作为碳化硅/碳化硅复合材料的纤维界面层，由于其晶体结构的优势，晶体可以发生微小解理和位错，实现裂纹偏转和应力释放，能有效起到增韧作用，硅酸钇界面层有极低的氧渗透率，相比于传统PyC界面层和BN界面层，能够十分有效地抵抗基体中游离氧对纤维的侵蚀，保持碳化硅/碳化硅复合材料性能的稳定性，增加其使用寿命（CN109053207A）；2018年，湖南博翔新材料有限公司采用双靶磁控溅射在碳化硅纤维表面获得了MAX相界面层，采用磁控溅射的方法对碳化硅纤维编织项进行沉积MAX相，获得含MAX相界面层的碳化硅纤维编织项，然后采用前驱体浸渍裂解的方法陶瓷化获得碳化硅/碳化硅复合材料，其中所述MAX相为Ti_3SiC_2，此界面层作为一种全新的纤维增韧陶瓷基复合材料界面层，目前仍然处于探索阶段（CN109608217A）。通过上述专利申请可以得出，在界面改性方面的技术发展主要为：从在纤维表面涂有β相稳定剂组合物或耐酸性致密层等达到抑制纤维断裂、较高强度的效果，发展到在碳化硅表面上形成碳和BN界面层、PyC层等的界面涂层，进而研究出将涂层以梯度方式或以阶梯方式层叠，使得能够通过改变涂层厚度达到不同的物理性质的效果，再到采用任意两种或三种涂层交替周期叠加形成复合涂层，达到改善复合材料中纤维与基体的界面结合，近年来探索研究MAX相界面层。

（2）涉及增强体

1985年，日本工业技术院采用碳化硅纤维增强碳化硅复合材料，提高复合材料的抗氧化性能（JP61197472A）；1989年，揖斐电采用短纤维增强碳化硅复合材料达到在基质中均匀分散的效果，该纤维以互相纠缠态存在，使这些纤维在高密度成型体内可产生强结合力，达到优良的韧性（US5273941A）；1991年，MAN TECHNOLOGIE GMBH使用简单的单向纤维堆叠，提高耐高温性能（GB2252315A）；1996年，圣戈班集团采用呈径向膨胀的长纤维（FR2756277A1）；2004年，通用电气使用偏置陶瓷织物制备的涡轮发动机部件具有更高的拉伸应力（US7306826B2）；2006年，宁波大学采用片状氧化铝颗粒结合碳化硅晶须增韧达到增韧补强的效果（CN101164992B）；2008年，韩国原子力研究所采用一维碳化硅纳米结构生长的纤维使得制造的大尺寸复合材料能够具有均匀密度（KR101038475B1）；2010年，赛峰集团采用三维或多层编织的纤维的复合材料制备航空燃气轮机喷嘴元件，以改善燃气轮机的性能，减少污染排放（US9022733B2）；2014年，太仓派欧技术咨询服务有限公司以改性高温合金丝（铌钨、钨钼或钨铼等高温合金丝）混编纤维作为增韧相使其在2000℃以下能够长期使用（CN103951453B）；2017年，西北工业大学采用准各向同性、网状结构碳化硅短切纤维毡为预制体，以准各向同性、网状结构预制体取代传统的一维单向、二维/二维半铺层（2D、2.5D）和三维（3D）等各向异性预制体结构，制备一种可在复杂应力下服役的准各向同性陶瓷基复合材料（CN107417291A）；2018年，ADVANCED CERAMIC FIBERS LLC采用六方结构纤维，纤维可以不直接接触基体材料，而是设置在增强六方碳化硅纤维上的六方晶体的界面涂层（WO2019050619A1）。通过上述专利申请可以得出，在增强体改进方面的技术发展主要为：从采用短纤维增强增韧发展到采用简单的

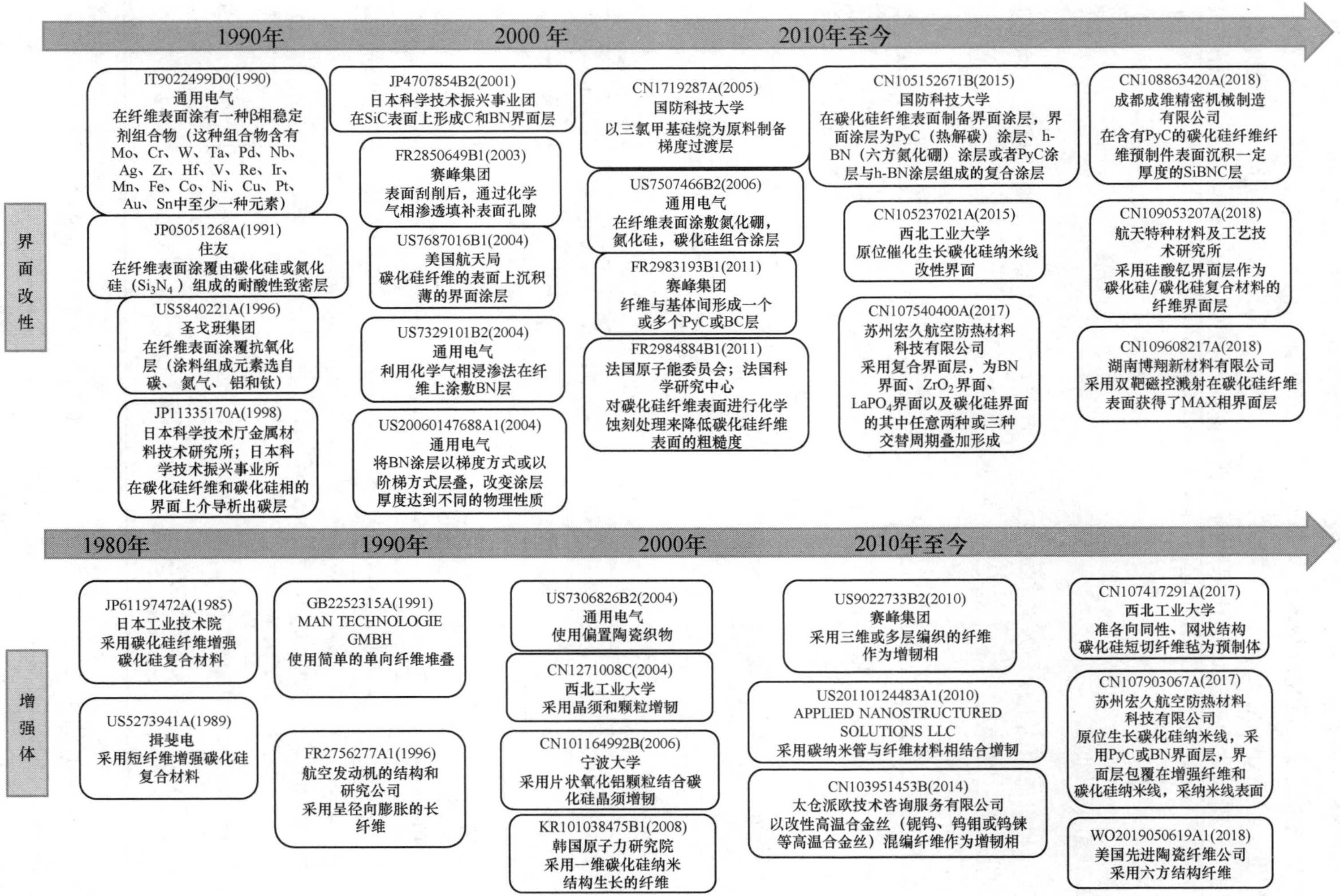

图 6–4–2　航空航天用碳化硅/碳化硅复合材料技术脉络

单向纤维堆叠增强增韧，进而采用颗粒结合碳化硅晶须协同增韧，达到补偿增韧的效果，发展到采用一维碳化硅纳米结构生长的纤维使得制造的大尺寸复合材料能够具有均匀密度，继而到采用二维、三维或多层编织的纤维作为增强相，近年来研究出以准各向同性、网状结构预制体取代传统的一维单向、二维/二维半铺层（2D、2.5D）和三维（3D）等各向异性预制体结构以及采用六方结构纤维取代单一结构的纤维作为增强相。

6.4.3 重点专利

从专利申请的被引次数、权利要求数量、同族数量、申请人重要程度等方面来筛选出碳化硅/碳化硅复合材料重点专利，见表6-4-1。

表6-4-1 航空航天用碳化硅/碳化硅复合材料重点专利列表

序号	公开（公告）号	申请人	申请日	同族国家/地区	被引次数	权利要求数	法律状态
1	US5840221A	圣戈班集团	1996-12-02	EP, DE, JP, WO, AU, BR, CA, CN, IL, US, RU, TW（CN）, ZA	64	36	失效
2	US5965266A	赛峰集团	1997-09-26	EP, DE, FR, WO, CA, ES, JP, US	97	18	失效
3	US6576076B1	日本产业技术公司	2000-02-17	FR, DE, US	21	10	失效
4	JP2002104892A	宇部兴产	2001-06-07	JP	18	5	有效
5	US7306826B2	通用电气	2004-02-23	EP, JP, US	20	7	有效
6	US7329101B2	通用电气	2004-12-29	US, JP	30	11	有效
7	US20060147688A1	通用电气	2004-12-30	US	12	32	有效
8	CN1719287A	国防科技大学	2005-06-29	CN	15	10	失效
9	US9022733B2	赛峰集团	2010-06-09	WO, FR, CA, EP, JP, US, BR, CN, RU	9	17	有效
10	CN109415275A	IHI株式会社	2017-05-29	WO, CN, JP	0	6	审中
11	CN107540400A	苏州宏久航空防热材料科技有限公司	2017-09-26	CN	0	2	审中

进一步分析上述重点专利的技术方案，其中专利US5273941A、US7306826B2、US9022733B2、US20110124483A1的技术方案均涉及碳化硅/碳化硅复合材料增强体，专利US5840221A、US7329101B2、US20060147688A1、CN1719287A、CN107540400A、CN109053207A、CN109608217A的技术方案均涉及碳化硅/碳化硅复合材料界面改性，

专利 US5965266A、JP2002104892A、US20060004169A1、CN109415275A 的技术方案均涉及碳化硅/碳化硅复合材料基体改性，下面从重点专利中选取 3 件专利进行分析。

（1）JP2002104892A

专利名称为“陶瓷复合材料”，申请日为 2001 年 6 月 7 日，专利权人为宇部兴产。该专利公开的技术方案为：通过在烧结碳化硅纤维结合体的表面覆盖以稀土氧化物为主要成分的致密层，在 1600℃以上的温度下也不损害烧结碳化硅纤维结合体本身的特性，提供具有耐氧化性和耐腐蚀性的陶瓷复合材料。在空气中 1700℃下进行 100 小时热处理后，陶瓷复合材料的强度保持率在 70% 以上，主要由稀土氧化物组成的变密层的通式为：$RE_2Si_2O_7$ 或 RE_2SiO_5（式中的 RE 为 Y、Yb、Er、Ho 和 Dy 的稀土金属元素）。该技术方案的技术效果是使复合材料达到较好的耐酸耐腐蚀性。

该专利被引次数为 18 次，权利要求数量为 5 项，且有效，已维持时间长达 19 年，说明该专利保护强度较好，技术价值较高。

（2）US20060147688A1

专利名称为“具有用于涡轮发动机应用的定制性能的功能梯度碳化硅/碳化硅陶瓷基复合材料”，申请日为 2004 年 12 月 30 日，专利权人为通用电气。该专利公开的技术方案为：一种改善层间强度的陶瓷基复合材料，包括在陶瓷纤维表面涂覆界面涂层，涂覆到陶瓷纤维上的界面涂层的厚度取决于纤维在预成型坯内的位置。施加到纤维上的涂层厚度是可变的。纤维上涂层的厚度与纤维位于其中的预型件的区域中所需的物理性能有关。因此施加到陶瓷纤维上的涂层是渐变的，也就是说，施加到纤维上的涂层在整个预成型件上不是均匀的，而是根据组装纤维的预成型件的区域改变厚度，从而通过其截面产生具有不均匀或渐变的机械性能的制品。该技术方案的技术效果为改善了复合材料的层间强度，提高其韧性。

该专利被引次数为 12 次，权利要求数量为 32 项，且有效，已维持时间长达 16 年，说明该专利保护强度较好，技术价值较高，技术性较强。

（3）CN109608217A

专利名称为“一种含 MAX 相界面层的 SiCf/SiC 复合材料的制备方法”，申请日为 2019 年 4 月 12 日，专利权人为湖南博翔新材料有限公司。该专利公开的技术方案为：一种含 MAX 相界面层的 SiCf/SiC 复合材料的制备方法，包括采用磁控溅射的方法对碳化硅纤维编织件进行沉积 MAX 相，获得含 MAX 相界面层的碳化硅纤维编织件，然后采用前驱体浸渍裂解的方法陶瓷化获得 SiCf/SiC 复合材料；所述 MAX 相为 Ti_3SiC_2，所述磁控溅射的方法为双靶磁控溅射方法，所述双靶材分别为 TiC 靶、硅靶，所述磁控溅射的方法为先采用 TiC 靶进行磁控溅射，在碳化硅纤维束或碳化硅纤维编织件表面获得 0.1~0.2μm 的 TiC 过渡层，然后再采用 TiC 靶材与硅靶双靶共溅射获得 Ti_3SiC_2，所述 Ti_3SiC_2 的厚度控制为 0.6~1.0μm。该技术方案的技术效果为该发明首创采用双靶磁控溅射的方法在碳化硅纤维表面获得了 MAX 相界面层，采用磁控溅射有效降低了沉积温度，避免了纤维的损伤，所得界面层在抗氧化性能方面优于现有技术常用的 C、BN 等界面层。同时该界面层还具有抗中子辐射的特点，可以用于核辐射领域。

该专利处于在审阶段，权利要求数量为10项。

6.5 小　结

本章通过对航空航天用高性能碳化物先进陶瓷材料进行分析研究，即对全球发展状况、技术热点、技术原创国家/地区与目标国家/地区、在华发展状况、创新主体以及热点材料分析，可得出如下结论。

（1）全球发展状况分析

全球航空航天用碳化物陶瓷材料专利申请量总体呈现增长态势，可分为三个阶段。1947~1983年为缓慢发展期，1984~2002年为第一快速增长期，2003年以后进入第二快速增长期，至2016年专利年申请量达到171项。

（2）技术热点分析

将航空航天用碳化物陶瓷材料分为四个技术分支，分别为碳化物涂层、碳化硅增韧相、碳化物陶瓷以及碳化物陶瓷复合材料。其中碳化物陶瓷复合材料领域占据比重最多，为759项，43.08%，碳化物涂层为517项，占29.34%，碳化硅增韧相为249项，占14.13%，碳化物陶瓷237项，为13.45%。其技术热点碳化物陶瓷复合材料细分支碳/碳化硅复合材料、碳化硅/碳化硅复合材料、碳化硼基复合材料以及其他碳化物复合材料的专利申请量分别为348项、251项、37项和123项。

（3）技术原创国家/地区与目标国家/地区分析

专利申请量原创国排名前十位的分别是中国、美国、日本、法国、韩国、德国、俄罗斯、英国、印度和加拿大，其中，中国、美国、日本的专利申请量分别为918项、445项和163项，申请量均在100项以上，占全球申请量的80%以上。

专利申请量目标国家/地区排名前十位的分别是中国、美国、日本、韩国、法国、德国、欧洲、英国、俄罗斯和印度，其中进入中国、美国、日本的专利申请量为分别为934项、420项和140项。

（4）在华发展状况分析

国内航空航天用碳化物陶瓷材料主要集中在陕西、湖南、北京、江苏、上海、浙江、黑龙江等地，其中陕西、湖南、北京、江苏四地的专利申请集中度高，专利申请量均达到100件以上，分别为125件、122件、115件和107件。

在华航空航天用碳化物陶瓷材料发明专利法律状态分析中，931件发明专利中，有效状态的专利有307件，占32.98%，在审状态的专利有342件，占36.73%，失效状态的专利有282件，占总量30.29%。

（5）创新主体分析

全球排名前20的申请人中来自中国的有国防科技大学、西北工业大学、上硅所、哈尔滨工业大学、航天特种材料及工艺技术研究所、陕西科技大学、苏州宏久航空防热材料科技有限公司，共7家；来自美国的有通用电气、联合技术公司，共2家；来自法国的有赛峰集团，共1家，说明在航空航天用碳化物陶瓷材料领域，这10家公司掌握了该领域大多数的先进技术。尽管来自中国的创新主体较多，但是中国创新主体的专利平均被引证次数和专利平均权利要求数量不如美国的公司，专利质量不如美国和法国。中国作为该领域的后起之秀，近5年来，专利申请量较多、活跃度较高。

（6）热点材料分析

1）航空航天用碳/碳化硅复合材料

航空航天用碳/碳化硅复合材料技术热点的改进主要集中在工艺改进、基体改性以及界面改性上，而碳/碳化硅复合材料最大的不足是碳纤维的抗氧化性能较差，因此，对于长时间使用环境的航空发动机而言，进行碳纤维及其复合材料的耐高温、抗氧化、提高其使用寿命和可靠性是研究的重点和难点。为了获得更好的耐高温性能和抗氧化性能，主要采取工艺改进和基体改性。为了获得更好的力学性能，主要采取工艺改进和界面改性，较少采取复合材料结构改善。为了获得更好的抗烧蚀性能，主要采取基体改性和工艺改进，较少采取复合材料结构改善和界面改性。

工艺改进可达到高的力学性能、耐高温性、抗氧化性、耐磨性，缩短制备周期，简化制备工艺等技术效果，目前，日本主要开展有机前驱体浸渍和裂解法制备C-SiC的研究；法国在化学气相浸渗技术方面处于国际领先地位；德国以反应熔融浸渗和有机前驱体浸渍和裂解技术为主，反应熔融浸渗技术世界领先；美国以有机前驱体浸渍和裂解法和化学气相浸渗技术为主，水平均较高；中国以化学气相浸渗、反应熔融浸渗、有机前驱体浸渍和裂解技术为主。通过基体改性来达到高的耐高温性、抗氧化性、抗烧蚀性、力学性能等，目前涉及基体改性的组分一般是氧化后能生成玻璃体的物质（如B、B_XC）以及难熔金属的碳化物、硼化物（如ZrC、ZrB_2、HfC、HfB_2、TaC等）。通过界面改性来实现陶瓷粒子均匀分散及高的力学性能、耐高温性、抗氧化性等，通常可在纤维表面预先沉积一层薄的碳、BN、ZrO_2或SnO_2等涂层来制造界面层。碳纤维表面改性最常用的主要有无机酸处理法，目的是使碳纤维材料表面更为光滑，使碳纤维能更好地与基体相结合。

2）航空航天用碳化硅/碳化硅复合材料

航空航天用碳化硅/碳化硅复合材料技术热点的改进主要集中在工艺改进和界面改进上。碳化硅/碳化硅复合材料因采用了碳化硅纤维，复合材料的长时间抗氧化关键难题得到了解决。碳化硅/碳化硅复合材料因其拥有低密度、优异的高温力学性能和抗氧化性能，在航空发动机热端部件上具有广阔的应用前景，具有提高发动机推重比和使用温度、减轻无效重量、简化系统结构等显著优势。然而采用的碳化硅纤维性能虽好但是价格较贵，因此降低碳化硅/碳化硅复合材料制备成本、延长碳化硅/碳化硅复合材料在航空发动机高温氧化环境下的服役寿命是当前需要解决的难题。为了降低成本，主要采取工艺改进和基体改性，较少采取复合材料结构改善和添加增强体。为了提高使用寿命，主要采取工艺改进、基体改性和界面改性，较少采取复合材料结构改善和添加增强体。为了获得更好的力学性能，主要采取工艺改进和界面改性，较少采取复合材料结构改善。为了获得更好的致密度，主要采取工艺改进和界面改性，较少采取添加增强体。

工艺的改进可实现降低成本、简化工艺、达到高的力学性能、致密度等技术效果。碳化硅/碳化硅的性能与其制备工艺密切相关，目前，传统制备工艺包括：有机前驱体浸渍和裂解、化学气相浸渗和反应熔融浸渗等。近年来还出现了一些新的方法，如纳米浸渍与瞬态共晶法、电泳渗透与瞬态共晶法以及多种方法联合使用的新工艺。

界面改性可以实现陶瓷粒子的均匀分散及高的力学性能、致密度、耐高温性、抗氧化性等。界面相是决定陶瓷基复合材料力学性能的关键因素之一。目前广泛涉及的多元多层界面相主要是 $(X-Y)_n$ 型的多层界面相，其中 X 主要是裂纹偏转材料，如热解碳和六方氮化硼。Y 指一种能够在高温氧化性气氛下形成流动的氧化物相的材料，如碳化硅和碳化硼等，这种界面可同时实现裂纹偏转和抗氧化的功能。另一种提高碳化硅/碳化硅复合材料高温抗氧化的方法是在复合材料中引入一层合适的氧化物作为界面相，这些化合物具有各种应力诱导过程（如界面剪切、孪生、相变等），能够弱化纤维-基体键合，并具有良好的抗氧化性能。一种可能应用的材料是 ZrO_2，涂层达到理想结构时，碳化硅/碳化硅复合材料纤维拔出明显，呈现出与 SiC/BN/SiC 复合材料相当的或更好的抗氧化性能和破坏寿命。

基体改性可降低成本，并达到高的耐高温性、抗氧化性、致密度、力学性能等，碳化硅/碳化硅复合材料由于制备工艺的局限，不可避免地存在孔隙和裂纹，而孔隙和裂纹在高温氧化环境中成为氧进入复合材料的通道，削弱了复合材料在高温热力氧化环境中的整体抗氧化能力，目前研究热点在于自愈合基体的制备。自愈合基体的组元主要有 B-C 陶瓷和 Si-B-C 陶瓷，B-C 陶瓷氧化后生成的 B_2O_3 玻璃相在高温下发生黏性流动，可以封填孔隙和微裂纹。

第7章　防弹装甲用高性能碳化物先进陶瓷材料研究

陶瓷材料具有硬度高、强度大、耐高温、抗氧化、密度低、热膨胀系数小等优异的性能，这些特性使得陶瓷在装甲防护中应用广泛，具有不可替代的位置。最早的研究可以追溯到1918年，人们发现通过将一种瓷釉面的陶瓷材料附着在金属表面，可以得到更好的防弹性能。研究及使用较多的用于制备防弹材料的陶瓷主要有B_4C、SiC、Al_2O_3、TiB_2、Si_3N_4等。其中，B_4C和SiC基防弹装甲陶瓷材料是研究的热点之一。

在20世纪60年代，B_4C最先用于设计防弹背心，之后装配到飞机飞行员的座椅上。之后，又将陶瓷面板与复合材料背板共同构成防弹陶瓷复合装甲，且于20世纪70年代后被美国等西方军事强国应用于运兵车、坦克及军机等。陶瓷装甲主要应用于装甲车辆，在实际应用中常以复合装甲的形式出现，如英国“挑战者”坦克、EE-T1奥索里约主战坦克等。陶瓷作为装甲防护材料的主要优势是强度和硬度高、耐磨、密度小等，而易破碎、抗多发打击性能弱的劣势在一定程度上限制了其应用。目前，防弹陶瓷主要朝着提高抗多发打击性能、减轻质量及降低成本这三个方面进行研究。

本章分析样本涉及防弹装甲用高性能碳化物先进陶瓷材料领域的全球专利申请483件，合并简单同族373项，其中在华专利申请178件。

7.1　全球专利申请分析

本节通过全球专利申请趋势、重点国家/地区专利申请和全球创新主体对防弹装甲用高性能碳化物先进陶瓷全球专利申请进行分析。

7.1.1　全球专利申请趋势

图7-1-1主要描述了防弹装甲用高性能碳化物先进陶瓷全球专利申请量趋势。由图可知，防弹装甲用高性能碳化物先进陶瓷领域的专利申请开始于20世纪60年代中后期，申请趋势波动大，连续性差，这主要是由于防弹装甲用高性能碳化物先进陶瓷的特殊性，其市场需求取决于国家和地区的稳定状况以及相关的国防政策，因此该行业受国际国内政治军事形势影响较大，这也决定了该领域专利申请的随机性和不连续性。

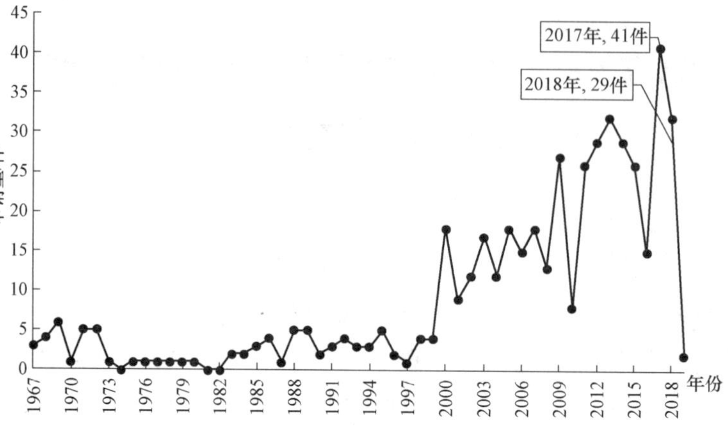

图 7-1-1　防弹装甲用高性能碳化物先进陶瓷全球专利申请量趋势

公开资料显示，1965 年碳化硼基陶瓷防弹装甲被研制出来，但是由于防弹装甲用高性能碳化物先进陶瓷的很多专利申请为国防保密专利并未公开。从该领域相关专利开始出现以来，专利申请量一直维持较低的水平，主要是受到材料本身惊人的价格和材料性能的限制；直到 20 世纪 80 年代初，其申请才有了一定的连续性，每年都有相关专利申请，但是年申请量均不超过 5 件；21 世纪初，由于恐怖主义的威胁和局部战争的影响，政府和公众对于装甲防弹材料的重视程度不断提升，碳化物陶瓷材料由于其出色的防弹性能，受重视程度不断提升，美国、英国、德国、法国、俄罗斯、日本等国的战车、坦克、飞机、船舰及警车不同程度都采用了防弹装甲用高性能碳化物先进陶瓷，该领域专利申请量有了较大的提升，年申请量超过 10 件，并快速增长，到 2017 年全球申请量达到 41 件。

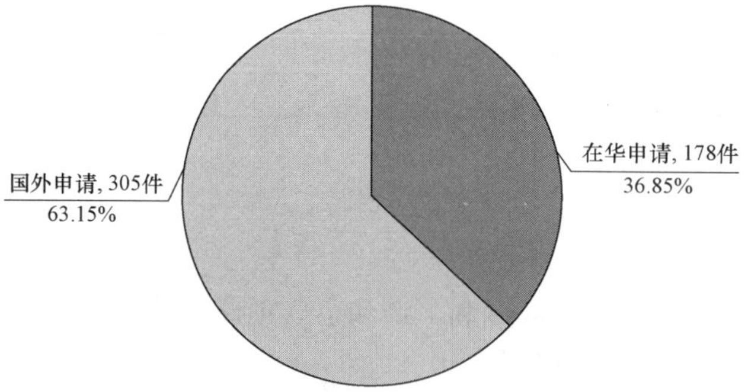

图 7-1-2　防弹装甲用高性能碳化物先进陶瓷国内外专利申请量占比

另外，从图 7-1-2 可以看出，全球 483 件专利申请中，在华申请 178 件，国外申请 305 件，这主要是由于该领域中国创新主体对专利的重视程度不断增强，近几年专利申请活跃度高，专利数量有了较大的提升。

7.1.2　重点国家/地区专利申请

图 7-1-3 描述了防弹装甲用高性能碳化物先进陶瓷全球专利申请主要国家/地区分布情况，该图中可以看出，在美国的专利申请最多。

中国的防弹装甲用高性能碳化物先进陶瓷专利申请量仅次于美国，主要是由于目

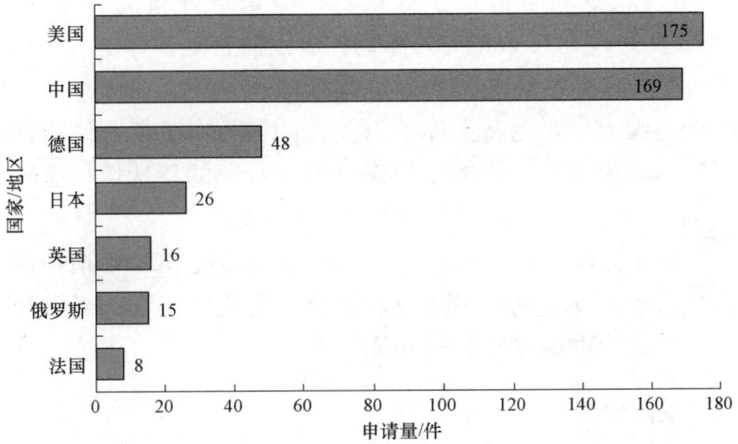

图 7-1-3　防弹装甲用高性能碳化物先进陶瓷全球专利申请主要国家/地区分布

前国内用于人体防护的防弹装甲用高性能碳化物先进陶瓷产品的销售是主要在国外，尤其是中东、非洲、欧洲以及美国等国家/地区。

德国在该领域也有 48 件专利申请，主要是西格里碳素集团和工业设备经营有限公司等涉足防弹装甲用高性能碳化物先进陶瓷的研究，但是专利数量与中、美两国相比，存在很大的差距。另外，日本、俄罗斯、英国、法国等传统军事强国也都在该领域进行了专利申请。

图 7-1-4 描述了防弹装甲用高性能碳化物先进陶瓷全球专利布局流向，图中可以看出，美国为最主要的技术输出国，美国创新主体除了在本国进行专利布局外，很重要的途径就是通过 PCT 申请专利，其专利申请量虽然没有中国多，但是美国更重视对外专利布局，有 8 件专利在中国布局，少于其在与其军事关系较好的盟友如：日本、欧洲、德国、加拿大、韩国等国家/地区的专利布局，并且未在俄罗斯进行专利布局。

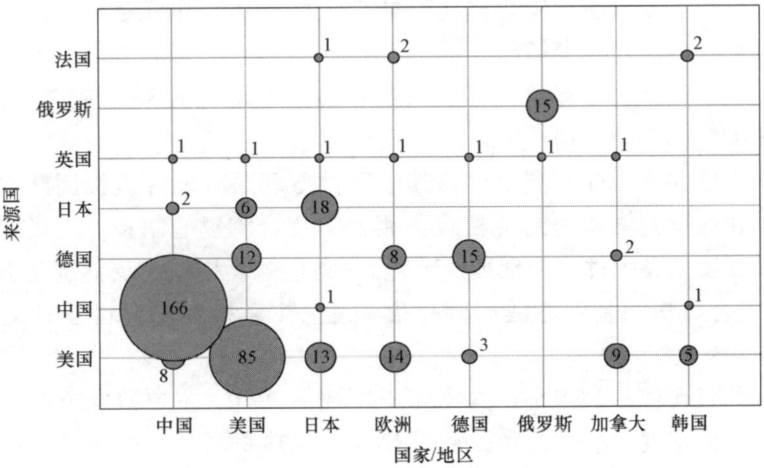

图 7-1-4　防弹装甲用高性能碳化物先进陶瓷全球专利布局流向

注：图中数字表示申请量，单位为件。

中国虽然在该领域专利申请量全球第二，但是对外布局数量少，仅1项专利（WO2013155891A1）通过PCT申请向外布局，分别向日本、韩国各进行了1件专利布局，这与我国防弹装甲用高性能碳化物先进陶瓷产品主要是在国外市场销售的地位是不相符的，这可能是因为主要创新主体重点关注的竞争对手仍是国内同行，缺乏全球竞争视野。面对防弹装甲用高性能碳化物先进陶瓷行业的特殊性，这种专利布局策略会导致国内主要创新主体在全球市场竞争中处于不利地位。

另外，德国创新主体除了在本国布局外，也积极通过PCT申请积极对外布局，其重点关注的是欧美市场；日本创新主体重点关注的是美国市场；英国和法国创新主体专利申请量少，但是较为重视对外专利布局。

7.1.3 全球创新主体分析

图7-1-5描述的是防弹装甲用高性能碳化物先进陶瓷全球创新主体。图中列出了排名前19位的创新主体，其中中国创新主体7家，分别为：浙江立泰复合材料股份有限公司、宁波荣溢化纤科技有限公司、太仓派欧技术咨询服务有限公司、北京理工大学、山东大学、宁波东联密封件有限公司和中南大学；美国创新主体7家，分别为：M丘比德、佐治亚科技研究公司、哥伦比亚化学公司、CARBORUNDOM、SPEYER ROBERT F、梅里奥创新公司、维尔科材料有限公司；德国创新主体2家：西格里碳素集团和工业设备运营公司；法国创新主体1家：圣戈班集团；卢森堡创新主体1家：六号元素公司；日本创新主体1家：京瓷。

中国创新主体中，浙江立泰复合材料股份有限公司专利申请量最多，共20件，95%都是近5年的申请，其专利技术也由早先的碳化硼陶瓷的烧结工艺向碳化硼陶瓷的复合技术发展，目前的研究重点是通过钛合金、铝合金、石墨烯等增强碳化硼陶瓷的性能。

宁波荣溢化纤科技有限公司专利申请主要集中在2012年左右，申请领域为碳化硅复合防弹板、防弹衣及双曲面碳化硅防弹插板，并且其大部分专利已经转让给余姚市艾尔电器有限公司的法人代表杨珍芬。

太仓派欧技术咨询服务有限公司2014年前后集中申请了8件与其防弹装甲用高性能碳化物先进陶瓷相关的专利，后续未进行申请。

北京理工大学共有6件专利申请，其中3件专利是张朝晖教授团队申请的，技术主要集中于碳化硼陶瓷块体的制备和碳化硼金属复合陶瓷的制备。王扬卫团队、程兴旺团队、程焕武团队各1件，分别涉及碳化硼/碳化硅复相陶瓷及其制备方法、短切碳纤维/碳化硅复合材料的制备方法和碳化硼-硼化钛复相陶瓷材料及其无压烧结制备方法。

山东大学共有5件专利申请，其中张玉军团队3件，主要研究方向为高硬度、高强度、高韧性、低密度高温结构陶瓷和低热导率隔热材料，且侧重于高性能碳化硼防弹陶瓷、反应烧结和无压烧结碳化硅陶瓷以及氮化硅透波陶瓷材料的研究以及莫来石陶瓷晶须、钛酸钾（钠）陶瓷晶须及其纤维复合低热导率隔热材料的研究。其专利申请主要为碳化硼基复合防弹陶瓷及其制备方法和叠层装甲用碳化硅陶瓷薄层防弹材料及其制备方法。乔琨团队 2 件专利申请，主要是组合式防弹陶瓷装甲拼接结构和制备方法。

宁波东联密封件有限公司共有 4 件专利申请，该公司建立于 1992 年，隶属于宁波星火科技集团，是中国液体密封协会和化工专用密封标准化技术委员会会员单位，公司专业生产无压烧结碳化硅、反应烧结碳化硅、硬质合金、高纯度氧化铝陶瓷、碳石墨等密封材料和各种工矿介质的机械密封。专利申请主要集中在碳化硼防弹材料的烧结工艺的改进，在热压烧结、无压烧结、液相烧结等方面有一定的技术积累。

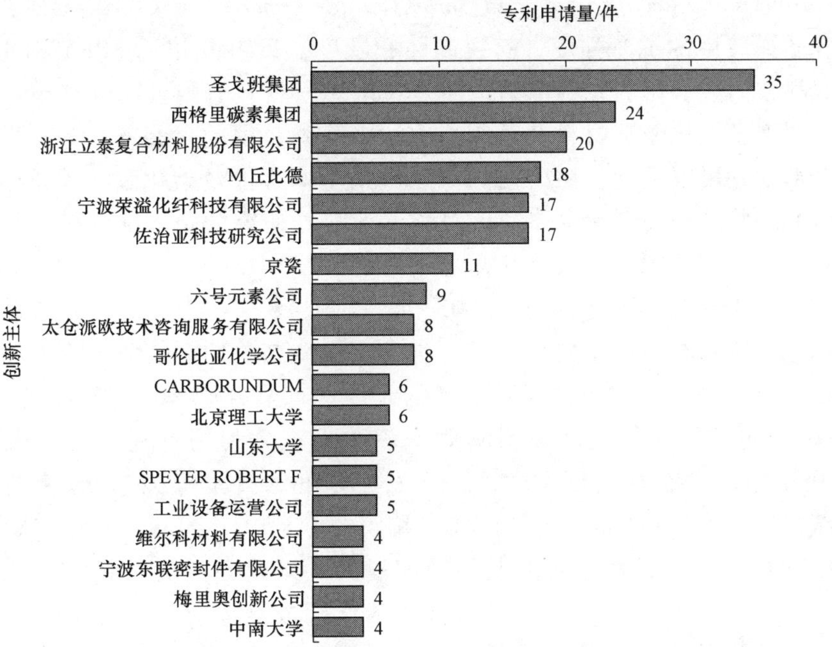

图 7-1-5　防弹装甲用高性能碳化物先进陶瓷全球创新主体专利申请量

中南大学共有 4 件专利申请，其中 3 件来自曾凡浩团队，该团队曾参与中航集团直 X 型椅盆用轻质抗弹材料的研制、轻质高硬 Cf/B_4C 防弹复合材料的研究和轻质高比强 Cf/C-（PyC/ SiC/TaC）复合材料的界面结构和力学行为等项目的研究，其专利技术主要集中于通过锆金属复合增强碳化硼陶瓷，制备的复合材料密度低、硬度高、断裂韧性好、耐高温，可在 1200℃以下可靠工作，适合用于轻质高硬耐冲击的结构材料。另外 1 件来自袁铁锤团队，涉及高性能纯碳化硼陶瓷材料的节能制备方法及纯碳化硼陶瓷材料。

美国创新主体中，M 丘比德有 18 件专利申请，是Ⅱ-Ⅵ集团的附属公司，生产碳化硅和碳化硼制成的陶瓷部件以及铝基复合材料。服务的主要市场是半导体设备、液晶玻璃制造设备、光学、装甲陶瓷、工业磨损和热管理。该公司 2001 年前后开始在美国、以色列、澳大利亚、加拿大等国家/地区进行专利申请布局，并有 3 件 PCT 申请，其专利申请主要为碳化硼、碳化硅的复合体及其制造方法。但是 2008 年以后无相关专利专利申请。

佐治亚科技研究公司有17件专利申请，从2004年陆续开始在该领域有相关专利申请，分别在美国、以色列、日本、印度、韩国等国家地区进行专利布局，并且有3件专利在中国进行专利布局，该公司的研究团队主要为SPEYER ROBERT F团队，SPEYER ROBERT F也作为申请人申请了5件专利，拥有其中4件专利的专利权，其专利申请主要集中于碳化硼部件及其制造方法和碳化硼的制备工艺和方法等，2010年SPEYER ROBERT F与VARGAS-GONZALEZ LIONEL、CAMPBELL JAMES联合在*International Journal of Applied Ceramic Technology*期刊发表*Flexural Strength, Fracture Toughness, and Hardness of Silicon Carbide and Boron Carbide Armor Ceramics*，主要研究碳化硅和碳化硼陶瓷防弹装甲的抗弯强度，断裂韧性和硬度。2010年以后SPEYER ROBERT F再无佐治亚科技研究公司的专利申请，而是在维尔科材料有限公司陆续申请了4件相关专利，主要涉及碳化硼基材料及其制造方法、防弹装甲的封装方法等，进一步研究该公司的全部专利可以发现，该公司的专利申请基本都涉及碳化硼、碳化硅材料、防弹装甲的研究。我国相关创新主体应该对佐治亚科技研究公司、维尔科材料有限公司的SPEYER ROBERT F团队予以重点关注。

SPEYER ROBERT F团队于2003年12月6日在美国递交临时申请US60478045P，该专利申请主要公开了一种在没有烧结添加剂的情况下，利用无压烧结制备高密度碳化硼元件的方法，其制备的元件具有至少93%的相对密度（RD）和至少2000kg/mm^{2}的维氏硬度。该团队对于该技术充分利用专利布局，构建同族专利，通过PCT申请分别在美国、中国、欧洲、印度和日本等国家/地区进行专利申请，并持续研究，在2009年仍有与该技术相关的专利申请。2005年该团队研究出经过无压烧结和热等静压后处理的密度和硬度提高的碳化硼，从由氧化硼涂覆的无掺混的碳化硼颗粒形成碳化硼成型体，从所述碳化硼成型体形成碳化硼坯体，从所述碳化硼坯体中驱出所述氧化硼，从而获得还原的碳化硼坯体，以及在不超过2336℃的无压均热温度下无压烧结所述还原的碳化硼坯体，得到无压烧结碳化硼体，该技术仍然属于有烧结添加剂的情况下的无压烧结技术。2006年该团队继续在无压烧结领域进行专利申请布局，“碳化硼部件及其制备方法”（CN101193663A）公开了一种部件，其包括：具有外部表面和中心区域的碳化硼主体，所述碳化硼主体包含石墨，其中石墨在与所述外部表面相邻的区域中的浓度小于石墨在所述中心区域中的浓度，碳化硼主体的制备方法包括：形成碳化硼的未加工主体，在所述主体周围产生硼富集的蒸气环境，以及烧结所述碳化硼的未加工主体。该技术提高了无压烧结碳化硼主体的相对密度，降低了石墨在接近碳化硼主体区域表面的浓度，以提高其外部表面的硬度，通过PCT申请分别在美国、中国、欧洲、印度、日本和以色列等国家/地区进行专利申请布局。2010年SPEYER ROBERT F开始在维尔科材料有限公司进行专利申请，申请了专利“用于防弹衣、车辆装甲和飞机装甲的多次撞击单一无缝连续陶瓷弹道体”（US8598057B1），公开了一种装甲，包括：单块、整体、无缝且物理连续的陶瓷板具有第一区域，该区域有一种机械性能、一种化学成分、具有不同于所述机械性能的另一机械性能的第二区域网格相互隔离的一种微观结构组成、不同于所述化学成分的另一种化学成分和不同于所述微观结构组成的另一种微观结构组成，所述一个机械性能和所述另一个机械性能有开裂倾向。2011 年其申请了“基于碳化硼的材料和其制造工艺”（CN103459351A），公开了一种由包含涂有钛化合物的碳化硼颗粒的碳化硼粉末制造固体制品的方法，其联合使用呈水溶性种类形式的钛和石墨添加剂可提高在生坯状态下的混合均匀性。碳促进烧结，然后其浓度在形成非常坚硬、分散良好的 TiB_2 相的过程中减小。窄粒度分布碳化硼粉末和使用闭孔率阈值下的烧结保温温度，实现了后热等静压微结构，平均晶粒度达到原始中值粒度。相互依赖的因素的组合使得基于碳化硼的制品比先前报道的硬度更高。2013 年专利“高硬度、细粒度、复杂形状碳化硅制品的制造方法”（US9321187B2）公开了一种制造碳化硅基制品的方法，包括：碳化硅粉的水悬浮液具有通过热分解可转化为二氧化钛第一量的水溶性钛化合物、第二量的水溶性碳源、第三量的碳化硼粉末和粘结剂；干燥水悬浮液，得到涂覆有黏结剂、钛化合物和碳源的含有碳化硼和碳化硅颗粒的粉末团；由所述粉末团制备生坯；热分解所述生坯中涂覆有碳化硼和碳化硅颗粒的所述钛化合物和所述碳源，将所述钛化合物转化为二氧化钛，并将碳源转化为碳；在所述热分解步骤之后，无压烧结所述生坯，使二氧化钛、碳和碳化硼反应以获得二硼化钛和一氧化碳气体，得到无压烧结的烧结体；从而在无压烧结所述生坯的同时从所述生坯中提取碳。2016 和 2017 年两年，该团队主要研究柔性铠装系统，分别申请了 2 项专利技术，该技术主要在美国本土申请布局。

分析可知，SPEYER ROBERT F 团队十分重视专利技术的申请布局和保护，充分利用美国临时申请制度获取优先权，并通过 PCT 申请对外布局，使自身的技术得到充分的保护。其研究方向包括：防弹装甲用高性能碳化物先进陶瓷无压烧结技术，并通过碳化硼与石墨、钛化合物等复合与无压烧结技术相结合进一步提高制品的性能，2010 年其进入维尔科材料有限公司后其研究侧重于应用制品的研究，近几年的研究方向是柔性铠装系统的研究。

其中团队成员包志豪为中国留学生，2003~2008 年在佐治亚理工学院材料科学与工程专业攻读博士学位，参与了 2 件专利的申请（WO2004110685A3 和 US20100032874A1），并且是这两件专利的当前专利权人之一。包志豪于 2009 年 6 月已回国任同济大学物理系教授，研究方向为：能源纳米材料、多孔材料、陶瓷材料，2010 年开始先后申请了 9 件中国发明专利，主要集中在硅/碳复合材料、二氧化钛纳米材料领域。

哥伦比亚化学公司于 2005 年和 2007 年申请了 8 件相关专利，是一家高质量的特种电镀化学品公司，专利主要涉及金属碳化物及其制造方法。

CARBORUNDUM 在 20 世纪 60 年代后期陆续申请了 6 件相关专利，主要涉及致密碳化物的复合体和制造方法，该公司 1996 年被出售给圣戈班集团，CARBORUNDUM FIBERS 成为美国 Unifrax 公司（联合纤维）公司，主要研究研磨材料和耐火产品。

梅里奥创新公司 2015 年申请了 4 件相关专利，是一家材料技术公司，主要研究高纯度聚硅氧碳衍生的碳化硅材料、应用和过程，并且都有中国同族专利。

德国创新主体中，工业设备运营公司于1998~1999年共申请了4件相关专利，主要为碳化物陶瓷相关的保护装甲，其中2件专利（DE19850468A1和EP994084A1）发生过专利诉讼。

西格里碳素集团在该领域有24件专利申请，该集团拥有从碳石墨产品到碳纤维及碳/碳复合材料在内的完整产品线，从2000年以后陆续有相关专利申请，但是近几年专利申请量较少，其专利申请主要集中在纤维增强碳化硅复合材料领域。

法国圣戈班集团共35件专利申请，是最早进入该领域的公司之一，虽然该集团总部位于法国，但是其在防弹装甲用高性能碳化物先进陶瓷领域的专利申请主要来自于位于美国的诺顿公司和圣戈本陶瓷及塑料股份有限公司，这也是为什么法国该领域专利申请较少的原因之一。该集团子公司诺顿公司20世纪60年代后期已经进入该领域并进行了专利申请，但是专利申请并不连续，这与该领域的技术研发特点有关，2013年以后，其对该领域的重视程度进一步加强，连续在该领域进行专利申请，2017年申请量达到11件。其专利申请主要集中在以碳化硅为第一相的多相陶瓷复合材料，及其在装甲部件、抗冲击防弹板等方面的应用。

卢森堡六号元素（产品）（控股）公司在2009年前后申请了9件该领域相关专利，为DE BEERS集团下属公司，主要生产合成钻石、立方氮化硼以及研发其他工业坚硬材料，是世界领先的超硬材料生产商和供应商。该公司主要涉及包括金刚石颗粒的碳化硼复合材料。

日本京瓷于2007年前后在日本和美国申请了11件该领域相关专利，是一家先进陶瓷材料企业，产品主要是陶瓷刀具、陶瓷文具、珠宝首饰、手机、精密陶瓷零部件、半导体零部件、太阳能发电系统等，涉及碳化硼基烧结体和保护件、碳化硼烧结体和使用该保护部件、保护构件的保护装置等。

另外，行业的龙头企业3M、CERADYNE、SAFARILAND PROTECH、BAE SYSTEMS等公司，由于其主要产品是供美国军方使用，大部分专利可能是国防保密申请，公开专利少，其中CERADYNE是全美乃至全球数一数二的特种陶瓷生产企业（2012年被3M收购），也是美军增强型轻武器防护插板（ESAPI）项目的主要承包商，分别于1984年和2005年申请了2件专利，为轻质碳化硼材料及其制造方法和碳化硼装甲瓦制造方法的制造方法。BAE SYSTEMS公司2006年申请了1件用于改进陶瓷装甲的组合物专利。因此，对于这些企业国内主要创新主体应该予以足够的关注，可通过其他渠道了解其技术研发情况。

7.2 在华专利申请分析

本节对防弹装甲用高性能碳化物先进陶瓷在华专利申请进行详细分析。

7.2.1 在华专利申请趋势

国内防弹装甲用高性能碳化物先进陶瓷材料除应用于战车、坦克、飞机、船舰之外，还用于人体防护，其防弹陶瓷产品主要销售在国外，尤其在中东、非洲、欧洲以及美国等国家/地区。21 世纪初，由于“9·11”事件，伊拉克、阿富汗战争以及联合国在非洲地区的维和行动深刻改变了该地区政府和居民的安全观念，该领域的需求不断增加，国内企业和高校、科研院校加强在该领域的技术研发和专利申请。

如图 7-2-1 所示，1989 年开始出现该领域的专利申请，创新主体分别为三井公司和陶氏，2000 年以后才开始出现持续申请，但是前期专利申请量较少，基本在 5 件以下，2008 年以后由于多种原因国内外对该类产品的需求越加突显，装甲防弹材料和产品拥有可观的市场规模。该领域的专利申请不断增长，近几年的专利年申请量基本在 10 件以上，2018 年该领域专利申请量达到 29 件。

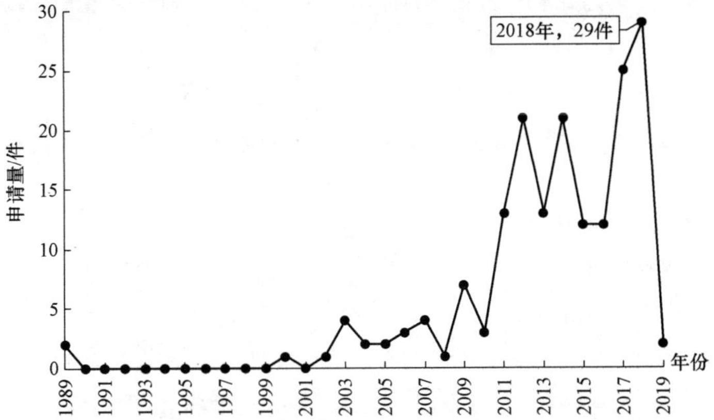

图 7-2-1　防弹装甲用高性能碳化物先进陶瓷在华专利申请量趋势

7.2.2　在华专利申请城市分布

图 7-2-2 所示，防弹装甲用高性能碳化物先进陶瓷材料领域在华专利申请主要城市分别为宁波、北京、湖州、苏州、长沙、莱芜、沈阳、景德镇、西安。

宁波申请人以企业为主，主要为宁波荣溢化纤科技有限公司（17 件）、宁波东联密封件有限公司（4 件）、宁波伏尔肯科技股份有限公司（2 件）和宁波哈泰雷碳化物有限公司（1 件）；有 3 件专利为个人申请，主要个人申请人为杨珍芬，其为余姚市艾尔电器有限公司的法人代表；还有 1 件专利的申请人为科研院所（中国兵器科学研究院宁波分院）。

北京共 23 件专利申请，申请人以高校、科研院所和企业为主，高校、科研院所中北京理工大学共有 6 件专利申请，其中 3 件专利是张朝晖教授团队申请的，张朝晖教授是北京理工大学材料学院教授，博士生导师，长期从事金属陶瓷复合材料、复合陶瓷装甲防护材料、纳米金属、数值模拟与仿真技术等方面的研究工作。中国航空工业集团公司北京航空材料研究院也有 2 件专利申请，主要是中国航空工业集团公司北京航空材料研究院燕绍九团队，其通过基体材料的外表面向上制备 3~5 层的增强相梯度层，增强相梯度为石墨烯与碳化硅、碳化硼中的一种或两种混合物的方法得到带增强

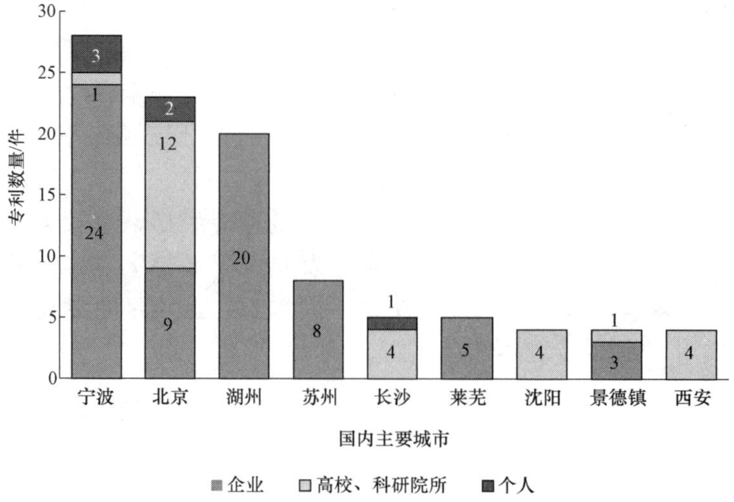

图 7-2-2　防弹装甲用高性能碳化物先进陶瓷在华专利申请主要城市分布

相梯度层的装甲板。企业申请人中北京安达维尔航空设备有限公司有 2 件专利申请，技术主要为直升机座椅的防弹装甲。另外，雷秉强、中国航空工业集团公司基础技术研究院、中国地质大学（北京）、北京雷特新技术实业公司、贾海荣、北京光科博冶科技有限责任公司、清华大学、北京航空航天大学、中国科学院微电子研究所、北京机电研究所、北京清核材料科技有限公司、北京林业大学各申请 1 件专利。

湖州的 20 件专利申请全部来自企业，均为浙江立泰复合材料股份有限公司申请的，该公司是一家专业生产工程陶瓷和防弹产品的企业。公司成立于 2003 年，公司的主营业务为以氧化铝、碳化硅、碳化硼陶瓷为主要迎弹面的陶瓷防弹产品的生产、加工和销售，主要产品有人体防弹板（胸插板、腰板和护裆板等）、防弹盾牌、陶瓷防弹头盔和车用防弹板等。经过多年发展，目前已具备年产 200 吨陶瓷和 360000 块防弹板的年生产能力，并且还具备了防弹盾牌、防弹头盔、防弹衣和防弹装甲板等系列人体或车辆防护产品的批量生产能力，产品远销世界各地。

苏州与湖州的专利申请情况类似，8 件专利申请全部来自企业，都是太仓派欧技术咨询服务有限公司的申请。

长沙的 5 件专利申请中，4 件来自高校、科研院校，主要是中南大学曾凡浩团队的专利申请，另外 1 件为湖南博翔新材料有限公司黄小忠的个人申请，该专利已经转让给湖南博翔新材料有限公司。

莱芜的 5 件专利申请皆来自企业，山东宝纳新材料有限公司近几年申请了 3 件专利，该公司是一家生产制造用于能源、环保、国防、先进制造领域的碳化硅陶瓷新材料的高技术企业。该公司以山东大学为依托，努力打造世界先进的高技术陶瓷生产、销售和技术服务平台。该公司的主要产品包括装甲车辆、武装直升机和人体防护轻质防弹陶瓷以及火箭喷管等高端产品。另外，山东汇金新材料有限公司和莱芜亚赛陶瓷技术有限公司各申请了 1 件专利。

沈阳的专利申请主要来源于高校、科研院所，分别为东北大学（2件）、中国科学院金属研究所（1件）和沈阳化工大学（1件）三所科研院校，对与防弹装甲用高性能碳化物先进陶瓷相关的层状复合碳化硼基陶瓷材料、双尺度的碳化硅泡沫陶瓷材料、碳化硼基层状陶瓷复合材料和碳化硼用高纯硼酸等领域的制备方法进行了专利申请布局。

景德镇的4件专利主要为企业和高校、科研院所申请，3件企业专利申请皆来自景德镇华迅特种陶瓷有限公司，该公司产品以碳化硼防弹陶瓷为主，碳化硼的年生产能力达到20万片。其产品具有高强度、高硬度、质量轻、耐腐蚀和防弹能力突出等特点，可广泛应用于直升机、战斗机的飞行员防护和重点部位防护，单兵防护背心，运兵车的装甲防护，坦克的外挂装甲防护，登陆艇的装甲防护，运钞车的装甲防护等领域。其产品通过中国兵器特种产品质量监督检验中心的12.7mm实弹打靶检测，质量稳定可靠。该公司与景德镇陶瓷大学、上硅所共同承担“B_4C防弹陶瓷研制”军品协作配套科研项目，经两年多时间研制靶试成功，并已通过装机试飞评审，已为中国直升机设计研究所、北京安达维尔航空设备有限公司提供碳化硼防弹陶瓷片用于直升机飞行员座椅安全防护。另外1件来自景德镇陶瓷大学魏红康团队。

西安的专利申请主要来源于高校、科研院所，4件相关专利中3件为西安交通大学专利申请，1件为陕西科技大学专利申请。西安交通大学的杨建锋研究团队有2件相关专利申请，另外1件专利申请为鲍崇高教授团队申请。陕西科技大学白建光团队的专利申请涉及复式双连续相碳华硅/硅复合材料的制备方法。

7.2.3 在华创新主体分析

防弹装甲用高性能碳化物先进陶瓷在华主要创新主体申请量如图7-2-3所示，在华专利申请超过3件的创新主体共12家，其中中国籍创新主体11家，美国籍创新主体1家，为佐治亚科技研究公司。中国籍创新主体中企业为7家，分别为：浙江立泰复合材料股份有限公司、宁波荣溢化纤科技有限公司、太仓派欧技术咨询服务有限公司、宁波东联密封件有限公司、山东宝纳新材料有限公司、江苏安卡新材料科技有限公司、景德镇华迅特种陶瓷有限公司；高校、科研院所为4家，分别为：北京理工大学、山东大学、中南大学、西安交通大学。申请量排名前三位的创新主体皆为企业，可见企业创新主体重视在该领域的技术研发和专利申请。

其中排名前七位的浙江立泰复合材料股份有限公司、宁波荣溢化纤科技有限公司、太仓派欧技术咨询服务有限公司、北京理工大学、山东大学、宁波东联密封件有限公司和中南大学，在上文全球创新主体分析中已经进行过详细介绍，故不再重复介绍。

西安交通大学共有3件专利申请，2件来自杨建锋团队，其研究方向为：碳化硅陶瓷材料及复杂形状结构部件的成型与烧结、高强度高韧性结构陶瓷材料制备与烧结技术、金属-陶瓷复合材料的设计与制备、惰性生物陶瓷材料的制备、多孔陶瓷及过滤陶瓷膜的研究与制备、纳米陶瓷复合材料的制备。其专利分别在2010年和2013年申请，

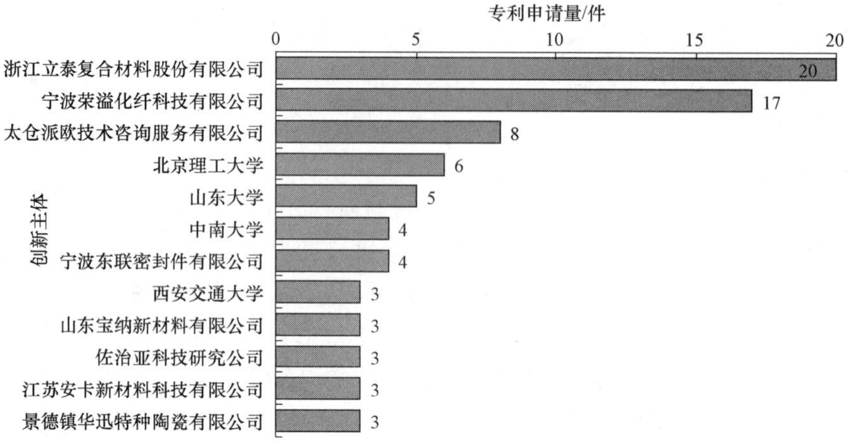

图 7-2-3　防弹装甲用高性能碳化物先进陶瓷在华主要创新主体申请量

主要集中在碳化硅防弹陶瓷和制备方法，其中 2010 年申请的专利 CN101967059B 至今处于有效状态。另外 1 件专利申请为鲍崇高教授团队申请的，该团队的研究领域为陶瓷/金属基复合材料研究和结构陶瓷研究，其专利申请为防弹碳化硼/碳化硅复合陶瓷制备方法。

山东宝纳新材料有限公司专利技术主要为：碳化硅复合陶瓷的制备方法、其制得的碳化硅复合陶瓷和应用以及陶瓷制品，低成本、轻质、高防弹性能碳化硼/碳化硅复合陶瓷防弹板的制备方法，一种一体注浆成型碳化硼-碳化硅复合陶瓷防弹头盔体。

佐治亚科技研究公司在华专利布局主要来自于 SPEYER ROBERT F 团队，其中专利 CN1829668B 公开了高密度元件和产品以及用于制备高密度元件和产品的方法。其中的一种示例性元件包括由均一的碳化硼粉末构成的碳化硼元件。该元件具有至少 93% 的相对密度（RD）和至少 2000kg/mm^2的维氏硬度。专利 CN101260002A 公开了一种制备高密度元件的方法，包括：由不含有烧结添加剂的碳化硼粉末形成碳化硼生坯；在炉子中于 1100～1400℃，真空加热所述生坯；以 50～150℃/分钟的速度将该炉子加热到 2300～2400℃，在没有烧结添加剂的情况下，利用无压烧结来充分烧结该生坯以获得具有至少 93% 的相对密度的烧结元件。专利 CN101193663A 公开了一种具有石墨内含物的碳化硼主体以及制备所述碳化硼主体的方法，其中所述主体的中心部分包括比围绕所述中心部分以及与其外部表面相邻的区域有更多的石墨。

江苏安卡新材料科技有限公司成立于 2016 年 08 月，公司经营产品包括：防弹系列（无纬布 UD、防弹芯片/插板、防弹衣、防弹头盔、防弹盾牌、防弹装甲板）、防刺系列（防刺芯片、防刺服）、防弹防刺系列（防弹防刺芯片、防弹防刺服）、防爆毯、其他民用安全防护制品。该公司成立以来较为重视技术的研发和专利的申请，2017 年和 2018 年共申请了 3 件与该领域相关的专利，技术主要为陶瓷表面改性方法和碳化硅涂层防弹防刺布的剪裁装置。

景德镇华迅特种陶瓷有限公司共有 3 件专利申请，主要集中于直升机座椅的防弹装甲、抵御机枪弹侵彻的复合结构防弹装甲、碳化硼陶瓷单弧防弹板内弧磨削抛光装置等。

7.2.4　在华法律状态

统计碳化硼领域在华申请发明专利和实用新型专利数据可知，在华发明专利为152件，实用新型专利为26件。法律状态如图7-2-4和图7-2-5所示，其中发明专利的在审、有效和失效数量分别为47件、40件和65件，占比分别为30.9%、26.3%和42.8%。当前法律状态分别为公开、实质审查、驳回、撤回、放弃、权利终止和授权的数量分别为：4件、43件、20件、23件、1件、21件和40件，占比分别为2.6%、28.3%、13.2%、15.1%、0.7%、13.8%和26.3%。实用新型专利中失效和有效数量分别为11件和15件，占比分别为42.3%和57.7%。当前法律状态分别为：放弃、权利终止和授权数量为2件、9件和15件，占比分别为7.7%、34.6%和57.7%。

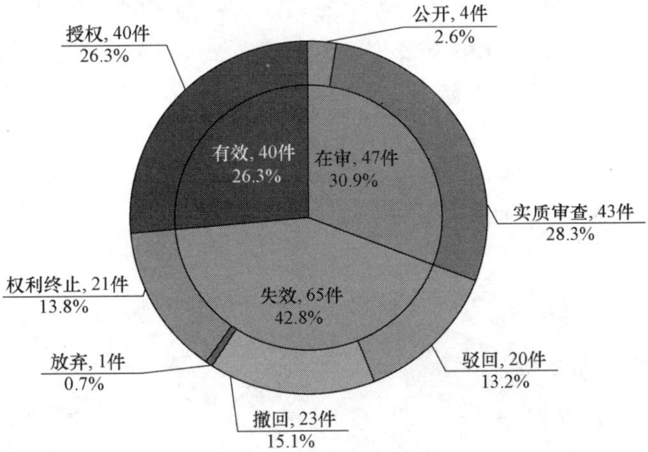

图7-2-4　防弹装甲用高性能碳化物先进陶瓷在华发明专利法律状态

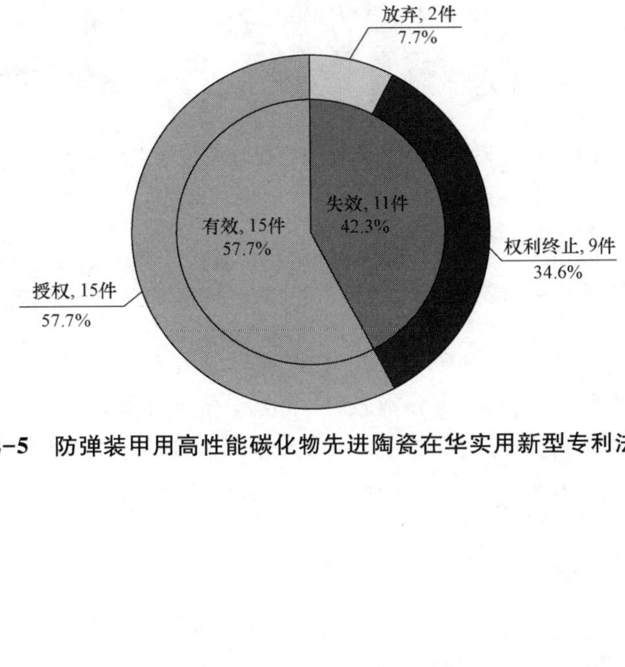

图7-2-5　防弹装甲用高性能碳化物先进陶瓷在华实用新型专利法律状态

碳化硼领域的发明专利占比高，发明专利与实用新型专利的数量比例大于5∶1，一定程度上可以看出该领域申请人对专利质量的重视程度高。其中，发明专利的有效状态、在审状态和无效状态的占比基本相当，在审专利和失效专利占比略高，可见，专利研究意义较大，对该领域专利的研究有助于相关企业把握技术发展方向，也可以避免技术的重复研究。实用新型有效性占比达到57.7%，在进行专利布局时需研究技术研发热点，避免技术重复研究和市场竞争中的侵权风险。

7.3 技术构成分析

防弹装甲用高性能碳化物先进陶瓷技术构成如图7-3-1所示，防弹装甲用高性能碳化物先进陶瓷领域主要由碳化硼基装甲防弹材料、碳化硅基装甲防弹材料和其他装甲防弹材料构成，专利数量和所占比例分别为：204项（54.69%）、85项（22.79%）和84项（22.52%），其中碳化硼基装甲防弹材料所占比例超过总申请量的一半，是现阶段研究的重点。碳化硼基装甲防弹材料中复合工艺为128项，占总申请量的比例为34.32%；常规工艺为40项，占总申请量的比例为10.72%；结构改进为36项，占总申请量的比例为9.65%。其中，常规工艺主要为粉体制备、烧结等工艺的技术改进，结构改进为碳化硼与其他材料黏结组成装甲防弹材料。

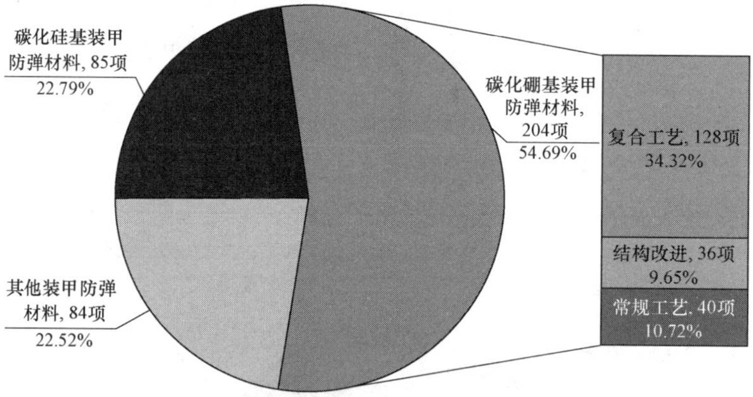

图7-3-1 防弹装甲用高性能碳化物先进陶瓷技术构成

7.4 重点技术分支——碳化硼基装甲防弹材料复合工艺

碳化硼具有仅次于金刚石和立方氮化硼的超高硬度，同时密度最低，在制备防弹材料方面具有巨大的潜力。虽然其成本较高，但是若想既保证其防弹性能又尽量降低其重量，碳化硼陶瓷材料是最优的选择。1965年碳化硼基陶瓷防弹装甲被研制出来，碳化硼复合材料已被应用到某些飞机的座椅中，而且碳化硼和纤维材料相结合制备出了性能更佳的防弹衣。

由于国外碳化硼的刚性需求和我国出口碳化硼价格的差异，发达国家一直从我国进口碳化硼，并且今后也会继续。然而我国高品质的防弹装甲用碳化硼等粉末仍需从德国 H. C. STARCK 等公司进口。随着防弹装甲系统轻量化、高效化需求的发展，防弹装甲用高性能碳化物先进陶瓷的要求越来越高，这些都促使我国碳化硼行业加快自身技术和产品升级，生产出满足国内外质量和规格需要的碳化硼产品。

由上文技术构成分析可知，碳化硼基装甲防弹材料是该领域的重要组成部分，也是现阶段各个国家、创新主体研究的重点，碳化硼本身的较低的断裂韧性、过高的烧结温度、抗氧化能力较差以及对金属的稳定性较差等缺点，限制了其在工业上的进一步应用。国内外的科研工作者为改善碳化硼陶瓷的性能进行了大量研究，并提出了碳化硼基装甲防弹材料多相复合工艺。

碳化硼基装甲防弹材料多相复合工艺主要分为如下四种方法：碳化硼/单质复合工艺（38 项）、碳化硼/硼化物复合工艺（45 项）、碳化硼/延性相复合工艺（29 项）和碳化硼/氧化物复合工艺（16 项）。各方法技术含义见表 7-4-1。

表 7-4-1 碳化硼基装甲防弹材料多相复合工艺技术含义❶及申请量

技术分支	含义	申请量/项
碳化硼/单质复合工艺	是指碳化硼与单质复合，单质主要是指碳粉或者有机物及单质硼，其添加量较少，是作为烧结助剂添加到碳化硼陶瓷中的，有机物主要包括葡萄糖、酚醛树脂、硬脂酸及聚碳硅烷等	38
碳化硼/硼化物复合工艺	是指碳化硼与硼化物复合，硼化物主要包括 TiB_2、TW_2B_5、CrB_2 和 CrB_2 等数种	45
碳化硼/延性相复合工艺	是指碳化硼与延性相复合，延性相主要是指金属，包括钛、铜、铝、镁等	29
碳化硼/氧化物复合工艺	是指碳化硼与氧化物复合，氧化物主要为 Al_2O_3、SiO_2、TiO_2 等	16

7.4.1 技术路线

本节结合专利申请时间、被引频次、专利的技术内容等信息分别对碳化硼基装甲防弹材料的碳化硼/单质复合工艺、碳化硼/延性相复合工艺、碳化硼/硼化物复合工艺和碳化硼/氧化物复合工艺四个领域的专利进行分析，绘制出了专利技术路线，如图 7-4-1所示。

❶ 裴立宅，肖汉宁，祝宝军，等. 碳化硼粉末及其复相陶瓷的研究现状与进展［J］. 稀有金属与硬质合金，2004（4）：46-50.

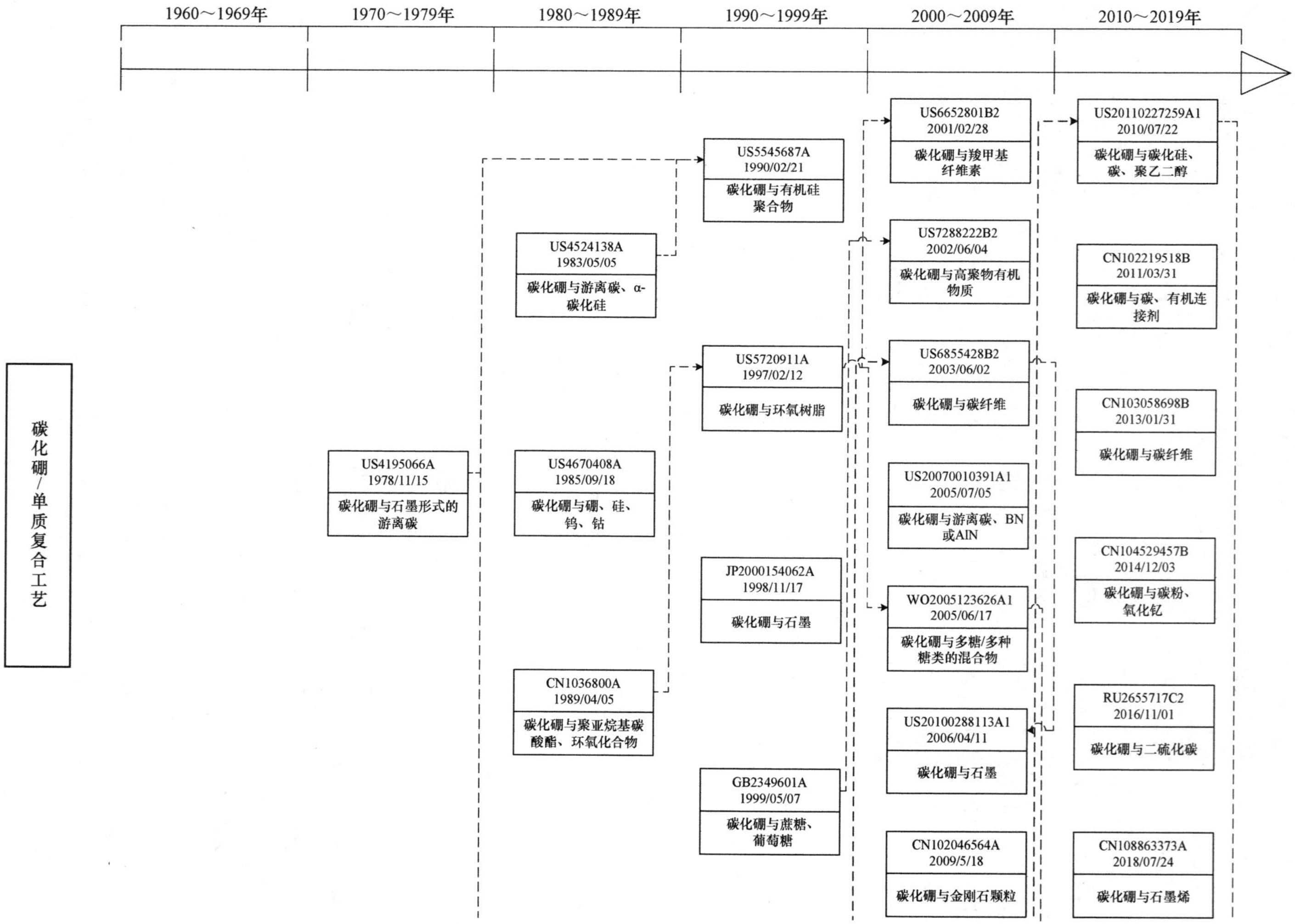

图 7-4-1　碳化硼基装甲防弹材料复合工艺技术路线

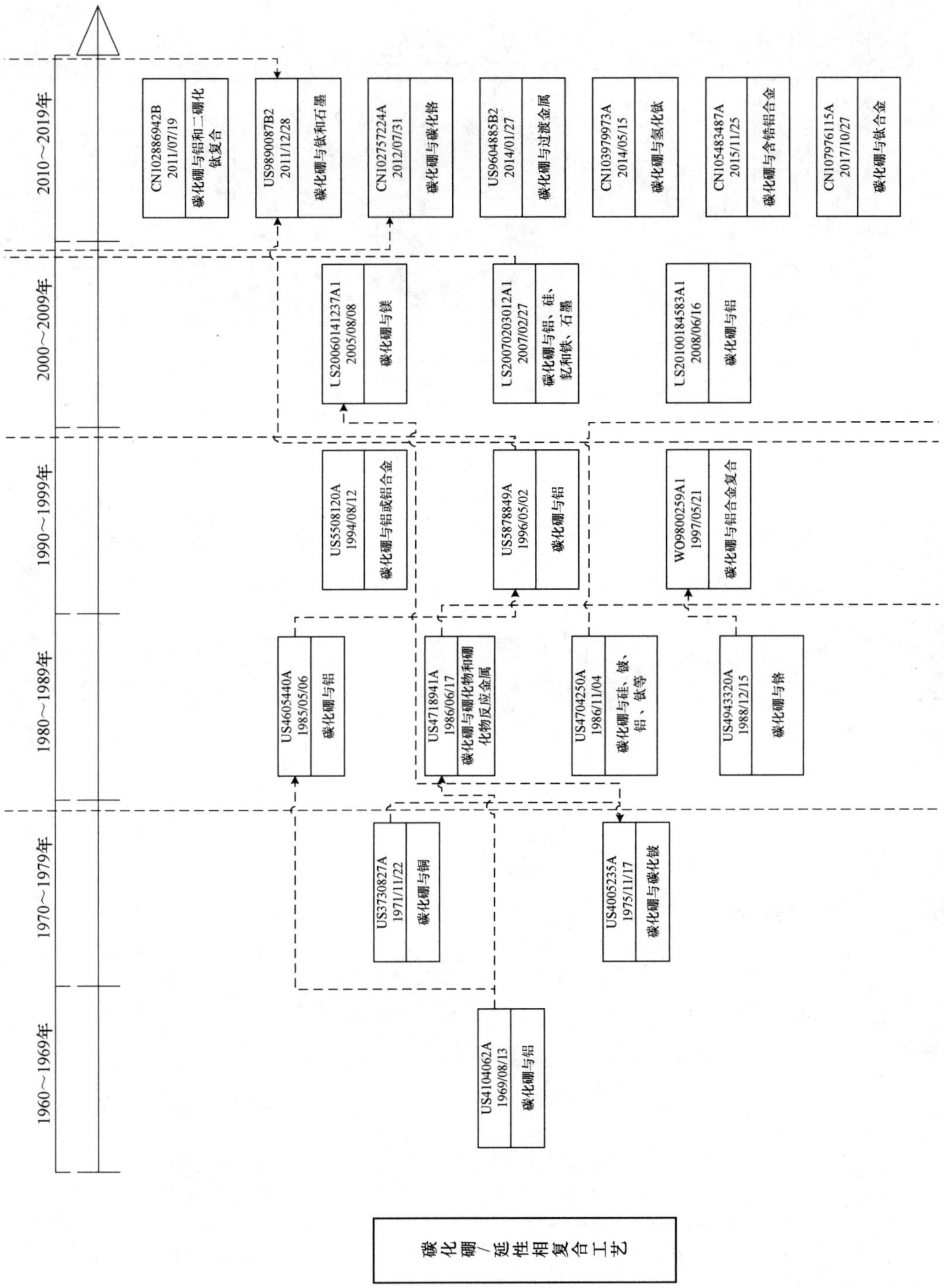

图7-4-1　碳化硼基装甲防弹材料复合工艺技术路线（续1）

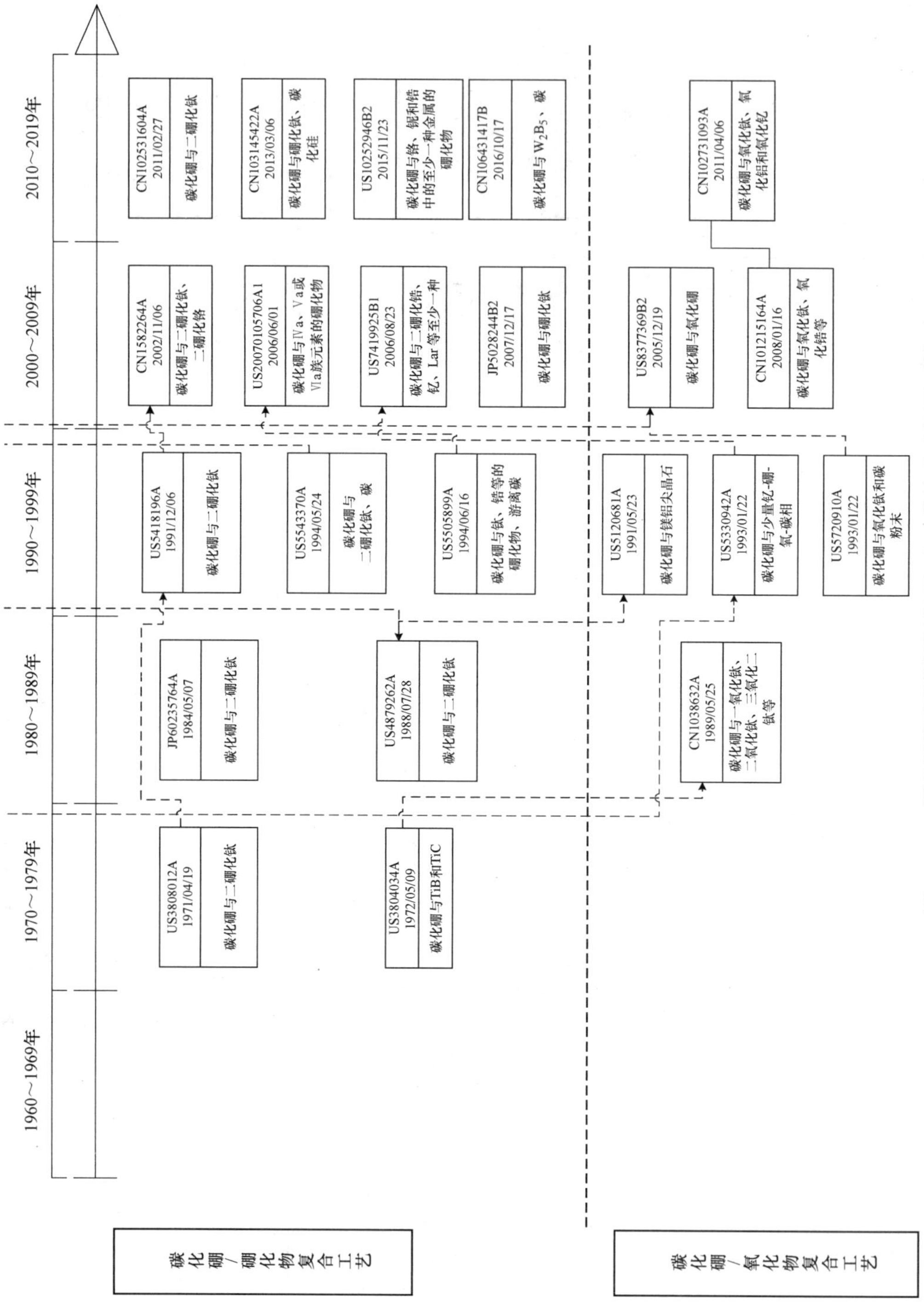

图7-4-1　碳化硼基装甲防弹材料复合工艺技术路线图（续2）

碳化硼基装甲防弹材料中复合工艺是改进碳化硼基装甲防弹材料的重要手段。如图7-4-1所示，碳化硼基装甲防弹材料的碳化硼/延性相复合工艺出现时间最早，在1969年开始相关专利申请；碳化硼/硼化物复合工艺最早于20世纪70年代初期出现；碳化硼/单质复合工艺出现于20世纪70年代后期，虽然较前两者出现时间晚，但是后续发展快；碳化硼/氧化物复合工艺专利申请出现最晚，1989年才在该领域有相关专利申请。

（1）碳化硼/单质复合工艺

20世纪70年代后期，以游离碳作为增强相的碳化硼/单质复合工艺开始出现，该方法提高了产品的抗弯强度、密度和尺寸稳定性，为后续各种复合工艺的发展奠定了基础，后续多件专利曾引用该专利。

专利US4195066A是该工艺最早申请的专利，在1978年公开了一种制造致密成型的纯碳化硼制品的方法，所述制品任选地含有重量比重0.1%~8%的石墨形式的游离碳，所述方法包括以下步骤：将亚微米碳化硼粉末形式的碳化硼与少量含碳添加剂均匀混合，将所述粉末混合物形成成型坯体，然后在受控气氛中，在没有外部压力的情况下，在2100~2200℃的温度下烧结所述坯体。这样得到的成型制品是多晶的，它们只对应于碳化硼的化学计量组成，即为单相；它们的平均晶粒尺寸不大于10μm，密度至少为碳化硼理论密度的90%，弯曲强度至少为300N/mm^2。烧结体的断裂模式为完全的穿晶断裂。该方法生产的碳化硼产品具有以下特性：较高的抗弯强度和密度，尺寸稳定，仅由硼和碳组成，具有复杂的形状。

20世纪80年代在前期研究的基础上，碳化硼与游离碳的复合进一步加入碳化硅，通过各组分比重的调节，烧结制品致密化得到进一步提高。随着研究的深入，人们开始关注单质硼、聚亚烷基碳酸酯、环氧化合物在复合工艺中的应用，其中，单质硼与其他相反应得到硼化物，进而改善了产品性能，提高了碳化硼的高应力性能和可塑性。

专利US4524138A在1983年公开了基本上无孔的烧结多晶制品，基本上由α-碳化硅、碳化硼和游离碳组成，其重量百分比是由梯形区域定义的，该梯形区域在B/Si/C三元体系中具有：拐角点a=89.0%碳化硅，9.9%α-碳化硅，1.1%碳；b=9.9%碳化硼，89.0%α-碳化硅，1.1%碳；c=9.0%碳化硼，81.0%α-碳化硅，10.0%碳；d=81.0%碳化硼，9.0%α-碳化硅，10.0%碳，该制品具有均匀的微观结构，密度至少为理论密度的99%，平均结构晶粒尺寸小于20μm，四点弯曲强度至少为400N/mm^2，所述制品由α-碳化硅、碳化硼和选自碳的碳源、可焦化形成碳的有机材料及其混合物的细粒混合物通过无压烧结和随后的后处理制得。通过使用惰性气体作为压力传递介质的热等静压烧结对所得的烧结制品进行致密化。

专利US4670408A在1985年公开了一种基于碳化硼/过渡金属硼化物的模制品的制备方法，所述碳化硼/过渡金属硼化物选自硼化钨、硼化钛或它们的混合物，以细颗粒形式紧密混合，其组成如下：25 wt%~75 wt%的碳化硼、14 wt%~40 wt%的硼、10 wt%~50 wt%的钨和/或碳化钛0~6 wt%的钴和0~8 wt%的硅，并在1550℃的温度下热压所得粉末，在1850℃的温度下将碳化物转化为相应的硼化物，以生产模制品。

专利CN1036800A在1989年公开了一种用于模制品生产的组合物，其特征在于它包括陶瓷粉末和/或金属粉末和有机黏合剂，其中有机黏合剂包括作为基本配料的聚亚烷基碳酸酯和分子中含有至少一个环氧基团的环氧化合物。

20世纪90年代该技术进一步发展，聚硅氧烷、聚硅氮烷、聚硅烷、金属聚硅氧烷和金属聚硅烷等有机硅聚合物，环氧树脂，石墨，蔗糖、葡萄糖等应用于碳化硼基装甲防弹材料复合，简化了复合工艺，烧结后密度进一步提高，提高了韧性。

专利US5545687A在1990年公开了通过热解包含碳化硼粉末和选自聚硅氧烷、聚硅氮烷、聚硅烷、金属聚硅氧烷和金属聚硅烷的陶瓷前体有机硅聚合物的混合物制备高致密碳化硼陶瓷体。这种高致密化的陶瓷体可以通过在压力下烧结或通过使用无压力工艺来制备。

专利US5720911A在1997年公开了一种通过烧结制备碳化硼制品的方法，包括以下步骤：将碳化硼颗粒与溶解在载体溶剂中的环氧化树脂混合以形成均化混合物；干燥混合物；将干燥的混合物造粒；将颗粒成型为所需形状；和在接近碳化硼熔点的温度下烧结，烧结步骤之前是碳化循环，其中所形成的形状在恒定的温度下保持预定的时间，温度至少有两个，升温速率是受控的。

专利JP2000154062A在1998年公开了一种致密碳化硼烧结体及其制备方法，其通过减少石墨相产生致密的高强度碳化硼烧结体。具有≤5μm的平均颗粒直径的碳化硼粉末混合有4wt%～12wt%具有≤3μm的平均颗粒直径的金属硼粉，0.5wt%～5wt%（碳化硅的术语中表达）具有≤5μm的平均颗粒直径的金属硅粉或粉末状金属硅-碳化硅的混合物和0.5wt%～5wt%的碳源，例如碳粉。所得到的混合物是压实的，在1600～2100℃真空中进行净化处理至该总量的碱金属、碱土金属和过渡金属总量减少至≤300ppm。所述纯化的致密体在1900～2250℃燃烧以得到具有≥96%相对密度的碳化硼烧结体。

专利GB2349601A在1999年公开了一种生产烧结碳化硼的方法，包括以下步骤：提供粒径小于约1μm的碳化硼粉末前体，将碳化硼粉末前体与黏结剂溶液混合以形成浆料，干燥该浆料以产生固体残留物，粉碎该固体残留物以产生碳化硼颗粒，并焙烧该生碳化硼颗粒。所得到的团聚碳化硼颗粒的直径通常为5～20μm。团聚的碳化硼颗粒的特征在于直径1～2μm的碳化硼颗粒悬浮在玻璃态氧化硼基质中。

进入21世纪，该工艺进一步得到完善，羧甲基纤维素、高聚物有机物质、碳纤维、糖/多种糖类的混合物、游离碳、BN或AlN、石墨、金刚石颗粒等被用于与碳化硼基装甲防弹材料复合，并且无压烧结也被各创新主体运用于碳化硼基装甲防弹材料的复合，进一步降低了复合材料孔隙率，提高了硬度、韧性和硬度。

专利US6652801B2在2001年公开了一种生产烧结碳化硼的方法，包括步骤：（a）提供颗粒尺寸小于大约1μm直径的陶瓷碳化物粉末前驱体；（b）将碳化陶瓷粉前驱体与黏结剂溶液混合以形成浆料；（c）干燥所述浆液以得到固体残渣；（d）粉碎的固体残余物以得到生颗粒；（e）烧制生碳化硼颗粒碳化，的生成基本球形团聚颗粒；

所述的生颗粒烧制时处于准失重状态；其中在烧制过程中颗粒出现球化；和其中在步骤（e）的生颗粒能通过热源。其中所述黏结剂为3%的羧甲基纤维素水溶液。

专利US7288222B2在2002年公开了一种碳化硼烧结体的生产方法，包括以下步骤：用基本上不溶于水的聚合物有机物质涂覆碳化硼粉末；将涂覆过的碳化硼粉末和水混合以形成浆料；由该浆料生产坯块；以及将所述涂覆的碳化硼粉末与水混合。烧结所得的成型体中，高分子有机物在烧结时发挥粉末的烧结助剂的作用，以控制碳化硼的晶粒长大，将一部分的烧结助剂制成碳化硼晶体，其中该烧结体的孔隙率为10col%或更少。

专利US6855428B2在2003年公开了一种复合材料及其制造方法。所述材料包括纤维结构，所述纤维结构最初主要涂覆有单质碳；然后，该纤维结构主要涂覆有至少一种与硅不反应的陶瓷材料，例如碳化硼。所述复合材料还包括硅基质，所述硅基质是连续的并且主要包围所述纤维结构。所述基体具有主要为20μm或更小尺寸的细晶粒晶体结构。所述至少一种陶瓷材料在所述基体中是不连续的。当复合材料发生断裂时，纤维材料从元素碳中拔出，该元素碳最初主要包覆该纤维结构。

专利WO2005123626A1在2005年公开了一种通过无压烧结制造高密度碳化硼的方法，使产生的烧结产品具有复杂的形状和高的强度。该方法包括混合原料的碳化硼粉末与碳前体，诸如一种多糖；该混合物压实以产生一个所希望形状的物体，最后在较高温度下碳化和烧结该物体。

专利US20070010391A1在2005年公开了描述了包含90wt%至99wt%的碳化硼的烧结体，其中B∶C原子比为3.8~4.5∶1；优选B∶C为1.0；0~1wt%的游离碳；0~1wt%的BN或AlN，其余为氧化物黏合剂相；所述烧结体具有均匀的微观结构，该组织由基本上等轴的所述碳化硼晶粒组成；氧化物黏合剂相包含至少一种稀土铝酸盐和任选的其他三元或二元相的稀土氧化物-氧化铝体系；黏合剂相在多个晶粒连接处以袋的形式存在，密度不超过2.6g/cm^3。该专利还描述了用于上述具有高强度和断裂韧性的基本无孔的烧结碳化硼材料的制造方法，其可用于大面积零件的生产。它是通过在氩气气氛中对碳化硼进行液相低温-低压热压而实现的。

专利US20100288113A1在2006年公开了一种具有石墨含量的碳化硼体及其制造方法，其中所述碳化硼体的中心部分包括比围绕所述中心部分并与所述中心部分的外表面相邻的区域更多的石墨。

专利CN102046564A在2009年公开了一种含金刚石颗粒和碳化硼的碳化硼复合材料，该复合材料具有小于2%体积的孔隙率。该发明进一步涉及制备此类材料的方法，该方法包括用碳化硼涂覆多个金刚石颗粒，将所述多个金刚石颗粒结合以形成生坯，和使生坯经受1200~2000℃范围内的温度和不超过2000MPa的压力或真空。

2010年以后，碳、聚乙二醇、二硫化碳、石墨烯等新兴技术被研究出来，国内申请人也积极布局，特别是在石墨烯的应用方面，较好地增强了材料的力学性能。同时，单质也逐渐被应用于其他复合技术，优化了其他工艺技术。

专利US20110227259A1在2010年公开了一种形成烧结碳化硼体的方法，包括在高温下用基本上的纯水洗涤碳化硼粉末以产生低氧碳化硼粉末，将烧结助剂和压制助剂与低氧碳化硼粉末混合以形成生坯混合物，并将生坯混合物成型为生坯碳化硼体。该方法可包括将平均粒径在5nm至100nm范围内的碳化钛粉末与低氧碳化硼粉末混合。所述方法还可包括烧结所述生碳化硼体，并将所述烧结体热等静压至大于碳化硼的理论密度的约98.5%的密度。或者，该方法可以包括在大于约2200℃的温度下烧结成型的碳化硼坯体，从而形成碳化硼/碳化硅的共晶液态固溶体，形成密度大于约98%理论密度的烧结碳化硼体。

专利CN102219518B在2011年公开了一种碳化硼碳化硅复相陶瓷及其制备方法。一种碳化硼碳化硅复相陶瓷，该碳化硼碳化硅复相陶瓷由碳化硼、碳混合粉体预制体脱脂后通过合金熔渗反应烧结而成；按重量百分比计所述的碳化硼、碳混合粉体预制体中包括碳化硼85%~98%、碳1.0%~14.0%以及预制成型使用量的有机连接剂；按重量百分比计所述的合金由硅12.5%~95%、铝5%~87.5%构成。该发明采用熔渗反应烧结相结合的技术，并能形成双相互联显微结构，使制品具有很高的力学性能，能抵抗子弹射击，该复相陶瓷密度低，是理想的防弹和装甲材料，主要应用于防弹和装甲领域。

专利CN103058698B在2013年公开了一种壳-核结构的碳化硼/碳纤维复合陶瓷，其特征在于以碳纤维为内核，外层包裹致密的碳化硼陶瓷，它具有碳化硼陶瓷包裹层与碳纤维增强内核的结构。它利用外层碳化硼的高硬度等优异性能，同时通过内部碳纤维增强材料非脆性断裂特点改善其脆性断裂的缺点，通过成型制备等工艺的设计，形成以碳纤维增强材料为内核，并通过共烧结，在外壳层形成坚硬致密的碳化硼陶瓷，以内核-外壳的结构组成一种实用有效的碳化硼复合材料。

专利CN104529457B在2014年公开了一种以2μm以上粗颗粒粉体为原料的无压烧结碳化硼陶瓷制备方法，包括以下步骤：将重量百分比为碳化硼粉（D50≥2μm）70wt%~80wt%、碳粉4wt%~8wt%、氧化钇粉0.7wt%~2wt%、余量为黏结剂和分散剂、放入球磨机混料容器，加入去离子水后进行球磨制浆，所得浆料固相含量为25wt%~45wt%；所得浆料用喷雾干燥造粒机制得造粒粉；将造粒粉采用干压成型或冷等静压成型工艺在100~200MPa下压成生坯；将生坯放入真空炉内，采用真空或常压烧结方式，在2000~2300℃温度下保温0.5~5h完成烧结得到碳化硼陶瓷。该发明由于采用价格低廉的粗颗粒碳化硼粉体为原料，采用可规模化生产的无压烧结工艺，可以大大降低碳化硼陶瓷的制造成本，适用于核电、半导体装备、装甲防护等领域。

专利RU2655717C2在2016年公开了可用于制造防弹背心以及各种部件在高温下硬度要求高的产品的材料。生产方法包括通过压力和温度影响碳化硼，将氢硫化物CS2添加到碳化硼中。

专利CN108863373A在2018年公开了一种石墨烯/碳化硼陶瓷复合材料的制备方法及根据该方法所制备的产品，制备步骤包括：将膨胀石墨粉末在超声下预处理，得到片状石墨烯悬浮液，而后与碳化硼粉末成型混合研磨，然后进行喷雾造粒，得到粉料；在真空或氩气环境下采用双温热压工艺进行烧结，获得石墨烯/碳化硼陶瓷复合材料。

该发明提出的热压工艺可降低碳化硼陶瓷的长时间加热温度得到晶界完整、晶粒细小的组织，这种材料具有优异的力学性能，可用于防弹板或耐磨器件。该发明工艺能有效提高片状石墨烯在碳化硼中的分散均匀性，且容易进行工业放大，适合于规模生产。

（2）碳化硼/延性相复合工艺

碳化硼/延性相复合工艺专利申请出现的时间最早，诺顿公司通过铝改性碳化硼提高了材料密度，组合物密度接近理论密度，同时降低了成本。1990年诺顿公司被圣戈班集团收购。

专利US4104062A在1969年公开了一种制造高密度铝改性碳化硼组合物的方法，包括以下步骤：将特定量的碳化硼粉末和铝粉末与少量的临时有机黏结剂共混，在室温下高压预成型该混合物至所需形状，然后在低于碳化硼烧结温度的温度和低至500psi的压力下形成最终致密成品。所得到的组合物接近理论密度，并具有一定程度和类型的强度，这使得它们非常适合作为防弹装甲以抵抗弹道射弹的穿透。

20世纪70年代，在前期铝改性碳化硼技术的基础上，诺顿公司1971年申请了涉及铜改性碳化硼防弹装甲的专利，其中面密度进一步提高，防弹性能有明显改善。通用电气通过碳化铍与碳化硼复合，密度达到碳化硼理论密度的85%~96%。

专利US3730827A在1971年公开了一种复合弹道装甲，包括背衬装置和一体的压制和烧结的陶瓷面板，所述面板包括按重量计100%的一种或多种第一类型的层，所述第一类型的层基本上由以下产品组成：热压碳化硼和铜的混合物，所述面板的其余部分是基本上由碳化硼组成的第二类层。

专利US4005235A在1975年公开了一种含碳化铍的多晶碳化硼烧结体，其密度为碳化硼理论密度的85%~96%，具有均匀的等轴晶组织。

20世纪80年代，美国政府十分重视该领域技术研发和专利申请，通过美国能源部和加利福尼亚大学之间关于劳伦斯·利弗莫尔国家实验室的第W-7405-ENG-48号合同，借助加利福尼亚大学的研发实力，注重碳化硼基装甲防弹材料铝金属复合工艺，得到高模量、高硬度、低密度、高断裂韧性、低成本的碳化硼组合物。同时，铍、钛、铬等金属被应用于该领域，这段时间的专利申请都较为重视如何降低成本。

专利US4605440A在1985年公开了包括润湿和反应初始材料的步骤，通过该方法可以可控地选择所得复合材料中的微结构。初始组合物、反应温度、反应时间和反应气氛是控制过程和所得组合物的参数。陶瓷相均匀分布在金属相中，陶瓷-金属界面处的附着力最大。初始固结步骤用于获得完全致密的复合材料，可制备断裂强度大于110kSi，断裂韧性大于12kSi的碳化硼铝金属陶瓷。这些复合材料和方法可用于形成多种结构元件。美国政府根据美国能源部和加利福尼亚大学之间关于劳伦斯·利弗莫尔国家实验室的第W-7405-ENG-48号合同，对该发明拥有权利。

1986年专利US4718941A采用化学预处理的方法，通过浸渗工艺制备碳化硼、硼化物和硼化物反应金属复合材料。粉末形式的碳化硼或其他起始组分浸渍在各种醇或其他化学试剂中，以改变起始组分的表面化学性能。经化学处理的起始组分被固结成多孔陶瓷前体，然后通过加热至润湿条件被熔融铝或其他金属渗透；化学处理的起始成分允许渗透到全密度；进一步热处理渗入的前体以产生可剪裁的微观结构。该工艺成本低，生产的复合材料具有改善的特性，包括提高的韧性、强度。美国政府根据美国能源部和加利福尼亚大学之间关于劳伦斯·利弗莫尔国家实验室的经营的第 W-7405-ENG-48 号合同，对该发明拥有权利。

专利 US4704250A 在 1986 年公开了一种使用在受控温度和压力下分解的金属化合物合成低密度碳化硼和金属黏结剂金属陶瓷的方法。

专利 US4943320A 在 1988 年公开了一种在不熔化金属的情况下制备陶瓷-金属复合材料的方法。压块或坯体由陶瓷和金属制成，压块在真空中密封在容器中，例如玻璃外壳中。然后将压坯加热到低于金属熔点的温度，但该温度足够高，使得金属的蒸气压显著，并且金属通过蒸发和冷凝重新分布通过陶瓷。该复合物由此形成具有均匀涂覆有金属的陶瓷颗粒的主体。其还公开了通过 B_4C/Cr 复合材料的工艺和制造形成的产品。

20 世纪末期，主要研究的是铝合金在该领域的应用，通过优化挤压成型方法、热处理以及加入羧甲基纤维素，提高了产品的强度、密度、硬度等性能。

专利 US5508120A 在 1994 年公开了通过将熔融铝或铝合金渗透到多孔预制件中制备碳化硼-铝结构复合材料，所述多孔预制件未焙烧或在高达 1800℃ 的温度下焙烧以形成致密的金属陶瓷，然后在空气或含氧气氛中热处理所述金属陶瓷以形成致密的氧化铝外表面层。所得到的结构金属陶瓷能够长时间暴露于高于铝熔点的温度，而不会造成物理性能的过度退化，例如弯曲强度。

专利 US5878849A 在 1996 年公开了至少一部分是陶瓷金属复合材料的部件，所述陶瓷金属复合材料具有互连陶瓷相和分散在互连陶瓷相内的非邻接金属相。具体地，其描述了具有高比热和低密度的致密碳化硼-铝复合材料的陶瓷金属复合材料。

专利 WO9800259A1 在 1997 年公开了一种挤压碳化硼-铝的合金金属基复合材料的方法，包括加热所述的复合材料锭到大约 570℃ 的温度下，保持该锭在大约 570℃ 到该锭，将所述锭置于一加热的挤出室，使用比挤压铝合金的典型压力高大约 15%~20% 的压力挤压该软化锭。一种铸造碳化硼-铝的合金金属基复合材料，包括大约 700℃ 的方法加热所述复合材料到熔体，轻轻搅拌该熔体，从所述熔体中去除浮渣，用一个不产生涡流的叶轮剧烈搅拌该熔体，用一种氩气扩散器杆脱气所述熔体，并且在脱气过程中连续除去形成的泡沫形成直至所述的泡沫形成率降低和所述熔体轻轻起泡。

21 世纪初，通过镁、铝、硅、钇、铁等金属与碳化硼基装甲防弹材料复合，提高了碳化硼基装甲防弹材料的抗多发打击能力、耐久性、压缩强度和抗压强度，并且降低了成本。

专利 US20060141237A1 在 2005 年公开了一种复合材料，包括：陶瓷和镁，其中镁渗入陶瓷形成连续基质，陶瓷为碳化硼。

专利 US20070203012A1 在 2007 年公开了一种碳化硼烧结体，包括：从横截面看包括具有晶粒尺寸 10μm 或更小碳化硼的晶体的面积大于或等于预定区域的面积，从横截面看包括具有20μm或更小晶粒尺寸的晶体面积大于或等于5%预定区域的面积。碳化硼烧结件含有0. 05 wt%~10 wt%铝、硅、钇和铁中的任何一种。

专利US20100184583A1在2008年公开了碳化硼陶瓷通过在常压下进行加热而不施加压力，并且不需要向原料中添加大量烧结添加剂或不需要任何特殊添加剂或处理而固有地装备有所述碳化硼陶瓷。该发明提供一种制造方法，在压制碳化硼粉末材料得到碳化硼生坯之后，在常压下加热碳化硼生坯而不施加压力，所述碳化硼生坯和粉末、生坯或烧结体中的一种被置于炉中加热，所述粉末、生坯或烧结体包含铝和硅中的至少一种。

近10年来，一方面进一步完善铝合金的复合工艺，通过与石墨、硼化物等配合实现更优性能，另一方面各创新主体积极研究过渡金属、钛合金等新兴增强相，和新兴烧结技术（放电等离子烧结），可以获得硬度比以前报道的更高的碳化硼基制品，大大提高了材料的抗冲击能力，提高了材料的断裂韧性。

专利CN102886942B在2011年公开了一种层状复合碳化硼基陶瓷材料及其制备方法，属于材料技术领域。该层状复合碳化硼基陶瓷材料由基体层碳化硼陶瓷层与复合层构成梯度分布材料，其中双层复合碳化硼基陶瓷材料的组成为Al/B_4C-B_4C，三层复合碳化硼基陶瓷材料的组成为$Al/B_4C-TiB_2/B_4C-B_4C$。其制备方法包括配料成型、热压预烧和真空熔渗三个步骤。该发明的层状复合陶瓷材料质量轻，各层基体均为碳化硼，材料的层与层之间的结合非常完好，通过多层复合大大提高了材料的抗冲击能力，在单一碳化硼材料的基础上提高了材料的断裂韧性，在防弹材料领域具有广泛的应用前景。

专利US9890087B2在2011年公开了一种由碳化硼粉末制备固体制品的方法，所述碳化硼粉末包括涂覆有钛化合物的碳化硼颗粒。其进一步公开了以水溶性物质的形式组合使用钛和石墨添加剂以提高在绿色状态下混合的亲和力的独特优点。碳有利于烧结，其浓度随后在形成非常硬的、细分散的TiB_2相的过程中衰减。该专利进一步认识了窄粒度分布碳化硼粉末的优点，并在致密气孔率阈值下采用烧结浸渍温度，获得了平均粒度接近原始中值粒度的后热等静压显微组织。相互依存的因素的组合使得碳化硼基制品的硬度比以前报道的要高。

专利CN102757224A在2012年涉及一种烧结制备致密碳化硼基陶瓷材料的方法，包括将碳化硼粉体和烧结助剂充分混合，其中所述烧结助剂至少包括第一烧结助剂，所述第一烧结助剂为碳化铬粉体；以及对所得混合物进行成型处理、干燥处理、排胶处理和烧结处理得所述致密碳化硼基陶瓷材料。

专利US9604885B2在2014年公开了一种超硬材料，其是一种后过渡金属掺杂的碳化硼陶瓷。轻质陶瓷的维氏硬度可达45GPa以上。过渡金属如Ni、Co、Rh和Pd可以以高达约2. 5%的水平掺杂到碳化硼中。在高达2000°C的温度和高达约100GPa的压力下，碳化硼和过渡金属粉末的真空放电等离子烧结形成超硬材料。该后过渡金属掺杂碳化硼陶瓷可用于装甲、磨削材料、热电材料和催化剂。

专利CN103979973A在2014年公开了一种以TiH_2为烧结助剂的碳化硼基陶瓷材料

及其制备方法，属于陶瓷材料制备方法，解决以 Ti 粉为烧结助剂制备碳化硼时易产生氧化环境阻碍致密化的问题，同时解决大添加量 TiH_2 与碳化硼反应烧结制备的复相陶瓷密度大幅提高，硬度大幅降低的问题，以满足制备轻质高强材料的要求。该发明的碳化硼基陶瓷材料，由碳化硼粉末和 TiH_2 粉末混合后烧结制成，各组分质量百分比为：碳化硼粉末 90%～99%、TiH_2 粉末 1%～10%。该发明的制备方法，包括混合步骤和烧结步骤。该发明所制备的陶瓷材料，具有高硬度、低密度、低电阻率、高抗弯强度和高断裂韧性，能很好地满足防护材料的各项技术指标要求，提高防护的可靠性，可进行电火花加工，具有大批量生产的潜力。

2015 年专利 CN105483487A 涉及一种复合材料及其制备方法，尤其涉及一种含锆的碳化硼-铝合金复合材料及其制备方法，属于陶瓷基复合材料技术领域。该发明所设计的含锆的碳化硼-铝合金复合材料由碳化硼基体和含锆铝合金构成。该发明采用粉末烧结方法制备多孔碳化硼基体，然后将熔融的含锆铝合金溶渗进入多孔碳化硼基体制成致密的复合材料。该发明各元素搭配合理，结构设计科学，制备工艺简单，所得产品的密度低，硬度高，断裂韧性好，耐热震性好，不受形状限制，适合用于轻质高硬耐冲击的结构材料。

专利 CN107976115A 在 2017 年提供了一种碳化硼-钛合金复合装甲，该装甲包括碳化硼陶瓷板和钛合金，所述钛合金包裹陶瓷板，所述碳化硼陶瓷板由碳化硼陶瓷片拼接而成，所述碳化硼陶瓷片由碳化硼陶瓷材料热压而成，所述碳化硼陶瓷材料包括碳化硼陶瓷基体和石墨烯，所述石墨烯分散在碳化硼陶瓷基体中。将石墨烯均匀分散在碳化硼粉末中，之后采用热压烧结，抗弯强度从大约 350MPa 提高到了 500MPa 以上，将碳化硼陶瓷用钛合金浇注，形成钛合金四面包覆碳化硼的整体结构。

（3）碳化硼/硼化物复合工艺

碳化硼/硼化物复合工艺主要的增强相是二硼化钛，是从 20 世纪 70 年代以来一直被研究的，通过自蔓延烧结、纳米颗粒与其他相复合等工艺，提高防弹材料的性能。近 10 年以来，铬，铌和锆中的至少一种金属的硼化物、W_2B_5 等增强相的应用，获得了具有高致密度、高硬度、高韧性特点的产品，解决了现有碳化硼陶瓷烧结和致密化温度高以及韧性低的缺点。

专利 US3808012A 在 1971 年公开了具有多种用途的二硼化钛、碳化硼、碳化硅和硅的硬的、致密的复合陶瓷体，通过将二硼化钛、碳化硼和临时黏结剂的混合物形成所需形状来生产，以获得通过将其与硅接触加热到高于硅熔点的温度而硅化的共格生坯体，随后熔融的硅渗入该体并与其中的一些碳化硼反应原位生产碳化硅。

专利 US3804034A 在 1972 年公开了一种改进的装甲，具有主要由碳化硼构成的硬质层和主要由金属钛构成的延展性层，硬质层限定了射弹撞击面，延展性层限定了背面，梯度层具有介于所述硬质层和所述延展性层之间的可控硬度梯度和延展性梯度，梯度层由 TiB 和 TiC 的陶瓷合金构成，作为离散相限定了受控量的碳化硼和/或钛分散通过的基质。

专利 JP60235764A 在 1984 年公开了制造碳化硼-二硼化钛的两个状态的复合超硬

合金。

专利US4879262A在1988年一种用于生产硬的、韧性好的、轻质的B_4C/TiB_2复合材料的自维持燃烧合成方法，其是基于绝热温度和产物组成对碳化硼和TiB_2反应物的化学计量的热力学依赖性。对于轻质产品，组合物中的碳化硼组分必须相对丰富。通过改变反应物的初始温度得到富碳化硼复合材料。该产品是坚硬的多孔材料，其韧性可通过使用液态金属浸渍工艺用铝或其他金属相填充孔来增强。该方法可扩展到具有低放热组分的其他复合材料的形成。

专利US5418196A在1991年涉及一种烧结复合碳化硼体及其制备方法，该烧结复合碳化硼体由碳化硅和/或TiB_2组成，碳化硅和/或TiB_2的晶粒尺寸为纳米数量级，并分布在碳化硼晶粒之间和/或碳化硼晶粒内，该烧结复合碳化硼体是通过热压由44vol%~99.5vol%碳化硼、0.5vol%~60vol%碳化硅和/或0.5vol%~60vol% TiC，在1800~2300℃下保温5~600分钟形成的。

专利US5543370A在1994年公开了一种复合材料包括碳化硼和二硼化钛，碳化硼和二硼化钛的体积比为B_4C：TiB_2为90：10至10：90份，基于碳化硼的含量计元素碳的比例大于2wt%，最多为50wt%。一种复合材料包括碳化硼和二硼化钛，碳化硼和二硼化钛的体积比为B_4C：TiB_2为90：10至10：90份，基于碳化硼的含量计元素碳的比例大于2wt%，最多为50wt%。该复合材料的密度大于92%理论密度，硬度HK0.1大于2300，四点弯曲强度大于400MPa，断裂韧性大于3.5MPa。该复合材料适用于生产耐磨部件或刀具。

专利US5505899A在1994年一种制造碳化硼、二硼化金属和碳的成形体的方法，其包括（a）将粉末状碳化硼与Ti、Zr、Hf、V、Nb和Ta中至少一种元素的粉末状单碳化物均匀混合，基于碳化硼的总重量，所述粉末状碳化硼的量相当于游离碳的2%至6%重量；（b）将该混合物成型为密度至少为50%理论密度的生坯体；（c）将由此获得的预成型体加热至1250℃至1450℃。在烧结炉中排除氧气，并将其保持在该温度范围内10~120分钟；和（d）随后通过加热至2100℃烧结预成型体至2250℃。

专利CN1582264A在2002年公开了一种四点抗弯强度在400MPa以上且断裂韧度在2.8MPa·$m^{1/2}$以上的碳化硼质烧结体，具有以下两种最佳制备方式：在加压条件下使碳化硼粉末、TiO_2粉末和碳粉末的混合粉末反应，同时进行焙烧而制得的，由碳化硼95mol%~70mol%和二硼化钛5mol%~30mol%构成的、碳化硼的最大粒径在5μm以下的碳化硼二硼化钛烧结体；在碳化硼中含有10mol%~25mol%的CrB_2，烧结体的相对密度在90%以上，烧结体中的碳化硼粒子的最大粒径在100μm以下，10~100μm粒径的碳化硼粒子与粒径在5μm以下的碳化硼粒子的存在比（面积比）在0.02~0.6mol%的碳化硼-二硼化铬烧结体。

专利US20070105706A1在2006年提供了一种致密的硬质体，其具有良好的断裂韧性、硬度和高的吸收冲击的能力，该致密的硬质体还可用作轻质装甲。所述主体是（a）两种碳化物的共晶，所述两种碳化物选自碳化硼、碳化硅、碳化钛、碳化钽、碳化钨、碳化锆和碳化铪；或（b）上述碳化物中的一种和周期表ⅣA、ⅤA或ⅥA族元素中至少一种的硼化物。熔融共晶，例如碳化硼、碳化硅和 TiB_2 的三元组合物通常可以定向冷却，使得其层状微结构具有相对于主体的大表面取向。

专利 US7419925B1 在 2006 年公开了一种烧结陶瓷组合物，包括至少 50wt% 碳化硼和至少 0.01wt% 的选自 Y、La、Ce、Pr、Nd、Sm、Eu、Gd、Tb、Dy、Ho、Er、Tm、Yb 和 Lu 的至少一种元素，烧结陶瓷组合物的特征在于密度可达至少 90% 的理论密度。

专利 JP5028244B2 在 2007 年提供了一种碳化硼-二硼化钛烧结体，其具有高抗弯强度并可进行放电加工。该碳化硼-二硼化钛烧结体是由 70mol% ~ 90mol% 碳化硼和 10mol% ~ 30 mol% 的二硼化钛组成，是通过加压烧结一种粉末混合物获得的，所述粉末混合物由平均粒径 1.0 ~ 2.5um 的碳化硼粉末、平均粒径小于 1 um 的二氧化钛粉末和平均粒径小于 1 um 的碳粉混合而成，电阻率 ≤ 1Ωcm。该发明还公开了一种在 1850 至 250℃ 烧结、三点抗弯强度 ≥ 650MPa 和弹性模量 ≥ 450GPa 的碳化硼-二硼化钛烧结体。

专利 CN102531604A 在 2011 年提供一种 β-碳化硅增韧碳化硼陶瓷烧结技术，它是通过如下技术方案实现的：采用复合材料，在单质碳化硼材料中添加 β-碳化硼，配料比例为：碳化硼：85% ~ 90%，β-碳化硅：10% ~ 15%；实施步骤如下：将 β-碳化硅与结合剂加入砂磨机研磨；将砂磨所得浆料与碳化硼和添加剂加入球磨机研磨；将球磨所得黏稠浆料喷雾干燥、密封分装腐化；将腐化好的原料经合金模具机压成型；将成型素坯与石墨模具、附件组装，找平，入炉定位烧结，烧结所得即为增韧碳化硼陶瓷。该发明不仅能增加碳化硼陶瓷韧性，改善可加工性能，提高加工效率和正品率，同时能降低烧结温度，节约能源，提高烧结炉使用寿命，可带来显著经济效益。

在 2013 年专利 CN103145422A 涉及一种碳化硼-硼化钛-碳化硅高硬陶瓷复合材料及其制备方法，属于陶瓷材料技术领域。该复合陶瓷由碳化硼、碳化钛和硅粉经反应热压烧结得到。按重量百分比，该复合陶瓷中碳化硼的含量为 50% ~ 90%，硼化钛的含量为 27% ~ 5.4%，碳化硅的含量为 23% ~ 4.6%。该发明解决了现有碳化硼基陶瓷烧结温度过高，韧性和硬度难以同时提高的缺点。该发明利用单质硅除去碳化硼与碳化钛反应生成的碳，将降低基体材料硬度的碳转化为分散均匀的硬质材料碳化硅，起到增强补韧，提高材料硬度的作用。该发明可以在不降低基体硬度的前提下，在较低的温度制备出高韧性的碳化硼基复合陶瓷。

专利 US10252946B2 在 2015 年公开了一种包括碳化硼相的复合陶瓷组合物及其形成方法。复合陶瓷组合物包括硼化钨相、过渡金属硼化物相。所述复合陶瓷组合物还可以包括设置在固溶体中的碳，所述碳具有至少所述硼化钨相和所述过渡金属硼化物相。所述过渡金属硼化物相可以包括选自 Cr、Nb 和 Zr 中的至少一种金属的硼化物。

专利 CN106431417B 在 2016 年公开了一种高硬度高韧性 $B_4C-W_2B_5-C$ 复合陶瓷，硼化钨和碳均匀分布于基体碳化硼中，其中碳化硼和硼化钨的摩尔比为 1 : 4，碳的体积占产物总体积的 5% ~ 10%。其制备方法为：按照摩尔比为 17 : 2 : 2 的比例称取硼粉、石墨粉和 WC 粉，然后再添加以上粉末总体积 5% ~ 10% 的石墨粉，使用球磨机干磨，再预压成型；最后置于烧结炉中，保证烧结压力为30MPa，1000~1200℃范围内保温3~5min，1400~1550℃范围内保温3~5min，1700℃保温6~10min即得。该发明复合陶瓷致密化温度仅1700℃，高断裂韧性7.8~11.9MPa·mm。

（4）碳化硼/氧化物复合工艺

20世纪90年代，美国政府重视碳化硼/氧化物复合工艺，美国海军通过N00014-87-C-0515号合同与格雷斯公司合作，应用$MgAl_2O_4$复合碳化硼，降低了成本；美国能源部通过N00014-87-C-0515号合同与马丁玛丽埃塔能源系统公司合作通过钇-硼-氧-碳相使产品断裂韧性提高近一倍。该技术的主要增强相为氧化钛、氧化铝。

专利CN1038632A在1989年公开了一种制造碳化硼/二硼化钛组合陶瓷粉末的方法，包括：（a）充分混合作为反应物的碳化硼和钛源，上述反应物的平均颗粒尺寸小于20μm，并基本上没有大于50μm的单个不连续的反应物区域；（b）使得由步骤（a）所得到的混合物发生反应，从而形成碳化硼/二硼化钛组合粉末，在这种粉末中至少一部分碳化硼颗粒成为基体，至少一部分二硼化钛颗粒附着到所述碳化硼基体上。钛源是可还原的钛源，即TiO、TiO_2、Ti_2O_3、Ti_3O_5、TiC、TiN、还原过的卤化钛或者其混合物。

专利US5120681A在1991年公开了一种含有$MgAl_2O_4$的碳化硼组合物及其制备方法，包括：（a）结合硅酸镁源，B_2O_3、Al和C形成混合物，（b）加热该混合物，使源反应形成$MgAl_2O_4$、碳化硅和碳化硼。可通过以下方法制备含有$MgA_{l2}O_4$、碳化硅和碳化硼的烧结材料：（a）合并硅酸镁、B_2O_3、Al和C的源以形成混合物，（b）将混合物压实成型，（c）加热该混合物成型体，由此该源反应形成$MgAl_2O_4$、碳化硅和碳化硼，以及（d）烧结该反应的成型体。硅酸镁的可能来源是滑石、蛭石和云母。该发明是在美国政府的支持下，根据海军研究处授予的合同N00014-87-C-0515完成的。美国政府对这项发明有一定的权利。

专利US5330942A在1993年公开了一种复合耐火材料组合物，包括碳化硼基体和均匀分布在碳化硼基体中的钇-硼-氧-碳相的次要成分。美国政府根据美国能源部授予马丁玛丽埃塔能源系统公司的DE-AC05-840R21400号合同，在政府的支持下完成了该发明，政府对该发明拥有某些权利。

专利US5720910A在1993年公开了一种生产高密度碳化硼制品和所有过渡金属碳化物的方法，所述碳化硼制品和所有过渡金属碳化物任选含有1wt%~50wt%的硼化物。该方法包括以下步骤：在烧结过渡金属碳化物时均匀混合碳化硼、氧化钛和碳粉末，或均匀混合过渡金属碳化物与其氧化物、碳化硼和碳，将粉末混合物形成成型坯体，并在受控的1900~2100℃气氛中烧结该坯体。这样获得的成型制品的理论密度为所选复合材料的理论密度的至少95%，优选大于99%，弯曲强度为至少350MPa，优选大于450MPa。

专利US8377369B2在2005年公开了一种制备碳化硼制品的方法，包括：由未掺杂的碳化硼生坯体形成碳化硼包覆微粒的氧化硼，在去除温度高于1100℃、低于1400℃的条件下驱动所述硼氧化物离开所述碳化硼生坯从而获得降低的硼碳化物本体；在无压浸泡温度选自2200～2317℃的条件下无压烧结所述降低的碳化硼体。浸泡所需的时间不大于所述降低的碳化硼体达到收缩率0.005%/分钟的时间，随后冷却，所述降低的碳化硼体得到的无压烧结的硼碳化物本体具有至少93%的相对密度；在至少2000℃然后热等静压所述的无压烧结的碳化硼体。

2008年专利CN101215164A涉及一种碳化硼复合材料的制备方法，特征是步骤如下：按质量百分数计取金属氧化物粉末5%～50%，余量为碳化硼粉末，混合配料，在100～150MPa下模压成预制坯；然后将预制坯置于真空烧结炉中，抽真空至20～100Pa，以5～8℃/min的速度升温至1850～2060℃，保温10～60min，得到碳化硼基多孔预烧体；最后在真空条件下熔渗铝，熔渗工艺为900～1100℃，保温0.5～2h，真空度为5～100Pa。该发明的优点和产生的积极效果是：在单一碳化硼材料的基础上提高断裂韧性1.78～2.75倍，生产成本低，制备方法简单，有利于加工成各种形状复杂的产品，易于在碳化硼陶瓷材料制造领域推广应用。

在2011年专利CN102731093A涉及一种低温致密化烧结碳化硼基陶瓷材料的方法。该发明的特征是：以碳化硼作为基体材料，以氧化钛和氧化铝作为增韧补强添加相，以氧化钇作为烧结助剂；将碳化硼、氧化钛、氧化铝和氧化钇按照一定比例混合球磨，制得混合粉体；然后将混合粉体在氮气气氛中热压烧结。用该方法制备的碳化硼基陶瓷材料，具有较高的致密率，强度和韧性比纯碳化硼陶瓷大幅度提高，烧结温度由纯碳化硼陶瓷的2300℃降低到1880℃以下，烧结时间大大缩短，具有优良的力学性能和耐磨性，使用寿命长。该陶瓷材料适合于制作对耐磨性要求较高的模具、喷沙嘴等。

7.4.2 功效矩阵分析

为了更好地解析该领域专利申请中所披露的专利技术，现从技术分支-技术功效矩阵分布角度进行分析，多相复合工艺主要的技术效果有8种，分别为：降低密度、提高韧性、提高硬度、增强防弹性、降低成本、提高强度、简化工艺、降低孔隙率。从图7-4-2可以看出，通过碳化硼/单质复合工艺可以实现8种效果，主要的技术效果为降低密度、提高硬度和降低成本；碳化硼/硼化物复合工艺对于降低孔隙率影响不大，但是对于提高韧性却有较好的效果；碳化硼/延性相复合工艺主要的技术效果是降低密度、增强防弹性和简化工艺，特别是对于降低密度效果明显，同时对于提高韧性和硬度的效果也较为明显，也正因为该工艺良好的技术效果，其很早就被用于碳化硼基装甲防弹材料多相复合；碳化硼/氧化物复合工艺主要达到降低密度、提高韧性、增强防弹性和降低成本的技术效果。

7.4.3 重点专利

通过综合考虑专利的权利要求数、被引次数、同族国家数等因素，挑选出44项重点专利，详见表7-4-2，我国相关研发人员可对其技术方案和保护范围进行研究和关注。

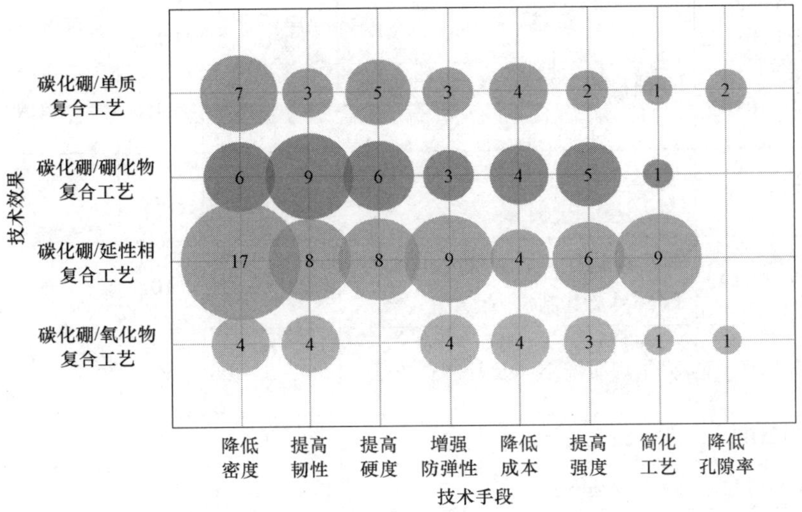

图 7-4-2　碳化硼基装甲防弹材料复合工艺功效矩阵

注：图中数字表示申请量，单位为件。

表 7-4-2　碳化硼基装甲防弹材料重点专利

序号	公开（公告）号	标题	申请日	权利要求数	同族国家/地区	被引证次数
1	US9604885B2	超高硬度碳化硼的合成与加工	2014-01-27	12	US	1
2	US9580359B2	碳化硼-氮化硼碳组成的形成	2014-07-17	7	US	1
3	CN105483487A	一种含锆的碳化硼-铝合金复合材料及其制备方法	2015-11-25	9	CN	1
4	CN103145422B	一种碳化硼-硼化钛-碳化硅高硬陶瓷复合材料及其制备方法	2013-03-06	5	CN	6
5	CN103641480A	一种高韧碳化硼复合材料及其制备方法	2013-12-13	6	CN	7
6	CN102757224A	烧结制备致密碳化硼基陶瓷材料的方法	2012-07-31	12	CN	25
7	CN102731093A	一种低温致密化烧结碳化硼基陶瓷材料的方法	2011-04-06	1	CN	5
8	CN102046564A	碳化硼复合材料	2009-05-18	15	WO，AU，CA，CN，EP，US，JP，RU，ZA	16
9	CN101798222A	一种 Al_2O_3-Ni-C-B_4C 复相陶瓷及其制备方法	2010-03-02	5	CN	6

续表

序号	公开（公告）号	标题	申请日	权利要求数	同族国家/地区	被引证次数
10	CN101215164B	一种碳化硼复合材料的制备方法	2008-01-16	4	CN	14
11	CN100349824C	碳化硼基复合防弹陶瓷及其制备方法	2006-01-18	6	CN	11
12	US20070010391A1	具有改进机械性能的轻质碳化硼材料及其制造方法	2005-07-05	10	US	22
13	CN1256301C	碳化硼质烧结体及其制造方法	2002-11-06	12	CN，EP，US，WO，AU	17
14	JP3667121B2	碳化硼烧结体及其制造方法	1998-11-17	4	JP	15
15	US20040058154A1	碳化硼基陶瓷基复合材料	2003-06-02	56	US	56
16	US20030110931A1	碳化硼复合体及其制造方法	2001-11-20	38	US	133
17	US5878849A	陶瓷金属复合制动部件及其制造方法	1996-05-02	18	EP，DE，US，WO，CA，CN，JP	72
18	US5720910A	致密碳化硼和过渡金属碳化物的生产方法	1995-07-26	5	US	31
19	WO9800259A1	制造用于碳化硼-铝的合金金属基质复合物的方法	1997-05-21	15	US，WO	19
20	US5545687A	用预陶瓷聚合物黏结剂制备高密度碳化硼陶瓷	1990-02-21	29	GB，JP，CA，DE，US	31
21	US5543370A	基于碳化硼、二硼化钛和元素碳复合材料及其制备方法	1994-05-24	12	EP，DE，US	46
22	US5521016A	轻质碳化硼/铝金属陶瓷	1995-01-24	14	US	21
23	US5508120A	高温高抗弯强度碳化硼金属陶瓷结构材料	1994-08-12	7	EP，DE，US，WO，AU，CA，CN，JP，MX	27
24	US5505899A	碳化硼无压烧结体的制备方法	1994-06-16	4	EP，CA，DE，US	39
25	WO9609265A1	烧结碳化硼制品	1995-08-29	9	ES，GB，WO，DE，EP，US，AT，DK，PT	25
26	JP08012434A	生产碳化硼材料和烧结的烧结的致密	1993-11-01	2	JP	11

续表

序号	公开（公告）号	标题	申请日	权利要求数	同族国家/地区	被引证次数
27	US5418196A	烧结复合碳化硼体及其生产工艺	1991-12-06	5	JP，CA，DE，EP，US	30
28	CN1023110C	以碳化硼作基体制造碳化硼/二硼化钛复合陶瓷粉末的方法及复合物	1989-05-25	8	EP，KR，BR，CN，US，WO，CA，DE，ES，JP	24
29	US5164345A	$Al_2O_3/B_4C/SiC$ 复合材料	1991-03-21	8	EP，US，JP	28
30	US4957884A	高硬度高韧性二硼化钛/碳化硼复合材料	1988-04-15	18	US，WO，KR	39
31	US4879262A	硼化物等复合材料的燃烧合成	1988-07-28	12	US	48
32	US4718941A	碳化硼、硼和硼化物反应金属陶瓷的浸渗处理	1986-06-17	25	EP，DE，JP，US，CA，ES，GR	184
33	US4702770A	多功能碳化硼-铝复合材料及其显微组织控制制备	1985-07-26	37	WO，JP，US，EP	102
34	US4670408A	碳化物硼化物制品的制备方法	1985-09-18	9	US	27
35	US4605440A	碳化硼铝和碳化硼反应金属陶瓷	1985-05-06	42	EP，AU，JP，US，CA，CN，DK，ES，FI，IL，KR，NO	133
36	US4524138A	α-碳化硅、碳化硼和游离碳基本上无孔烧结多晶体制品及其制造方法	1983-05-05	10	EP，DE，JP，CA，US	73
37	US4195066A	多晶碳化硼致密烧结成型制品的无压烧结工艺	1978-11-15	31	NO，US，AU，EP，ES，IT，AT，DE，JP，CA	63
38	US4104062A	铝改性碳化硼制造方法及其制品	1969-08-13	8	US	57
39	US4005235A	含碳化铍致密烧结碳化硼	1975-11-17	4	CA，US	21
40	US3914371A	碳化硼制品的制备方法	1973-12-27	6	US	17
41	US3808012A	致密复合陶瓷体	1971-04-19	6	US，JP	80
42	US3804034A	铠甲	1972-05-09	10	US	110

续表

序号	公开（公告）号	标题	申请日	权利要求数	同族国家/地区	被引证次数
43	US3730827A	铜改性碳化硼弹道装甲	1971-11-22	10	US，CA	33
44	US3178807A	铝制金属陶瓷，含碳化硼或碳化硅	1961-10-05	6	GB，US，AT，DE	29

7.5 小　结

（1）关于防弹装甲用高性能碳化物先进陶瓷的专利申请量，全球呈现逐年增长的态势，这与中国增长量快速提升有关，专利申请连续性增强。

（2）关于防弹装甲用高性能碳化物先进陶瓷的全球的区域分布，分布在中国的专利最多，但是仅1项专利对外布局。该领域国内创新主体较为重视技术研发和专利申请，还需根据自身市场分布积极对外进行专利布局，提升企业全球竞争力。

（3）全球排名前19创新主体中，7家来自中国，7家来自美国，2家来自德国，1家来自法国，1家来自卢森堡，1家来自日本，7家中国创新主体中4家为企业，3家为高校、科研院所，企业创新主体的专利申请量多于高校、科研院所，圣戈班集团在该领域专利申请量全球最多，浙江立泰复合材料股份有限公司中国专利申请量最多。Speyer Robert F团队在该领域有持续十几年的技术研发和专利申请，可重点关注。

（4）关于华法律状态，发明专利的有效状态、在审和无效状态的占比基本相当，在审专利和失效专利占比略高，对该领域专利的研究有助于相关企业把握技术发展方向，也可以避免技术的重复研究。实用新型有效专利占比达到57.7%，在进行专利布局时需研究技术研发热点，避免技术重复研究和市场竞争中的侵权风险。

（5）技术构成分析方面，碳化硼基装甲防弹材料所占比例几乎为总申请量的一半，是现阶段研究的重点。其中，碳化硼基装甲防弹材料中复合工艺为128件，占总申请量的比例为34.32%，是改进提升碳化硼基装甲防弹材料的重要手段。

（6）防弹装甲领域国内研究热点在碳化硼/单质复相陶瓷和碳化硼/延性相复合陶瓷工艺，其中碳化硼/单质复合陶瓷工艺主要将石墨烯作为增强相，碳化硼/延性相复合陶瓷工艺主要通过钛合金和铝合金作为增强相，而国外研究的热点为多相复合工艺，主要以延性相为主并添加其他相。

（7）多相复合工艺主要的技术效果有8种，分别为：降低密度、提高韧性、提高硬度、增强防弹性、降低成本、提高强度、简化工艺、降低孔隙率，其中，降低密度、提高硬度和降低成本是目前研究的重点。

第8章　高性能碳化物先进陶瓷材料军民融合分析

2015年3月12日习近平总书记在第十二届全国人大三次会议解放军代表团全体会议上第一次明确把军民融合发展提升为国家战略。军民融合作为国家战略，是经济建设与国防建设发展由分到合、由浅至深、由点及面的有机融入过程，经济社会发展与国防建设体系融合的最终目标是相互渗透、相互支撑、共享共赢。[1]

本章基于美国国防单位军民融合专利分析，结合我国的军事院校、军工企业、军事科研院所以及国防解密的专利布局情况，并筛选出碳化硼防弹装甲陶瓷民参军专利，梳理出高性能碳化物先进陶瓷材料军民融合研究热点和方向。

8.1　美国军民融合专利分析

美国为碳化物先进陶瓷材料技术输出大国，而且将“军民融合”确立为一项重要国策，其涉及的技术点和军民融合模式十分具有参考价值。以下对美国国防单位碳化物先进陶瓷材料专利进行研究，如表8-1-1美国国防单位专利分析所示。

从表中可知，美国能源局碳化物先进陶瓷材料专利有77项，涉及的领域主要是核工业、航空航天以及装甲防弹，涉及的技术主要是在碳化硅基材料、核燃料材料的制备，该部分专利的技术创新主要集中在碳化硅/碳化硅材料、碳化硅涂层、碳化硅纤维等材料的制备；有15项专利涉及钍、铀、钚碳化物在核燃料上的制备，6项专利涉及碳化硼基在装甲材料上的应用，4项专利涉及ZrC基陶瓷的制备。

美国海军碳化物先进陶瓷材料专利有52项，涉及领域有航天航空、军工和核工业，涉及技术主要集中在碳化硅基材料或器件的制备，该部分专利的技术创新主要集中在碳/碳化硅材料、碳化硅涂层、碳化硅纤维、$SiC-Si_3N_4$、SiC-Al、碳化硅/碳化硅等材料的制备上；有10项专利涉及碳化硼基材料，包括碳化硼材料、B_4C-BN和碳化硼-碳化硅材料的制备；涉及WC基材料专利有7项，包括WC材料、WC/Co材料的制备；涉及NbC基、TaC基、Co_3C基、MoC基、UC基材料的专利各1项。

NASA碳化物先进陶瓷材料专利有16项，涉及的技术主要集中在碳化硅基材料，碳化硅基材料专利的技术创新主要在碳化硅/碳化硅、碳/碳化硅、碳化硅纤维、碳化硅薄膜、碳化硅-硼化物材料的制备上；涉及ZrC基材料的有2项专利，技术点在ZrC

[1] 易涛．军民融合背景下构建国防专利处置权之探讨［J］．法学论坛，2019，34（1）：130-135.

催化剂载体和ZrC-SiC材料的制备；涉及Cr_3C_2材料、TaC材料、WC涂层和TiC涂层专利各1项。

美国空军碳化物先进陶瓷材料专利有14项，涉及的技术均为碳化硅基材料，研究重点主要集中在碳化硅反射镜、碳化硅/碳化硅、碳/碳化硅等材料的制备上。美国陆军碳化物先进陶瓷材料专利有9项，涉及领域有航天航空和军工，研究的技术涉及碳化硅基板后处理、碳化硅材料、碳化硅/碳化硅、军火信号碳化硼燃料、ZrC陶瓷连接、TiC材料的制备。

其他美国国防单位申请专利较少，美国内阁相关专利有2项，分别是通过制备TiC涂层提高WC的性能专利和超声速飞行器用WC材料制备专利。美国工商局有1项关于碳化硅或碳化硼或TiC与TiB_2结合的复合材料的制备的专利。美国国立卫生研究院（NIH）申请了一项关于高性能碳化硅粉末制备的专利。

表8-1-1　高性能碳化物先进陶瓷材料美国国防单位专利分析

美国国防单位	专利量/项	涉及领域	涉及技术
美国能源局（US Department of Energy）	77	核工业（31）；航天航空（3）；装甲防弹（2）	碳化硅基（38）；钍、铀、钚的碳化物（15）；碳化硼基（6）；ZrC级（4）
美国海军（US Navy）	52	航天航空（17）；军工（5）；核工业（2）	碳化硅基（30）；碳化硼基（10）；WC基（7）；NbC基（1）；TaC基（1）；Co_3 C基（1）；MoC基（1）；UC基（1）
美国国家航空航天局（NASA）	16	航天航空（16）	碳化硅基（10）；ZrC基（2）；Cr_3C_2基（1）；TiC基（1）；TaC基（1）；WC基（1）
美国空军（US Air Force）	14	航天航空（14）	碳化硅基（14）
美国陆军（US Army）	9	航天航空（2）；军工（1）	碳化硅基（6）；碳化硼基（1）；TiC基（1）；ZrC基（1）
美国内阁（US Interior）	2	航天航空（1）；军工（1）	TiC基（1）；WC基（1）
美国工商局（US Commerce）	1	耐火材料（1）	碳化硅基或碳化硼基或TiC基（1）
美国国立卫生研究院（NIH）	1	通用（1）	碳化硅粉

注：表中括号内数字为专利量，单位为项。

为了解近10年美国国防单位碳化物先进陶瓷材料研究重点，表8-1-2统计了近10年美国国防单位专利申请量、涉及的领域和涉及的技术细支。从表中可知，美国能源局、美国海军、NASA和美国陆军在碳化物先进陶瓷材料方面有持续创新，其中美国能源局近10年申请专利12项，涉及的领域偏向核工业和航天航空，涉及的技术重点在碳化硅/碳化硅材料的制备上。美国海军近10年申请专利19项，基本涉及航天航空和军舰材料领域，研究重点在碳化硅材料、B_4C-BN、碳/碳化硅、碳化硅涂层及SiC-Si_3N_4上。NASA近10年申请专利4项，涉及的技术有碳化硅/碳化硅、碳化硅/硼化物、碳化硅薄膜和WC涂层。美国陆军近10年仅有1项专利，为军火信号碳化硼燃料专利。具体情况见附表。

表8-1-2 近10年美国国防单位高性能碳化物先进陶瓷材料专利分析

美国国防单位	专利量/项	涉及领域	涉及技术细支
美国能源局（US Department of Energy）	12	核工业（6）；航天航空（4）	碳化硅/碳化硅（5）；碳化硅材料（1）；碳化硅纤维（1）；TiC晶须（1）；B_4C-Al（1）；C-B_4C（1）；ZrC（1）；碳化物-合金（1）
美国海军（US Navy）	19	航天航空（5）；军工（5）	碳化硅材料（4）；B_4C-BN（4）；碳/碳化硅（3）；碳化硅涂层（3）；碳化硅-Si_3N_4（3）；WC（2）；Co_3C（1）
美国国家航空航天局（NASA）	4	航天航空（4）	碳化硅/碳化硅（1）；碳化硅/硼化物（1）；碳化硅薄膜（1）；WC涂层（1）
美国陆军（US Army）	1	军工（1）	军火信号碳化硼燃料（1）

注：表中括号内数字为专利量，单位为项。

美国90%以上军品都由民营企业生产，诸如与通用、联合技术等跨国巨头企业以及麻省理工学院、加州大学等知名院校合作，图8-1-1（见文前彩色插图第6页）、表8-1-3列出了各美国国防单位专利合作单位、合作专利量及合作技术。

美国能源局的合作单位有10个，其中有7家企业、2家高校、1家科研单位，与美国能源局合作的单位以企业为主，如与劳伦斯利物浦国家安全有限责任公司合作2项专利，为铝基碳化硼材料的制备；与陶氏合作专利2项，为Si_3N_4/碳化硅复合材料的制备；与西屋电气有限公司合作专利2项，涉及技术为碳化硅/碳化硅核燃料棒；与先进陶瓷纤维有限责任公司合作2项专利，有关SiC/SiC-Zr核燃料包裹壳和碳化硅纤维；与陶瓷管制品有限公司合作的专利涉及碳化硅核燃料元件。与中西部研究所合作专利2项，为TiC、碳化硅的制备方法；与爱荷华大学合作2项专利，为碳化硅/碳化硅复合陶瓷材料的制备。总体上来看，美国能源局与其他单位合作的专利技术主要为核燃料中所用到的元件棒材。

美国海军的合作单位有13个，其中有8家高校、4家企业和1家政府单位，由此可知美国海军主要与高校合作，这是由于高校有很强的技术创新能力，可极大地促进美国军事发展。罗格斯大学与美国海军合作最为密切，有5项专利，涉及的技术有WC/Co涂层、WC材料和碳化硅晶须的制备；麻省理工学院作为全球知名学府与美国海军有2项合作专利，分别关于碳纤维增强碳化硅材料和碳化硅纤维增强铝基复合材料；查尔斯·斯塔克·德雷珀实验室公司与美国海军合作了有关碳化硅材料的2项专利；其余单位均与美国海军合作1项专利，如与先进陶瓷研究公司合作研发碳化物合金，与美国空军、联合技术公司合作研究碳化硅涂层材料，与通用电气合作研究碳化硅/碳化硅材料，与美国东北大学合作研究碳化钴基纳米永磁材料，与伦斯勒理工学院、佛罗里达大学、夏威夷大学合作研究碳/碳化硅材料，与康涅狄格大学合作研究制备WC/Co涂层，与加利福尼亚大学合作研究碳化硅结合氮化硅复合材料。

NASA自主创新能力较强，基本上作为申请人而非受让人直接申请专利，合作对象仅1位，是圣戈班集团与其合作发明制备碳化硅增强碳化硅材料的方法。

美国空军合作的对象以企业为主，与特雷克斯公司合作3项专利，技术涉及有碳/碳化硅和碳化硅制品的制备；与联合技术公司合作2项专利，技术涉及燃气涡轮发动机用碳化硅纤维和碳化硅/碳化硅材料；与通用电气、索尔技术有限公司和美国陆军均有1项专利合作，均关于碳化硅/碳化硅材料。

美国陆军除了上述与空军合作的碳化硅/碳化硅材料的制备，还分别与先进陶瓷研究公司合作了提高ZrC材料致密化的专利，与山特维克公司合作研发高性能TiC材料。美国国立卫生研究院与PPG工业俄亥俄州公司有一项关于碳化硅粉末的制备专利合作，该粉末可用于生产生物医学、传感器、电气、磁性，催化和电化学等产品。

表8-1-3　美国国防单位高性能碳化物先进陶瓷材料专利合作分析

美国国防单位	合作单位	合作专利数/项	合作技术
美国能源局（US Department of Energy）	劳伦斯利物浦国家安全有限责任公司	2	B_4C-Al
	中西部研究所（Midwest Research Institute）	2	TiC；碳化硅
	陶氏	2	Si_3N_4/SiC
	爱荷华大学州立基金会（University of Iowa State Research Foundation Inc）	2	碳化硅/碳化硅
	西屋电气有限公司（Westinghouse Electric Company）	2	碳化硅/碳化硅
	先进陶瓷纤维有限责任公司（Advanced Ceramic Fibers）	1	SiC/SiC-Zr核燃料包裹壳；碳化硅纤维
	综合核安全有限责任公司（Consolidated Nuclear Security）	1	C-B_4C
	陶瓷管制品有限公司（Ceramic Tubular Products）	1	碳化硅核燃料元件
	加利福尼亚大学（University of California）	1	碳化硼涂层
	高科技研究公司（HY Technology Research Corporation）	1	碳化硼陶瓷膜

续表

美国国防单位	合作单位	合作专利数/项	合作技术
美国海军（US Navy）	罗格斯大学（Rutgers University）	5	WC/Co 涂层；WC；碳化硅晶须
	麻省理工学院（Massachusetts Institute of Technology）	2	碳/碳化硅；SiC-Al
	查尔斯·斯塔克·德雷珀实验室公司（The Charles Stark Draper Laboratory Inc）	2	碳化硅
	先进陶瓷研究公司（Advanced Ceramics Research Inc）	1	碳化物-合金
	美国空军（US Air Force）	1	碳化硅涂层
	通用电气（General Electric Company）	1	碳化硅/碳化硅
	美国东北大学（Northeastern University）	1	Co_3C
	伦斯勒理工学院（Rensselaer Polytechnic Institute）	1	碳/碳化硅
	康涅狄格大学（University of Connecticut）	1	WC/Co 涂层
	加利福尼亚大学（University of California）	1	Si_3N_4-碳化硅-BN
	联合技术公司（United Technologies Corporation）	1	碳化硅涂层
	佛罗里达大学（University of Florida）	1	碳/碳化硅
	夏威夷大学（University of Hawaii）	1	碳/碳化硅

续表

美国国防单位	合作单位	合作专利数/项	合作技术
美国国家航空航天局（NASA）	圣戈班诺顿工业园（Saint Gobain Norton Ind Cerami）	1	碳化硅/碳化硅
美国空军（US Air Force）	特雷克斯公司（Trex Enterprises Corporation）	3	碳/碳化硅；碳化硅
	联合技术公司（United Technologies Corporation）	2	碳化硅纤维；碳化硅/碳化硅
	通用电气（General Electric Company）	1	碳化硅/碳化硅
	索尔技术有限公司（Thor Technologies Inc）	1	碳化硅/碳化硅
	美国陆军（US Army）	1	碳化硅/碳化硅
	美国海军（US Navy）	1	碳化硅涂层
美国陆军（US Army）	先进陶瓷研究公司（Advanced Ceramics Research Inc）	1	ZrC
	山特维克公司（Sandvik）	1	TiC
	美国空军（US Air Force）	1	碳化硅/碳化硅
美国国立卫生研究院（National Institutes of Health）	PPG工业俄亥俄州公司（PPG Industries Ohio Inc）	1	碳化硅粉

8.2 军转民专利分析

8.2.1 中国军事单位专利分析

（1）涉及领域与申请人类型

中国军事单位有关碳化物陶瓷的军民融合专利共有272项，如图8-2-1中所示，中国军事单位涉及的领域主要在航天航空用材料方面，达212项，以国防科技大学、航天特种材料及工艺技术研究所和中国航发北京航空材料研究院等科研单位以及部分军工企业为主；其次为核工业领域专利17项，以核工业第八研究所、中国工程物理研究院等科研单位为主；防弹装甲领域专利 7 项，皆为碳化硼防弹装甲陶瓷，申请人以中国兵器科学研究院为主；其他领域专利 36 项，以国防科技大学申请为主。

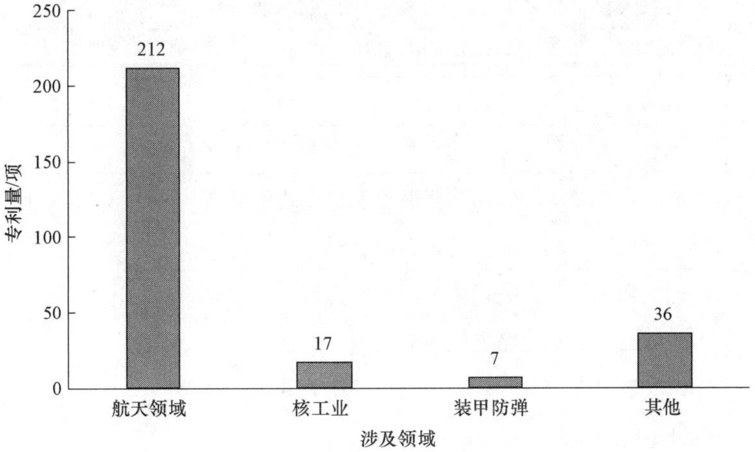

图 8-2-1 中国军事单位高性能碳化物先进陶瓷材料专利领域分类

本课题组将高性能碳化物先进陶瓷材料军事单位申请人类别进行分类，如表 8-2-1 所示，分别为军事院校、军工企业、军事科研院所。其中，军事院校主要为国防科技大学，申请量最多，达 130 项；军工企业主要以中国航空工业集团及旗下企业和中国航空科工集团及旗下企业为主，专利分别为 13 项和 12 项；军事科研院所主要为航天特种材料及工艺技术研究所、中国运载火箭技术研究院以及中国航发北京航空材料研究院。

表 8-2-1 高性能碳化物先进陶瓷材料中国军事单位申请人类型及申请量一览表

申请人类型	申请人	申请量/项
军事院校	国防科技大学	130
	中国人民解放军装甲兵工程学院	2
	中国人民解放军后勤工程学院	1
军工企业	湖北三江航天江北机械工程有限公司	9
	中国航空工业集团公司基础技术研究院	7
	中国人民解放军第五七一九工厂	4
	中国航天科技集团公司第四研究院第四十三研究所	3
	中国船舶重工集团公司第七二五研究所	3
	中国航空工业集团公司北京航空材料研究院	2
	航天长征火箭技术有限公司	2
	中国航天科技集团公司第五研究院第五一零研究所	1

续表

申请人类型	申请人	申请量/项
军工企业	中国航天科工集团第三研究院第八三五八研究所	1
	中国航空工业集团公司沈阳发动机设计研究所	1
	中国航空工业集团公司洛阳电光设备研究所	1
	中国航空工业集团公司北京长城航空测控技术研究所	1
	中国航空工业集团公司北京航空制造工程研究所	1
	中国航发哈尔滨东安发动机有限公司	1
	中国船舶重工集团公司第七零七研究所	1
	中国兵器工业集团第五三研究所	1
	中国兵器工业第五二研究所烟台分所有限责任公司	1
	湖北三江航天江河化工科技有限公司	1
	湖北三江航天红阳机电有限公司	1
	中航高科智能测控有限公司	1
军事科研院所	航天特种材料及工艺技术研究所	54
	中国运载火箭技术研究院	25
	中国航发北京航空材料研究院	11
	中国人民解放军总后勤部军需装备研究所	5
	中国兵器科学研究院宁波分院	5
	中国兵器工业第五九研究所	3
	中国兵器工业第五二研究所烟台分所	3
	核工业第八研究所	3
	中国工程物理研究院流体物理研究所	2
	中国工程物理研究院激光聚变研究中心	2
	中国工程物理研究院材料研究所	2
	北京遥测技术研究所	2
	中国空间技术研究院	1
	中国工程物理研究院核物理与化学研究所	1
	中国兵器工业第五二研究所	1
	机械科学研究总院先进制造技术研究中心	1
	湖北航天技术研究院总体设计所	1
	北京空间飞行器总体设计部	1
	北京航天长征飞行器研究所	1
	北京航空材料研究院	1

（2）合作申请专利

中国军事单位合作的申请的专利数量较少，共有 40 项，列于表 8-2-2 中。从表中可知，航天材料及工艺研究所与中国运载火箭技术研究院合作申请专利 24 项，其中碳化物陶瓷 6 项、碳化硅基复合陶瓷 5 项、碳/碳化硅材料 4 项、碳化硅纤维 2 项、碳化物陶瓷涂层 2 项、碳化硅/碳化硅材料 1 项。航天材料及工艺研究所与清华大学、武汉科技大学分别合作 1 项专利，涉及技术分别为碳化硼陶瓷、碳化物陶瓷涂层。国防科技大学与北京科技大学合作申请 3 项，其中有关碳化硅陶瓷的 2 项，碳/碳化硅材料的 1 项；与湖南中坚科技有限公司、苏州赛力菲陶纤有限公司合作的专利技术涉及碳/碳化硅材料、碳化硅纤维。中国人民解放军总后勤部军需装备研究所与常熟佳合高级陶瓷材料有限公司、山东金鸿集团有限公司分别合作申请 1 项专利，涉及技术有关碳化硼-碳化硅复合材料、碳化硅陶瓷。北京遥测技术研究所与航天长征火箭技术有限公司合作申请了有关碳化硅/碳化硅复合材料与碳化硅陶瓷材料的 2 项专利。北京航空航天大学与中国航空工业集团公司北京长城航空测控技术研究所和中航高科智能测控有限公司共同合作申请 1 项碳化硅陶瓷专利。北京航天长征飞行器研究所与中国运载火箭技术研究院合作申请了有关碳/碳化硅复合材料的专利。三峡大学与湖北三江航天江河化工科技有限公司合作申请碳/碳化硅复合材料专利 1 项。山东三达科技发展有限公司与中国兵器工业集团第五三研究所合作申请碳化硅防弹陶瓷专利。中国航空工业集团公司沈阳发动机设计研究所与天津大学合作申请碳化硅陶瓷材料专利 1 项。

表 8-2-2 中国军事单位军工高性能碳化物先进陶瓷材料专利合作分析

申请人	合作对象	合作数量/项	合作技术
航天材料及工艺研究所	中国运载火箭技术研究院	24	碳化物陶瓷（6）；碳化硅基复合陶瓷（5）；碳/碳化硅（4）；碳化硅纤维（2）；碳化物陶瓷涂层（2）；碳化硅/碳化硅（1）
	清华大学	1	碳化硼陶瓷（1）
	武汉科技大学	1	碳化物陶瓷涂层（1）
国防科技大学	北京科技大学	3	碳化硅陶瓷（2）；碳/碳化硅（1）
	湖南中坚科技有限公司	1	碳/碳化硅（1）
	苏州赛力菲陶纤有限公司	1	碳化硅纤维（1）

续表

申请人	合作对象	合作数量/项	合作技术
中国人民解放军总后勤部军需装备研究所	常熟佳合高级陶瓷材料有限公司	1	碳化硼-碳化硅（1）
	山东金鸿集团有限公司	1	碳化硅（1）
北京遥测技术研究所	航天长征火箭技术有限公司	2	碳化硅/碳化硅（1）；碳化硅（1）
北京航空航天大学	中国航空工业集团公司北京长城航空测控技术研究所；中航高科智能测控有限公司	1	碳化硅（1）
北京航天长征飞行器研究所	中国运载火箭技术研究院	1	碳/碳化硅（1）
三峡大学	湖北三江航天江河化工科技有限公司	1	碳/碳化硅（1）
山东三达科技发展有限公司	中国兵器工业集团第五三研究所	1	碳化硅（1）
中国航空工业集团公司沈阳发动机设计研究所	天津大学	1	碳化硅（1）

注：表中括号内数字为专利量，单位为项。

（3）中国军事单位专利技术热点分析

在航天航空领域技术分解表的基础上，将中国军事单位的267项专利进行技术分解，如表8-2-3所示，碳化物复合陶瓷材料有129项专利，其中，碳化物基复合陶瓷39项，碳纤维增韧的碳化物陶瓷复合材料有57项专利申请，碳化硅纤维增韧碳化物陶瓷复合材料专利有57项，其他纤维增韧碳化物陶瓷复合材料有5项专利申请；碳化物陶瓷涂层有34项专利申请；碳化硅纤维有46项专利申请；碳化物陶瓷有58项专利申请。由于多数专利申请为航天航空领域用材料，因此多数专利为用于飞机火箭等航空飞行器耐高温部件上的材料。碳化物陶瓷涂层中涂层用于航天航空领域，则需要耐高温、抗氧化性能优异，多为多元难熔金属碳化物复合陶瓷涂层，如Ta、Hf、Zr等难熔金属，在碳化物陶瓷涂层中，多元复合碳化物陶瓷涂层专利申请较多，为涂层的热点技术，申请人为航天特种材料及工艺技术研究所、中国兵器工业第五九研究所等科研院所。

表 8-2-3　中国军事单位高性能碳化物先进陶瓷材料专利技术分解

一级	二级	三级	专利量/项
中国军事单位航天航空领域专利	碳化物陶瓷复合材料	碳化物复合陶瓷	39
		碳纤维增韧	57
		碳化硅纤维增韧	28
		其他纤维增韧	5
	碳化物涂层		34
	碳化硅纤维		46
	碳化物陶瓷		58

碳化硅纤维作为一种纺织类纤维增强材料，通常以复合材料的形式应用于各个领域，被认为是很有应用前景的一种结构材料，由于在不同构件上对碳化硅纤维的功能要求不同，因此在制备和后处理过程中可以通过不同方法赋予碳化硅更多的特性。引入钴、铁、镍等导电性良好的金属元素可以提高纤维电导率，使纤维具有一定磁性；引入钛可制备出电阻率连续可调的碳化硅纤维，其与环氧树脂复合制备的材料具有良好的雷达波吸收特性；引入铝能够提高纤维耐碱金属性能，促进纤维高温致密化。纤维截面的异形化有助于提高纤维本身的吸波性，因此可通过碳化硅纤维的截面异性化处理得到强吸波性的碳化硅纤维从而提高其复合材料成品的吸波性。表面改性的方法通常有镀镍和镀钴，通过表面镀镍改性，可以获得吸波性更优的碳化硅纤维；通过表面镀钴改性，可以实现对纤维电磁性能和抗拉强度的调节。国防科技大学在碳化硅纤维的制备与改进上所申请的专利最多，部分专利申请为以聚碳硅烷为前驱体制备碳化硅纤维的方法，部分专利申请为引入金属元素形成复合碳化硅纤维，用于形成单独编织物或作为增强体增强增韧相，以达到高抗拉强度、强吸波性、耐超高温、低电阻率等特性的目的。该分支的热点在于，碳化硅纤维在纤维涂层改性上的改进。国防科技大学在 2012 年申请的专利 CN102674845B“一种具有氮化硅表层的碳化硅纤维的制备方法”介绍了将有机硅聚合物经高温裂解制备的聚碳硅烷作为原料，经过熔融纺丝制得连续聚碳硅烷聚合物纤维，将连续聚碳硅烷纤维置于在空气或活性气氛中进行不熔化处理后，将不熔化纤维置于高温气氛炉中在一定浓度的氨气气氛下进行高温氮化脱碳，然后进一步高温烧成致密化，得到具有氮化硅表层的碳化硅纤维，制备的具有氮化硅表层的碳化硅纤维，相对于一般碳化硅纤维，耐高温和抗氧化性能更加优异。

20 世纪 70 年代，碳/碳复合材料作为轻质结构材料开始广泛地应用于航空航天领域。碳纤维具有比强度高、比模量大、高温力学性能和热性能良好等优点，在惰性气氛中 2000℃时仍能保持强度基本不下降。但是碳/碳复合材料在空气中 400℃时开始氧化，这限制了其高温服役时的性能。为了提高碳/碳复合材料的抗氧化性能，用碳纤维增强碳化硅复合材料，或将碳化硅基体引入碳/碳复合材料，得到了碳纤维增强碳和碳化硅双基体的陶瓷基复合材料，材料在断裂的过程中通过纤维拔出、纤维桥联、裂纹偏转等增韧机制来消耗能量，使材料表现为非脆性断裂。碳/碳化硅与碳/碳-碳化硅复合材料综合了碳纤维优异的高温性能和碳化硅基体良好的抗氧化性能，不仅具有碳/碳复合材料的高比强度、高比模量和低热膨胀系数等优点，还有着优异的高温稳定性、抗热震性能和高温抗蠕变性能等。基体改性是一种提高碳/碳化硅与碳/碳-碳化硅复合材料高温抗氧化和抗烧蚀性能的有效方法。基体改性组分一般是氧化后能生成玻璃体的物质（如 B、B_xC）以及难熔金属的碳化物（如 ZrC、HfC）、硼化物（如 ZrB_2、HfB_2）。正如文献资料所示，在碳纤维增韧碳化物陶瓷复合材料的专利申请中，该分支的研究热点就在于通过基体改性提高碳/碳化硅与碳/碳-碳化硅复合材料高温抗氧化和抗烧蚀性能，基体改性组分主要有难熔金属的碳化物（有 ZrC、HfC、TaC、TiC）、硼化物（有 ZrB_2、HfB_2、TaB_2）。

碳/碳化硅复合材料最大的不足是碳纤维的抗氧化性能较差，因此，对于长时间使用环境的航空发动机而言，提高碳纤维及其复合材料的抗氧化性、使用寿命和可靠性是研究的重点和难点。碳化硅/碳化硅复合材料因采用了碳化硅纤维，复合材料的长时间抗氧化的关键难题得到了解决。碳化硅/碳化硅复合材料因其优异的抗氧化性能，能够满足航空发动机长时间使用、轻质、耐高温的要求而备受关注，成为高推重比发动机的首选材料。碳化硅纤维不仅具有很好的热稳定性、高温抗氧化、耐化学腐蚀能力，而且具有良好的雷达波吸收性能。用碳化硅纤维可以制得具有宽频带吸收能力的结构吸波材料。用碳化硅纤维制备陶瓷基结构吸波材料的另一个突出特征是，碳化硅纤维与玻璃陶瓷基体在热压复合时，纤维与基体间会发生化学反应，生成富碳界面层，当基体中有 Ti、Nb、Ta 等金属氧化物时，除了生成上述的富碳层外，还生成上述金属的碳化物层，与纤维、玻璃陶瓷基体相比，富碳层、金属碳化物层均为高导电相，有利于吸收雷达波。如 2011 年，国防科技大学发明了一种碳化硅复合材料的吸波陶瓷及其制备方法（CN102180695B），先选取连续碳化硅纤维平纹布，并对损耗层的平纹布进行浸渍裂解处理，再混合聚碳硅烷、二乙烯基苯、二甲苯等制备浆料，经过模压、热交联、裂解制得吸波陶瓷粗坯，最后采用前驱体浸渍裂解工艺制得碳化硅复合材料的吸波陶瓷，该吸波陶瓷具有多功能叠加型结构，使得各层的介电性能近似呈梯度分布，且具有较好的匹配特性，电磁波能够尽量入射到吸波陶瓷材料内部并被有效吸收，具有良好的吸收电磁波的功能，从而实现吸波、承载和防热等多重功能的一体化；国防科技大学在 2014 年又申请了专利 CN103922776B“碳化硅纤维增强碳化硅复合材料吸波陶瓷及其制备方法”，该发明先采用连续碳化硅纤维编制成碳化硅纤维平纹布，再采用碳纤维 Z 向缝合的方式将平纹布连接为整体制得预成型体，通过前驱体浸渍裂解工艺对预成型体进行浸渍、高温裂解和反复致密化，制得吸波陶瓷，该发明可在不添加雷达吸收剂的情况下，同样具有良好的吸收电磁波功能，减小了吸波陶瓷的厚度，有效减轻了产品的质量，满足部件轻量化的需求。

8.2.2 国防解密专利分析

本课题组检索出高性能碳化物先进陶瓷材料领域国防解密专利 56 件，对其进行涉及领域、技术构成、专利权人、各领域技术手段和技术需求等进行详细分析。

（1）中国国防解密专利涉及领域与技术构成

图 8-2-2 为中国国防解密高性能碳化物陶瓷材料专利领域分布，主要涉及领域有航天航空、核工业、装甲防弹和冶金。

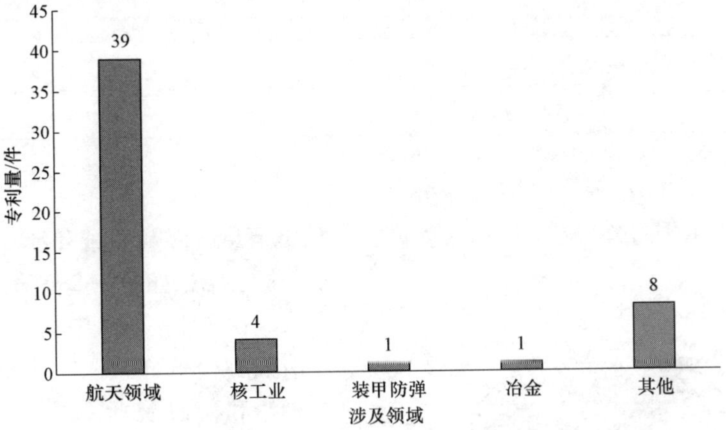

图 8-2-2 中国国防解密高性能碳化物陶瓷材料专利涉及领域分类

注：由于国防解密专利有些仅部分公开（只公开标题），无法从现有信息判断属于哪个领域，该部分数据本图中未体现。

表 8-2-4 统计了中国国防解密高性能碳化物陶瓷材料专利技术分布。碳化硅基先进陶瓷材料是目前碳化物陶瓷中应用最广的类别，其国防解密专利占比也最大，有 48 件专利；其次是碳化硼基先进陶瓷材料，有 3 件专利；WC 基、TiC 基、Cr_7C_3基、MoC 基和 TaC 基先进陶瓷材料各有 1 件专利。其中碳化硅基先进陶瓷材料专利涉及的方面有碳纤维增强碳化硅材料、碳化硅单相陶瓷、碳化硅增强铝基材料、SiC-ZrB_2复合陶瓷、SiC-Si_3N_4复合陶瓷、碳化硅增强硅铝碳化钛材料、碳化硅纤维和碳化硅涂层等。

表 8-2-4 中国国防解密高性能碳化物陶瓷材料专利技术构成

	技术构成		专利量/件
中国国防解密专利	碳化硅基	碳/碳化硅	27
		碳化硅	7
		碳化硅纤维	4
		碳化硅/铝	3
		SiC-Si_3N_4	3
		SiC-ZrB_2	2
		碳化硅涂层	1
		碳化硅-硅铝碳化钛	1
	碳化硼基		3
	TaC 基		1

续表

	技术构成		专利量/件
中国国防解密专利	MoC 基		1
	Cr_7C_3基		1
	TiC 基		1
	WC 基		1

（2）中国国防解密专利申请人分析

以下针对中国国防解密专利申请人类型、专利申请量、涉及领域和涉及技术点进行了分析，结果如图 8-2-3 和表 8-2-5 所示。

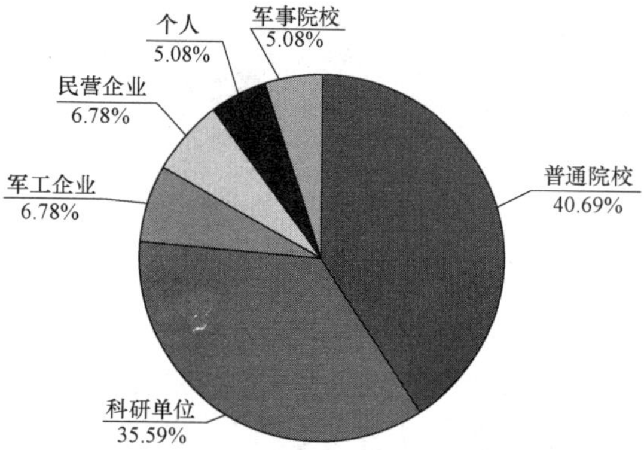

图 8-2-3　中国国防解密专利申请人类型

由图 8-2-3 中国国防解密专利申请人类型分布可知，技术创新主体以高校和科研院所为主，占已解密的专利量的七成。作为前沿技术的引领机构，国防解密专利申请量超过 10 件的有 2 位，分别是西北工业大学和上硅所。西北工业大学国防解密专利 23 件，涉及领域有航天航空和冶金，涉及的技术有碳/碳化硅刹车材料、碳化硅涂层、TaC、$SiC-Si_3N_4$空腔结构陶瓷构件；上硅所国防解密专利 14 件，涉及的领域有航天航空和核工业，涉及的技术有碳/碳化硅复合材料、碳化硅反射镜、$SiC-ZrB_2$陶瓷膜片、碳化硅纤维，并与大连金玛科技产业有限公司合作研发 $C-B_4C$ 中子吸收球；中国航天科技集团公司第四研究院第四十三研究所作为军工企业拥有国防解密专利 3 件，仅涉及航天航空领域，涉及的技术有碳/碳化硅喉衬、碳/碳化硅热防护、多孔碳化硅材料的制备；上海卫星工程研究所国防解密专利 2 件，涉及的领域为航天航空，涉及研发 SiC-Al 基卫星低剩磁连接构件；中国兵器工业第五二研究所国防解密专利 2 件，涉及领域有装甲防弹和航天航空，涉及技术点分别为碳化硼抗弹陶瓷和 $SiC-ZrB_2$超高温陶瓷的制备；中国人民解放军后勤工程学院和威海盈盾特种工程材料有限公司合作申请了 2 件国防解密专利，为军事院校和民营企业合作，涉及领域为核工业，合作研发了防中子碳化硼聚合物材料、防中子和 γ 射线 WC 聚合物材料；北京空间飞行器总体设计部国防解密专利 1 件，涉及技术为航天航空用碳化硅纤维结构空间碎片被动防护；北京有色金属研究总院国防解密专利 1 件，涉及技术为 SiC-Al 基直升机自动倾斜器动环；中国航空工业集团公司北京航空材料研究院国防解密专利 1 件，涉及技术为航空防护 Cr_7C_3基涂层的制备；中国科学院大连化学物理研究所国防解密专利 1 件，涉及技术为介孔 MoC 催化剂载体的制备；中国科学院长春光学精密机械与物理研究所国防解密专利 1 件，涉及大口径非球面碳化硅反射镜消杂光装置，该申请人的大口径非球面碳化硅反射镜制备技术已跻身全球前列；中南大学国防解密专利1件，技术涉及$SiC-Si_3N_4$吸波材料的制备；株洲硬质合金集团有限公司国防解密专利1件，技术涉及直升机用耐磨、耐腐蚀TiC基陶瓷材料的制备。

表8-2-5 中国国防解密专利申请人技术分析

申请人	国防解密专利量/件	涉及领域	涉及技术
西北工业大学	23	航天航空、冶金	碳/碳化硅（19）；碳化硅涂层（1）；TaC（1）；$SiC-Si_3N_4$空腔结构陶瓷构件（2）
上硅所	14	航天航空、核工业	碳/碳化硅（8）；碳化硅反射镜（3）；$SiC-ZrB_2$陶瓷膜片（1）；碳化硅纤维（1）；碳-碳化硼中子吸收球（1）
中国航天科技集团公司第四研究院第四十三研究所	3	航天航空	碳/碳化硅（2）；多孔碳化硅（1）
上海卫星工程研究所	2	航天航空	SiC-Al基卫星低剩磁连接构件（1）
中国兵器工业第五二研究所	2	防弹装甲、航天航空	碳化硼抗弹陶瓷（1）；$SiC-ZrB_2$超高温陶瓷（1）
中国人民解放军后勤工程学院	2	核工业	防中子碳化硼地聚合物材料（1）；防中子和γ射线WC地聚合物材料（1）
威海盈盾特种工程材料有限公司	2	核工业	防中子碳化硼地聚合物材料（1）；防中子和γ射线WC地聚合物材料（1）
北京空间飞行器总体设计部	1	航天航空	碳化硅纤维（1）
北京有色金属研究总院	1	航天航空	SiC-Al基自动倾斜器动环（1）
中国航空工业集团公司北京航空材料研究院	1	航天航空	Cr_7C_3涂层（1）
中国科学院大连化学物理研究所	1	航空航天	介孔MoC催化剂载体（1）
大连金玛科技产业有限公司	1	核工业	碳-碳化硼中子吸收球（1）
中国科学院长春光学精密机械与物理研究所	1	航空航天	大口径非球面碳化硅反射镜（1）
中南大学	1	航空航天	$SiC-Si_3N_4$吸波材料（1）
株洲硬质合金集团有限公司	1	航空航天	直升机用TiC基陶瓷（1）

注：表中括号内数字为专利量，单位为件。

（3）中国国防解密各领域技术分析

为了解碳化物先进陶瓷材料国防专利技术创新热点和技术发展方向，对中国国防解密各领域技术进行详细分析，列出各领域涉及的技术点、采取的技术手段、领域技术需求及取得的技术效果，并标明涉及专利，结果分别列于表8-2-6、表8-2-7。

表 8-2-6 中国国防解密专利航天航空领域技术分析

涉及领域	涉及技术	技术手段	技术效果（技术需求）	涉及专利
航天航空	碳化硅反射镜	表面改性	提高表面致密度；提高光学性能	CN106507852B
		凝胶注模成型结合无压烧结技术	降低成本，适合于大尺寸、复杂形状	CN106342084B
		反应烧结	降低成本	CN106342256B
		常压烧结	降低热膨胀系数	CN106342255B
	碳化硅基支撑结构（反射镜镜筒、镜框）	原位结合工艺	降低热膨胀系数，提高结构稳定性	CN106507710B CN105519255B
		化学气相浸渗+有机前驱体浸渍和裂解	降低热膨胀系数	CN106507851B CN105474778B
	碳/碳化硅复合材料	预制体高温处理	提高力学性能	CN106507850B
		化学气相浸渗	降低成本；提高致密化速度；提高致密度的均匀性；缩短生产周期	CN107182240B CN106507877B CN106507878B
		反应熔融浸渗	降低成本；提高耐磨性、抗氧化性和力学性能	CN106507782B CN106507786B
		化学气相浸渗+有机前驱体浸渍和裂解	提高强度；提高抗热震性	CN105474791B
		有机前驱体浸渍和裂解+反应熔融浸渗	降低成本；提高耐磨性、力学性能和抗氧化性能	CN106507785B
		化学气相浸渗+反应熔融浸渗	提高耐磨性、抗氧化性和力学性能	CN106507783B
		涂层后处理	提高抗氧化性、抗热震性、高温抗冲刷性、耐烧蚀性能	CN106507787B CN106507790B CN106342035B
	SiC-Al 基卫星低剩磁连接构件	改善结构	降低卫星构件的剩磁力矩；降低成本	CN105122963B CN105122972B
	介孔 MoC 催化剂载体	MoC 代替贵金属铱	降低成本	CN106341989B
	碳化硅涂层	多次化学气相沉积	提高抗氧化性	CN107182242B
	碳化硅纤维	后处理	降低纤维降解	CN106342085B
	SiC-ZrB_2 复合陶瓷膜片	水基流延成型	降低成本	CN106342030B

注：该部分只分析完全解密专利。

分析航天航空领域高性能碳化物先进陶瓷材料国防解密专利技术效果和技术手段，如表 8-2-6 可知，解密专利的航天航空领域技术涉及有碳化硅反射镜、碳化硅基支撑结构（反射镜镜筒、镜框）、碳/碳化硅复合材料、SiC-Al 基卫星低剩磁连接构件、介孔 MoC 催化剂载体、碳化硅涂层、碳化硅纤维和 SiC-ZrB_2复合陶瓷膜片等，各个技术均可采用不同的技术手段提高其综合性能。在碳化硅反射镜技术中，降低成本是主要解决的技术问题，上硅所通过凝胶注模成型结合无压烧结技术、反应烧结技术降低成本；可通过表面改性（化学镀镍磷合金）来改善反光镜表面致密度和提高光学性能；通过常压烧结技术降低热膨胀系数等。在碳化硅基支撑结构（反射镜镜筒、镜框）材料制备过程中，降低热膨胀系数和提高结构稳定性是主要技术问题，上硅所采用原位结合工艺、有机前驱体浸渍和裂解工艺结合化学气相浸渗来解决热膨胀系数高的问题。碳/碳化硅复合材料制备技术中，西北工业大学对碳纤维预制体进行高温处理以提高力学性能；通过化学气相浸渗工艺降低成本，提高致密化速度，提高致密度的均匀性，缩短生产周期；通过反应熔融浸渗工艺降低成本，提高耐磨性、抗氧化性和力学性能；通过有机前驱体浸渍和裂解结合反应熔融浸渗工艺降低成本，提高耐磨性、力学性能和抗氧化性能；通过化学气相浸渗结合反应熔融浸渗工艺提高耐磨性、抗氧化性和力学性能；上硅所通过化学气相浸渗结合有机前驱体浸渍和裂解工艺提高强度和抗热震性；通过涂层后处理提高抗氧化性、抗热震性、高温抗冲刷性和耐烧蚀性能。SiC-Al 基卫星低剩磁连接构件制备过程中，上海卫星工程研究所通过改善结构降低卫星构件的剩磁力矩并降低成本。在介孔 MoC 催化剂载体的研发中，中国科学院大连化学物理研究所采用 MoC 代替贵金属铱，降低了材料成本。碳化硅涂层技术中，西北工业大学通过多次化学气相沉积，并进行硼离子和铝离子注入提高其抗氧化性。改善碳化硅纤维使用温度和性能过程中，上硅所通过后处理方式降低纤维降解。SiC-ZrB_2复合陶瓷膜片制备中，上硅所采用水基流延成型技术降低了其制备成本。

其他领域国防解密专利较少，在此分析了核工业和冶金领域的两件专利（见表 8-2-7），分别是上硅所和大连金玛科技产业有限公司合作通过提高酚醛树脂量，以化学气相沉积表面改性处理提高碳-碳化硼中子吸收球硬度、压碎力、耐磨性及吸湿性；铝合金熔炼用 SiC-Si_3N_4空腔结构陶瓷构件制备中（CN106342335B）；西北工业大学通过注浆成型，降低浆料液相含量，专用模具采用柔性芯模设计来提高构件尺寸精度，提高表面光洁度，延长模具的使用寿命等（CN106507732B）。

表 8-2-7　中国国防解密专利其他领域技术分析

涉及领域	涉及技术	技术手段	技术效果（技术需求）	涉及专利
核工业	碳-碳化硼中子吸收球	提高酚醛树脂量，化学气相沉积表面改性处理	提高硬度、压碎力、耐磨性及吸湿性	CN106342335B
冶金	SiC-Si_3N_4空腔结构陶瓷构件	注浆成型，降低浆料液相含量，专用模具中的柔性芯模设计	提高构件尺寸精度；提高表面光洁度；延长模具的使用寿命	CN106507732B

注：该部分只分析完全解密专利。

8.2.3 中美军工专利对比

根据上文中美军工专利分析可知，碳化硅基材料的制备和应用是中美军方研究的热点和重点，现选取近 10 年中美研究较多的两个技术点（核工业碳化硅基陶瓷包壳管和航天航空用碳/碳化硅陶瓷材料）的相似有效专利进行对比，如表 8-2-8 所示。

表 8-2-8 近 10 年中美相似有效高性能碳化物先进陶瓷材料专利对比

<table>
<tr><th>专利技术点</th><th colspan="2">核工业碳化硅基陶瓷包壳管</th></tr>
<tr><td>中国军工专利</td><td>CN107170502B 一种核燃料碳化硅陶瓷包壳管的制备方法
申请日：2017-5-10</td><td>核工业第八研究所</td></tr>
<tr><td rowspan="4">美国军工专利</td><td>US20190108922A1 Removable Mandrel for Automating Process to Manufacture Ceramic Composite Nuclear Fuel Cladding Tubes
申请日：2017-10-6</td><td rowspan="2">西屋电气公司、美国能源局</td></tr>
<tr><td>US20180057413A1 Process for Manufacture SiC Composite Ceramics
申请日：2016-8-24</td></tr>
<tr><td>US20160049211A1 Silicon Carbide Multilayered Cladding and Nuclear Reactor Fuel Element for Use in Water-Cooled Nuclear Power Reactors
申请日：2013-8-28</td><td>陶瓷管制品有限公司、美国能源局</td></tr>
<tr><td>US9275762B2 Cladding Material, Tube Including such Cladding Material and Methods of Forming the Same
申请日：2010-10-8</td><td>先进陶瓷纤维有限责任公司、美国能源局</td></tr>
<tr><th>专利技术点</th><th colspan="2">航天航空用碳/碳化硅陶瓷材料</th></tr>
<tr><td rowspan="6">中国军工专利</td><td>CN106116619B 基体预先引入的快速制备碳/碳化硅陶瓷复合材料的方法
申请日：2016/6/23</td><td rowspan="4">湖北三江航天江北机械工程有限公司</td></tr>
<tr><td>CN106116620B 快速制备碳/碳化硅陶瓷复合材料的方法
申请日：2016/6/23</td></tr>
<tr><td>CN103936451B 大厚度碳/碳化硅复合材料的制备方法
申请日：2014/4/2</td></tr>
<tr><td>CN102826866B 低成本碳/碳化硅陶瓷复合材料的制备方法
申请日：2012/8/7</td></tr>
<tr><td>CN106064951B 碳/碳-碳化硅复合材料及其制备方法和应用
申请日：2016/6/8</td><td rowspan="2">国防科技大学</td></tr>
<tr><td>CN102584307B 碳/碳化硅陶瓷基复合材料弹簧及其制备方法
申请日：2012/1/10</td></tr>
</table>

续表

专利技术点	核工业碳化硅基陶瓷包壳管	
美国军工专利	US20170260056A1 In Situ Grown SiC Coatings on Carbon Materials 申请日：2017/5/26	美国海军
	US9663374B2 Situ Grown SiC Coatings on Carbon Materials 申请日：2012/4/20	

在核工业碳化硅基陶瓷包壳管研究中，美国作了很多研究，如美国能源局与西屋电气公司、陶瓷管制品有限公司和先进陶瓷纤维有限责任公司在该技术领域共同研发专利，其技术点在于内层整体层上包覆碳化硅纤维复合材料层，然后致密化处理，可制备尺寸长、复杂的包壳管。中国军工单位相关研究较少，核工业第八研究所在2017年发明了一种核燃料碳化硅陶瓷包壳管的制备方法（CN107170502B），技术点是先进行中间层的制备，再内层、外层同时制备，制备效率明显提高。

在航天航空用碳/碳化硅陶瓷材料的研究中，湖北三江航天江北机械工程有限公司作了大量研发，该公司隶属国家军工集团之一的航天科工集团，具有多种航天型号研制和批生产能力，并参与了国家多个重点航天型号研制与生产。该公司于2013年提供了一种低成本碳/碳化硅陶瓷复合材料的制备方法（CN102826866B），该发明通过采用缝合方式加工编织体，采用真空、振动浸渍法进行浸渍，并采用微正压裂解，促进聚碳硅烷向碳化硅进行转变，在保证材料具有高性能的同时，大大降低了当前碳/碳化硅陶瓷复合材料的制备成本；该公司于2014年又发明了一种大厚度碳/碳化硅陶瓷复合材料产品的制备方法，该发明结合树脂传递模塑技术，与常规有机前驱体浸渍和裂解工艺相比，其制得的产品均有良好的稳定性和密度均一性，同时能够有效降低升温后残余产物；在2016年，该公司在快速制备和提高碳/碳化硅强度有较大突破，专利CN106116620B公开了一种快速制备碳/碳化硅陶瓷复合材料的方法，该专利通过预模压成型及加压裂解，迅速提高材料密度，一次复合完成材料致密化，大大缩短了材料制备周期，实现了碳/碳化硅陶瓷复合材料的快速制备并满足使用要求；专利CN106116619B公开了基体预先引入的快速制备碳/碳化硅陶瓷复合材料的方法，该发明采用穿刺为主的方式制备编织体，结合模压方式，并采用编织体预先引入基体材料的方式制备碳/碳化硅陶瓷复合材料，生产周期大大缩短，该材料在缩短30%~50%生产周期、降低成本30%~40%的前提下，最弯曲高强度能达到325MPa，最高拉伸强度能达到180MPa。国防科技大学也作了相关研究，并于2012年发明了一种热防护系统高温密封用碳/碳化硅陶瓷基复合材料弹簧及其制备方法（CN102584307B），该发明以碳纤维作为增强体，碳化硅为基体，创造性地将熔模/溶模工艺和有机前驱体浸渍和裂解工艺结合制备出碳/碳化硅陶瓷基复合材料弹簧，制备的弹簧具有优异的综合性能，特别适合于高温（>1200℃）、氧化环境下的应用；2016年公开了一种碳/碳-碳化硅复合材料及其制备方法和应用，该复合材料基体由碳和碳化硅双组元基体组成，其中碳化硅基体包括第一碳化硅基体和第二碳化硅基体，第一碳化硅基体由化学气相浸渗方法引入，得到的碳化硅基体颗粒细腻，有助于降低碳陶摩擦片的磨损率，第二碳化硅基体由气相渗硅烧结工艺引入，和部分碳基体反应，得到气相渗硅烧结碳化硅基体，进一步提升碳陶复合材料的致密度，进而提升复合材料的热导率。美国军工单位美国海军也进行了相关研究，分别在2012年和2017年发明了在碳材料上原位合成碳化硅涂层制备碳-碳化硅复合材料的方法（US20170260056A1 和 US9663374B2），通过将 SiO_2 与碳混合并在真空中加热混合物形成γ-碳化硅材料或涂层，其中碳被氧化成 CO 气体并将 SiO_2 还原成 SiO 气体，并且碳材料与 SiO 气体在 1300～1600℃的温度范围内反应，从而在衬底上形成碳化硅材料或碳化硅涂层，该材料用于燃气轮机发动机上。

8.3 民参军专利分析

军民融合深度发展具体战略任务包括军转民、民参军和军民资源共享。其中，民营企业作为装备科研生产体系中不可或缺的生力军，充分吸纳优势民企参与国防科技创新，已成为推进军民融合深度发展的战略重点。党的十七大以来，国家采取了一系列政策推动民参军工作，十八届三中全会更是明确指出要“推动军民融合深度发展、引导优势民营企业进入军品科研生产和维修领域”。[1]

本课题组依据碳化硼防弹装甲陶瓷军工性能指标表进行筛选，共有27件碳化硼防弹装甲陶瓷专利符合其中至少一项性能指标，一件专利能达到NIJ0101.04防弹衣标准Ⅳ级。

表8-3-1列出满足一项碳化硼防弹装甲陶瓷性能指标的专利，共13件，其中浙江立泰复合材料股份有限公司生产的碳化硼防弹陶瓷片的抗弯强度符合军工需求的大于300MPa，密度为2.64～2.67g/cm^{3}略高于标准；中南大学申请的纯碳化硼陶瓷材料的维氏硬度为44GPa，维氏硬度远高于军工标准；宁夏昌杨科技有限公司申请的碳化硼基防弹陶瓷复合材料三点抗弯强度大于410MPa，满足军工需求的抗弯强度；北京理工大学申请的碳化硼-硼化钛复相陶瓷材料的抗弯强度为300MPa，符合装甲防弹的性能指标，维氏硬度为28GPa；北京清核材料科技有限公司的碳化硼陶瓷密度2.51g/cm^{3}符合军工材料对于密度的要求；哈尔滨工业大学的层状梯度碳化硼铝基复合材料弹性模量范围在性能指标中。

表8-3-1　满足一项碳化硼防弹装甲陶瓷军工性能指标专利

申请人	公开号	标题	具有的力学性能
浙江立泰复合材料股份有限公司	CN108383527A	一种石墨烯/碳化硼陶瓷复合材料的制备方法	抗弯强度300MPa
浙江立泰复合材料股份有限公司	CN107976115A	一种碳化硼-钛合金复合装甲	抗弯强度大于500MPa

[1] 方炜，校利敏，杨步，等．民参军知识转移影响因素实证研究：基于军民融合协同创新视角［J］．科学学研究，2019，37（4）：664-678.

续表

申请人	公开号	标题	具有的力学性能
浙江立泰复合材料股份有限公司	CN107954716A	一种碳化硼陶瓷板	抗弯强度大于500MPa
浙江立泰复合材料股份有限公司	CN108007273A	一种碳化硼-钛合金复合装甲的制备方法	抗弯强度大于500MPa
浙江立泰复合材料股份有限公司	CN107555996A	一种碳化硼防弹陶瓷	密度2.64~2.67g/cm^3，显微硬度2900~3100HV0.2，抗弯强度为450MPa，断裂韧性为4.5MPa·m$^{1/2}$
浙江立泰复合材料股份有限公司	CN107500770A	一种碳化硼防弹陶瓷的制备方法	密度2.64~2.67g/cm^3，显微硬度2900~3100HV0.2，抗弯强度为450MPa，断裂韧性为4.5MPa·m$^{1/2}$
浙江立泰复合材料股份有限公司	CN107473746A	一种基于碳化硼防弹陶瓷的防弹插板	密度2.64~2.67g/cm^3，显微硬度2900~3100HV0.2，抗弯强度为450MPa，断裂韧性为4.5MPa·m$^{1/2}$
浙江立泰复合材料股份有限公司	CN107500783A	一种用于制备碳化硼防弹陶瓷的造粒机	密度2.64~2.67g/cm^3，显微硬度2900~3100HV0.2，抗弯强度为450MPa，断裂韧性为4.5MPa·m$^{1/2}$
中南大学	CN110028321A	一种高性能纯碳化硼陶瓷材料的节能制备方法及纯碳化硼陶瓷材料	硬度为44GPa，体积磨损率为1.2688×10^{-5}，相对密度为99.40%
宁夏昌杨科技有限公司	CN108997015A	一种碳化硼基防弹陶瓷复合材料及其制备方法	密度≤2.87g/cm^3，三点抗弯>410MPa，硬度Hv>2700MPa，断裂韧性>4.0MPa·m$^{1/2}$
北京理工大学	CN108484171A	一种碳化硼-硼化钛复相陶瓷材料及其无压烧结制备方法	弯曲强度为300MPa，断裂韧性为4.2MPa·m$^{1/2}$，维氏硬度为28GPa
北京清核材料科技有限公司	CN108675793A	一种碳化硼陶瓷的二次烧结方法	密度由2.35g/cm^{3}提升至2.51g/cm^3，致密度由93.25%提升至99.6%
哈尔滨工业大学	CN107675058B	一种宽体积分数层状梯度碳化硼铝基复合材料及其制备方法	密度<2.8g/cm^3，布氏硬度范围120~380HB，弹性模量范围70~320GPa

表8-3-2列出满足两项碳化硼防弹装甲陶瓷军工性能指标的专利，共5件，其中北京理工大学申请的碳化硼陶瓷块体维氏硬度为37.1GPa，抗弯强度为457.6MPa都符合军工对防弹陶瓷的要求；山东汇金新材料有限公司申请的碳化硼头盔专利，其密度大于2.40g/cm^3，抗弯强度为446MPa，在力学性能指标的范围当中；李汶军、李根法申请的碳化硼/碳化硅功能梯度陶瓷、浙江立泰复合材料股份有限公司申请的石墨烯/碳化硼陶瓷复合材料、东北大学申请的碳化硼基层状陶瓷复合材料，在维氏硬度和抗弯强度两项力学性能上都已达到军工的性能指标。

表 8-3-2 满足两项碳化硼防弹装甲陶瓷军工性能指标专利

申请人	公开号	标题	具有的力学性能
北京理工大学	CN108794013A	一种碳化硼陶瓷块体及其快速制备方法	维氏硬度为 37.1GPa，弯曲强度为 457.6MPa
山东汇金新材料有限公司	CN107449324A	一种无压固相烧结碳化硼头盔及其制备方法	密度在 2.40g/cm^3 以上，维氏硬度可为 3120MPa，弯曲强度可为 446MPa，断裂韧性可为 6.9MPa·m$^{1/2}$
李汶军，李根法	CN102173807B	碳化硼/碳化硅功能梯度陶瓷及其制作方法	硬度为 33~36GPa，材料抗弯强度为 600~650MPa
浙江立泰复合材料股份有限公司	CN108863373A	一种石墨烯/碳化硼陶瓷复合材料的制备方法	弯曲强度大于 450MPa，断裂韧性大于 6.5MPa·m$^{1/2}$，维氏硬度大于 31GPa
东北大学	CN104016680B	一种碳化硼基层状陶瓷复合材料及其制备方法	硬度为 28.0~35.0GPa，断裂韧性为 2.2~4.8MPa·m$^{1/2}$，抗折强度为 293~514MPa

表 8-3-3 列出满足三项碳化硼防弹装甲陶瓷军工性能指标的专利，共 6 件，其中宁波东联密封件有限公司申请的 4 件专利中，3 件专利中的碳化硼防弹材料在密度、抗弯强度、弹性模量上均达到了军工力学性能指标，1 件专利中的高韧碳化硼复合材料在密度、维氏硬度和抗弯强度上均达到了军工力学性能指标；牡丹江金钢钻碳化硼精细陶瓷有限责任公司的轻质碳化硼装甲陶瓷在密度、维氏硬度以及弹性模量上的性能都已达到军工标准；中国地质大学（北京）申请的 Al_2O_3-Ni-C-B_4C 复相陶瓷在密度、抗弯强度和硬度上已符合军工标准。

表 8-3-3 满足三项碳化硼防弹装甲陶瓷军工性能指标专利

申请人	公开号	标题	具有的力学性能
宁波东联密封件有限公司	CN103979972B	一种热压烧结碳化硼防弹材料及其制备方法	密度为 2.52~2.64g/cm^3，肖氏硬度为 123~138HS，抗折强度为 530~575MPa，断裂韧性为 5.8~6.8MPa·m$^{1/2}$，弹性模量为 410~430MPa
宁波东联密封件有限公司	CN103979970B	一种高韧性常压烧结碳化硼防弹材料及其制备方法	密度为 2.50~2.59g/cm^3，肖氏硬度为 120~130HS，抗折强度为 470~490MPa，断裂韧性为 5.8~6.8MPa·m$^{1/2}$，弹性模量为 430~460MPa
宁波东联密封件有限公司	CN103979971B	一种液相烧结碳化硼防弹材料及其制备方法	密度为 2.59~2.72g/cm^3，肖氏硬度为 125~135HS，抗折强度为 550~595MPa，断裂韧性为 56~6.5MPa·m$^{1/2}$，弹性模量为 450~470MPa

续表

申请人	公开号	标题	具有的力学性能
宁波东联密封件有限公司	CN103641480A	一种高韧碳化硼复合材料及其制备方法	硬度HV大于42GPa，体积密度为2.49～2.51g/cm^3，断裂韧性为5.89MPa·m$^{1/2}$，抗弯强度大于420MPa
牡丹江金钢钻碳化硼精细陶瓷有限责任公司	CN1272282C	轻质碳化硼装甲陶瓷的制备方法	Hv≥3500Kg/mm^2，E≥380GPa，ρ≥2.5g/cm^3
中国地质大学（北京）	CN101798222A	一种Al_2O_3-Ni-C-B_4C复相陶瓷及其制备方法	体积密度为2.39g/cm^3，维氏硬度（HV）为32.1GPa，断裂韧性为6.52MPa·m$^{1/2}$，抗弯强度为452.8MPa

表8-3-4列出满足四项碳化硼防弹装甲陶瓷军工性能指标的专利，共3件，山东大学的碳化硼基复合防弹陶瓷、北京航空航天大学申请的复合防弹陶瓷材料、北京理工大学和福州奇岳陶瓷微粉有限公司共同申请的碳化硼/碳化硅复相陶瓷在密度、硬度、抗弯强度和弹性模量上均符合军品性能。

表8-3-4 满足四项碳化硼防弹装甲陶瓷军工性能指标专利

申请人	公开号	标题	具有的力学性能
山东大学	CN100349824C	碳化硼基复合防弹陶瓷及其制备方法	密度≤2.6g/cm^3，维氏硬度Hv>27GPa，压缩强度>1.8GPa，弯曲强度>400MPa，弹性模量>300GPa，断裂韧性>4.0MPa·m$^{1/2}$
北京航空航天大学	CN101234901B	一种复合防弹陶瓷材料及其制备方法	密度为2.30~2.48g/cm^3，维氏硬度为24~38GPa，弯曲强度为420~600MPa，弹性模量为400~460GPa，断裂韧性为2.8~4.1MPa·m$^{1/2}$
北京理工大学、福州奇岳陶瓷微粉有限公司	CN108640687A	一种碳化硼/碳化硅复相陶瓷及其制备方法	密度为2.5~2.8g/cm^3，弹性模量为380GPa~420GPa，维氏硬度大于26GPa，抗弯强度为400~550MPa，断裂韧性为5.0~6.9MPa·m$^{1/2}$

对上述满足碳化硼防弹装甲陶瓷军工标准专利的性能指标进行统计，计算其平均值，得出优于军工标准的指标列表（见表8-3-5），其指标分别为密度≤2.56 g/cm^3、维氏硬度≥32GPa、弹性模量≥350GPa、抗弯强度≥400MPa、断裂韧性≥5.0MPa·m$^{1/2}$；并分析各指标较优专利的申请人、所在城市及对应技术手段等。

表8-3-5 满足碳化硼防弹装甲陶瓷军工标准专利的性能指标统计及部分达标专利列表

序号	力学性能	指标	公开号	性能值	申请人	所在城市	对于技术点
1	密度（g/cm^3）	≤2.56	CN101234901B	2.30~2.48	北京航空航天大学	北京	碳纤维增强碳化硼防弹陶瓷
			CN101798222A	2.39	中国地质大学（北京）	北京	提出以金属镍和碳作为烧结助剂，并依靠添加的Al_2O_3生成的新液相$AlB_{12}C_2$等方式达到在较低烧结温度下无压烧结制备碳化硼基复合陶瓷的目的，此外，该无压烧结在埋碳的还原性气氛中进行
			CN103641480A	2.49~2.51	宁波东联密封件有限公司	浙江宁波	通过碳化硅作为复合材料的烧结助剂
2	维氏硬度（GPa）	≥32	CN110028321A	44	中南大学	湖南长沙	设计了不同梯度烧结温度制备得到高性能碳化硼陶瓷材料
			CN103641480A	42	宁波东联密封件有限公司	浙江宁波	通过碳化硅作为复合材料的烧结助剂，将烧结的温度降低，通过硼化钙和碳化钛的混合成型来增加复合材料的韧性
3	弹性模量（GPa）	≥350	CN103979971B	450~470	宁波东联密封件有限公司	浙江宁波	通过合理配伍液相烧结防弹材料的成分
			CN103979970B	430~460	宁波东联密封件有限公司	浙江宁波	通过合理配伍高韧性无压烧结防弹材料的成分
			CN101234901B	400~460	北京航空航天大学	北京	碳纤维增强碳化硼防弹陶瓷

续表

序号	力学性能	指标	公开号	性能值	申请人	所在城市	对于技术点
4	抗弯强度（MPa）	≥400	CN102173807B	600~650	李汶军，李根法	上海	把功能梯度结构的概念引入碳化硼/碳化硅复合陶瓷中
			CN101234901B	420~600	北京航空航天大学	北京	碳纤维增强碳化硼防弹陶瓷
			CN103979971B	550~595	宁波东联密封件有限公司	浙江宁波	利用颗粒补强增韧机制制成防弹材料，并通过合理配伍防弹材料的组成成分及其质量百分比
			CN107976115A	>500	浙江立泰复合材料股份有限公司	浙江湖州	加入石墨烯
5	断裂韧性（$MPa \cdot m^{1/2}$）	≥5.0	CN107449324A	6.9	山东汇金新材料有限公司	山东莱芜	用凝胶注模的方法
			CN101798222A	6.52	中国地质大学（北京）	北京	提出以金属镍和碳作为烧结助剂，并依靠添加的Al_2O_3生成的新液相$AlB_{12}C_2$等方式达到在较低烧结温度下无压烧结制备碳化硼基复合陶瓷的目的。此外，该无压烧结在埋碳的还原性气氛中进行
			CN108863373A	>6.5	浙江立泰复合材料股份有限公司	浙江湖州	加入石墨烯

由表8-3-5中可知，优于碳化硼防弹装甲陶瓷军工标准指标的专利申请人主要为北京、湖南高校［北京航空航天大学、中国地质大学（北京）和中南大学］以及浙江、山东企业（宁波东联密封件有限公司、浙江立泰复合材料股份有限公司和山东汇金新材料有限公司）。北京航空航天大学（CN101234901B）通过碳纤维增强碳化硼的技术手段，使其碳化硼防弹材料密度为2.30~2.48g/cm^3，弹性模量为400~460GPa，抗弯强度高达420~600MPa。中国地质大学（北京）（CN101798222A）提出以金属镍和碳作为烧结助剂，并依靠添加Al_2O_3生成新液相$AlB_{12}C_2$等方式达到在较低烧结温度

下无压烧结制备碳化硼基复合陶瓷的目的，其制备的碳化硼基复合防弹陶瓷密度低至 2.39 g/cm^3，弹性模量为 6.52MPa · m$^{1/2}$。宁波东联密封件有限公司（CN103641480A）将碳化硅作为复合材料的烧结助剂，使其产品密度为 2.49~2.51 g/cm^3，维氏硬度为 42GPa；该公司（CN103979971B 和 CN103979970B）还通过合理配伍防弹材料的组成成分及其质量百分比提高其弹性模量（~450GPa）和抗弯强度（550~595MPa）。浙江立泰复合材料股份有限公司（CN107976115A 和 CN108863373A）通过加入石墨烯提高其抗弯强度（>500MPa）和断裂韧性（>6.5MPa · m$^{1/2}$）。中南大学（CN110028321A）设计了不同梯度烧结温度制备得到高性能碳化硼陶瓷材料，其材料维氏硬度高达 44GPa。上海的李汶军、李根法（CN102173807B）把功能梯度结构的概念引入到碳化硼/碳化硅复合陶瓷中，使其抗弯强度高达 600~650MPa。山东汇金新材料有限公司（CN107449324A）采用凝胶注模的方法使其产品断裂韧性为 6.9MPa · m$^{1/2}$。

表 8-3-6 为山东宝纳新材料有限公司申请的轻质高防弹性能碳化硼/碳化硅复合陶瓷防弹板，未具体说明其力学性能，但其能达到美国防弹衣 NIJ0101.04 标准Ⅳ级，防弹衣能够抵挡 7.62mm 的高能步枪弹，说明该公司具有制备军品的能力。

表 8-3-6　防弹等级达标专利

申请人	公开号	标题	达到的性能等级
山东宝纳新材料有限公司	CN105601280A	一种低成本轻质高防弹性能碳化硼/碳化硅复合陶瓷防弹板及制备方法	NIJ0101.04 标准Ⅳ级

8.4　小　结

本章通过对高性能碳化物先进陶瓷材料军民融合分析，即美国军民融合专利、国内军事院校和军工企业专利、国防解密专利、中美军工专利对比以及民参军专利进行分析，可得出如下结论。

（1）美国军民融合专利分析

美国国防单位碳化物先进陶瓷材料专利中，美国能源局碳化物先进陶瓷材料专利有 77 项，美国海军碳化物先进陶瓷材料专利有 52 项，NASA 碳化物先进陶瓷材料专利有 16 项，美国空军碳化物先进陶瓷材料专利有 14 项以及美国其他国防单位申请 4 项，专利遍及航空航天、核工业以及装甲防弹等领域。美国能源局近 10 年申请的专利有 13 项，热点在碳化硅/碳化硅材料上；美国海军近 10 年申请的专利有 19 项，基本涉及航天航空和军工材料领域，研究重点在碳化硅材料、B_4C-BN、碳/碳化硅、碳化硅涂层及 SiC-Si_3N_4上；NASA 近 10 年申请的专利有 4 项，涉及技术有碳化硅/碳化硅、碳化硅/硼化物、碳化硅薄膜和 WC 涂层。与美国能源局合作的单位有 10 个，其中有 7 家企业、2 家高校、1 家科研单位，美国海军的合作单位有 13 个，其中有 8 家高校、4 家企业和 1 家政府单位，NASA 自主创新能力较强，基本上作为申请人而非受让人直接申请专利，合作对象仅1位，美国空军合作的对象主要以企业为主。

（2）军事院校、军工企业专利分析

军事院校、军工企业专利涉及的领域主要是航天航空及核工业领域。该领域国防科技大学专利申请量最多达130项，然而合作申请较少；航天材料及工艺研究所与中国运载火箭技术研究院合作最多，有24项专利。从军工企业、军事院校专利热点分析可知，碳化硅纤维在纤维涂层改性上的改进、提高碳/碳复合材料的抗氧化性能以及碳化硅/碳化硅吸波陶瓷材料为军事院校、军工企业的研究热点所在。

（3）国防解密专利分析

中国国防解密专利涉及领域有航天航空、核工业、装甲防弹和冶金，其专利技术主要分布在碳化硅基陶瓷材料，有48件专利，其次是碳化硼基陶瓷材料；中国国防解密专利技术创新主体以高校和科研院所为主，占已解密的专利的七成，其中西北工业大学国防解密专利23件，上硅所国防解密专利14件。解密专利技术主要涉及航天航空领域用碳化硅反射镜、碳化硅基支撑结构（反射镜镜筒、镜框）、碳/碳化硅复合材料、SiC-Al基卫星低剩磁连接构件、介孔MoC催化剂载体、碳化硅涂层、碳化硅纤维和SiC-ZrB_2复合陶瓷膜片等。

（4）民参军专利分析

依据碳化硼防弹装甲陶瓷力学性能军用指标进行筛选，共有27件碳化硼防弹装甲陶瓷专利符合其中至少一项力学性能指标，山东宝纳新材料有限公司研发的（CN105601280A）碳化硼/碳化硅复合陶瓷防弹板能达到防弹衣标准Ⅳ级。山东大学的碳化硼基复合防弹陶瓷（CN100349824C）、北京航空航天大学发明的复合防弹陶瓷材料（CN101234901B）、北京理工大学和福州奇岳陶瓷微粉有限公司共同研发的碳化硼/碳化硅复相陶瓷（CN108640687A）满足四项力学性能军用指标，有望成为军用装甲防弹材料。浙江立泰复合材料股份有限公司和宁波东联密封件有限公司申请的碳化硼防弹装甲陶瓷专利较多，但符合的力学性能项少；山东宝纳新材料有限公司、山东大学、北京航空航天大学、北京理工大学和福州奇岳陶瓷微粉有限公司申请的专利符合的力学性能较多但申请数量少，上述企业和高校是民参军较有潜力的对象。

第9章　结论与建议

碳化物陶瓷由于具备高熔点、高强度、高硬度、特殊的电磁或热学等性能，广泛用于航天航空、国防、核工业、机械等领域，高性能碳化物先进陶瓷的发展正顺应了《国家“十三五”战略性新兴产业发展规划》的核心要求。然而我国在高性能碳化物陶瓷制品的生产与应用上，与世界领先水平存在较大差距，在此竞争背景下，本课题基于高性能碳化物先进陶瓷材料专利文献数据，进行了系统且全面的专利挖掘分析，具体涉及高性能碳化物陶瓷材料的成型工艺和烧结工艺、航天航空用碳化物陶瓷和装甲防弹用碳化物陶瓷关键技术领域的专利分析，以及重点申请人分析和军民融合分析等。多维度解读全球产业布局特点，明确产业发展方向，改变我国碳化物先进陶瓷的产业发展现状，实现向高性能产品的升级，指导我国碳化物先进陶瓷产业未来发展和技术创新。

9.1　全球专利态势分析结论及建议

截至2019年6月30日，全球碳化物先进陶瓷材料专利总申请量为49815件，其中在华申请8011件，占总量16.08%。专利总体趋势呈增长态势，美国、日本和德国起步较早，无论是从专利申请量还是专利技术的布局，在该领域都处于领导地位；中国在该领域起步较晚，但近年来申请量迅速增长反超成为第一。中国、美国和日本是主要技术输出国，专利申请超总量的七成。技术层面上，中国在材料制备工艺有一定量的专利布局，其他美、日、欧等国家/地区专利技术偏应用领域。

排名前20的申请人中，日本企业占据8席，美国企业占4席，法国企业占2席，从平均被引次数和活跃度分析来看，排名前五的是日本碍子、揖斐电、通用电气、圣戈班集团和三菱，其是高性能碳化物先进陶瓷材料领域的重要创新主体，技术一直持续创新。中国申请人虽有5席，但全为高校和科研院所，专利被引频次较低，质量不高，研发水平有待提高。

从在华专利申请国家分布情况来看，日本和美国十分重视中国市场。国内高性能碳化物先进陶瓷产业区主要集中在江苏、山东、北京、陕西、浙江等地，其中江苏、山东、浙江等地企业技术创新占主导，而北京、陕西、上海等地高校、科研院所为主要技术创新主体。从在华专利申请人分析来看，技术研发以高校、科研院所为主，国内企业的规模和研发实力较弱，国外重点企业如日本碍子和通用电气等在中国也有一定量的专利布局，抢占国内部分市场。

要想实现专利强国的目标，中国就必须以质量取胜，国内研发应积极拓宽应用领域，向高端领域如航天航空、防弹装甲等迈进，促进复合材料的研究和应用，积极融入国家政策，为行业发展开拓新思路，同时注意国外重点企业在国内外碳化物陶瓷高端应用领域形成的专利壁垒，避免侵权。

9.2 重要申请人分析结论及建议

9.2.1 通用电气

通用电气碳化物高性能先进陶瓷材料专利总量有 877 件，该公司在 1974 年之前，年专利申请量不足 10 件，主要专利布局在美国，之后通用电气在 24 个国家建立了 113 家分厂，专利布局转战欧洲和亚洲。欧洲、美国和日本是通用电气主要是市场布局国家/地区。

从技术构成来看，通用电气高性能碳化物先进陶瓷材料技术主要集中在燃气涡轮发动机部件、涂层，其中燃气涡轮发动机用碳化物复合材料是通用电气的近年来研究重点，该公司近几年对燃气涡轮发动机用碳化物复合材料性能不断进行改性，如通过在材料中加入合金、黏合剂、添加剂、纤维增强材料等获得更适用于高温、腐蚀性强、易磨损的恶劣环境的碳化物陶瓷材料；通过改进渗透方式、预制件坯体的制备方法来提高强度和降低成本；通过改进燃气涡轮发动机部件的结构如提供防止或显著地减少在热气体路径与叶轮空间区域之间的流体交换的结构，提供集成的熔合式复合叶片构件、陶瓷基复合材料复合芯部件形成叶片的特定部分等方式达到减轻重量的目的；通过在基体表面提供一层界面层、扩散阻挡层，达到耐磨损、耐高温、耐腐蚀的效果。国内企业和科研单位可重点关注以上改性方法以提高碳化物先进陶瓷材料综合性能。

从发明人分析来看，KRISHAN LAL LUTHRA 的专利申请最多，属于重点技术人员，并且在涂层方面持续技术创新，对其他领域如燃气涡轮发动机部件、陶瓷纤维等均有涉及；SVANTE PROCHAZKA 烧结技术上有一定成就，万菊林近年致力于研发耐高温、耐磨损、耐腐蚀的涂层，作为华人技术员，可作为国内未来人才引进的重点人选。

9.2.2 日本碍子

日本碍子全球专利申请共有 1399 件，在华专利申请仅 62 件，市场布局主要集中在日本本土、欧洲和美国，而且日本碍子该领域第一件专利在美国申请；日本 1977 年才开始在本国进行专利申请，总体专利申请呈波浪式发展，于 2002 年专利申请量达到最高，为 119 件，并且在 20 世纪 90 年代进入中国市场。从技术构成来看，日本碍子的研发重点和技术方向主要集中在汽车尾气净化催化剂载体和产业工程产品及装置技术上。发明人排名第一的 HANZAWA SHIGERU 专利申请量占总量 13.61%，其发明涉及的分支很多，其他发明人技术研发较为集中，ICHIKAWA SHUICHI 和 KOMIYAMA TSUNEO 近年成长较快。国内企业和研究单位需重点关注日本碍子碳化硅蜂窝陶瓷技术和半泽茂、市川周一等重点发明人的专利技术。

9.2.3 上硅所

上硅所在高性能碳化物先进陶瓷材料领域的总专利申请量为 175 件，中外文期刊文献 400 篇（包括 CNKI235 篇及 SCIE165 篇）。上硅所从 20 世纪 70 年代开始开展碳化物陶瓷研究，在 1978 年江东亮发表了第一篇科技论文，但直到 1991 年才申请第一件专利；随着新材料的发展，上硅所陆续在碳化硅陶瓷反射镜、纤维增强碳化物陶瓷基复合材料等方面有突破性进展。

上硅所在高性能碳化物先进陶瓷材料领域的核心发明人为黄政仁，其申请的相关专利数量接近上硅所该领域专利总量的 50%。黄政仁在该领域的技术创新主要集中在碳化硅陶瓷光学部件及纤维增强碳化硅陶瓷基复合材料方面，其专利技术具有重要的参考价值。然而上硅所的合作申请较少，需加强与相关企业的合作，同时做好重点专利的海外布局，扩大专利保护范围，提高专利价值。

从文献分析可知，上硅所在多孔陶瓷制备、ZrB_2-SiC 陶瓷复合材料方面有较高的影响力。对比上硅所的专利和文献分析可知，文献更多的是对提高材料性能的研究，技术工艺的改进多在专利中体现，有些核心技术并没有发表相关文献；对同一技术，一般文件优先申请专利 1~3 年。

9.3 重点技术分析结论及建议

9.3.1 成型技术

全球高性能碳化物先进陶瓷材料成型技术专利总量共计 4485 项。20 世纪 50 年代末开始有碳化物陶瓷材料成型技术专利布局，90 年代之后，专利数量快速增长。全球高性能碳化物先进陶瓷材料成型技术原创国家/地区和目标国家/地区主要集中于中国、日本、美国和欧洲；现阶段该领域成型技术已不是日、美、欧等国家/地区专利研发的重点，而我国正处于成型技术研发的活跃期，是全球活跃的主要专利原创国和市场国。当前全球高性能碳化物先进陶瓷材料模压成型技术由于其低成本、易操作以及具有较强的适用性等特点占据主力地位，凝胶注模成型和 3D 打印成型近 5 年处于活跃期，是未来技术发展的重要方向。日本碍子、通用电气、圣戈班集团为该领域重要创新主体，中国以山东理工大学、上硅所、国防科技大学、西北工业大学等高校、科研院所为主要创新主体。国内企业在该领域的研发相对薄弱，需加强与高校、科研院所的合作，促进产学研发展，而且目前中国高性能碳化物先进陶瓷材料成型技术的研究处于活跃期，应进一步提高在一些热点领域的研究投入，如凝胶注模成型、3D 打印成型、流延成型等，加速产业技术的成熟。

9.3.2 烧结技术

全球高性能碳化物先进陶瓷材料烧结技术专利总量为 4468 件，20 世纪初期美国

CARARBORUNDUM 开始申请常压烧结专利，随后20世纪40年代至60年代陆续出现反应烧结、热压烧结、气氛烧结等，20世纪70年代至90年代碳化物自蔓延烧结、热等静压烧结、微波烧结、放电等离子烧结、激光烧结等新兴烧结技术开始发展，中国于1988年才申请了该领域的第一件专利。高性能碳化物先进陶瓷材料烧结技术来源国主要是日本、中国、美国、德国和韩国等，中国是最大的目标市场国，其次是日本和美国；美国和德国创新主体对国外市场较为注重，日本创新主体除在本国市场外对欧洲和美国的市场较为关注，而中国创新主体较为注重本国市场。高性能碳化物先进陶瓷材料烧结技术创新主体以日本、美国企业（如日本碍子、通用电气等）和中国科研单位（上硅所和山东理工大学）为主。国内企业和科研单位尤其需关注上硅所黄政仁团队的碳化物常压烧结、反应烧结、放电等离子烧结等技术以及山东理工大学唐竹兴团队的反应烧结技术，与之加强合作，促进成果向产业化转移，提高产业化应用。

全球高性能碳化物先进陶瓷材料烧结技术的重点专利主要掌握在CARBORUNDUM、通用电气等国外企业手中，这些公司及其专利是我国技术人员应重点关注的对象。

在烧结技术改进方面，技术人员可针对基体、制备工艺、烧结助剂等方面着手改进，致力于达到提高强度、致密度和断裂韧性，降低成本等技术效果。反应烧结领域，国外主要采取改进制备方法和基体的方法，通过烧结温度改进、渗透方式改进、粒度改进、浆料改进等方式达到耐腐蚀、耐高温、提高致密度、降低成本的效果，而中国对制备方法、基体改进以及后处理等均有涉猎，通过改进烧结温度、预处理坯体、改进渗透方式、改进粉料配比、利用纤维增韧等方式达到提高产品致密度、降低成本、提高强度的效果。常压烧结领域，国外以改进制备方法和烧结助剂作为主要技术手段，通过控制升温速率、改进浆料、加入Al_2O_3-Y_2O_3、稀土氧化物助剂等达到提高致密度、降低烧结温度的效果；中国则主要采用制备方法改进、基体改进及加入烧结助剂等技术手段，通过二次烧结、预处理粉料和浆料、加入黏结剂、加入烧结助剂（如B-C系、Al_2O_3-Y_2O_3、稀土氧化物）达到降低成本、提高致密度和强度、降低烧结温度的效果。

9.3.3 航天航空用碳化物先进陶瓷材料

全球航天航空用碳化物陶瓷材料专利申请量共计1837项，其中碳化物陶瓷复合材料领域申请最多，占总量43.08%，碳/碳化硅复合材料和碳化硅/碳化硅复合材料是全球航天航空用碳化物陶瓷材料的研究热点。中国、美国、日本和欧洲是航天航空用碳化物陶瓷材料主要技术原创国家/地区和目标市场国家/地区，国外研发力量比较集中，以通用电气、联合技术公司、赛峰集团等大公司为主。国内航天航空用碳化物陶瓷材料主要技术创新地为陕西、湖南、北京和江苏等，以国防科技大学、西北工业大学、上硅所、哈尔滨工业大学等高校、科研院所为主要创新主体，虽然专利申请较多，但专利质量不如国外企业，需加强专利质量的提升。

提高航天航空用碳/碳化硅复合材料的抗氧化性能、力学性能、耐高温性能等是该领域技术人员研究的重点和难点，可通过工艺改进、基体改进以及界面改进等方式进行性能提升。在工艺改进方面，国内技术人员可学习日本企业的有机前驱体浸渍和裂解工艺、法国企业的化学气相浸渗技术、美国企业的有机前驱体浸渍和裂解以及化学气相浸渗技术，以及国内各高校和科研院所的化学气相浸渗、反应熔融浸渗、有机前驱体浸渍和裂解技术。在基体改性方面，可在碳化硅基体中引入难熔金属的碳化物、硼化物（如 ZrC、ZrB_2、HfC、HfB_2、TaC 等）可提高碳/碳化硅复合材料的抗氧化性、耐高温性等。在界面改性方面，可重点关注无机酸处理法，在碳纤维表面上预先沉积一层碳、BN、ZrO_2或 SnO_2等涂层作为界面层，以提高碳/碳化硅复合材料力学性能、耐高温性、抗氧化性等。

降低航天航空用碳化硅/碳化硅复合材料成本、提高其抗氧化性能和力学性能等是该领域技术人员研究的重点。其技术研发创新与碳/碳化硅复合材料相似，也主要采取基体改进和界面改进方式来，较少采取复合材料结构改性和基体改性的方式。在工艺改进方面，有机前驱体浸渍和裂解、化学气相浸渗和反应熔融浸渗等制备工艺为连续纤维增韧碳化硅陶瓷基复合材料的常用方式，各有优缺点，国内学者可采取多种方法联合的方式或采用纳米浸渍与瞬态共晶法、电泳渗透与瞬态共晶法等新工艺实现降低成本、简化工艺、达到高的力学性能和致密度等技术效果。在界面改性方面，$(X-Y)_n$型的多层界面相应用广泛,可同时实现裂纹偏转和抗氧化的功能；在碳化硅/碳化硅复合材料中引入氧化物界面层可产生应力诱导，弱化纤维-基体键合，提高材料抗氧化性，建议关注 ZrO_2作为界面相，可呈现出与 SiC/BN/SiC 复合材料相当的或更好的抗氧化性能和破坏寿命。在基体改性方面，目前的研究热点是自愈合基体的制备。自愈合基体的组元主要有 B-C 陶瓷和 Si-B-C 陶瓷，B-C 陶瓷氧化后生成的 B_2O_3玻璃相在高温下发生黏性流动，可以封填孔隙和微裂纹，使材料具备良好的耐高温性、抗氧化性、致密度、力学性能，成本也有所下降。

9.3.4 防弹装甲用碳化物先进陶瓷材料

全球防弹装甲用碳化物陶瓷材料专利申请量共计 373 项，其中在华布局的专利最多有 178 件。目前行业内用于人体防护的国内防弹装甲用高性能碳化物先进陶瓷产品主要销售于国外，尤其是中东、非洲、欧洲以及美国等地。从全球主要创新主体来看，可重点关注浙江立泰复合材料股份有限公司的碳化硅、碳化硼人体防弹板、防弹盾牌，陶瓷防弹头盔和车用防弹板等技术，宁波荣溢化纤科技有限公司的碳化硅复合防弹板、防弹衣及双曲面碳化硅防弹插板技术，M 丘比德的碳化硅、碳化硼装甲陶瓷技术，佐治亚科技研究公司的碳化硼基材料、防弹装甲的封装等技术，以及 SPEYER ROBERT F 团队的高性能碳化硼、碳化硅材料的制备技术和柔性铠装系统技术。

碳化硼基装甲防弹材料所占比例几乎为总申请量的一半，是现阶段研究的重点，其中碳化硼基装甲防弹材料中复合工艺技术专利占总量的 34.32%，是改进提升碳化硼基装甲防弹材料的重要手段，主要通过碳化硼/单质复合工艺和碳化硼/延性相复合工艺来实现降低密度、提高硬度和降低成本等技术效果。建议国内科研人员可加强碳化硼/延性相复合陶瓷工艺的研究，尤其向多相复合工艺发展，进而提升防弹装甲用碳化物先进陶瓷材料的综合性能。

9.4 军民融合结论及建议

推动军民技术双向转移，是国防工业军民融合发展的重要实现形式，是提高国防工业军民融合的重要途径。分析美国军民融合专利可知，美国能源局、美国海军、NASA、美国空军等是高性能碳化物先进陶瓷材料军民融合的主要单位，其军民融合专利量分别为77项、52项、16项和14项，技术涉及航空航天、核工业、装甲防弹等领域；近10年美国能源局的研究重点在碳化硅/碳化硅材料上，美国海军研究重点在碳化硅材料、B_4C-BN、碳/碳化硅、碳化硅涂层及SiC-Si_3N_4上，NASA近年涉及的技术集中在碳化硅/碳化硅、碳化硅/硼化物、碳化硅薄膜和WC涂层上。

中国军事单位高性能碳化物先进陶瓷材料专利有272项，主要集中在航天航空和核工业领域上，其中国防科技大学专利申请量多达130项；中国军事单位在该领域研究热点在碳化硅纤维在纤维涂层改性、提高碳/碳复合材料的抗氧化性能以及碳化硅/碳化硅吸波陶瓷材料等方面。中国高性能碳化物先进陶瓷材料国防解密专利共56件，其中仅所作为前沿技术的引领机构西北工业大学和上硅所的国防解密专利申请量超过10件，主要涉及技术为航天航空领域用碳化硅反射镜、碳化硅基支撑结构（反射镜镜筒、镜框）、碳/碳化硅复合材料、SiC-Al基卫星低剩磁连接构件、介孔MoC催化剂载体、碳化硅涂层、碳化硅纤维和SiC-ZrB2复合陶瓷膜片等。对比中美双方军事研究热点和重点，核工业碳化硅基陶瓷包壳管和航天航空用碳/碳化硅陶瓷材料制备技术值得关注。

满足碳化硼防弹装甲陶瓷军工性能指标至少一项的专利共有27件，此外山东宝纳新材料有限公司研发的（CN105601280A）碳化硼/碳化硅复合陶瓷防弹板能达到防弹衣NIJ0101.04标准Ⅳ级。浙江立泰复合材料股份有限公司、宁波东联密封件有限公司、山东大学、北京航空航天大学、北京理工大学等民营企业和非军事院校是民参军较有潜力的对象。

综上，建议国内军民企业和科研单位需重点关注近年美国国防单位的重点技术，尤其应加强碳化硅复合材料的研究。充分发挥西北工业大学、上硅所、国防科技大学在航天航空用碳化物陶瓷材料方面（如碳/碳化硅、碳化硅/碳化硅、碳化硅反射镜、碳化硅涂层等）的研究和制造优势，发挥中国兵器工业集团、清华大学、北京理工大学、浙江立泰复合材料股份有限公司、山东宝纳新材料有限公司等在装甲防弹用碳化物陶瓷材料方面的技术优势，以项目为纽带，促进军民共研、军民共用、军民共荣。

附表　近十年美国国防单位专利列表

序号	公开（公告）号	名　称	申请人	受让人
1	US20190108922A1	REMOVABLE MANDREL FOR AUTOMATING PROCESS TO MANUFACTURE CERAMIC COMPOSITE NUCLEAR FUEL CLADDING TUBES	WESTINGHOUSE ELECTRIC COMPANY LLC	UNITED STATES DEPARTMENT OF ENERGY; WESTINGHOUSE ELECTRIC COMPANY LLC
2	US20180264770A1	DIFFUSION BONDING OF SILICON CARBIDE USING IRIDIUM AND HERMETIC SILICON CARBIDE-IRIDIUM BONDS	UNITED STATES DEPARTMENT OF ENERGY	UNITED STATES DEPARTMENT OF ENERGY
3	US20180057413A1	PROCESS FOR MANUFACTURING SIC COMPOSITE CERAMICS	WESTINGHOUSE ELECTRIC COMPANY LLC	BANK OF MONTREAL, AS ADMINISTRATIVE AGENT; CREDIT SUISSE AG, CAYMAN ISLANDS BRANCH, AS COLLATERAL AGENT; FAUSKE AND ASSOCIATES LLC; WESTINGHOUSE ELECTRIC COMPANY LLC; GOLDMAN SACHS BANK USA, AS COLLATERAL AGENT; UNITED STATES DEPARTMENT OF ENERGY; WESTINGHOUSE ELECTRIC COMPANY LLC

续表

序号	公开（公告）号	名 称	申请人	受让人
4	US9500083B2	APPARATUS AND METHOD TO REDUCE WEAR AND FRICTION BETWEEN CMC-TO-METAL ATTACHMENT AND INTERFACE	US DEPARTMENT OF ENERGY	ENERGY, UNITED STATES DEPARTMENT OF; GENERAL ELECTRIC COMPANY
5	US9275762B2	CLADDING MATERIAL, TUBE INCLUDING SUCH CLADDING MATERIAL AND METHODS OF FORMING THE SAME	ADVANCED CERAMIC FIBERS LLC	ADVANCED CERAMIC FIBERS, LLC; BATTELLE ENERGY ALLIANCE, LLC; ENERGY, UNITED STATES DEPARTMENT OF; GRIFFITH, GEORGE W; GARNIER, JOHN E
6	US20160049211A1	SILICON CARBIDE MULTILAYERED CLADDING AND NUCLEAR REACTOR FUEL ELEMENT FOR USE IN WATER-COOLED NUCLEAR POWER REACTORS	CERAMIC TUBULAR PRODUCTS LLC	CERAMIC TUBULAR PRODUCTS, LLC; ENERGY, UNITED STATES DEPARTMENT OF
7	US8974719B2	COMPOSITE MATERIALS FORMED WITH ANCHORED NANOSTRUCTURES	CONSOLIDATED NUCLEAR SECURITY LLC	BABCOCK & WILCOX TECHNICAL SERVICES Y-12, LLC; CONSOLIDATED NUCLEAR SECURITY, LLC; U. S. DEPARTMENT OF ENERGY; UT-BATTELLE, LLC
8	US8940391B2	SILICON CARBIDE FIBERS AND ARTICLES INCLUDING SAME	ADVANCED CERAMIC FIBERS LLC	ADVANCED CERAMIC FIBERS, LLC; BATTELLE ENERGY ALLIANCE, LLC; ENERGY, UNITED STATES DEPARTMENT OF; GRIFFITH, GEORGE W; GARNIER, JOHN E
9	US20140367894A1	SYSTEM AND METHOD FOR ENHANCED ADDITIVE MANUFACTURING	LAWRENCE LIVERMORE NATIONAL SECURITY LLC	LAWRENCE LIVERMORE NATIONAL SECURITY, LLC; U. S. DEPARTMENT OF ENERGY

续表

序号	公开（公告）号	名 称	申请人	受让人
10	US20140239559A1	HIGH PRESSURE LOW TEMPERATURE HOT PRESSING METHOD FOR PRODUCING A ZIRCONIUMCARBIDE CERAMIC	UNITED STATES DEPARTMENT OF ENERGY	U. S. DEPARTMENT OF ENERGY
11	US20130085088A1	METHOD TO PRODUCE CATALYTICALLY ACTIVE NANOCOMPOSITE COATINGS	ALI ERDEMIR; OSMAN LEVENT ERYILMAZ; MUSTAFA URGEN; KURSAT KAZMANLI	ENERGY, UNITED STATES DEPARTMENT OF; UCHICAGO ARGONNE, LLC
12	US20120321892A1	TITANIUM-GROUP NANO-WHISKERS AND METHOD OF PRODUCTION	BABCOCK WILCOX TECHNICAL SERVICES Y 12 LLC	BABCOCK & AMP, WILCOX TECHNICAL SERVICES Y-12, LLC; CONSOLIDATED NUCLEAR SECURITY, LLC; U. S. DEPARTMENT OF ENERGY; UT-BATTELLE, LLC
13	US20110250467A1	METHODS OF THREE-DIMENSIONAL ELECTROPHORETIC DEPOSITION FOR CERAMIC AND CERMET APPLICATIONS AND SYSTEMS THEREOF	LAWRENCE LIVERMORE NATIONAL SECURITY LLC	LAWRENCE LIVERMORE NATIONAL SECURITY, LLC; LAWRENCE LIVERMORE NATIONAL SECURITY, LLC (LLNS); U. S. DEPARTMENT OF ENERGY
14	US20190225550A1	METAL NITRIDES AND/OR METAL CARBIDES WITH NANOCRYSTALLINE GRAIN STRUCTURE	THE GOVERNMENT OF THE UNITED STATES OF AMERICA AS REPRESENTED BY THE SECRETARY OF THE NAVY	THE GOVERNMENT OF THE UNITED STATES, AS RESPRESENTED BY THE SECRETARY OF THE NAVY
15	EP3509837A2	SILICON CARBIDE ELECTROMECHANICAL STRUCTURE, DEVICES AND METHOD	THE GOVERNMENT OF THE UNITED STATES OF AMERICA AS THE SECRETARY OF THE NAVY; THE CHARLES STARK DRAPER LABORATORY INC	

续表

序号	公开（公告）号	名　称	申请人	受让人
16	US9957199B2	FORMATION OF BORON CARBIDE-BORON NITRIDE CARBON COMPOSITIONS	THE UNITED STATES OF AMERICA AS REPRESENTED BY THE SECRETARY OF THE NAVY	THE GOVERNMENT OF THE UNITED STATES, AS RESPRESENTED BY THE SECRETARY OF THE NAVY
17	US9950961B2	INSERTION OF ELEMENTS WITHIN BORON CARBIDE	THE UNITED STATES OF AMERICA AS REPRESENTED BY THE SECRETARY OF THE NAVY	THE GOVERNMENT OF THE UNITED STATES, AS RESPRESENTED BY THE SECRETARY OF THE NAVY
18	US20180086625A1	SILICON CARBIDEMICROELECTRO MECHANICAL STRUCTURE, DEVICE, AND METHOD	THE GOVERNMENT OF THE UNITED STATES OF AMERICA AS REPRESENTED BY THE SECRETARY OF THE NAVY; THE CHARLES STARK DRAPER LABORATORY INC	THE CHARLES STARK DRAPER LABORATORY, INC.; THE GOVERNMENT OF THE UNITED STATES OF AMERICA, AS REPRESENTED BY THE SECRETARY OF THE NAVY
19	US20170260056A1	IN SITU GROWNSiC COATINGS ON CARBON MATERIALS	THE GOVERNMENT OF THE UNITED STATES OF AMERICA AS REPRESENTED BY THE SECRECTARY OF THE NAVY	THE GOVERNMENT OF THE UNITED STATES, AS REPRESENTED BY THE SECRETARY OF THE NAVY
20	US9663374B2	SITU GROWN SIC COATINGS ON CARBON MATERIALS	THE UNITED STATES OF AMERICA AS REPRESENTED BY THE SECRETARY OF THE NAVY	THE GOVERNMENT OF THE UNITED STATES, AS REPRESENTED BY THE SECRETARY OF THE NAVY

续表

序号	公开（公告）号	名 称	申请人	受让人
21	US9580359B2	FORMATION OF BORON CARBIDE-BORON NITRIDE CARBON COMPOSITIONS	THE GOVERNMENT OF THE UNITED STATES OF AMERICA AS REPRESENTED BY THE SECRETARY OF THE NAVY	THE GOVERNMENT OF THE UNITED STATES, AS RESPRESENTED BY THE SECRETARY OF THE NAVY
22	US20160332922A1	SILICON OXYCARBIDE ENVIRONMENTAL BARRIERCOATING	UNITED TECHNOLOGIES CORPORATION	NAVY, SECRETARY OF THE UNITED STATES OF AMERICA
23	US9120679B2	SILICON CARBIDE SYNTHESIS	THE UNITED STATES OF AMERICA AS REPRESENTED BY THE SECRETARY OF THE NAVY	THE GOVERNMENT OF THE UNITED STATES OF AMERICA, AS REPRESENTED BY THE SECRETARY OF THE NAVY COMPANY
24	US9051186B2	SILICON CARBIDE SYNTHESIS FROM AGRICULTURAL WASTE	THE UNITED STATES OF AMERICA AS REPRESENTED BY THE SECRETARY OF THE NAVY	NAVY, U. S. A. AS REPRESENTED BY THE SECRETARY OF THE
25	US8968590B2	COBALT CARBIDE-BASED NANOPARTICLE PERMANENT MAGNET MATERIALS	NORTHEASTERN UNIVERSITY	NAVY, SECRETARY OF THE UNITED STATES OF AMERICA; NORTHEASTERN UNIVERSITY
26	US20140329663A1	FORMATION OF SILICON CARBIDE-SILICON NITRIDE NANOPARTICLE CARBON COMPOSITIONS	THE GOVENMENT OF THE UNITED STATES OF AMERICA AS REPRESENTED BY THE SECRETARY OF THE NAVY	THE GOVERNMENT OF THE UNITED STATES, AS RESPRESENTED BY THE SECRETARY OF THE NAVY

续表

序号	公开（公告）号	名　称	申请人	受让人
27	US8822023B2	REFRACTORY METAL CERAMICS AND METHODS OF MAKING THEREOF	THE UNITED STATES OF AMERICA AS REPRESENTED BY THE SECRETARY OF THE NAVY	THE GOVERNMENT OF THE UNITED STATES, AS RESPRESENTED BY THE SECRETARY OF THE NAVY
28	US8815381B2	FORMATION OF BORON CARBIDE–BORON NITRIDE CARBON COMPOSITIONS	THE UNITED STATES OF AMERICA AS REPRESENTED BY THE SECRETARY OF THE NAVY	THE GOVERNMENT OF THE UNITED STATES, AS RESPRESENTED BY THE SECRETARY OF THE NAVY
29	US8778488B2	FORMATION OF SILICON CARBIDE–SILICON NITRIDE NANOPARTICLE CARBON COMPOSITIONS	THE UNITED STATES OF AMERICA AS REPRESENTED BY THE SECRETARY OF THE NAVY	THE GOVERNMENT OF THE UNITED STATES, AS RESPRESENTED BY THE SECRETARY OF THE NAVY
30	WO2014011302A2	FORMATION OF SILICON CARBIDE–SILICON NITRIDE NANOPARTICLE CARBON COMPOSITIONS	THE GOVERNMENT OF THE UNITED STATES OF AMERICA AS REPRESENTED BY THE SECRETARY OF THE NAVY; KELLER TEDDY M; SAAB ANDREW; LASKOSKI MATTHEW; QADRI SYED B	

续表

序号	公开（公告）号	名　称	申请人	受让人
31	WO2013165538A1	FORMATION OF BORON CARBIDE-BORON NITRIDE CARBON COMPOSITIONS	THE GOVERNMENT OF THE USA AS REPRESENTED BY THE SECRETARY OF THE NAVY; KELLER TEDDY M; SAAB ANDREW; LASKOSKI MATTHEW; QADRI SYED B	
32	IN201741011563A	NEW PROCESS FOR TUNGSTEN CARBIDE COATING ON GUN POD COMPONENTS OF HAWK AIRCRAFT	HINDUSTAN AERONAUTICS LIMITED; SPRAYMET SURFACE TECHNOLOGIES PVT LTD	
33	US9975765B1	FABRICATING ULTRA-THIN SILICON CARBIDE DIAPHRAGMS	THE UNITED STATES OF AMERICA AS REPRESENTED BY THE ADMINISTRATOR OF NATIONAL AERONAUTICS AND SPACE ADMINISTRATION	US GOVERNMENT ADMINISTRATOR OF NASA
34	US20130344319A1	ADVANCED HIGH TEMPERATURE AND FATIGUE RESISTANT ENVIRONMENTAL BARRIER COATING BOND COAT SYSTEMS FOR SIC/SIC CERAMIC MATRIX COMPOSITES	U S A AS REPRESENTED BY THE ADMINISTRATOR OF THE NATIONAL AERONAUTICS AND SPACE ADMINISTRATION	

续表

序号	公开（公告）号	名 称	申请人	受让人
35	US8409491B1	IN-SITU FORMATION OF REINFORCEMENT PHASES IN ULTRA HIGH TEMPERATURE CERAMIC COMPOSITES	THE UNITED STATES OF AMERICA AS REPRESENTED BY THE ADMINISTRATOR OF THE NATIONAL AERONAUTICS SPACE ADMINISTRATION (NASA)	USA AS REPRESENTED BY THE ADMINISTRATOR OF THE NASA
36	US9255040B1	BORON CARBIDE PYROTECHNIC TIME DELAY	THE UNITED STATES OF AMERICA AS REPRESENTED BY THE SECRETARY OF THE ARMY	U. S. GOVERNMENT AS REPRESENTED BY THE SECRETARY OF THE ARMY

图索引

表索引

书　号	书　名	产业领域	定价	条　码
9787513006910	产业专利分析报告（第 1 册）	薄膜太阳能电池 等离子体刻蚀机 生物芯片	50	9 787513 006910 >
9787513007306	产业专利分析报告（第 2 册）	基因工程多肽药物 环保农业	36	9 787513 007306 >
9787513010795	产业专利分析报告（第 3 册）	切削加工刀具 煤矿机械 燃煤锅炉燃烧设备	88	9 787513 010795 >
9787513010788	产业专利分析报告（第 4 册）	有机发光二极管 光通信网络 通信用光器件	82	9 787513 010788 >
9787513010771	产业专利分析报告（第 5 册）	智能手机 立体影像	42	9 787513 010771 >
9787513010764	产业专利分析报告（第 6 册）	乳制品生物医用 天然多糖	42	9 787513 010764 >
9787513017855	产业专利分析报告（第 7 册）	农业机械	66	9 787513 017855 >
9787513017862	产业专利分析报告（第 8 册）	液体灌装机械	46	9 787513 017862 >
9787513017879	产业专利分析报告（第 9 册）	汽车碰撞安全	46	9 787513 017879 >
9787513017886	产业专利分析报告（第 10 册）	功率半导体器件	46	9 787513 017886 >
9787513017893	产业专利分析报告（第 11 册）	短距离无线通信	54	9 787513 017893 >
9787513017909	产业专利分析报告（第 12 册）	液晶显示	64	9 787513 017909 >
9787513017916	产业专利分析报告（第 13 册）	智能电视	56	9 787513 017916 >
9787513017923	产业专利分析报告（第 14 册）	高性能纤维	60	9 787513 017923 >
9787513017930	产业专利分析报告（第 15 册）	高性能橡胶	46	9 787513 017930 >
9787513017947	产业专利分析报告（第 16 册）	食用油脂	54	9 787513 017947 >
9787513026314	产业专利分析报告（第 17 册）	燃气轮机	80	9 787513 026314 >
9787513026321	产业专利分析报告（第 18 册）	增材制造	54	9 787513 026321 >

书　号	书　名	产 业 领 域	定价	条　码
9787513026338	产业专利分析报告（第 19 册）	工业机器人	98	9 787513 026338
9787513026345	产业专利分析报告（第 20 册）	卫星导航终端	110	9 787513 026345
9787513026352	产业专利分析报告（第 21 册）	LED 照明	88	9 787513 026352
9787513026369	产业专利分析报告（第 22 册）	浏览器	64	9 787513 026369
9787513026376	产业专利分析报告（第 23 册）	电池	60	9 787513 026376
9787513026383	产业专利分析报告（第 24 册）	物联网	70	9 787513 026383
9787513026390	产业专利分析报告（第 25 册）	特种光学与电学玻璃	64	9 787513 026390
9787513026406	产业专利分析报告（第 26 册）	氟化工	84	9 787513 026406
9787513026413	产业专利分析报告（第 27 册）	通用名化学药	70	9 787513 026413
9787513026420	产业专利分析报告（第 28 册）	抗体药物	66	9 787513 026420
9787513033411	产业专利分析报告（第 29 册）	绿色建筑材料	120	9 787513 033411
9787513033428	产业专利分析报告（第 30 册）	清洁油品	110	9 787513 033428
9787513033435	产业专利分析报告（第 31 册）	移动互联网	176	9 787513 033435
9787513033442	产业专利分析报告（第 32 册）	新型显示	140	9 787513 033442
9787513033459	产业专利分析报告（第 33 册）	智能识别	186	9 787513 033459
9787513033466	产业专利分析报告（第 34 册）	高端存储	110	9 787513 033466
9787513033473	产业专利分析报告（第 35 册）	关键基础零部件	168	9 787513 033473
9787513033480	产业专利分析报告（第 36 册）	抗肿瘤药物	170	9 787513 033480
9787513033497	产业专利分析报告（第 37 册）	高性能膜材料	98	9 787513 033497
9787513033503	产业专利分析报告（第 38 册）	新能源汽车	158	9 787513 033503

书　号	书　名	产业领域	定价	条　码
9787513043083	产业专利分析报告（第39册）	风力发电机组	70	9 787513 043083
9787513043069	产业专利分析报告（第40册）	高端通用芯片	68	9 787513 043069
9787513042383	产业专利分析报告（第41册）	糖尿病药物	70	9 787513 042383
9787513042871	产业专利分析报告（第42册）	高性能子午线轮胎	66	9 787513 042871
9787513043038	产业专利分析报告（第43册）	碳纤维复合材料	60	9 787513 043038
9787513042390	产业专利分析报告（第44册）	石墨烯电池	58	9 787513 042390
9787513042277	产业专利分析报告（第45册）	高性能汽车涂料	70	9 787513 042277
9787513042949	产业专利分析报告（第46册）	新型传感器	78	9 787513 042949
9787513043045	产业专利分析报告（第47册）	基因测序技术	60	9 787513 043045
9787513042864	产业专利分析报告（第48册）	高速动车组和高铁安全监控技术	68	9 787513 042864
9787513049382	产业专利分析报告（第49册）	无人机	58	9 787513 049382
9787513049535	产业专利分析报告（第50册）	芯片先进制造工艺	68	9 787513 049535
9787513049108	产业专利分析报告（第51册）	虚拟现实与增强现实	68	9 787513 049108
9787513049023	产业专利分析报告（第52册）	肿瘤免疫疗法	48	9 787513 049023
9787513049443	产业专利分析报告（第53册）	现代煤化工	58	9 787513 049443
9787513049405	产业专利分析报告（第54册）	海水淡化	56	9 787513 049405
9787513049429	产业专利分析报告（第55册）	智能可穿戴设备	62	9 787513 049429
9787513049153	产业专利分析报告（第56册）	高端医疗影像设备	60	9 787513 049153
9787513049436	产业专利分析报告（第57册）	特种工程塑料	56	9 787513 049436
9787513049467	产业专利分析报告（第58册）	自动驾驶	52	9 787513 049467

书　号	书　名	产业领域	定价	条　码
9787513054775	产业专利分析报告（第 59 册）	食品安全检测	40	9 787513 054775
9787513056977	产业专利分析报告（第 60 册）	关节机器人	60	9 787513 056977
9787513054768	产业专利分析报告（第 61 册）	先进储能材料	60	9 787513 054768
9787513056632	产业专利分析报告（第 62 册）	全息技术	75	9 787513 056632
9787513056694	产业专利分析报告（第 63 册）	智能制造	60	9 787513 056694
9787513058261	产业专利分析报告（第 64 册）	波浪发电	80	9 787513 058261
9787513063463	产业专利分析报告（第 65 册）	新一代人工智能	110	9 787513 063463
9787513063272	产业专利分析报告（第 66 册）	区块链	80	9 787513 063272
9787513063302	产业专利分析报告（第 67 册）	第三代半导体	60	9 787513 063302
9787513063470	产业专利分析报告（第 68 册）	人工智能关键技术	110	9 787513 063470
9787513063425	产业专利分析报告（第 69 册）	高技术船舶	110	9 787513 063425
9787513062381	产业专利分析报告（第 70 册）	空间机器人	80	9 787513 062381
9787513069816	产业专利分析报告（第 71 册）	混合增强智能	138	9 787513 069816
9787513069427	产业专利分析报告（第 72 册）	自主式水下 滑翔机技术	88	9 787513 069427
9787513069182	产业专利分析报告（第 73 册）	新型抗丙肝药物	98	9 787513 069182
9787513069335	产业专利分析报告（第 74 册）	中药制药装备	60	9 787513 069335
9787513069748	产业专利分析报告（第 75 册）	高性能碳化物 先进陶瓷材料	88	9 787513 069748
9787513069502	产业专利分析报告（第 76 册）	体外诊断技术	68	9 787513 069502
9787513069229	产业专利分析报告（第 77 册）	智能网联汽车 关键技术	78	9 787513 069229
9787513069298	产业专利分析报告（第 78 册）	低轨卫星通信技术	70	9 787513 069298